21世纪应用型本科电子通信系列实用规划教材

电子工艺学教程

主　编　张立毅　王华奎
副主编　张文爱　赵永强　张　雄
参　编　高文华　常广志　李灯熬
　　　　陆　锋　王鸿斌　高　峰
主　审　韩应征

内 容 简 介

全书共分 13 章。详细介绍了电阻器、电位器、电容器、电感器、半导体分立器件(包括二极管、三极管、场效应管、晶闸管、单结管)、换能元器件、半导体集成电路和表面组装元器件的概念、命名、分类、标志方法、性能指标、特点、管脚识别和参数测试方法，以及电子技术安全知识、电子工程图的识图、电子产品装焊工具及材料、印制电路板的设计与制作、焊接技术与表面组装技术、调试与工艺质量管理等知识。

本书涉及面广、实用性强。内容上注重了先进性和新颖性，依据新标准介绍新技术、新器件、新工艺。语言上力求通俗易懂、简明扼要、形象直观。

此书可作为高等院校电类和非电类专业以及职业技术教育院校的教材，也可作为工程技术人员的参考资料。

图书在版编目(CIP)数据

电子工艺学教程/张立毅，王华奎主编. —北京：北京大学出版社，2006.8

(21 世纪应用型本科电子通信系列实用规划教材)

ISBN 7-301-10744-7

Ⅰ. 电… Ⅱ. ①张… ②王… Ⅲ. ①电子技术—高等学校—教材 ②电子器件—高等学校—教材 Ⅳ. TN01

中国版本图书馆 CIP 数据核字(2006)第 054465 号

书　　　名：	电子工艺学教程
著作责任者：	张立毅　王华奎　主编
策 划 编 辑：	徐　凡
责 任 编 辑：	翟　源
标 准 书 号：	ISBN 7-301-10744-7/TN・0027
出　 版　 者：	北京大学出版社
地　　　址：	北京市海淀区成府路 205 号　100871
网　　　址：	http://www.pup.cn　http://www.pup6.com
电　　　话：	邮购部 010-62752015　发行部 010-62750672　编辑部 010-62750667
电 子 邮 箱：	编辑部 pup6@pup.cn　总编室 zpup@pup.cn
印　 刷　 者：	北京圣夫亚美印刷有限公司
发　 行　 者：	北京大学出版社
经　 销　 者：	新华书店
	787 毫米×1092 毫米　16 开本　24.25 印张　560 千字
	2006 年 8 月第 1 版　　2024 年 8 月第 13 次印刷
定　　　价：	45.00 元

未经许可，不得以任何方式复制或抄袭本书之部分或全部内容。

版权所有，侵权必究　　举报电话：010-62752024

电子邮箱：fd@pup.cn

《21世纪应用型本科电子通信系列实用规划教材》
专家编审委员会

主　任　　殷瑞祥

顾　问　　宋铁成

副主任　　(按拼音顺序排名)

　　　　　曹茂永　　陈殿仁　　李白萍　　王霓虹

　　　　　魏立峰　　袁德成　　周立求

委　员　　(按拼音顺序排名)

　　　　　曹继华　　郭　勇　　黄联芬　　蒋学华　　蒋　中

　　　　　刘化君　　聂　翔　　王宝兴　　吴舒辞　　阎　毅

　　　　　杨　雷　　姚胜兴　　张立毅　　张雪英　　张宗念

　　　　　赵明富　　周开利

丛书总序

随着招生规模迅速扩大，我国高等教育已经从"精英教育"转化为"大众教育"，全面素质教育必须在教育模式、教学手段等各个环节进行深入改革，以适应大众化教育的新形势。面对社会对高等教育人才的需求结构变化，自上个世纪90年代以来，全国范围内出现了一大批以培养应用型人才为主要目标的应用型本科院校，很大程度上弥补了我国高等教育人才培养规格单一的缺陷。

但是，作为教学体系中重要信息载体的教材建设并没有能够及时跟上高等学校人才培养规格目标的变化，相当长一段时间以来，应用型本科院校仍只能借用长期存在的精英教育模式下研究型教学所使用的教材体系，出现了人才培养目标与教材体系的不协调，影响着应用型本科院校人才培养的质量，因此，认真研究应用型本科教育教学的特点，建立适合其发展需要的教材新体系越来越成为摆在广大应用型本科院校教师面前的迫切任务。

2005年4月北京大学出版社在南京工程学院组织召开《21世纪应用型本科电子通信系列实用规划教材》编写研讨会，会议邀请了全国知名学科专家、工业企业工程技术人员和部分应用型本科院校骨干教师共70余人，研究制定电子信息类应用型本科专业基础课程和主干专业课程体系，并遴选了各教材的编写组成人员，落实制定教材编写大纲。

2005年8月在北京召开了《21世纪应用型本科电子通信系列实用规划教材》审纲会，广泛征求了用人单位对应用型本科毕业生的知识能力需求和应用型本科院校教学一线教师的意见，对各本教材主编提出的编写大纲进行了认真细致的审核和修改，在会上确定了32本教材的编写大纲，为这套系列教材的质量奠定了基础。

经过各位主编、副主编和参编教师的努力，在北京大学出版社和各参编学校领导的关心和支持下，经过北大出版社编辑们的辛苦工作，我们这套系列教材终于在2006年与读者见面了。

《21世纪应用型本科电子通信系列实用规划教材》涵盖了电子信息、通信等专业的基础课程和主干专业课程，同时还包括其他非电类专业的电工电子基础课程。

电工电子与信息技术越来越渗透到社会的各行各业，知识和技术更新迅速，要求应用型本科院校在人才培养过程中，必须紧密结合现行工业企业技术现状。因此，教材内容必须能够将技术的最新发展和当今应用状况及时反映进来。

参加系列教材编写的作者主要是来自全国各地应用型本科院校的第一线教师和部分工业企业工程技术人员，他们都具有多年从事应用型本科教学的经验，非常熟悉应用型本科教育教学的现状、目标，同时还熟悉工业企业的技术现状和人才知识能力需求。本系列教材明确定位于"应用型人才培养"目标，具有以下特点：

(1) **强调大基础**：针对应用型本科教学对象特点和电子信息学科知识结构，调整理顺了课程之间的关系，避免了内容的重复，将众多电子、电气类专业基础课程整合在一个统一的大平台上，有利于教学过程的实施。

（2）**突出应用性**：教材内容编排上力求尽可能把科学技术发展的新成果吸收进来、把工业企业的实际应用情况反映到教材中，教材中的例题和习题尽量选用具有实际工程背景的问题，避免空洞。

（3）**坚持科学发展观**：教材内容组织从可持续发展的观念出发，根据课程特点，力求反映学科现代新理论、新技术、新材料、新工艺。

（4）**教学资源齐全**：与纸质教材相配套，同时编制配套的电子教案、数字化素材、网络课程等多种媒体形式的教学资源，方便教师和学生的教学组织实施。

衷心感谢本套系列教材的各位编著者，没有他们在教学第一线的教改和工程第一线的辛勤实践，要出版如此规模的系列实用教材是不可能的。同时感谢北京大学出版社为我们广大编著者提供了广阔的平台，为我们进一步提高本专业领域的教学质量和教学水平提供了很好的条件。

我们真诚希望使用本系列教材的教师和学生，不吝指正，随时给我们提出宝贵的意见，以期进一步对本系列教材进行修订、完善。

《21世纪应用型本科电子通信系列实用规划教材》
专家编审委员会
2006年4月

前 言

电子工艺学课程是一门实践性很强的技术基础课，是工程师基本训练的重要环节之一。随着当前电子技术的飞速发展和其在国民经济各行各业中的日益渗透，电子工业已成为国民经济的支柱产业和其他行业的倍增器。因此，工科院校开设电子工艺学课程，让学生在校期间开始熟悉电子元器件、了解电子工艺的一般知识、掌握最基本的装焊操作技能、接触电子产品的生产过程，既有利于今后的专业实验、课程设计、毕业设计等，也提高了学生的实践动手能力，为毕业后从事实际工作奠定了良好的基础。

本书是根据作者多年的教学实践，在已出版和使用的《电子元器件基础》(张立毅、韩应征等编著)和《电子工艺学》(张立毅、王华奎主编)的基础上，依据新的国家标准修改完善而成，其主要特点是：

(1) 涉及面广：全书包括电子元器件基础和装焊操作两部分。前者主要包括电阻器、电位器、电容器、电感器、半导体分立器件、换能元器件、半导体集成电路、表面组装元器件的介绍。后者包括电子技术安全知识、电子工程图的识图、电子产品装焊工具及材料、印制电路板的设计与制作、焊接技术与表面组装技术、调试与工艺质量管理等。

(2) 内容新：在编写过程中，注重介绍了《电子设备用固定电阻器、固定电容器型号命名方法》(GB/T 2470—1995)、《电阻器和电容器的标志代码》(GB/T 2691—1994)、《固定电阻器和电容器优先数系》(GB/T 2471—1995)等，对与现行标准不同的提法和表示方法进行了修正。同时，还注意介绍新器件、新工艺，如对表面组装元器件的介绍等。

(3) 实用性强：本书强调工程观念，注重培养学生的实践动手能力和创新能力，对各种元器件除介绍其概念、命名、分类、标志方法、性能指标等以外，还着重介绍其主要参数的测试方法和应用选择。并对学生在科技制作中常用的 555 时基电路、集成运算放大器、三端集成稳压器等进行了介绍。

本书可作为高等院校电类和非电类专业以及职业技术教育院校的教材，也可作为工程技术人员的参考资料。

本书由张立毅、王华奎组织编写工作，并负责统稿和定稿。第 1 章、第 4 章由赵永强编写，第 2 章、第 6 章、第 12 章由张雄编写，第 3 章、第 8 章由张文爱编写，第 5 章由常广志编写，第 7 章由李灯熬编写，第 9 章由陆锋编写，第 10 章由高文华编写，第 11 章由王鸿斌编写，第 13 章由高峰编写。

太原理工大学信息与通信工程系主任韩应征教授在百忙中认真审阅了全书，提出了很多宝贵的意见和建议。同时，阎世俊、赵宝峰、程海青、刘婷等同志也参加了本书的部分编写和制图工作。此外，还得到许多同行专家的帮助和支持，在此一并致以深深的谢意。

由于电子器件种类繁多、发展迅速，加上编者的水平有限和编写时间仓促，书中难免会出现一些错误和不完善之处，恳请广大读者批评指正。

编　者
2006 年 8 月

目　　录

第1章　电阻和电位器 ... 1
1.1　概述 ... 1
1.1.1　电阻的概念 ... 1
1.1.2　电阻的作用 ... 1
1.1.3　电阻的发展 ... 1
1.1.4　电路中电阻符号及参数标记规则 ... 2
1.2　电阻的命名及标志 ... 3
1.2.1　电阻的命名 ... 3
1.2.2　电阻的标志 ... 4
1.3　电位器的概念、命名和标志 ... 10
1.3.1　电位器的概念 ... 10
1.3.2　电位器的命名 ... 10
1.3.3　电位器的标志 ... 11
1.4　电阻和电位器的技术指标 ... 13
1.4.1　电阻的技术指标 ... 13
1.4.2　电位器的技术指标 ... 17
1.5　电阻和电位器的分类与选用 ... 19
1.5.1　电阻的分类 ... 19
1.5.2　不同电阻的特点 ... 19
1.5.3　电阻的选用 ... 27
1.5.4　电位器的分类 ... 29
1.5.5　不同电位器的特点 ... 30
1.5.6　电位器的选用 ... 36
1.6　电阻和电位器的测量 ... 38
1.6.1　电阻的测量 ... 38
1.6.2　电位器的测量 ... 40
1.7　练习思考题 ... 42
实训题1　电阻和电位器的识别 ... 42
实训题2　电阻的检测 ... 43

第2章　电容器 ... 45
2.1　概述 ... 45
2.2　电容器的命名及标志 ... 45
2.2.1　电容器的命名 ... 45
2.2.2　电容器的标志 ... 47
2.3　电容器的技术指标 ... 52
2.3.1　优先数系 ... 52
2.3.2　额定电压 ... 55
2.3.3　允许偏差 ... 55
2.3.4　温度系数 ... 55
2.3.5　绝缘电阻及漏电流 ... 56
2.3.6　损耗角正切 ... 56
2.3.7　频率特性 ... 57
2.4　电容器的分类与选用 ... 57
2.4.1　电容器的分类 ... 57
2.4.2　常用电容器的特点 ... 59
2.4.3　电容器的选用 ... 65
2.5　电容器的测量 ... 70
2.5.1　电桥法测量电容器 ... 70
2.5.2　谐振法测量电容器 ... 71
2.5.3　万用表对电解电容器的极性识别 ... 73
2.5.4　数字万用表对小容量电容器的测量 ... 73
2.5.5　电容器的代换 ... 73
2.6　练习思考题 ... 74
实训题1　电容器的识别 ... 74
实训题2　电容器的检测 ... 75

第3章　电感器 ... 77
3.1　概述 ... 77
3.1.1　电感器的分类 ... 77
3.1.2　电感器的型号命名方法 ... 78
3.1.3　电感器的标志方法 ... 79
3.1.4　线圈的结构 ... 80
3.1.5　线圈的符号识别 ... 80
3.2　电感器的技术指标 ... 81

> 3.2.1 电感量 81
> 3.2.2 品质因数 82
> 3.2.3 固有电容和直流电阻 82
> 3.2.4 额定电流 82
> 3.2.5 稳定性 82
3.3 变压器 82
> 3.3.1 变压器的分类 83
> 3.3.2 变压器的型号命名 83
> 3.3.3 变压器的主要特征参数 85
3.4 常用电感器和变压器 86
> 3.4.1 小型固定电感器 86
> 3.4.2 平面电感 86
> 3.4.3 中周线圈 86
> 3.4.4 罐形磁芯线圈 86
> 3.4.5 高频变压器 86
> 3.4.6 中频变压器 87
> 3.4.7 低频变压器 87
> 3.4.8 脉冲变压器 87
> 3.4.9 电源变压器 87
3.5 电感及变压器的测量 87
> 3.5.1 电桥法测量电感 87
> 3.5.2 谐振法直接测量电感 89
> 3.5.3 Q 值的测量 89
> 3.5.4 用万用表测量中频变压器 90
> 3.5.5 输入、输出变压器判别 90
> 3.5.6 变压器同名端的检测 90
> 3.5.7 变压器的使用注意事项 91
3.6 电感及变压器的选用和质量判别 91
> 3.6.1 电感线圈的选用 91
> 3.6.2 电感器的质量判别 92
> 3.6.3 变压器的选用 92
> 3.6.4 变压器的质量判别 92
3.7 练习思考题 93

第4章 半导体分立器件 94
4.1 概述 94
4.2 半导体分立器件的型号命名 94
> 4.2.1 中国半导体器件的型号命名 94
> 4.2.2 日本半导体器件型号命名 96

> 4.2.3 美国半导体器件型号命名 97
> 4.2.4 欧洲半导体器件型号命名 98
> 4.2.5 苏联半导体器件型号命名 100
4.3 半导体二极管 102
> 4.3.1 二极管的概念 102
> 4.3.2 二极管的主要参数 103
> 4.3.3 特种半导体二极管 105
> 4.3.4 全桥、半桥和硅堆 129
> 4.3.5 二极管极性的识别与测量 131
> 4.3.6 二极管的使用注意事项 135
> 4.3.7 二极管的代换 135
4.4 晶体三极管 135
> 4.4.1 晶体三极管的构成 135
> 4.4.2 三极管的主要参数 136
> 4.4.3 三极管管脚的识别与测量 137
> 4.4.4 晶体三极管的测量 138
> 4.4.5 三极管的使用注意事项 141
> 4.4.6 三极管的代换 141
4.5 场效应管 141
> 4.5.1 场效应管的特点与分类 141
> 4.5.2 场效应管的主要参数 142
> 4.5.3 场效应管管脚的识别 144
> 4.5.4 场效应管的测量 144
> 4.5.5 场效应管的使用注意事项 145
> 4.5.6 场效应管的代换 145
4.6 晶闸管 145
> 4.6.1 晶闸管的构成 146
> 4.6.2 晶闸管的工作原理 146
> 4.6.3 晶闸管的分类 146
> 4.6.4 晶闸管的主要参数 148
> 4.6.5 晶闸管的测量 148
> 4.6.6 晶闸管的使用注意事项 150
> 4.6.7 晶闸管的代换 151
4.7 单结管 151
> 4.7.1 单结晶体管的结构 151
> 4.7.2 单结晶体管的特性 152
> 4.7.3 单结晶体管的主要参数 152
> 4.7.4 单结晶体管的测量 153
4.8 练习思考题 153

实训题　半导体器件的检测......154

第5章　换能元器件......156

5.1　热敏元器件......156
5.1.1　热敏电阻......156
5.1.2　热敏电阻的特性参数......158
5.1.3　热敏电阻的应用......161
5.1.4　热敏电阻的测量......162
5.1.5　热电偶......162
5.1.6　半导体制冷器......163

5.2　光敏器件......164
5.2.1　光敏电阻......164
5.2.2　光敏电阻的特性参数......164
5.2.3　光敏电阻的应用......166
5.2.4　光敏电阻的测量......166
5.2.5　光敏二极管......167
5.2.6　光敏三极管......167
5.2.7　光电耦合器......168
5.2.8　硅光电池......169

5.3　压敏元器件......171
5.3.1　压敏电阻......171
5.3.2　压敏电阻的特性参数......172
5.3.3　压敏电阻的应用......173
5.3.4　瞬态电压抑制二极管......176
5.3.5　气体放电管......178

5.4　力敏元器件......179
5.4.1　电阻应变片的概念......179
5.4.2　电阻应变片的应用......180
5.4.3　常用电阻应变片......180
5.4.4　力敏电阻的测量......180

5.5　磁敏元器件......181
5.5.1　磁敏电阻......181
5.5.2　霍耳元件......182
5.5.3　磁敏二极管......184
5.5.4　磁敏三极管......185
5.5.5　磁头......186

5.6　气敏元器件......187
5.6.1　气敏电阻的主要参数......188
5.6.2　气敏电阻的应用......188

5.7　电光器件......190
5.7.1　发光二极管......190
5.7.2　半导体激光器......191
5.7.3　LED 显示器......192
5.7.4　LCD 显示器......193

5.8　电声器件......195
5.8.1　传声器件......195
5.8.2　扬声器件......200
5.8.3　耳机......201

5.9　练习思考题......203

实训题　用万用表区分光敏二极管和光敏三极管......203

第6章　半导体集成电路......205

6.1　概述......205
6.1.1　半导体集成电路的概念......205
6.1.2　集成电路的分类......205
6.1.3　集成电路的封装及引脚识别......206

6.2　中国半导体集成电路型号命名......210

6.3　各类集成电路的性能比较......211
6.3.1　TTL 集成电路......211
6.3.2　CMOS 集成电路......212
6.3.3　ECL 集成电路......213
6.3.4　三种集成电路的性能比较......214
6.3.5　集成电路的使用注意事项及代换......214

6.4　555 时基电路......216
6.4.1　555 时基电路的概念......216
6.4.2　555 时基电路的封装......217
6.4.3　555 时基电路的工作原理......218
6.4.4　555 时基电路的主要参数......218
6.4.5　双极型和 CMOS 型 555 时基电路的性能比较......220
6.4.6　555 时基电路的应用......221
6.4.7　555 时基电路的生产厂家及型号......221

6.5　集成运算放大器......222
6.5.1　集成运算放大器的概念......222

| | 6.5.2 集成运算放大器的分类 223 |
| 6.5.3 集成运算放大器的主要参数 224 |
| 6.5.4 集成运算放大器的应用 227 |
| 6.5.5 集成运算放大器的选用 228 |
| 6.5.6 集成运算放大器的使用注意事项 228 |
6.6 三端集成稳压器 232
    6.6.1 三端集成稳压器的概念 232
    6.6.2 三端集成稳压器的主要参数 232
    6.6.3 三端固定式集成稳压器 233
    6.6.4 三端可调式集成稳压器 238
6.7 练习思考题 241
  实训题1 用指针式万用表检查TTL系列电路 241
  实训题2 制作稳压电源 242

第7章 表面组装元器件 243

7.1 表面组装技术概述 243
    7.1.1 表面组装元器件的特点 243
    7.1.2 表面组装元器件的发展 244
    7.1.3 表面组装元器件的分类 244
7.2 表面组装元件 245
    7.2.1 表面组装电阻 245
    7.2.2 表面组装电容 249
    7.2.3 表面组装电感 257
7.3 表面组装器件 259
    7.3.1 片式分立器件 259
    7.3.2 片式集成电路 259
7.4 其他表面组装元器件 261
    7.4.1 片式滤波器 261
    7.4.2 片式振荡器 262
    7.4.3 片式延迟线 264
    7.4.4 片式磁芯 264
    7.4.5 片式开关 265
    7.4.6 片式继电器 266
    7.4.7 BGA器件 266
    7.4.8 CSP器件 267

7.5 练习思考题 268
  实训题 看图识别表面组装元器件 268

第8章 电子技术安全知识 270

8.1 人身安全 270
    8.1.1 触电危害 270
    8.1.2 安全电压 270
    8.1.3 触电引起伤害的因素 271
    8.1.4 触电原因 271
8.2 安全用电技术 273
    8.2.2 三相电路的保护接零 273
    8.2.2 三相电路的保护接地 274
    8.2.3 漏电保护开关 274
8.3 常见的不安全因素及防护 275
    8.3.1 直接触及电源 275
    8.3.2 错误使用设备 275
    8.3.3 金属外壳带电 275
    8.3.4 电容器放电 276
8.4 安全常识 276
    8.4.1 接通电源前的检查 276
    8.4.2 装焊操作安全规则 276
8.5 练习思考题 277

第9章 电子工程图的识图 278

9.1 电子工程图概述 278
    9.1.1 电子工程图的基本要求 278
    9.1.2 电子工程图的特点 278
9.2 电子工程图的图形符号及说明 278
    9.2.1 常用图形符号 278
    9.2.2 有关符号的规定 283
    9.2.3 元器件代号 283
    9.2.4 下脚标码 283
    9.2.5 电子工程图中的元器件标注 284
9.3 电子工程图的种类介绍 284
    9.3.1 方框图 285
    9.3.2 电原理图 285
    9.3.3 逻辑图 286
    9.3.4 接线图和接线表 286

9.3.5	印制电路板装配图 287	11.1.5	覆铜板的大小 312

9.4 电子工程图的识图方法 288
9.5 练习思考题 288

第10章 电子产品装焊工具及材料 290

10.1 电子产品装焊常用五金工具 290
10.2 电烙铁 291
  10.2.1 电烙铁的分类及结构 291
  10.2.2 对电烙铁的要求 293
  10.2.3 电烙铁的选用 293
10.3 焊料 294
  10.3.1 锡铅焊料 294
  10.3.2 焊锡的物理性能及
     杂质影响 296
  10.3.3 常用焊锡 297
10.4 焊剂 298
  10.4.1 焊剂的作用及应具备
     的条件 298
  10.4.2 焊剂的分类 298
  10.4.3 无机焊剂 299
  10.4.4 有机焊剂 300
  10.4.5 树脂焊剂 300
10.5 阻焊剂 302
  10.5.1 阻焊剂的作用 302
  10.5.2 阻焊剂的分类 302
10.6 表面组装设备 302
  10.6.1 涂布设备 303
  10.6.2 贴片设备 304
  10.6.3 焊接设备 305
10.7 练习思考题 306
实训题 焊接工具、焊剂、焊料及
    锡焊的感性认识 307

第11章 印制电路板的设计与制作 308

11.1 覆铜板 308
  11.1.1 覆铜板的结构 308
  11.1.2 覆铜板的类型 310
  11.1.3 覆铜板的性能参数 310
  11.1.4 覆铜板的厚度 312

11.2 印制电路排版设计前的准备 313
  11.2.1 设计前的一般考虑 313
  11.2.2 板材、板厚、形状、尺寸
     的确定 313
  11.2.3 印制电路板对外连接
     方式的选择 314
11.3 印制板上的干扰及抑制 315
  11.3.1 地线布置引起的干扰 315
  11.3.2 电源干扰 316
  11.3.3 磁场干扰 316
  11.3.4 热干扰 317
11.4 印制电路设计的一般原则 317
  11.4.1 元器件的安装与布局 317
  11.4.2 焊盘与印制导线 318
11.5 印制电路的排版设计 321
  11.5.1 分析电路原理图 321
  11.5.2 单面板的排版设计 322
  11.5.3 双面板的排版设计 323
  11.5.4 正式排版草图的绘制 323
11.6 SMT印制板 324
  11.6.1 SMT印制板基板材料 324
  11.6.2 SMT印制板设计 326
11.7 印制电路板的制作 329
  11.7.1 绘制照相底图 329
  11.7.2 照相制版 330
  11.7.3 图形转移 330
  11.7.4 蚀刻 331
  11.7.5 金属化孔 333
  11.7.6 金属涂敷 334
  11.7.7 涂助焊剂和阻焊剂 334
11.8 练习思考题 334
实训题 印制电路板的制作 335

第12章 焊接技术与表面组装技术 336

12.1 锡焊 336
  12.1.1 焊接的分类 336
  12.1.2 锡焊及其特点 336
  12.1.3 锡焊的条件 337

12.2 锡焊机理 337
 12.2.1 焊料对焊件的浸润 337
 12.2.2 扩散 338
 12.2.3 结合层 338
12.3 元器件装焊前的准备 338
 12.3.1 元器件引线的加工成型 338
 12.3.2 镀锡 338
12.4 手工焊接技术 340
 12.4.1 焊接的操作要领 340
 12.4.2 焊接操作的步骤 341
 12.4.3 焊接温度与加热时间 342
12.5 电子线路手工焊接工艺 343
 12.5.1 印制电路板的焊接 343
 12.5.2 集成电路的焊接 343
 12.5.3 几种易损元件的焊接 344
 12.5.4 导线焊接技术 345
 12.5.5 拆焊 347
12.6 焊点的要求及质量检查 348
 12.6.1 焊点的质量要求 348
 12.6.2 常见焊点的缺陷及分析 349
12.7 表面组装技术 350
 12.7.1 表面组装的基本形式 350
 12.7.2 表面安装基本工艺 352
 12.7.3 涂敷工艺 353
 12.7.4 贴装工艺 356
 12.7.5 焊接工艺 357
12.8 练习思考题 361

实训题 1 手工焊五步法 362
实训题 2 印制板的焊接 363

第 13 章 调试与工艺质量管理 364

13.1 调试的目的与要求 364
 13.1.1 调试的目的 364
 13.1.2 调试的要求 364
13.2 调试的基本方法 365
 13.2.1 通电前的检查 365
 13.2.2 通电调试 365
 13.2.3 调试注意事项 366
13.3 电子产品制造工艺的工作流程 367
 13.3.1 产品试制阶段 367
 13.3.2 产品定型阶段 368
13.4 电子产品工艺文件 368
 13.4.1 工艺文件的分类 368
 13.4.2 工艺文件的作用 369
13.5 电子产品制造工艺的管理 369
 13.5.1 工艺管理的基本任务 369
 13.5.2 工艺管理人员的主要
     工作内容 369
 13.5.3 工艺管理的组织机构 371
 13.5.4 企业各有关部门的主要
     工艺职能 371
13.6 练习思考题 372

参考文献 373

第 1 章　电阻和电位器

教学提示：电阻和电位器是目前最常见的电子元器件，广泛应用于各种电子电路中。其种类繁多，性能各异，在使用时要根据实际情况仔细选择。

教学要求：通过本章学习，学生应了解电阻和电位器的概念、型号命名、标志方法，熟悉各类电阻和电位器的性能特点、技术指标和适用范围，并学会根据不同的应用场合合理选用和测量等。

1.1　概　　述

1.1.1　电阻的概念

各种材料对通过它的电流均呈现一定的阻力，这种阻力称为电阻。

导体的电阻，其阻值大小取决于导体的几何尺寸及材料。由下式决定：

$$R = \rho \frac{L}{S} \tag{1.1}$$

式中，L 为导体的长度(m)；S 为导体的截面积(mm^2)；ρ 为材料的电阻率($\Omega \cdot mm^2 / m$)。

电路中的电阻，对交流电和直流电都呈现相同的阻力，其大小可用欧姆定理来描述：

$$R = \frac{U}{I} \tag{1.2}$$

式中，U 为电阻两端的电压(V)；I 为通过电阻的电流强度(A)。

电阻的基本单位是欧[姆](Ω)，常用单位还有千欧($k\Omega$)和兆欧($M\Omega$)。

1.1.2　电阻的作用

由欧姆定律可知，当电压一定时，流过电阻的电流与电阻值成反比。因此选择适当的电阻，就可以将电流限定在要求的数值上，这就是电阻的限流作用。

当电流流过电阻时，必然会在电阻上产生一定的电压降，其大小为电阻与电流的乘积。利用该特点可以使较高的电源电压能够适应电路中所需工作电压的要求，这就是电阻的降压作用。

1.1.3　电阻的发展

实芯电阻是历史最悠久的一个品种，19 世纪首创于美国，1925 年开始生产。可靠性高、工艺简单、价格低廉，适合于大批量生产，但电性能较差。

热分解碳膜电阻于 1925 年由德国发明，1930 年投入生产，后传入英国、日本、苏联等国。性能良好、工艺简单，是最主要的品种之一。

蒸发金属电阻大约于 20 世纪 50 年代开始生产，是一种高稳定、高质量的非线绕电阻，极具有发展前途。

金属氧化膜电阻于1952年在美国开始生产,耐热性良好,性能可与金属膜电阻相媲美,许多国家均有生产。

线绕电阻也是历史悠久的品种之一,现在在大功率和高精度方面还保持着重要地位,但由于高频性能差,限制了它的应用。

近年发展起来的块金属膜电阻,在精度方面已超过了线绕电阻,且具有良好的高频性能,将取代线绕电阻。

电阻的发展方向是高可靠、高稳定、高精密、低噪声、高阻值、大功率、高频、高压、微小型化、电阻网络。

1.1.4 电路中电阻符号及参数标记规则

1. 电阻符号表示

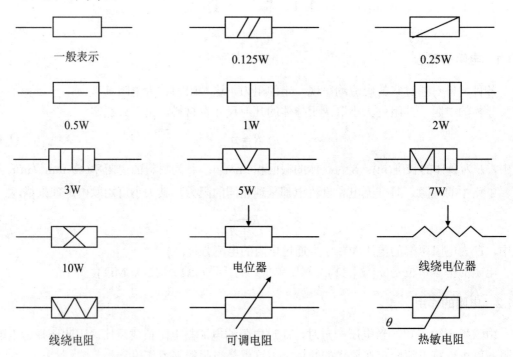

2. 阻值标记规则

(1) 1Ω 以下的电阻,在阻值数值后面要加符号Ω,如 0.5Ω。

(2) 1Ω~1kΩ 的电阻,可以只写数字,不写单位,如 6.8、200、620。

(3) 1kΩ~1MΩ 的电阻,以 kΩ 为单位,符号是 k,如 6.8k、68k。

(4) 1MΩ 以上电阻,以 MΩ 为单位,符号是 M,如 10M、1M。

1.2 电阻的命名及标志

1.2.1 电阻的命名

国家标准《电子设备用固定电阻器、固定电容器型号命名方法》(GB/T 2470－1995)于 1996 年 8 月 1 日开始实施。该标准取代了原国家标准《电阻器、固定电容器型号命名方法》(GB/T 2470－81)和四机部标准《电阻器、固定电容器型号命名方法》(SJ 153－73)。规定了电阻器型号命名由以下 4 部分组成。

第 1 部分：产品的主称，用字母 R 表示。

第 2 部分：产品的主要材料，用一个字母表示，见表 1-1。

第 3 部分：产品的主要特征，用一个数字或一个字母表示，见表 1-2。

第 4 部分：序号，一般用数字表示。对材料、特征相同，仅尺寸、性能指标略有不同，但基本不影响互换的产品可以用同一序号。若尺寸、性能指标已有明显差别影响互换时(但该差别并非是本质的，而属于在技术标准上进行统一的问题)，仍给同一序号，但在序号后用一个字母作为区别代号，此时该字母作为该型号的组成部分。但在统一该产品技术标准时，应取消区别代号。

表 1-1 材料表示的符号及意义

符号	意义	符号	意义	符号	意义	符号	意义
T	碳膜	N	无机实芯	Y	氧化膜	I	玻璃釉膜
H	合成膜	J	金属膜	S	有机实芯	X	线绕

表 1-2 特征部分数字或字母的表示

符号	意义	符号	意义	符号	意义	符号	意义
1	普通	2	普通	3	超高频	4	高阻
5	高温	6	—	7	精密	8	高压
9	特殊	G	功率型				

例如，RJ71 精密型金属膜电阻器的命名如下：

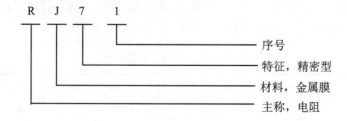

RYG1 功率型金属氧化膜电阻器的命名如下：

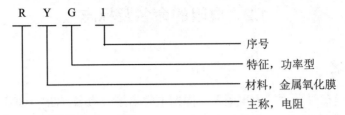

RS11 通用型实芯电阻器的命名如下：

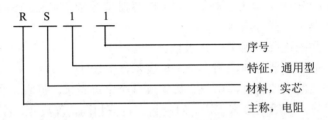

1.2.2 电阻的标志

国家标准《电阻器和电容器的标志代码》(GB/T 2691－1994)于 1995 年 8 月 1 日开始实施。该标准等同于采用国际标准 IEC 62(1992)《电阻器电容器的标志代码》，取代了原国家标准《电阻器和电容器的标志代码》(GB/T 2691－81)。

电阻的标志方法有文字符号直标法、色标法和数字标志法等多种。

1. 文字符号直标法

直接标志法是直接用阿拉伯数字和单位在产品上标志出其主要参数的标志方法。

电阻有多项指标，但由于电阻体表面积有限，一般只标明标称阻值、允许偏差、材料、额定功率等几项参数。

1) 标称阻值

常用阻值单位有 Ω、kΩ(千欧)、MΩ(兆欧)、GΩ(吉欧)、TΩ(太欧)等几种。如标称电阻值为 100Ω，允许偏差为 ±10% 的电阻器，可以标志为 100Ω±10%。

当遇到小数点时，常用 R、k、M、G、T 取代小数点。如 0.1Ω 标为 R1、1.0Ω 标为 1R0、3.62Ω 标为 3R62、3.3kΩ 标为 3k3、1.5MΩ 标为 1M5、3.32G 标为 3G32 等。

2) 允许偏差

通用电阻的允许偏差分为 ±5%、±10% 和 ±20% 三种，在电阻标称值后标明 Ⅰ、Ⅱ、Ⅲ 的符号。精密电阻的允许偏差等级可用不同符号标明，见表 1-3。

表 1-3 允许偏差等级符号表

符号	允许偏差/%	符号	允许偏差/%	符号	允许偏差/%	符号	允许偏差/%
E	±0.005	B	±0.1	G	±2	N	±30
L	±0.01	C	±0.25	J	±5		
P	±0.02	D	±0.5	K	±10		
W	±0.05	F	±1	M	±20		

在一般情况下，表示允许偏差的字母放在电阻值的后面。

3) 额定功率

通常 2W 以下的电阻功率不标出，可通过外形尺寸来判定。2W 以上的电阻其功率均在电阻体上用数字标出。

4) 材料

2W 以下的小功率电阻，其电阻材料通常不标出，可通过外表颜色判定，如碳膜电阻涂绿色或棕色，金属膜电阻涂红色等。2W 以上的电阻，大部分在电阻体上用符号标出，其符号意义见表 1-1。

2. 色标法

色标法是用颜色表示电阻的各种参数值，直接标志在电阻体上。它主要适用于小功率电阻，特别是 0.5W 以下的碳膜电阻和金属膜电阻更为普遍。

色标的基本色码见表 1-4。

表 1-4 色标颜色的表示

颜色	有效数字	乘数	允许偏差/%	温度系数/(10^{-6}/℃)
金色		10^{-1}	±5	
银色		10^{-2}	±10	
黑色	0	1		±250
棕色	1	10	±1	±100
红色	2	10^2	±2	±50
橙色	3	10^3		±15
黄色	4	10^4		±25
绿色	5	10^5	±0.5	±20
蓝色	6	10^6	±0.25	±10
紫色	7	10^7	±0.1	±5
灰色	8	10^8		±1
白色	9	10^9	+5, −20	
无色			±20	

色标电阻的色带通常分为三色带、四色带、五色带和六色带等多种。色带不同，所表示的电阻参数也不相同，如图 1.1 所示。

三色带：表示电阻的标称阻值(两位有效数字)，其允许偏差为±20%(无色)。

四色带：表示电阻的标称阻值(两位有效数字)和允许偏差。

五色带：表示电阻的标称阻值(3 位有效数字)和允许偏差。

六色带：表示电阻的标称阻值(3 位有效数字)、允许偏差和温度系数。

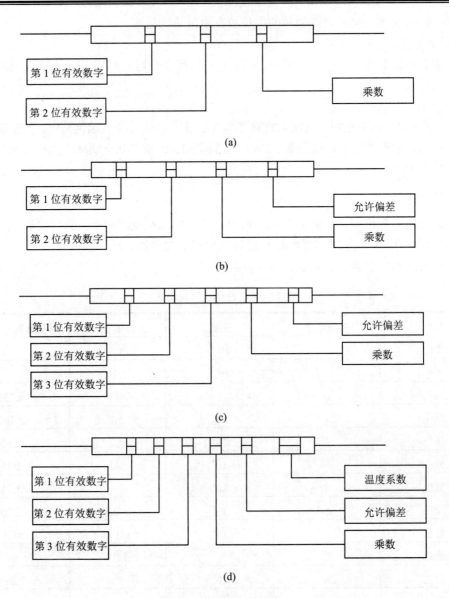

图 1.1 电阻色环的含义

(a) 电阻的三色环表示；(b) 电阻的四色环表示；(c) 电阻的五色环表示；(d) 电阻的六色环表示

色环电阻的表示举例如图 1.2～图 1.4 所示。

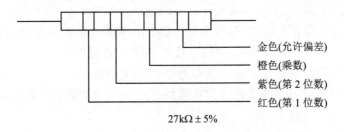

图 1.2 用色标法表示 27kΩ，允许偏差为±5%电阻器

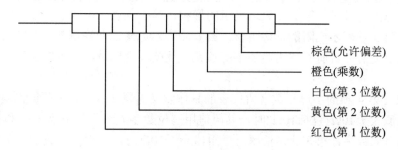

$249\text{k}\Omega \pm 1\%$

图 1.3 用色标法表示 $249\text{k}\Omega \pm 1\%$ 电阻器

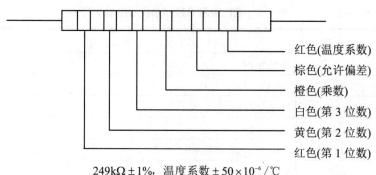

$249\text{k}\Omega \pm 1\%$,温度系数 $\pm 50 \times 10^{-6}/\text{℃}$

图 1.4 用色标法表示 $249\text{k}\Omega \pm 1\%$ 和温度系数为 $\pm 50 \times 10^{-6}/\text{℃}$ 电阻器

当用第六色带表示温度系数时,为避免混淆,应采用下列方法之一:

(1) 其带宽为其他带宽的 1.5 倍~2 倍;

(2) 其带为间断带;

(3) 螺旋带。对于圆柱形电阻器而言,其带应重叠在现有的电阻值和允许偏差所表示色带的全部长度上,螺旋带的旋转角应不小于 270°。对于其他类型的电阻,应采用色码的类似方法按详细规范的规定表示。

3. 数字标志法

数字标志法是用 3 位阿拉伯数字表示电阻的标称阻值,多用于片状电阻。因为片状电阻器体积较小,一般标在电阻表面,其他参数通常省略。该方法的前两位数字表示电阻器的有效数字,第 3 位数字表示有效数字后面 0 的个数,或 10 的幂数。但当第 3 位为 9 时,表示倍率为 0.1,即 10^{-1}。

例如,电阻的标志符号为 100,表示有效数字为 10,倍率为 10^0,即为 10Ω。同理,151 表示 150Ω,252 表示 $2.5\text{k}\Omega$,563 表示 $56\text{k}\Omega$,759 表示 7.5Ω。

此外,还有少数片状电阻用四位数字标志电阻值。如电阻的标志符号为 6801,表示 $6.80\text{k}\Omega$。四位数电阻值标志比三位数标志多了一位有效数字,第 4 位表示有效数字后 0 的个数,即幂数,其余与三位数标志法相同。

4. 进口电阻的标志方法

进口电阻的标志方法有直标法和色标法两种。色标法与我国相同,直标法一般有 6 项。

第 1 项表示电阻的种类，第 2 项表示电阻的形状，第 3 项表示电阻的特征，第 4 项表示电阻的功率，第 5 项表示电阻的标称阻值，第 6 项表示电阻的允许偏差。若有缺项内容时，后面内容依次提前。若前 6 项内容还不能够完全反映其性能时，则可增加第 7 项代号来加以说明。

第 1 项～第 4 项的字母和数字所代表的具体意义见表 1-5，第 5 项标称阻值的表示规则是，当阻值大于10Ω(包括10Ω)时，其阻值用三位数字表示，其中第 1 位和第 2 位数字是电阻值的有效数字，第 3 位是倍率；当阻值小于10Ω时，其阻值用数字和字母 R 表示，第 1 位表示电阻值的个位数，R 表示小数点，R 后面的数字表示电阻值的小数部分。允许偏差用一个字母表示，所用字母的含义见表 1-6。

表 1-5 进口电阻器直标法代号的意义

项 数	代 号	意 义
第 1 项	RD	碳膜电阻
	RC	碳质电阻
	RS	金属氧化膜电阻
	RW	线绕电阻
	RK	金属化电阻
	RB	精密线绕电阻
	RN	金属膜电阻
第 2 项	05	圆柱形，非金属套，引线方向相反，与轴平行
	08	圆柱形，无包装，引线方向相反，与轴平行
	13	圆柱形，无包装，引线方向相同，与轴垂直
	14	圆柱形，非金属外包装，引线方向相同，与轴平行
	16	圆柱形，非金属外包装，引线方向相同，与轴垂直
	21	圆柱形，非金属套，接线片引出，方向相同，与轴平行
	23	圆柱形，非金属套，接线片引出，方向相同，与轴垂直
	24	圆柱形，无包装，接线片引出，方向相同，与轴垂直
	26	圆柱形，非金属外包装，接线片引出，方向相同，与轴垂直
第 3 项	Y	一般型(适用 RD、RS、RK)
	GF	一般型(适用 RC)
	J	一般型(适用 RW)
	S	绝缘型
	H	高频率型
	P	耐脉冲型
	N	耐温型
	NL	低噪声型

续表

项数	代号	意义
第4项	2B	1/8 W
	2E	1/4 W
	2H	1/2 W
	3A	1 W
	3D	2 W

表1-6 允许偏差符号表示

允许偏差/%	文字符号	允许偏差/%	文字符号
±0.001	Y	±0.5	D
±0.002	X	±1	F
±0.005	E	±2	G
±0.01	L	±5	J
±0.02	P	±10	K
±0.05	W	±20	M
±0.1	B	±30	N
±0.25	C		

5. 电阻制造日期的表示

根据国标《电阻器和电容器的标志代码》(GB/T 2691－1994)规定，电阻的制造日期可以用两个字符代码表示，也可以用四个字符代码表示。

1) 两个字符代码(年/月)

需要标志制造年月时，应采用表1-7和表1-8所示的方法。

表1-7 制造年的表示方法

年	字母	年	字母	年	字母	年	字母	年	字母
		1977	J	1986	U	1994	E	2003	R
		1978	K	1987	V	1995	F	2004	S
1970	A	1979	L	1988	W	1996	H	2005	T
1971	B	1980	M	1989	X	1997	J	2006	U
1972	C	1981	N			1998	K	2007	V
1973	D	1982	P	1990	A	1999	L	2008	W
1974	E	1983	R	1991	B	2000	M	2009	X
1975	F	1984	S	1992	C	2001	N		
1976	H	1985	T	1993	D	2002	P		

注：这些代码表示年，每20年为一周期重复一次。

表1-8 制造月的表示方法

月	字符	月	字符	月	字符	月	字符
1月	1	4月	4	7月	7	10月	0
2月	2	5月	5	8月	8	11月	N
3月	3	6月	6	9月	9	12月	D

例如，1985年3月表示为T3，1986年11月表示为UN。

2) 四个字符代码(年/周)

需要标志制造年份和周时，应采用四个数字代码表示。前两个代码为年份的最后两位数，后面的两位数为周的编号。周的编号方法应符合ISO标准R 2015：周的编号。

例如，1985年的第5周，表示为8505。

1.3 电位器的概念、命名和标志

1.3.1 电位器的概念

电位器是一种连续可调的电阻器，它是靠电刷在电阻体上的滑动，取得与电刷位移成一定关系的输出电压。对外有三个引出端，其中两个为固定端，一个为滑动端(也称为中间抽头)，滑动端在两个固定端之间的电阻体上做机械运动，使其与固定端之间的电阻值发生变化，如图1.5所示。

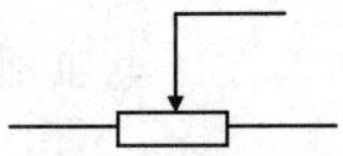

图1.5 电位器

1.3.2 电位器的命名

根据我国行业标准《电子设备用电位器型号命名方法》(ST/T 10503－1994)规定，电位器的型号命名一般由下列4部分组成。

第1部分：电位器的代号，用一个字母W表示。

第2部分：电位器的电阻体材料代号，用一个字母表示，见表1-9。

第3部分：电位器的类别代号，用一个字母表示，见表1-10。

第4部分：电位器的序号，用阿拉伯数字表示。

其他代号：规定失效率等级代号，用一个字母K表示。

对规定失效率等级的电位器，其型号除符号第1部分～第4部分的规定外，还应在类别代号与序号之间加K。

表1-9 电位器电阻体材料代号表示

代号	材料	代号	材料	代号	材料	代号	材料
H	合成碳膜	I	玻璃釉膜	Y	氧化膜	P	硼碳膜
S	有机实芯	X	线绕	D	导电塑料	M	压敏
N	无机实芯	J	金属膜	F	复合膜	G	光敏

表1-10 电位器的类别代号表示

代 号	类 别	代 号	类 别
G	高压类	D	多圈旋转精密类
H	组合类	M	直滑式精密类
B	片式类	X	旋转低功率类
W	螺杆驱动预调类	Z	直滑式低功率类
Y	旋转预调类	P	旋转功率类
J	单圈旋转精密类	T	特殊类

例如，WIW101型玻璃釉螺杆驱动预调电位器的命名如下：

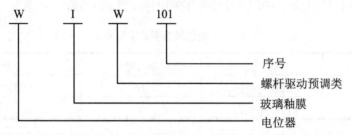

WIWK101型规定失效率等级的玻璃釉螺杆驱动预调电位器的命名如下：

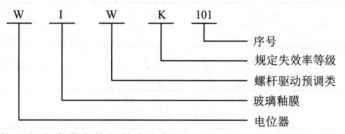

WH122型微调合成碳膜电位器的命名如下：

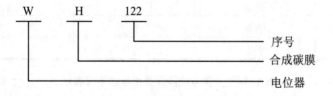

1.3.3 电位器的标志

电位器的标志方法一般采用直标法，即用字母和阿拉伯数字直接将电位器的型号、类别、标称阻值和额定功率等标志在电位器上。

例如，WH112 470 kΩ——合成碳膜电位器，阻值为470 kΩ。

WS-3A 0.1 kΩ——有机实芯电位器，阻值为0.1 kΩ。

WHJ-3A 220 kΩ——精密合成碳膜电位器，阻值为220 kΩ。

另外，在旋转式电位器中，有时对轴端的情况用字母表示。

例如，ZS-1表示轴端没有经过特殊加工。

ZS-3 表示轴端开槽。

ZS-5 表示轴端铣成平面的电位器。

对于合资和国外的电位器,其型号命名由以下几项组成。

第 1 项:用字母表示电位器的类型,见表 1-11。

第 2 项:用数字表示电位器的尺寸大小,单位为 mm。

第 3 项:用字母表示电位器的额定功率,其表示方法与国外标准的电阻器相同。

第 4 项:用字母表示电位器的阻值变化特征,见表 1-12。

第 5 项:用字母表示电位器的阻值允许偏差,所用字母及意义同我国的电阻器标志方法相同。如允许偏差为±0.1%用字母 B 表示,±1%用 F 表示,±5%用 J 表示等。

第 6 项:用字母表示转轴形状,见表 1-13。

第 7 项:用字母表示开关电位器所带开关指标,见表 1-14。

表 1-11 电位器类型的字母表示

字 母	意 义	字 母	意 义
RV	碳质电位器	RP	功率型线绕电位器
RA	线绕电位器		

表 1-12 电位器阻值变化特征的字母表示

字 母	意 义	字 母	意 义
B	直线式	A	15%对数式
G	5%对数式	C	10%指数式
D	10%对数式	E	25%指数式

表 1-13 电位器转轴形状的字母表示

字 母	意 义	字 母	意 义
R	圆形	K	18 牙锯齿形
S	槽形	H	开口形
F	平形	T	牙形

表 1-14 开关电位器开关指标的字母表示

字 母	意 义	字 母	意 义
S	单刀单掷	E	250V/1A
D	双刀单掷	F	125V/3A
M	单刀双掷	G	12V/1A
Q	双刀双掷		

1.4 电阻和电位器的技术指标

电阻和电位器的主要技术指标包括优先数系(即标称阻值系列)、额定功率、允许偏差、温度系数、非线性、噪声、极限电压、分辨力、阻值变化规律、启动力矩和转动力矩、电位器的轴长与轴端结构等。

1.4.1 电阻的技术指标

1. 优先数系

阻值是电阻的主要参数之一，不同类型不同精度的电阻，其阻值范围不同。

1) 普通电阻的阻值优先数系

普通电阻的阻值优先数系在国家标准《电阻器和电容器优先数系》(GB/T 2471－1995)中进行了规定，见表 1-15。该标准于 1996 年 8 月 1 日起开始实施，取代了原国家标准(GB/T 2471－81)和部标(SJ 618－73)。

表 1-15 电阻器的阻值优先数系

E24 允差 ±5%	E12 允差 ±10%	E6 允差 ±20%	E3 允差 >±20%	E24 允差 ±5%	E12 允差 ±10%	E6 允差 ±20%	E3 允差 >±20%
1.0	1.0	1.0	1.0	3.3	3.3	3.3	
1.1				3.6			
1.2	1.2			3.9	3.9		
1.3				4.3			
1.5	1.5	1.5		4.7	4.7	4.7	4.7
1.6				5.1			
1.8	1.8			5.6	5.6		
2.0				6.2			
2.2	2.2	2.2	2.2	6.8	6.8	6.8	
2.4				7.5			
2.7	2.7			8.2	8.2		
3.0				9.1			

注：表中数值再乘以 10^n，其中 n 为正整数或负整数。

E24 系列由 $(10^n)^{1/24}$ 理论数的修约值组成，其中 n 为正整数或负整数。

E12 系列由 $(10^n)^{1/12}$ 理论数的修约值组成，并由 E24 系列隔项省略而成。

E6 系列由 $(10^n)^{1/6}$ 理论数的修约值组成，并由 E12 系列隔项省略而成。

2) 精密电阻的优先数系

国家标准《电阻器和电容器优先数系》(GB/T 2471－1995)同时规定了精密电阻器的优

先数系，见表 1-16。

表 1-16 精密电阻器的优先数系

E192	E96	E48	E192	E96	E48	E192	E96	E48
100	100	100	118	118		140	140	140
101			120			142		
102	102		121	121	121	143	143	
104			123			145		
105	105	105	124			147	147	147
106			126			149		
107	107		127	127	127	150	150	
109			129			152		
110	110	110	130			154	154	154
111			132			156		
113	113		133	133	133	158	158	
114			135			160		
115	115	115	137	137		162	162	162
117			138			164		
165	165		301	301	301	549	549	
167			305			556		
169	169	169	309	309		562	562	562
172			312			569		
174	174		316	316	316	576	576	
176			320			583		
178	178	178	324	324		590	590	590
180			328			597		
182	182		332	332	332	604	604	
184			336			612		
187	187	187	340	340		619	619	619
189			344			626		
191	191		348	348	348	634	634	
193			352			642		
196	196	196	357	357		649	649	649
198			361			657		
200	200		365	365	365	665	665	
203			370			673		
205	205	205	374	374		681	681	681
208			379			690		

续表

E192	E96	E48	E192	E96	E48	E192	E96	E48
210	210		383	383	383	698	698	
213			388			706		
215	215	215	392	392		715	715	715
218			397			723		
221	221		401	402	402	732	732	
223			407			741		
226	226	226	412	412		750	750	750
229			417			759		
232	232		422	422	422	768	768	
234			427			777		
237	237	237	432	432		787	787	787
240			437			796		
243	243		442	442	442	806	806	
246			448			816		
249	249	249	453	453		825	825	825
252			459			835		
255	255		464	464	464	845	845	
258			470			856		
261	261	261	475	475		866	866	866
264			481			876		
267	267		487	487	487	887	887	
271			493			898		
274	274	274	499	499		909	909	909
277			505			920		
280	280		511	511	511	931	931	
284			517			942		
287	287	287	523	523		953	953	953
291			530			965		
294	294		536	536	536	976	976	
298			543			988		

注：这些系列只有当元件的允许偏差小于5%和因特殊要求而E24系列不能满足需要时才予以考虑。

E192系列是由$(10^n)^{1/192}$理论数的修约值组成，其中 n 为正整数或负整数。

E96系列是由$(10^n)^{1/96}$理论数的修约值组成，并由E192系列隔项省略而成。

E48系列是由$(10^n)^{1/48}$理论数的修约值组成，并由E96系列隔项省略而成。

精密电阻的允许偏差应符合以下系列：±2%、±1%、±0.5%、±0.2%、±0.1%、±0.05%、

±0.02%、±0.01%、0.005%、±0.002%、±0.001%。在电子产品设计时，可根据不同要求选择不同精度的电阻。

2. 额定功率

额定功率是指电阻在电路中长时间连续工作而不损坏或不改变其性能所允许消耗的最大功率。不同类型的电阻有不同系列的额定功率，根据部标(SJ 617－73)和国标(GB/T 2475－81)规定，电阻的额定功率系列见表 1-17 和表 1-18。

表 1-17 线绕电阻额定功率系列

0.05	0.125	0.25	0.5	1	2	4	8	10
16	25	40	50	75	100	150	250	500

表 1-18 非线绕电阻额定功率系列

0.05	0.125	0.25	0.5	1	2	5	10	25
50	100							

3. 允许偏差

允许偏差是实际阻值与标称阻值的相对误差，即

$$\delta = \frac{(R - R_a)}{R} \times 100\% \tag{1.3}$$

式中，R 为电阻器的实际阻值；R_a 为电阻器的标称阻值；δ 为电阻器的允许偏差。

普通电阻的允许偏差可分为±5%、±10%、±20%三档。

精密电阻的允许偏差可分为±2%、±1%、±0.5%、±0.2%、±0.1%、±0.05%、±0.02%、±0.01%、±0.005%、±0.002%、±0.001%十一档。

4. 温度系数

温度系数是表示温度每变化 1℃时，电阻值的相对变化量，即

$$a = \frac{R_2 - R_1}{R_1(t_2 - t_1)} \tag{1.4}$$

式中，R_1 为温度 t_1 时的阻值；R_2 为温度 t_2 时的阻值。

金属膜和合成膜等电阻，具有较小的正温度系数，碳膜电阻具有负温度系数。适当选择材料及加工工艺，就可以制成温度稳定性较高的电阻。

5. 非线性

流过电阻的电流和加在其两端的电压不成正比变化称为非线性。电阻的非线性用电压系数表示，即在规定电压范围内，电压每改变 1V，电阻值的平均相对变化量，可表示为

$$K = \frac{R_2 - R_1}{R_1(U_2 - U_1)} \times 100\% \tag{1.5}$$

式中，U_2 为额定电压；U_1 为测试电压；R_1、R_2 分别是在 U_1、U_2 条件下所测得的电阻值。

一般来说，金属型电阻线性度较好，非金属型电阻线性度较差。

6. 噪声

噪声是产生在电阻中一种不规则的电压起伏,包括热噪声和电流噪声两种。

热噪声是由电子在导体中的无规则热运动而引起的,既不取决于材料,也不取决于导体形状,仅与温度和电阻值有关。任何电阻都有热噪声,降低工作温度,可减小热噪声。

电流噪声是由于导体通过电流时,导电颗粒之间和非导电颗粒之间不断发生碰撞而产生的机械振荡,使得颗粒之间的接触电阻不断变化的结果。当直流电压加在电阻两端时,电阻两端除了有直流压降外,还会有不规则的交变电压分量,这就是电流噪声。电流噪声与电阻的材料、结构有关,并与外加直流电压成正比。合金型电阻没有电流噪声,薄膜型电阻电流噪声较小,合成型电阻电流噪声最大。

7. 极限电压

电阻两端的电压增加到一定数值时,将会烧毁电阻。由电阻的额定功率可以计算出电阻的额定电压,$U=\sqrt{PR}$。因此,当外加电压达到一定数值时就不能再增加,此时的电压即为极限电压。它受电阻尺寸及结构的限制。

常用电阻器的额定功率与极限电压的关系见表 1-19。

表 1-19 常用电阻器的额定功率与极限电压的关系

额定功率/W	极限电压/V	额定功率/W	极限电压/V
0.25	250	1～2	750
0.5	500		

1.4.2 电位器的技术指标

1. 标称阻值

部标(SJ 620-73)规定了电位器的标称阻值系列,见表 1-20。

表 1-20 电位器的标称阻值系列

允 许 偏 差					
±20%	±10%	±5%	±2%	±1%	
E12				E6	
1.0	1.8	3.3	5.6	1.0	3.3
1.2	2.2	3.9	6.8	1.5	4.7
1.5	2.7	4.7	8.2	2.2	6.8

注:(1) 允许偏差±2%、±1%在线绕电位器中和±5%在非线绕电位器中必要时才选用。

(2) E6 中,1.0、4.7 在非线绕电位器中优先选用。

2. 额定功率

电位器的两个固定端上允许消耗的最大功率,称为额定功率。必须注意,它不等于中间抽头与固定端之间的功率。

部标(SJ 622-73)规定了电位器的额定功率系列,见表1-21。

表1-21 电位器的额定功率系列

功率系列	线绕电位器	非线绕电位器	功率系列	线绕电位器	非线绕电位器	功率系列	线绕电位器	非线绕电位器
0.025		0.025	1.0	1.0	1.0	10	10	
0.05		0.05	1.6			16	16	
0.1		0.1	2	2	2	25	25	
0.25	0.25	0.25	3	3	3	40	40	
0.5	0.5	0.5	5	5		63	63	

3. 分辨力

电位器对输出量可实行的最精细的调节能力称为分辨力。线绕电位器的分辨力高于非线绕电位器。

4. 噪声

电位器的噪声包括静噪声和滑动噪声。

静噪声是指电刷静止时,电位器两固定端之间出现的噪声,包括在电阻器中存在的热噪声和电流噪声。

滑动噪声是指电刷在电阻体上滑动时,固定端和滑动端之间出现的噪声。它是由电阻体电阻率分布不均匀和电刷滑动时接触电阻的不规则变化等因素引起的。

5. 阻值变化规律

调整滑动端,电位器的电阻值将按照一定的规律变化。常见的电位器阻值变化规律有线性变化、指数变化和对数变化3种。当然也可根据不同需要,制作成按照其他函数规律变化(如正弦)的电位器。

6. 启动力矩与转动力矩

启动力矩是指转轴在旋转角范围内启动时需要的最小力矩,转动力矩是指维持转轴匀速旋转需要的力矩。在自控装置中与伺服电机配合使用的电位器要求启动力矩小,转动灵活,而用于电路调节的电位器则要求启动力矩和转动力矩都不能太小。

7. 电位器的轴长与轴端结构

电位器的轴长是指从安装基准面到轴端的尺寸。轴长尺寸系列有6 mm、10 mm、12 mm、16 mm、25 mm、30 mm、40 mm、50 mm、63 mm、80 mm,轴的直径系列有2 mm、3 mm、4 mm、6 mm、8 mm、10 mm。

轴端结构种类很多,有ZS-1型、ZS-2型、ZS-3型、ZS-7型等。

1.5 电阻和电位器的分类与选用

1.5.1 电阻的分类

电阻分类方法较多，可按不同方法进行分类。

1. 按材料分类

电阻按材料不同可以分为合金型电阻、薄膜型电阻和合成型电阻 3 类。

合金型电阻：用块状电阻合金拉制成合金线或碾压成合金箔制成的电阻。如线绕电阻、精密合金箔电阻等。

薄膜型电阻：在玻璃或陶瓷基体上沉积一层电阻薄膜，膜厚一般在几微米以下。薄膜材料有金属膜、碳膜、化学沉积膜、金属氧化膜等。

合成型电阻：电阻体本身由导电颗粒和有机(或无机)粘接剂混合而成，可制成薄膜和实芯两种，常见的有合成膜电阻和实芯电阻。

2. 按用途分类

电阻按用途可以分为通用型电阻、精密型电阻、高频型电阻、高压型电阻、高阻型电阻、敏感型电阻、熔断电阻、集成电阻 8 类。

通用型电阻：指符合一般技术要求的电阻。额定功率范围为 0.05W～2W，阻值为 1Ω～$22M\Omega$，允许偏差为±5%、±10%、±20%等。

精密型电阻：具有较高的精密度和稳定度，功率一般不大于 2W，标称值在 0.01Ω～$22M\Omega$ 之间，允许偏差在±0.001%～±2%之间分档。

高频型电阻：电阻自身电感量极小，常称为无感电阻，适用于高频电路，阻值小于 $1k\Omega$，功率范围宽，最大可达 100W。

高压型电阻：用于高压装置中，功率在 0.5W～15W 之间，额定电压可达 35kV 以上，标称阻值可达 $1G\Omega$。

高阻型电阻：阻值在 $10M\Omega$ 以上，最高可达 $100T\Omega$，适用于微弱电流的测量。

敏感型电阻：使用不同材料及工艺制造的电阻，阻值对温度、压力、气体等非电量敏感。常用于传感器、无触点开关等，广泛用于检测和自动控制领域。

熔断电阻：即保险丝，是一种双功能元件。在正常使用时可作为普通电阻，当电路出现故障导致熔断电阻超过负荷时，将迅速熔断起保护作用。

集成电阻：是一种电阻网络，具有体积小、规整化、精密度高等特点，适用于电子设备及计算机工业生产中。

3. 按外形分类

电阻按外形可以分为圆柱形、管形、方形、片状、集成电阻 5 类。

1.5.2 不同电阻的特点

1. 薄膜型电阻

薄膜材料一般有金属膜、碳膜、化学沉积膜、金属氧化膜等。

1) 金属膜电阻(型号 RJ)

金属膜电阻的工作环境温度范围大(−55℃～+125℃)、体积小、噪声低、稳定性高、温度系数和电压系数均小、耐热性好，且具有较好的高频特性。外表通常涂成红色，金属膜电阻的性能指标见表 1-22。

表 1-22 金属膜电阻的性能指标

电阻品种	额定功率/W	标称阻值范围/Ω	最大工作电压/V		
			(33～780)mmHg		(5～33)mmHg
			直流、交流有效值	脉冲	直流、交流有效值、脉冲
RJ−0.125	0.125	30～510×10³	200	350	150
RJ−0.25	0.25	30～1×10⁸	250	500	200
RJ−0.5	0.5	30～5.1×10⁶	350	750	250
RJ−1	1	30～10×10⁶	500	1000	300
RJ−2	2	30～10×10⁶	750	1200	350

金属膜电阻常用于较高档的家电设备、仪器仪表以及各种通信设备中。由于其种类较多且特性各异，故适用场合也有差异。如 RJ−14、RJ−15、RJ−25 等由于具有很高的稳定性和可靠性，常用于各类仪器仪表电路中。

2) 金属氧化膜电阻(型号 RY)

金属氧化物具有耐高温的特点，故金属氧化膜电阻的耐热性好；氧化物的化学稳定性好，在空气中不再被氧化，故金属氧化膜电阻的化学稳定性好；氧化物一般具有较好的机械性能，硬度大、耐磨、不易损伤，故金属氧化膜电阻的机械性能好；在同一阻值下，金属氧化膜层比金属膜和碳膜层厚，故金属氧化膜电阻的稳定性高。金属氧化膜电阻功率大，可高达数百千瓦，但阻值范围窄，温度系数比金属膜电阻大。金属氧化膜电阻的性能指标见表 1-23 和表 1-24。

表 1-23 金属氧化膜电阻的性能指标

型号	额定功耗/W(70℃)	极限电压/V	绝缘电压/V	阻值范围/Ω	温度系数/(10⁻⁶/℃)
RY15	0.5	350	350	1～10 k	≤±250
RY16	1	350	500	1～10 k	≤±250
RY17	2	350	500	1～10 k	≤±250
RY18	3	500	700	1～10 k	≤±250
RY25	0.5	350	350	1～56 k	≤±250
RY26	1	350	350	1～56 k	≤±250
RY27	2	350	350	1～56 k	≤±250
RY28	3	500	500	1～56k	≤±250

注：RY15、RY16、RY17、RY18 型为不燃性金属氧化膜电阻。

RY25、RY26、RY27、RY28 型为不燃性小型金属氧化膜电阻。

表 1-24 RYG1、RYG2 型金属氧化膜电阻的性能指标

型号	品种	额定功耗/W	极限电压/V	绝缘电压/V	阻值范围/Ω	温度系数(10^{-6}/℃)
RYG1	FJ	0.5	250	350	1～75k	±250
	GJ	1	350	500	1～100	
	HU	2	350	500	1～120	
	JJ	3	500	700	1～150	
RYG2	FK	0.5	250	350	1～22k	±350
	GK	1	350	500	1～68k	
	HK	2	350	500	1～68k	
	JK	3	350	500	1～100	
	KK	5	500	700	1～100	

金属氧化膜电阻的阻燃性能较好，多用于高温、有过载要求的电路中。如彩色电视机的行、场扫描电路以及电源电路中。

3) 碳膜电阻(型号 RT)

碳膜电阻稳定性好、阻值范围宽、受电压和频率影响小、高频特性好、具有负温度系数、价格低廉，但负荷功率小、使用环境温度低。外表通常涂成淡绿色，在我国作为通用电阻被广泛应用。碳膜电阻的性能指标见表 1-25。

表 1-25 碳膜电阻的性能指标

电阻品种	额定功率/W	标称阻值/Ω	最大工作电压/V		
			直流或交流有效值		脉冲
			(33～780)mmHg	(5～33)mmHg	(750±30)mmHg
RT-0125	0.125	5.1～1M	100	—	100
RT-0.25	0.25	10～5.1M	350	350	750
RT-0.5	0.5	10～10M	500	400	1000
RT-1	1	27～10M	700	500	1500
RT-2	2	27～10M	1000	750	2000
RT-5	5	47～10M	1500	800	5000
RT-10	10	47～10M	3000	1000	10000

碳膜电阻广泛应用于收音机、电视机、计算机以及各种仪器仪表的交直流电路中。如 RT-0.25、RT-0.5、RT-1、RT-2 等作为通用型电阻，可用于收音机、电视机等要求不高的家电设备及各种交直流电路中；RT-13、RT-14、RT-15 等由于精度高、体积小，可以用于计算机等电路中。

2. 合金型电阻

常见的合金型电阻有线绕电阻、精密合金箔电阻等。

1) 精密线绕电阻(型号 RX)

精度高(一般为±0.005%～±0.01%)、噪声小、稳定可靠、温度系数小于 10^{-6}/℃，阻值

范围宽(0.01Ω～10MΩ)。适用于测量仪表和其他精度要求较高的电路,但由于工艺为线绕,所以分布参数较大,不宜在高频电路中使用。精密线绕电阻的性能指标见表 1-26、表 1-27 和表 1-28。

表 1-26 RX10 型低阻精密线绕电阻的性能指标

型号	额定功率/W	允许偏差及阻值范围/Ω					
		±0.1%	±0.2%	±0.5%	±1%	±2%	±5%
RX10-3	0.5	5～10	1～10	0.5～10	0.1～10	0.05～10	0.01～10
RX10-2	1		1～10	0.5～10	0.1～10	0.05～10	0.01～10
RX10-1	2		1～10	0.1～10	0.05～10	0.01～10	

表 1-27 RX12 型精密线绕电阻的性能指标

型号	额定功率/W	允许偏差及阻值范围/Ω					最高工作电压/V
		±0.1%	±0.2%	±0.5%	±1%	±2%	
RX12-3	0.125	500～40k	100～40k	50～40k	20～40k	10～40k	250
RX12-2	0.25	100～200k	50～200k	20～200k	10～200k	5～200k	250
温度系数(10^{-6}/℃)		≤±10		≤±20		≤±50	

表 1-28 RX70 型系列精密线绕电阻的性能指标

型号	额定功率/W	标称阻值范围/Ω	阻值偏差/%	引线方式	外形尺寸/mm
RX70 精密线绕电阻	0.25	1～500k	±0.01	线状轴向	φ8×15
	0.50	1～1M	±0.01		φ12×21
	0.75	1～2M	±0.05		φ12×27
	1	1～4M	±0.1		φ15×27.5
	2	1～5M	±0.5		φ18×38
	3	1～10M	±1		φ24×56

2) 功率型线绕电阻(型号 RX)

额定功率为 2W～200W,阻值范围为 0.15Ω 到数百千欧,允许偏差等级为±5%～±20%。具有固定和可调两种类型,可调式通常用于功率电路的调试。功率型线绕电阻的性能指标见表 1-29。

表 1-29 RX24 型功率线绕电阻的性能指标

电阻品种	额定功率/W	标称阻值范围/Ω	外形尺寸/mm		
			L	D	d
RX24	10	0.05～5k	18	12	1.3
	25	0.05～15k	26	12	1.3
RX24	50	0.05～39k	54	13	1.6

注:表中 D 为电阻体的直径,L 为电阻体长度,d 为电阻引线的直径。

3) 精密合金箔电阻

国内生产的金属箔电阻型号有 RJ711 型。它具有自动温度补偿系数的功能,能在较宽的温度范围内保持极小的温度系数,具有高精密度、高稳定度、高频和高速响应的特点。允许偏差为 ±0.001%,稳定度为 $±5×10^{-4}$/年,温度系数为 $±1×10^{-6}$/℃。

线绕电阻由于精度较高、稳定性好,主要用于仪器仪表电路,如指针式万用表的分压、分流电路。因其能承受较大的功率,也可用在电源电路中作为限流电阻,但由于其具有较大的电感,故不能用于高频电路,对高频电路会产生干扰。

3. 合成型电阻

合成型电阻是将导电材料和非导电材料按不同比例合成不同电阻率的材料,再制成电阻。其优点是可靠性高,缺点是电性能较差,如噪声大、线性度差、高频特性不好等。主要用于特殊场合,如人造卫星、海底电缆、宇航工业等。其生产原料丰富、工艺简单、价格低廉。

合成型电阻种类较多,按电阻体类型可分为实芯电阻(将导电合成物压塑成实芯电阻体)和漆膜电阻(将导电合成物敷在绝缘基体表面形成薄膜),按粘接剂种类可分为有机型(如酚醛树脂)和无机型(如玻璃、陶瓷等),按用途可分为通用型、高阻型和高压型等。

1) 实芯电阻(型号 RS)

国内常见的型号有 RS11。它具有很强的过负荷能力和可靠性,但分布电容和分布电感较大,不宜用于要求较高的电路中。RS11 实芯电阻的性能指标见表 1-30。

表 1-30 RS11 的性能指标

额定功率/W	标称值范围/Ω	最大工作电压/V	尺寸/mm			最大重量/g
			L	D	d	
0.25	10~22M	250	6.4±0.8	2.3±0.2	0.62	0.5
0.5	4.7~22M	350	9.5±1	4.0±0.2	0.86	0.7
1	4.7~22M	500	14±1	5.8±0.2	1.2	1.4
2	4.7~22M		17.5±1	8.0±0.3	1.41	3.5

注:表中 D 为电阻体的直径,L 为电阻体长度,d 为电阻引线的直径。

2) 合成碳膜电阻(型号 RH)

阻值高(10 MΩ~1 TΩ),允许偏差为 ±5%、±10%。缺点是抗潮湿性和电压稳定性差、固有噪声高、频率特性差。为提高其抗潮性,常用玻璃壳封装,制成真空兆欧电阻,用于原子探测器和微弱电流的测试仪器中。合成碳膜电阻的性能指标见表 1-31。

表 1-31 RH 型高阻合成碳膜电阻的性能指标

型号	外形尺寸/mm			额定功率/W	阻值范围/Ω	最高工作电压/V
	L	D	d			
RH4-0.25	16.5±0.5	5.2±0.3	0.9	0.25	10M~51G	400
RH4-0.5	26±1.0 26±0.5	5.2±0.3	0.9	0.5	10M~100G	450
RH4-1	28±1	7±0.2	0.9	1	10M~1000G	500

注:表中 D 为电阻体的直径,L 为电阻体长度,d 为电阻引线的直径。

3) 金属玻璃釉电阻(型号 RI)

温度系数小、噪声小、稳定可靠、耐潮性好。金属玻璃釉电阻的性能指标见表 1-32 和表 1-33。

表 1-32　RI40 系列玻璃釉电阻的性能指标

型号	额定功率/W	温度系数/(10^{-6}/℃)	阻值范围/Ω	极限电压/V	绝缘电压/V	外形尺寸/mm		
						L	D	d
RI40-1/4	0.25	±500	100k~10M	350	500	7.0	1.25	0.6±0.05
							2.5	
RI40-1/2	0.5		100k~32M	500	750	10.5	3.9	
RI40-1	1		100k~56M	700	1000	13.0	5.5	0.6±0.05
						12.0	4..5	
RI40-2	2		100k~100M	700	1000	16.0	6.5	

注：表中 D 为电阻体的直径，L 为电阻体长度，d 为电阻引线的直径。

表 1-33　RI80 高阻玻璃釉电阻的性能指标

型号	外形尺寸/mm			额定功率/W	阻值范围/Ω	允许偏差等级/%	最高使用电压/V
	L	D	d				
RI80	13	6	1.0	1/8	1M~20G	±2 ±5 ±10 ±20	1500
	21	6	1.8	1/4	1M~2G		3000
	21	10.5	1.8	1/2	1M~20G		5000
	21	16	1.8	1	1M~20G		7500
	52	6	4.8	1	1M~2G		10 000
	52	22	4.8	2	1M~200G		15 000

注：表中 D 为电阻体的直径，L 为电阻体长度，d 为电阻引线的直径。

玻璃釉电阻广泛用于要求可靠性高、耐热性能好的彩色监视器及各种交直流电路中。如 RI80 高阻玻璃釉电阻，由于其体积小、重量轻、高频性能好，用于彩色电视机的聚焦电路及录像机电路中。

4. 集成电阻型号(RYW)

随着电子技术的发展，电子装配趋于密集化，元器件趋于集成化，电路中常需要一些电阻网络，例如 A/D、D/A 转换器使用分立元件不仅工作量大，而且往往难以达到技术要求，而使用具备高精度、高稳定度、低噪声、温度系数小、高频特性好的集成电阻则可以满足要求。集成电阻的阻值范围为 51Ω~33kΩ。

5. 熔断电阻

熔断电阻也称保险丝，兼有电阻和熔断器的双重功能。其种类较多，可按不同的分类方法进行划分。

按工作方式可分为不可修复型熔断电阻和可修复型熔断电阻两种。

不可修复型熔断电阻是指当电阻的负荷过大时,引起温度升高,导致涂有熔断材料的电阻膜层或绕阻线圈熔断,从而引起电阻断路。该熔断电阻一旦熔断,无法修复,应立即更换新的熔断电阻。故在使用时,必须悬空安装在印制电路板上,以便更换。

可修复型熔断电阻是一个圆柱形薄膜电阻,在电阻的一端采用低熔点的焊料焊接一根弹性金属片(或金属丝),温度升高到一定程度时焊点先熔化,弹性金属片(或金属丝)与电阻断开。当修理人员解决故障后,按照要求修复好可继续使用。

目前国内外一般采用不可修复型熔断电阻。

熔断电阻的额定功率一般为 0.125W～3W,阻值为零点几欧到几十欧,最高可达几千欧。熔断电流从几十毫安到几安,熔断时间为几秒到几十秒。

RF10、RF11 系列是专为彩色电视机配套且具有阻燃特性的熔断电阻,其性能指标见表 1-34。RJ90 型金属膜熔断电阻的性能指标见表 1-35。

表 1-34 RF10 和 RF11 系列产品的性能指标

系列	额定电压/V	阻值范围/Ω	阻值偏差/%	稳定度/%	温度系数/(10^{-6}/℃)	耐压/V
RF10	0.25	0.47k～1k	±5	5	350	250
	0.5	0.47k～1k	±5	5	350	250
	1	0.47k～1k	±5	5	350	350
	2	0.47k～1k	±5	5	350	350
RF11	0.5	0.33k～1.5k	±5	5	350	1000
	1	0.33k～1k	±5	5	350	1000
	2	0.33k～1k	±5	5	350	1000
	3	0.33k～3.3k	±5	5	350	1000

表 1-35 RJ90 型金属膜熔断电阻的性能指标

额定功率/W	阻值范围/Ω	允许偏差/%	温度系数/(10^{-6}/℃)	开路电压/V	最高过负荷电压/V
0.5	1.0k～5.1k	±5	500～1000	150	300
1					
2				200	400
3					

熔断电阻在电路中的符号与普通电阻一样,选择何种熔断电阻,取决于消耗功率、电路异常电流、熔断时间等因素。一般情况下,应考虑功率和阻值的大小。如果阻值过大或功率过大都不能起到保护作用。选择额定功率时,应根据计算的耗散功率($P=I^2R$)确定;在选择阻值时,应根据工作电路中的工作电压和工作电流来确定,可用公式 $R=U/I$ 来计算。另外,在焊接时动作要快,不要使电阻长时间受热,以免温度升高引起阻值变化。在需要打弯时,引线必须与根部相距 5mm 以上。在存放和使用过程中,要保持漆膜的完整。熔断电阻大多属于一次性产品,熔断后需要及时更换同种规格的产品。

熔断电阻具有结构简单、使用方便、熔断功率小、熔断时间短等优点,广泛应用于电视机、录音机等音响设备中。如彩色电视机中已广泛应用熔断电阻对低压电源进行保护。

6. 水泥电阻

陶瓷绝缘功率型线绕电阻称为水泥电阻。按结构可分为立式和卧式两类；按功率可分为 2W、3W、5W、7W、8W、10W、15W、20W、30W、40W 等规格；按外形可分为 RX27.1 型、RX27.IV 型，RX27.3 型(3A、3B、3C 型)，RX27.4 型(4V、4H 型)。

水泥电阻采用陶瓷、矿质材料包封，散热大、功率大；采用工业高频电子陶瓷外壳，具有优良的绝缘性能，绝缘电阻可达 100 MΩ；电阻丝被严密包封于陶瓷电阻体内部，具有优良的阻燃、防爆特性；电阻丝采用康铜、锰铜、镍镉等合金材料，有较好的稳定性和过负载能力；电阻丝和焊脚引线之间采用压接方式，在负载短路的情况下，可迅速在压接处熔断，进行电路保护。水泥电阻具有多种外形和安装方式，可直接安装在印制电路板上，也可利用金属支架独立安装焊接。常用水泥电阻器的性能指标见表 1-36。

表 1-36 水泥电阻的性能指标

型 号	功率/W	阻值范围/Ω	外形尺寸/mm		
			L	B	H
RX27-1	2	0.1~200	18	6.4	6.4
	3	0.1~330	22	8.0	8.0
	5	0.1~680	22	9.5	9.5
	7	0.15~1.2k	35	9.5	9.5
	10	0.2~1.8k	48	9.5	9.5
	15	0.2~2.2k	48	12.5	12.5
RX27-IV	7	0.15~1.2k	47	11	11
	10	0.2~1.8k	60	11	11
RX27-3A、3B、3C	5	0.1~680	27	9.5	9.5
	7	0.15~1.2k	35	9.5	9.5
	10	0.2~1.8k	48	9.5	9.5
	15	0.2~2.2k	48	12.5	12.5
	20	0.33~2.7k	63	12.5	12.5
RX27-4H	10	0.2~1.8k	48	25	9.8
	15	0.2~2.2k	48	28.5	13
	20	0.33~3k	63.5	28.5	13
	30	1~3.9k	75	38	19

注：表中 L 为电阻体的长度，B 为电阻体的宽度，H 为电阻体的高度。

在常温下选择水泥电阻时，功率大小可用公式 $P = UI$ 确定，在特殊环境下工作应根据具体情况来进行选择。水泥电阻器的外形很多，引脚的形状也有多种，可根据需要选用。如果电阻功率较大或散热条件较差，可选择长引脚的水泥电阻器，也可利用金属支架将电阻体固定在合适位置上，再用导线把电阻连接到电路中。

1.5.3 电阻的选用

1. 各类电阻的性能比较

电阻的种类很多，性能差异较大，应用范围也有很大区别。因此，需要全面了解常用电阻的性能，才能做到正确合理地使用，常用电阻的性能比较见表1-37。

表1-37 常用电阻的性能比较

性能	合成碳膜	合成碳实芯	碳膜	金属氧化膜	金属膜	金属玻璃釉	块金属膜	电阻合金线
阻值范围	中～很高	中～高	中～高	低～中	低～高	中～很高	低～中	低～高
温度系数	尚可	尚可	中	良	优	良～优	极优	优～极优
非线性噪声	尚可	尚可	良	良～优	优	中	极优	极优
高频快速响应	良	尚可	优	优	极优	良	极优	差～尚可
比功率	低	中	中	中～高	中～高	高	中	中～高
脉冲负荷	良	中	优	中	中	良	良	良～优
储存稳定性	中	中	良	良	优	良～优	优	优
耐潮性	中	中	良	良	良	良～优	良～优	良～优
可靠性		优	中	良～优	良～优	良～优	良～优	

2. 各类电阻的选用

要正确选用各类电阻，首先要详细分析电路的具体要求，然后根据电阻的参数、性能特点进行选择。既要使电阻的各项参数符合电路的使用条件，还要考虑电阻的外形尺寸、价格等其他因素。

1) 选用电阻的基本思路

(1) 主要参数的要求。

电阻的主要参数是标称阻值和额定功率。选取电阻时要考虑标称阻值系列，额定功率应高于实际功率的1.5倍～2倍，同时还要考虑选用电阻的适用范围。如目前大多数功率型电阻为线绕电阻，从其性能以及优缺点可知，适宜在频率不高并要求较大功率的电路中工作。如在精密测量仪器、无线电定位设备、衰减器等电子电路中，就要选择精密线绕电阻和高精度、高稳定的线绕电阻。

(2) 在高频电路中，应选择分布参数小的电阻。

电阻的分布参数是指分布电感和分布电容。线绕电阻的分布参数大于非线绕电阻的分布参数。在低频电路中可不考虑分布参数的影响，但在高频电路中，分布参数的作用会随工作频率的提高而越来越大，将影响电路的正常工作。应选用分布参数极小的非线绕电阻，如碳膜电阻、金属膜电阻、金属氧化膜电阻等。

(3) 在高增益的前置放大电路中，应选用噪声小的电阻。

各种类型的电阻都有噪声，但其大小相差较大。如合成碳膜和实芯电阻的噪声相对于金属膜电阻、碳膜电阻和线绕电阻等就很大。因此，在诸如电视机、调频收音机的高频头和调幅收音机的变频级等高增益放大电路中，应选用噪声小的电阻，避免噪声经放大后干扰有用信号。可选用金属膜电阻、金属氧化膜电阻等，以满足电路的需要。

(4) 针对电路的工作频率，选用不同种类的电阻。

虽然线绕电阻的分布参数比较大，不适合在高频电路中工作，但在低频电路中工作时，其影响并不大，甚至可以忽略。因此在低频(50kHz)以下的电路中就可选用普通线绕电阻，如电源电路中的分压电阻等。在高频电路中，则应选用分布参数小的电阻，其分布参数越小，高频性能越好。

(5) 根据电路稳定性的要求，选用不同温度特性的电阻。

电阻的温度特性是影响电路工作稳定性的重要因素。温度系数越大，电阻的阻值随温度变化就越显著；温度系数越小，阻值随温度变化就越小。有些电路对温度稳定性要求较高，要求电路中工作的电阻阻值变化很小，如稳压电源中的取样电阻。因为电阻阻值的变化会引起输出电压的不稳定，此时就应选用稳定性高的电阻，如碳膜电阻、金属膜电阻、金属氧化膜电阻和玻璃釉电阻等。

另外在一些实际电路中，由于部分元器件随温度变化而稳定性变差，就需要选用具有正(或负)温度系数的电阻来补偿其变化，以达到稳定工作的要求。如在甲乙类推挽功放电路中，常选用合适的负温度系数的热敏电阻与下偏置电阻并联，来稳定静态工作点。

因此，在实际选用时，要根据电路对温度稳定性的要求，有针对性地选用不同温度特性的电阻。

(6) 根据工作环境，选择不同类型的电阻。

工作在环境温度较高或安装在靠近发热器件旁边的电阻，一定要考虑选用耐高温的电阻，如金属膜电阻和金属氧化膜电阻等。

在温度、湿度都较高的环境中，应尽量选用抗潮湿性能好的金属玻璃釉电阻，不要选择合成膜电阻。

在环境温度、湿度较高，而且还有酸碱腐蚀影响的工作环境中，应尽量选择耐高温、抗潮性好、耐酸碱性强的金属氧化膜电阻和金属玻璃釉电阻。

(7) 优先选用通用型电阻。

通用电阻种类较多，规格齐全，阻值范围宽，生产数量大，成本低，价格便宜。因此，只要通用型电阻能满足电路的工作需要，就应优先选用。如果通用型电阻不能满足电路要求，就要考虑选用精密型电阻和其他特殊电阻。

(8) 优先选用标准系列的电阻。

在设计电路和家电维修工作中，要优先选择标准系列的电阻，既能满足使用要求，又方便经济。如果选择非标准系列的电阻，可能不容易找到又不方便，给以后的维修工作带来一定的困难。

(9) 按不同的用途选择电阻的种类。

在一般的民用电子产品中，选用普通的碳膜电阻就可以，其价廉且市售较多，容易买到；对电气性能要求较高的工业、国防电子产品，应选用金属膜、合成膜等高稳定性的电阻。因此要根据不同的用途选用适当种类的电阻。一般电路使用的电阻允许偏差为±5%或±10%，精密仪器及特殊电路中应选用精密电阻。

2) 电阻的质量判别和正确使用

在合理选用电阻的基础上，还要注意电阻的质量，可以通过观察引线、外壳来直观判断，看外形是否端正、标志是否清晰、保护漆层是否完好。对安装在电器设备上的电阻，通常表面漆层发棕黄色或变黑是电阻过热甚至烧毁的先兆，要重点检查。

外观检查完以后，也可以用万用表测量阻值，看是否在允许的误差范围内。对于在电路中的电阻进行测量时，应将电阻的一端与电路断开，避免对测量准确性有影响。在测量高阻值(1MΩ 以上)电阻时，不允许用两只手同时接触表笔两端，避免人体电阻并联被测电阻后影响测量准确性。而对于部分仪表中的电阻值的测量还可使用电桥测量。

在安装电阻前，要把引线刮光镀锡，确保焊接牢固可靠。需要打弯时，则应距根部 3mm～5mm 处打弯，而且要注意标志向上或向外。

3) 电阻的代换

当电阻在使用中出现断裂、阻值与标称阻值不符、短路、端部引出线接触不良时，都需要及时进行更换。代换的原则是阻值和功率最好与原来的一致，即选用同规格、同类型、同阻值的电阻，并排除故障。当没有同规格的电阻时，应采用大功率电阻取代同阻值小功率电阻；精度高的代换精度低的；金属膜电阻可以取代同阻值、同功率的碳膜电阻；当阻值不符时，也可通过电阻的串联、并联方法达到要求的阻值。

1.5.4 电位器的分类

电位器种类繁多，用途各异。通常可按用途、材料、结构、阻值变化规律及驱动机构的运动方式等进行分类。

1. 按电刷接触分类

电位器分为接触式电位器和非接触式电位器。接触式电位器是指电刷与电阻体接触的电位器，非接触式电位器是指电刷与电阻体不接触的电位器。

2. 按结构特征分类

电位器分为单联电位器、带开关电位器、锁紧式电位器、抽头式电位器、多联电位器。带开关电位器是备有开关的电位器，开关形式有推拉式、按键式、正开关式、反开关式等。

锁紧式电位器是调节机构经调定后，可以用锁紧装置加以固定的电位器。

抽头式电位器是指电阻体上有中间抽头引出端的电位器。

多联电位器是指由两个或两个以上单联电位器组成的电位器组件，分为同步多联电位器和异步多联电位器两种。

同步多联电位器是指用同一调节轴(或滑动柄)对各联电位器做同步调节的多联电位器。

异步多联电位器是指用各自调节轴(或滑动柄)对各联电位器做独立调节的多联电位器。

3. 按调节方式分类

电位器可分为直滑式电位器和旋转式电位器两种。

直滑式电位器是用滑柄使电刷做直线运动的电位器。

旋转式电位器是用转轴使电刷做旋转运动的电位器。它可分为单圈电位器、多圈电位器和螺旋电位器。单圈电位器是指旋转角度小于 360°的旋转电位器；多圈电位器是指旋转角度大于 360°，一般为(2～40)×360°的电位器；螺旋电位器是多圈电位器的电阻体制成螺旋形状的电位器。

4. 按材料分类

电位器可分为合金型、合成型、薄膜型、光电型和磁敏型 5 类电位器。

合金型电位器包括线绕电位器(WX)和块金属膜电位器。

合成型电位器包括合成实芯电位器(WS)、合成碳膜电位器(WH)、合成玻璃釉电位器(WI)、导电塑料电位器等。

薄膜型电位器包括金属膜电位器(WJ)、金属氧化膜电位器(WY)、碳膜电位器(WT)等。

光电型电位器包括电阻型光电电位器和结型光电电位器。

磁敏型电位器包括一般磁敏电位器和磁敏二极管电位器。

5. 按阻值变化规律分类

电位器可分为线性电位器和非线性电位器两种，如图 1.6 所示。

线性电位器(X 式)是指输出比 U_c/U_r 与行程比 θ/H (θ 为转角，H 为总转角)成直线关系的电位器，即其阻值变化与转角成直线关系，电阻体上导电物质的分布是均匀的，故单位长度的阻值相等，每单位面积能承受的功率也相等，适用于要求调节均匀的场合。

非线性电位器是指输出比与行程比不成线性关系的电位器。它包括指数式电位器(Z 式)、对数式电位器(D 式)和其他函数形式的电位器。

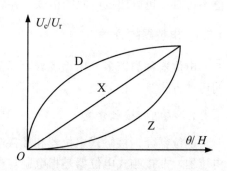

图 1.6　电位器阻值变化规律

指数式电位器是开始转动时，阻值变化较小，而在转角接近最大转角一端时，阻值的变化则比较陡。这种电位器单位面积允许承受功率不同，阻值较小一端，承受功率较大，适用于音量控制电路。

对数式电位器是开始旋转时，阻值变化很大，而在转角接近最大转角一端时，比较缓慢。这种电位器适用于要求与指数式相反的电路中，如音调控制电路。

6. 按用途分类

电位器可分为精密电位器、普通电位器、功率电位器、微调电位器、高频电位器、高压电位器、耐热电位器、快速电位器等。

1.5.5　不同电位器的特点

1. 合金型电位器

1) 线绕电位器(型号 WX)

线绕电位器按用途可分为普通线绕电位器、精密线绕电位器、功率线绕电位器和微调线绕电位器。按照阻值变化规律可分为线性和非线性两种。按照结构可分为单圈、多圈、多联等几种。

线绕电位器具有接触电阻低、噪声小、功率大、精度高、耐热性强、稳定性好、温度系数小等特点。缺点是分辨力低(电阻丝为一匝一匝缠绕在骨架上,当电刷从这一匝滑到另一匝时,阻值的变化呈阶梯状),阻值偏低,高阻时电阻丝很细,易断;绕组具有分布电容和分布电感,不宜用于高频。适用于高温、大功率以及精密调节电路,精密线绕电位器的允许偏差可达 0.1%,大功率电位器的功率可达 100W 以上。如 WXX-5、WX-8、WXD-23WW 等,线绕电位器的性能指标见表 1-38。

表 1-38 常见绕线电位器的主要参数

型　　号	标称功率/W	最大工作电压/V	标称阻值范围/kΩ
WX1-1 型线绕电位器	1		0.022～15
WX1-2 型线绕电位器	1		0.0022～15
WX1-3 型线绕电位器	1		0.0047～0.75
WX1-5 型线绕电位器	1		0.027～10
WX1-6 型线绕电位器	0.25,0.5		0.047～20
WX1-8 型精密多圈线绕电位器	1	100	0.1～10
WX1.5-1 小型多圈线绕电位器	1.5		0.1～10
WX1.5-2 小型精密多圈线绕电位器	1		0.1～27
WX1.5-3 小型精密多圈线绕电位器	1.5		0.2～56
WX1.5-11 型带指标精密多圈线绕电位器	1.5,1	100	0.47～47,0.1～27
WX1.5-2 型小型精密多圈线绕电位器	1.5		0.2～56
WX1.5-3 型小型精密多圈线绕电位器	2		0.3～100
WX2-1 型小型精密多圈线绕电位器	1.5	50～100	0.47～47
WX2-11 型带指标精密多圈线绕电位器	2	300	0.1～200
WX2-2 型精密多圈线绕电位器	2.5	100	0.3～100
WX2.5-1 型精密多圈线绕电位器	3		0.1～47
WX3-11 型小型精密多圈线绕电位器	3	100	0.082～100
WX3-49 型精密多圈线绕电位器	5		0.1～56
WXDJ 型精密多圈线绕电位器	3		0.047～27
WX3-1 型精密多圈线绕电位器	3		0.1～47
WX3-12 型线绕电位器	3		0.027～20
WX3-16 型线绕电位器	3		0.027～20
WXJ1 型精密线绕电位器	5		0.047～33
WXJ2-1 型直线式精密线绕电位器	5		1～56
WXJ2-1A 型函数式精密线绕电位器	5		1～27
WSJ2-2 型直线式精密线绕电位器	5		1～56
WXJ2-2A 型函数式精密线绕电位器	5		1～27
WXJ2-3 直线式精密线绕电位器	5		1～56

续表

型　　号	标称功率/W	最大工作电压/V	标称阻值范围/kΩ
WXJ2-3A 型函数式精密线绕电位器	5		1～27
WXJX 型小型精密线绕电位器	1～3		0.1～39
WXJ-3 型精密线绕电位器	1～3		0.3～20
WX5-2、WX5-3 型线绕电位器	5	120～200	0.027～20
WX25-1 型线绕电位器	25		0.028～2.2
WXDJ 型精密多圈线绕电位器	1	100	0.5～100
WXW0.25 型微调线绕电位器	0.25		0.033～8.2
WXX 小型微调线绕电位器	0.25		0.047～4.7
WXWX 微调线绕电位器	0.5		0.1～10
WXW0.5—2、WXW0.5—3 微调线绕电位器	0.5		0.01～20

2) 块金属膜电位器

一般为微调电位器，它综合了线绕和非线绕电位器的最佳性能。温度系数小于 $10\times10^{-6}/℃$，最大也只有 $20\times10^{-6}/℃$；可制成标称阻值很小的电位器，阻值范围 $2\Omega\sim5k\Omega$；没有电流噪声和非线性；滑动噪声很小，等效噪声电阻小于等于 20Ω，甚至小于 10Ω；稳定性好，分辨力高；没有分布参数，可用于高频场合。

2. 合成型电位器

1) 合成型碳膜电位器(型号 WH)

合成型碳膜电位器由于其阻值连续可调，使其分辨力很高，阻值范围宽，约为 $100\Omega\sim4.7M\Omega$，易制成符合需要的阻值变化特性。功率一般低于 2W，有 0.125W、0.5W、1W、2W 等，若做到 3W，体积显得很大。缺点是精度较差，一般为 ±20%；对于低于 100Ω 的电位器，比较难于制造；由于粘接剂是有机物，耐热和耐潮性较差，寿命低。

合成型碳膜电位器按阻值变化规律分为线性和非线性两种，按轴端结构形式分为带锁紧和不带锁紧两种。

合成型碳膜电位器工艺简单、价格低廉，是目前应用最广泛的电位器之一。适用于民用家电产品及一般的仪器仪表电路，如 WH4、WH14、WH23 等。合成型碳膜电位器的性能指标见表 1-39。

表 1-39　合成碳膜电位器的主要参数

型　　号	标称功率/W	最高工作电压/V	标称阻值范围/Ω
WH5-4 型小型合成碳膜电位器	1/0.5		0.47k～4700k
WH5-1 型合成碳膜电位器	0.25	200	4.7k～2.2M
WH9-1 型合成碳膜电位器	0.25	150	0.47k～4700k
WH9-2 型合成碳膜电位器			
WH9-3 型合成碳膜电位器	0.1	100	4.7k～2200k

续表

型　号	标称功率/W	最高工作电压/V	标称阻值范围/Ω
WH9-k1 型合成碳膜电位器	0.25	150	0.47k～4700k
WH9-k2 型合成碳膜电位器	0.1	100	4.7k～2200k
WH9-k3 型合成碳膜电位器			
WH1 型合成碳膜电位器	0.25，0.1	150，100	4.7k～680k，4.7k～680k
WHX-1 小型合成碳膜电位器	0.25		4.7k～2200k
WHX-2 小型合成碳膜电位器	0.5		0.47k～4700k
WHX-3 小型合成碳膜电位器	0.25/0.5		4.7k～2200k
WHX-4 小型合成碳膜电位器	0.5/0.25		0.47k～4700k
WH112 微调合成碳膜电位器	0.1		470k～1000k
WH122 微调合成碳膜电位器	0.1		470k～1000k
WH123 微调合成碳膜电位器	0.1		470k～1000k
WH10 微调碳膜电位器	0.05	50	0.47k～1000k
WH-13 微调碳膜电位器	0.05	50	0.47k～1k
WH-14 微调碳膜电位器	0.1	100	0.47k～1k
WH7 微调合成碳膜电位器	0.1	100	0.47k～680k
WH3 微调碳膜电位器	0.1	100	6.8k～100k
WH15 型合成碳膜电位器	0.1		1k～100k
WH5-1 小型合成碳膜电位器	0.5		4.7k～2200k
WH5-2 小型合成碳膜电位器	1		0.47k～4700k
WH5-3 小型合成碳膜电位器	0.5/0.5，0.5/1		4.7k～2200k
WH112A-1，WH112A-2	0.033，0.033	100，100	470～470k，470～470k
WH156-k1 型合成碳膜电位器	0.1	100	1k～2.2M
WH156-k2 型合成碳膜电位器	0.1	100	1k～2.2M
WH158-13A 型合成碳膜电位器	0.1/0.25	75/100	1k～2.2M
WH158-13C 型合成碳膜电位器	0.1	100	1k～2.2M
WH125-1 型合成碳膜电位器	0.125	150	470～1M
WH125-2 型合成碳膜电位器	0.125	150	470～1M
WH148-1A-1 型合成碳膜电位器	0.125	150	680～1M
WH148-1AZ-2 型合成碳膜电位器	0.125	150	680～1M
WH148-2A-8 型合成碳膜电位器	0.125	150	1k～1M
WH148-2AZ-1 型合成碳膜电位器	0.5	100	680～1M
WH148-1AD-3 型合成碳膜电位器	0.5	100	1k～1M
WH148-1B-5 型合成碳膜电位器	0.125	100	680～1M
WH175 型合成碳膜电位器	0.05	150	4.7k～470k

2) 合成实芯电位器(型号 WS)

结构简单，体积小，寿命长，可靠性好，耐热性好。阻值范围在 47Ω～4.7MΩ 之间，功率多在 0.25W～2W 之间，允许偏差有±5%、±10%、±20% 几种。缺点是噪声大，启动力矩大。这种电位器多用于对可靠性要求较高的电子仪器中，有带锁紧和不带锁紧两种，如 W23、W512 等。实芯电位器的性能指标见表 1-40。

表 1-40　常见实芯电位器的主要参数

型号	电阻规律	标称功率/W	最大工作电压/V	标称阻值范围/kΩ
WSW 型矩形微调有机实芯电位器	直线式	0.25	100～250	0.1～1000
W2S 型矩形微调有机实芯电位器	直线式	0.25	100～300	0.1～1000
WS16 型超小型微调有机实芯电位器	直线式	0.25	150	0.1～1000
WS 型有机实芯电位器	直线式	0.25		0.1～1000
	直线式	0.25		1～2200
WS-3A 型有机实芯电位器	直线式	0.5	100～350	0.1～4700
WS-3B 型有机实芯电位器	对数式	0.25	100～250	1～1000
W1S 型有机实芯电位器		0.5	100～350	0.1～5000
WS2 型有机实芯电位器	直线式	0.5	100～350	0.1～1000
WS1 型有机实芯电位器	直线式	0.5	100～350	0.1～680
WS5 型有机实芯电位器	直线式	1	250～350	0.047～4700
		2	400～500	
WS6 微调有机实芯电位器		0.25		0.1～1000
WSR 型耐热无机实芯电位器	直线式	0.5	300	0.1～4700
		2	600	0.1～1000

3) 导电塑料电位器

线性精度高，可达到±0.1%，转动力矩小，分辨力高，可在 1mm 行程上，分辨出 1000 个点，平滑性好，耐磨性好，寿命可达 500 万次，接触可靠，滑动噪声小，阻值范围宽(200Ω～300kΩ)，工作温度范围为-55℃～+125℃，但耐潮湿性差。适用于遥控设备、伺服控制器和一般测量仪表中作为机电转换元件。

4) 金属玻璃釉电位器(型号 WI)

以钯-银玻璃釉电位器为例。其阻值范围为几十欧到几兆欧，微调电位器为10Ω～2MΩ，易做成高阻电位器；由于金属玻璃釉是在高温下烧结而成，所有材料均为耐氧化、耐高温的无机材料，故耐热性好；温度系数比碳膜电位器小，但比线绕和金属膜的大，一般为$200\times10^{-6}/℃$；金属玻璃釉很坚硬，不易磨损，旋转寿命特别长；耐潮性好、可靠性高、分布参数小，适用于射频范围；接触电阻较大，一般为总阻值的 3%，大于20Ω，比金属膜高一个数量级。但电流噪声大，不宜用于要求高增益、低噪声的输入回路。玻璃釉电位器的性能指标见表 1-41。

表 1-41　几种常见的玻璃釉电位器的主要参数

型　号	标称阻值/Ω	标称功率/W	允许偏差/%
WI-1 型	0.1～1000k	0.25W	±10，±20
WI-3 型	0.1～1000k	1W	±10
WI110 型	100～1M	0.25W	±10，±20
WIW21 型	100～2.2M	0.75W	±10
SWI19 型	56M，64M	1.29W，1.35W	±20

3. 薄膜型电位器

1) 金属膜电位器(型号 WJ)

耐高温、分辨力强、温度系数大、噪声小、分布参数影响小、高频特性好，适用于直流到 100MHz 的高频电路中。缺点是耐磨性差、阻值范围窄，一般为 $10\Omega \sim 100\mathrm{k}\Omega$ 以内。

2) 氮化钽膜电位器

阻值范围偏低，约在 $100\Omega \sim 10\mathrm{k}\Omega$ 之间；温度系数较小，一般小于 $100\times 10^{-6}/℃$，最小可达 $\pm 25\times 10^{-6}/℃$；氮化钽膜属精密电阻膜，稳定性很好，在常温常湿下放置 1000 小时后，1kΩ 的阻值变化率在 0.05% 以下；滑动噪声较小，对 1kΩ 的电位器，滑动噪声不超过 4.5mV，比碳膜和金属玻璃釉电位器都小；高频特性好，从直流到 80MHz 阻值几乎不变；耐磨寿命较好，可靠性较高。

3) 金属氧化膜电位器(型号 WY)

工作温度较高，可在 150℃ 以上的温度下正常工作；电阻温度系数小，可达 $50\times 10^{-6}/℃ \sim 150\times 10^{-6}/℃$；工作频率较高，分辨力较好，摩擦力矩小，体积小，结构工艺简单，价格较低。但阻值范围窄，接触电阻大，耐磨性差。

4. 光电电位器

光电电位器是由基体、电阻带、光导电层、集流电极及光源等组成，属于非接触式电位器。一般分为电阻型光电电位器和结型光电电位器。

电阻型光电电位器的优点是转动摩擦力矩小，没有因触点运动所引起的摩擦噪声，分辨力高，可靠性好，寿命长。不足之处在于阻值范围不大，温度系数较大。电阻型光电电位器的温度系数为 0.001/℃～0.01/℃(环境温度在 20℃～70℃ 内)。

结型光电电位器同电阻型光电电位器相比，具有以下优点：

(1) 通过光刻控制条型区的宽度，可得到需要的输出特性精度，并可制成多种形状，以适应光源的要求。

(2) 制造成本低，工艺成熟，成品率高。

(3) 响应时间短，可达到微秒级。

(4) 采用不同的半导体可以使用不同波长的光。

5. 磁敏电位器

磁敏电位器是利用磁电阻效应而制成的，它是利用磁敏电阻通过改变磁场强度来改变输出参数的电位器。磁敏电阻元件的阻值随穿过它的磁通量的增大而增大。用来作为磁敏电阻材料的是单晶半导体。为了增强磁阻效应，可在半导体材料表面沉积许多彼此平行、与外加磁场垂直的金属电极，称为短路条。短路条的作用是在没有磁场时，电流因洛伦兹力而发生偏转，延长电流的路径，增加电位器的电阻，提高电位器的灵敏度。

一般磁敏电位器由两个磁敏电阻串联组成。为了增大阻值和提高灵敏度，可把多个磁敏电阻串联起来，排成圆环形或圆弧形，磁铁制成扇形，可以沿磁敏电阻做旋转运动。圆环形磁敏电位器有两个输入端、两个输出端，称为差动式电位器。

磁敏电位器的优点是转动摩擦力矩小，没有因触点运动所引起的摩擦噪声，分辨力高，可靠性好，寿命长。磁敏电位器的缺点是阻值范围不宽，温度系数较大。

1.5.6 电位器的选用

1. 各类电位器性能比较

各类电位器的性能比较见表1-42。

表1-42 各类电位器性能比较

性能	线绕	块金属膜	合成实芯	合成碳膜	金属玻璃釉	导电塑料	金属膜
阻值范围/Ω	4.7k~5.6k	2k~5k	100k~4.7M	470k~4.7M	100k~100M	50k~100M	100k~100k
线性精度	>±0.1%			>±0.2%	<±10%		>±0.05%
额定功率/W	0.5~100	0.5	0.25~2	0.25~2	0.25~2	0.5~2	
分辨力	中~良	极优	良	优	优	极优	优
滑动噪声			中	低~中	中	低	中
零位电阻	低	低	中	中	中	中	中
耐潮性	良	良	差	差	优	差	优
负荷寿命	优~良	优~良	良	良	优~良	良	优

2. 电位器的合理选用

电位器的种类很多，同一品种的电位器又有很多不同规格型号的产品，因此电位器的选用比较复杂。合理选用电位器不仅要从多方面考虑，以满足电路的要求，而且还要尽量降低成本。

1) 选用电位器的基本方法

电位器是一个可调的电子元件，选择电位器要根据使用情况和电子设备对电位器的性能及主要参数要求。当作为分压器时，调节电位器的转轴或滑柄，在输出端应得到连续变化的输出电压；当作为变阻器时，在电位器行程范围内可得到一个平滑连续变化的阻值；当作为电流调节元件时，电位器就成为电流控制器，其中一个选定的电流输出端必须是滑动触点引出端。

(1) 根据使用要求选用电位器。

合成碳膜电位器是家用电器设备中使用最早、应用最广泛的电位器，在要求不高的电路中，可选用该电位器。如晶体管收音机和黑白电视机中带旋转开关的音量电位器，家用电器和电子设备用的微调电位器等。另外，在要求使用耐磨寿命长的电路中，也应选择机械寿命长的合成碳膜电位器。

在直流电路、低频电路以及对噪声要求低的电路中，可选用线绕电位器，但该电位器因电流通过电阻丝时，产生的分布电容和分布电感较大，所以在高频电路中不宜选用。

对于精密电子设备，可选用金属玻璃釉电位器，而微调型的电位器可用于小型电子设备的音调、音量的调整。

在精密电子设备的自动控制电路、电子计算机的伺服控制电路中，可选择精密多圈电位器。

对于彩色和黑白电视机电路，使用的电位器比较多，如用于音量调节和电源电路中带开关的推拉式电位器，用于行同步、亮度调节、对比度调节的普通单联电位器。

立体声音响设备中用双联电位器调节两个声道的音量和音调。

(2) 根据电路对参数的要求选用电位器。

电位器的主要参数有标称阻值范围、允许偏差、额定功率、最高工作电压、机械寿命、轴端形状等性能参数，这些参数是选择电位器的依据。在根据要求选好电位器的种类后，首先应选择电位器的阻值要符合电路要求。而在一些对噪声要求严格的电子设备中，电位器的动噪声和静噪声要尽量小，要选用噪声小的线绕电位器。若电子电路对电位器的耐磨性有不同要求，则应选用不同参量的电位器，同时还要结合电位器的额定功率、最高工作电压、分辨力等主要参数来合理选用。

另外，电位器调节轴的直径、长度以及轴端形状也各不相同，应根据实际情况、具体使用的场合来进行选择。

(3) 直线式、对数式、指数式和开关电位器的选用。

直线式电位器的阻值范围随旋转做均匀变化，适用于家用电器及其他电子设备中要求电位器阻值均匀变化的电路。如稳压电源的取样电路、晶体管收音机电路中调节工作点的电位器等，都应选用直线式电位器。

对数式电位器阻值在转角较小时变化大，以后阻值逐渐变小。可以看成前一段为粗调，后一段为细调，比较适合于音调控制电路和电视机中对比度的调节电路。

指数式电位器常用于收音机、电视机、各种音响设备中的音量控制。音量电位器采用指数式电位器，正好和人耳的听觉特性相互补偿，使得音量电位器转角从零开始逐渐增大时，人们对音量的增加有均匀的感觉。

开关电位器有推拉式开关电位器和旋转式开关电位器两种。推拉式电位器在执行开关动作时，电位器的动接点不参加动作，对电阻体没有磨损；而旋转式电位器开关每动作一次，动接点就要在电阻体上滑动一次，因此磨损大，影响其使用寿命。如在电视机的音量调节和电源开关电路，组合音响的音调、音色调节电路中，可选用带开关的推拉式电位器。在收音机、电视机的音量调节、亮度调节和电源开关中，常选带开关的旋转式电位器。

(4) 根据电路的功率及工作频率选用。

为使电路可靠工作，首先要分析电路的工作特点，在大功率电路中应选用功率型线绕电位器，中频或高频电路应选用分布参数小的金属膜或碳膜电位器。

2) 电位器的质量判别与正确使用

(1) 使用电位器前要对电位器进行检查。

电位器在使用前，要对其标称阻值、滑动臂与电阻片的接触是否良好、开关的接触情况等进行检查。检查时，可用万用表的 $R\times10\Omega$ 档或 $R\times1k\Omega$ 档进行测量，与标称阻值核对。如果万用表指针不动或比标称阻值大很多，表明电位器已坏；如表针跳动，表明电位器内部接触不好。移动滑动端观察电位器的阻值变化情况，如果阻值从最小到最大之间连续变化，而且最小值越小，最大值越接近标称值，表明质量越好；如果阻值间断或不连续，表明滑动端接触不好，不能选用。再测量电位器各端子与外壳及旋转轴之间的绝缘，看绝缘电阻是否足够大。

(2) 使用中要注意对电位器的调整。

电位器为可调电子元件，需要经常调整。一些家用电器由于经常通过旋转电位器来调节音量，使其极易磨损。为了延长电位器的使用寿命，在调节时要注意用力均匀。带开关的电位器，不能猛开猛关。带开关的旋转式电位器，电位器已旋转到最大位置时，切不可再继续旋转电位器。

(3) 电位器必须在其额定值范围内使用。

电位器不能超负荷使用，要在规定的额定值范围内使用，尤其注意中心触刷。导电塑料电位器、金属膜电位器、陶瓷电位器的触刷不能通过电流，有时一个火花就可烧坏触刷，损坏电位器，即使不完全烧坏，也会使电位器的噪声变大。

(4) 电位器的安装。

电位器的安装要牢固可靠，应该拧紧螺钉，避免因松动变位而导致电路发生故障，尤其是带开关的电位器和电源相连时要更加注意。当安装微调电位器时，要注意安装工艺，合理分布排列，使其在调节时不影响其他的相邻元件。焊接电位器时，要注意电烙铁的温度和焊接时间，温度过高会损坏电位器。

(5) 电位器的代换。

电位器损坏严重时，要及时更换，最好选择同类型、同规格、同阻值的电位器，还应注意电位器的轴长及轴端形状能否与原来的配合。如果找不到原型号、原规格的电位器又急需使用，则可用相似阻值和型号的电位器代换，但是代换的电位器的额定功率要小于原来电位器的额定功率，而体积、外形和阻值范围应与原来的电位器相近。

1.6 电阻和电位器的测量

1.6.1 电阻的测量

1. 万用表测量电阻

利用万用表可以方便地测量电阻。测量时，首先将万用表进行调零，即将红黑表笔短接，调节调零旋钮，使指示阻值为零。然后，再用表笔接被测电阻两端进行测量，根据指针偏转的指示值求出被测电阻值。如将万用表置于 $R\times1k\Omega$ 档，指示在 10 上，即表示被测电阻值为10kΩ。如果指针不摆动，则可将万用表置于 $R\times10k\Omega$ 档，并重新调零，若还不摆动，则表明该电阻内部已断，不能再用。如果指针指示为零，则可将万用表置于 $R\times100\Omega$ 档或 $R\times10\Omega$ 档进行测量。此时指针偏转指示的值，再乘以 100 或 10 即为被测电阻值。

在测量过程中，需注意的是只要换档，就必须重新进行调零。否则，将产生较大的测量误差。同时，应注意拿电阻的手不要触碰电阻的两根引出端，以免手指电阻与被测电阻并联，影响测量精度。

另外，在常温下熔断电阻的阻值是正常的。在用万用表测量它的其他性能时，将万用表表笔并联在熔断电阻两端，同时用人体对它进行加热，用手握住它，使熔断电阻的温度升高，此时能看到万用表指针逐渐偏转。如果温度升高时，其阻值迅速增大，则被测熔断电阻是正温度系数的热敏电阻；若其阻值迅速降低，则为负温度系数的热敏电阻。

2. 数字万用表测量电阻

用数字万用表测量电阻，无需调零，测得的阻值更为精确。测试方法为：将数字万用表的红表笔插入 V·Ω 孔，黑表笔插入 COM 孔，将量程开关置于电阻档(根据阻值确定)，电源开关拨到 ON 位置，将红黑表笔分别与电阻的两个引脚相接，显示屏上便能显示出电阻的阻值。如果测得的阻值为无穷大，显示屏左端显示 1 或者-1，这时应选择稍大量程再进行测试。

应该注意，欧姆档量程选得是否合适，将直接影响测量精度。如测量 20Ω 电阻时，应选用 $R\times 1\Omega$ 档；如选用 $R\times 1k\Omega$ 档，读数精度极差。因此，要认真选择量程，这是提高测量精度的重要环节。被测电阻阻值为几欧到几十欧时，可选用 $R\times 1\Omega$ 档；被测电阻阻值为几十欧到几百欧时，可选用 $R\times 10\Omega$ 档；被测电阻阻值为几百欧到几千欧时，可选用 $R\times 100\Omega$ 档；被测电阻阻值为几千欧到几十千欧时，可选用 $R\times 1k\Omega$ 档；被测电阻阻值为几十千欧以上时，可选用 $R\times 10k\Omega$ 档。

3. 半压法测量电阻

图 1.7 所示为半压法测量电阻的原理框图。为了提高测量精度，R 采用标准电阻箱。调节 R，使直流电压表的指示值为 $E/2$。此时，被测电阻 R_x 等于标准可调电阻 R 的读数。

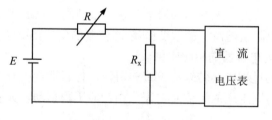

图 1.7　半压法测量电阻

4. 计数法测量电阻

图 1.8 所示为计数法测量电阻的原理框图。首先将被测电阻通过电阻电压(Ω/V)转换器(如运算放大器)变换成直流电压，然后经量程开关加到模拟数字转换器(A/D)上，将直流电压变为数字量，最后经计数器计数，由显示器显示被测电阻值。其误差为±1 量化误差，测量准确度较高。

图 1.8　计数法测量电阻

5. 电桥法测量电阻

电桥法测量电阻以惠斯登电桥最为著名,如图1.9所示。4个桥臂均由电阻组成,其中R_A为标准可调电阻。调节R_A,使检流计G指零,即电桥平衡。

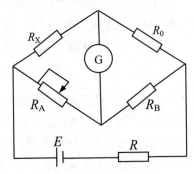

图1.9 电桥法测量电阻

当电桥平衡时

$$R_X \cdot R_B = R_0 \cdot R_A \tag{1.6}$$

$$R_X = \frac{R_0 \cdot R_A}{R_B} \tag{1.7}$$

R_X可从R_A的刻度上直接读出。

1.6.2 电位器的测量

1. 万用表测量电位器

普通电位器对外有3个引出端,固定端1、3,滑动端2。固定端1、3两端的电阻值就是电位器的标称阻值。将万用表的两根表笔分别连接被测电位器的2、3端或1、2端,这时滑动端与固定端的电阻值随滑柄的改变(即触点位置的变化)而改变,但1、2端的阻值与2、3端的阻值之和恒为电位器的标称阻值。

在慢慢旋转轴柄的过程中,转轴应该旋转灵活,松紧适当,听不到咝咝的机械声。在用万用表测量滑动端与固定端的阻值时,表头指针应平稳移动,如有跌落现象,说明可变接触点接触不当。

一般情况下,对于圆形电位器,动触点为3个引脚中间的一个;对于矩形电位器,其引脚在下部,3个引脚中间的一个为动触点引脚。

用万用表确定动触点的方法是将万用表的两表笔分别接电位器3个引脚中的任意两个,测其阻值。当测得的阻值与标称阻值相等时,此时两表笔所接引脚为固定引脚,剩余的另一脚为动触点引脚。

对于有4个引脚的电位器,其中一个引脚与电位器的金属外壳相连,此脚接地后,可起到屏蔽作用。用万用表欧姆档($R\times 1\Omega$)测量各引脚与外壳的阻值,当阻值为零时,万用表表笔所接引脚即为外壳接地脚。

2. 同轴电位器的测量

1) 测量方法一

如图 1.10 所示,先分别测量电位器 A 的 1、3 两端和电位器 B 的 1、3 两端的阻值,这两个阻值应相等,且都等于被测同轴电位器的标称阻值。然后将电位器逆时针旋转到底,用两只万用表的表笔分别接电位器 A 的 1、2 端和 B 的 1、2 端,按顺时针慢慢旋转同轴电位器的轴柄,观察两只万用表的阻值变化是否同步,表头指针是否有跳动。再用同样方法测量同轴电位器 A 的 2、3 端和 B 的 2、3 端,看其阻值变化是否同步,表头指针是否跳动。性能良好的同轴电位器,标称阻值应相等或近似相等,在旋转轴柄时同步误差(阻值)极小,且无指针跳动现象。

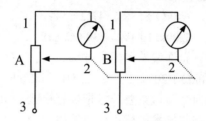

图 1.10　同轴电位器的测量(一)

2) 测量方法二

如图 1.11 所示,先用万用表分别测量同轴电位器 A 的 1、3 端和 B 的 1、3 端的阻值,它们相等,且均等于同轴电位器的标称阻值。然后用一根导线将电位器 A 的 1 脚和电位器 B 的 3 脚短接起来,将万用表两根表笔分别接同轴电位器 A、B 的 2 脚,测得的阻值应等于被测同轴电位器的标称阻值。顺时针或逆时针慢慢旋转轴柄,表头指针摆动越小,说明被测同轴电位器同步越好。按同样方法,将电位器 A 的 3 脚和 B 的 1 脚进行短接测量,表头指针仍是不摆动或越小越好。

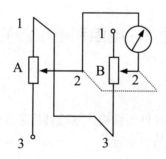

图 1.11　同轴电位器的测量(二)

3. 开关电位器的测量

对于带开关的电位器,除检测电位器的标称阻值及接触情况外,还应该检测其开关是否正常。先旋动电位器轴柄,检查开关是否灵活,接通、断开时是否有清脆的喀哒声。用万用表 $R \times 1\Omega$ 档,两表笔分别接在电位器开关的两个引脚上,旋动电位器轴柄,使开关动作,在"开"位置时,万用表读数应为零。在"关"位置时,万用表读数应为无穷大。

1.7 练习思考题

1. 电阻器的主要参数有哪些？
2. 电阻器的主要标志方法有哪几种？
3. 电阻器上哪一端是第一环？电路图中标出的电阻值是电阻器的实际值还是标称值？
4. 碳膜电阻有 1/8W、1/4W、1/2W 等多种不同的功率。在阻值相同的前提下用额定功率大的电阻是否消耗的功率也会增大？
5. 用四色环标注出电阻：$6.8k\Omega \pm 5\%$，$47\Omega \pm 5\%$。
6. 用五色环标注出电阻：$2.00k\Omega \pm 1\%$，$39.0\Omega \pm 1\%$。
7. 指出下列电阻的阻值、允许偏差和标志方法。
   　　$2.2k\Omega \pm 10\%$　　$680k\Omega \pm 20\%$　　$5k1 \pm 5\%$　　$125\ k$　　$102J$
8. 电阻器如何命名，如何分类，主要技术指标有哪些，如何正确选用电阻器？
9. 电位器有哪些类型，哪些技术指标，如何选用？
10. 一般情况下如何判别电阻器的好坏？
11. 如何判别电位器的质量好坏？作为音量控制电位器，若接触不好，会产生什么现象？
12. 电子产品中广泛使用的碳膜电阻和金属膜电阻各有什么特点，如何选用，如何识别？
13. 表面涂绿漆和红漆的电阻各是什么电阻，这两种电阻哪种质量好？
14. 怎样检测电位器的质量好坏？
15. 电阻器在电路中起什么作用？

实训题 1　电阻和电位器的识别

一、目的

(1) 熟悉电阻和电位器的各种外形结构，掌握其标志方法。
(2) 熟练掌握电阻和电位器的识别方法。

二、工具和器材

(1) 各种不同标志的普通电阻，大功率(1/2W 以上)电阻若干。
(2) 各种电位器若干。

三、步骤

(1) 直标元件的识别：写出直标元件的型号、名称及主要参数，记录在表 1-43 中。

(2) 色环元件的识别：写出色环元件的型号、名称及主要参数，记录在表 1-43 中。

表 1-43　电阻和电位器的识别

电阻编号	标志方法	标志内容	主要参数		备注
			标称阻值	其他参数	
1					
2					
3					
电位器编号	标志方法	标志内容	标称阻值范围	其他参数	
1					
2					
3					

实训题 2　电阻的检测

一、目的

掌握用万用表测量电阻阻值的方法，并计算其实际偏差。

二、工具和器材

(1) 万用表一块。

(2) 各种不同标志的普通电阻，大功率(1/2W 以上)电阻若干。

三、步骤

(1) 读出不同标志方法电阻的标称阻值，允许偏差及其他参数值，将结果记录在表 1-44 中。

(2) 用万用表测量以上电阻的阻值，并计算出实际偏差，将结果记录在表 1-45 中。

表 1-44　电阻的识读结果

电阻编号	标志方法	标志内容	识 读 结 果			备 注
			标称阻值	允许偏差	其他参数	
1						
2						
3						
4						
5						
6						
7						
8						

续表

电阻编号	标志方法	标志内容	识读结果			备注
			标称阻值	允许偏差	其他参数	
9						
10						

表 1-45 电阻的检测与分析

电阻编号	万用表量程	测量阻值	标称误差	实际误差	备注
1					
2					
3					
4					
5					
6					
7					
8					
9					
10					

第 2 章 电 容 器

教学提示：电容器作为电荷存储的容器，具有隔直流通交流的功能，是各类电子电路不可缺少的电子元件，应用十分广泛。

教学要求：通过本章学习，学生应了解电容器的概念、命名、标志方法和技术指标，熟悉不同类型电容器的性能特点和适用场合，并能够根据选用原则、选用方法以及不同类型电容器的使用注意事项、质量判别和测量方法对电容器进行合理选择和测量。

2.1 概 述

电容器是各类电子线路中必不可少的一种元件，简单讲就是存储电荷的容器，两个彼此绝缘的金属极板就构成一个最简单的电容器，其电容量由下式决定：

$$C = \frac{q}{u} \tag{2.1}$$

式中，q 为极板上的电荷量，单位为库[仑](C)；u 为两极板间的电位差，单位为伏[特](V)；C 为电容量，单位为法[拉](F)。

法[拉]定义为当一个极板上的电荷量为 1 库[仑]，两极板间的电位差为 1 伏[特]时，电容量为 1 法[拉]。

$1F = 10^6 \mu F = 10^9 nF = 10^{12} pF$，1 法 $= 10^6$ 微法 $= 10^9$ 纳法 $= 10^{12}$ 皮法。

在实际应用中，由于法(F)单位太大，一般使用微法(μF)或皮法(pF)。在一些老式电容器上，也有标为微微法($\mu\mu F$)的，即皮法(pF)。

2.2 电容器的命名及标志

2.2.1 电容器的命名

固定电容器的型号命名方法由国家标准《电子设备用固定电阻器、固定电容器型号命名方法》(GB/T 2470—1995)所规定。它于 1996 年 8 月 1 日开始实施，取代了原国家标准(GB/T 2470—81)和部标(SJ 153—73)。它规定了电容器的型号命名方法，由以下 4 部分组成。

第 1 部分：主称，一般用字母 C 表示。

第 2 部分：材料，一般用字母表示，见表 2-1。

第 3 部分：特征，一般用一个数字或一个字母表示，见表 2-2。

第 4 部分：序号，用数字表示。

表 2-1 电容器介质材料

符号	意 义	符号	意 义	符号	意 义
A	钽电解	B	非极性有机薄膜介质	C	Ⅰ类陶瓷介质
E	其他材料电解	G	合金电解	H	复合介质
J	金属化纸介质	L	极性有机薄膜介质	N	铌电解
Q	漆膜介质	S	Ⅲ类陶瓷介质	T	Ⅱ类陶瓷介质
D	铝电解	I	玻璃釉介质	O	玻璃膜介质
Y	云母介质	Z	纸介质	V	云母纸介质

注：(1) 用 B 表示聚苯乙烯薄膜介质，采用其他薄膜介质时，在 B 的后面再加一字母来区分具体使用材料。区分具体材料的字母由有关规范规定，如介质材料是聚丙烯薄膜介质时，用 BB 来表示。

(2) 用 L 表示除聚酯外其他极性有机薄膜材料时，在 L 后再加一字母区分具体材料，如 LS 表示聚碳酸酯。

表 2-2 电容器特征部分的数字或字母代号

数字	瓷介电容器	云母电容器	有机电容器	电解电容器
1	圆 形	非密封	非密封(金属箔)	箔 式
2	管形(圆柱)	非密封	非密封(金属化)	箔 式
3	密 封	密封(金属箔)		烧结粉非固体
4	独 石	密封(金属化)		烧结粉固体
5	穿 心		穿 心	
6	支 柱		交 流	交 流
7	交 流	标 准	片 式	无极性
8	高 压	高 压	高 压	
9			特 殊	特 殊
G	高功率			

例如，CCG 圆形高功率瓷介电容器的命名如下：

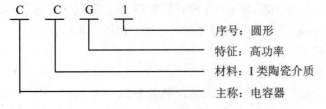

CA11A 型钽箔电解电容器的命名如下：

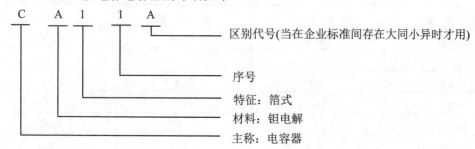

2.2.2 电容器的标志

电容器的标志方法主要有直接标志法、数码表示法、色标法等。

1. 直接标志法

在电容器上直接印上该电容的标称容量、工作电压及允许偏差，如：

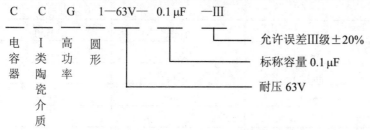

但有些电容器上只标有标称容量且未标单位，其读法一般为

当容量在 $1\sim10^5$ pF 之间时，读为 pF，如 510pF；

当容量大于 10^5 pF 时，读为 μF，如 0.22μF。

有时也可以认为，用大于 1 的 3 位以上数字表示，容量单位为 pF；用小于 1 的数字表示，单位为 μF。

国标《电阻器和电容器的标志代码》(GB/T 2691—1994)规定，电容器代码按需要采用 3、4 或 5 个字符即两个数字和 1 个字母、3 个数字和 1 个字母或 4 个数字和 1 个字母，并用字母代替小数点，见表 2-3。

表 2-3 电容器代码标志的示例

电 容 量	代 码 标 志	电 容 量	代 码 标 志
0.1pF	p10	100nF	100n
0.15pF	p15	150nF	150n
0.332pF	p332	332nF	332n
0.590pF	p590	590nF	590n
1pF	1p0	1μF	1μ0
1.5pF	1p5	1.5μF	1μ5
3.32pF	3p32	3.32μF	3μ32

续表

电 容 量	代 码 标 志	电 容 量	代 码 标 志
5.90pF	5p90	5.90μF	5μ90
10pF	10p	10μF	10μ
15pF	15p	15μF	15μ
33.2pF	33p2	33.2μF	33μ2
59.0pF	59p0	59.0μF	59μ0
100pF	100p	100μF	100μ
150pF	150p	150μF	150μ
332pF	332p	332μF	332μ
590pF	590p	590μF	590μ
1nF	1n0	1mF	1m0
1.5nF	1n5	1.5mF	1m5
3.32nF	3n32	3.32mF	3m32
5.90nF	5n90	5.90mF	5m90
10nF	10n	10mF	10m
15nF	15n	15mF	15m
33.2nF	33n2	33.2mF	33m2
59.0nF	59n0	59.0mF	59m0

注：用 4 位有效数字表示电容量时，其标志如下所示：

电容量	代码标志	电容量	代码标志
68.01pF	68p01	680.1pF	680p1
6.801nF	6n801	68.01nF	68n01

2. 数码表示法

一般用 3 位数字表示容量的大小，单位为 pF。前两位为有效数字，后一位表示倍率，即乘以 10^i，i 为第 3 位数字，若第 3 位数字为 9，则乘以 10^{-1}。如 233 代表 $23×10^3$ pF $= 23000$ pF $= 0.023$ μF，479 代表 $47×10^{-1}$ pF $= 4.7$ pF。

3. 色标法

由于小型化电容器的发展，打印阿拉伯数字较为困难，故采用色环或色点来表示电容器的有关参数。

1) 模制电容器的色标

模制电容器的色码表示见表 2-4。

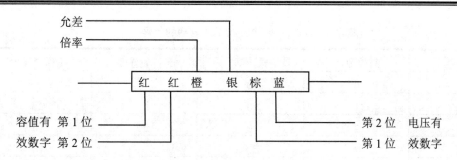

表 2-4 模制电容器色码

颜色	有效数字	模制纸介圆筒形电容器		
		乘数	允许偏差/%	电 压/V
黑	0	10^0	±20	
棕	1	10^1		100
红	2	10^2		200
橙	3	10^3	±30	300
黄	4	10^4	±40	400
绿	5	10^5	±50	500
蓝	6	10^6		600
紫	7	10^7		700
灰	8	10^8		800
白	9	10^9	±10EIA	900
金				
银			±10EIA	
无色				

2) 轴向或单向电容器的色标

轴向(或单向)电容器的色码表示见表 2-5。

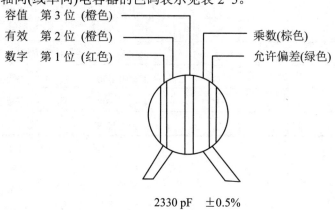

表 2-5　轴向(或单向)引出的电容器的色码

颜　色	有效数字	乘　数	允许偏差/%	工作电压/V
黑	0	10^0		4
棕	1	10^1	±1	6.3
红	2	10^2	±2	10
橙	3	10^3		16
黄	4	10^4		25
绿	5	10^5	±0.5	32
蓝	6	10^6	±0.25	40
紫	7	10^7	±0.1	50
灰	8	10^8		63
白	9	10^9	+50，-20	
金		10^{-1}	±5	
银		10^{-2}	±10	
无色			±20	

注：工作电压色标只适用于小型电解电容器，而且应标志在正极引线的根部。

4. 温度系数的标志

温度系数常用不同的颜色或字母表示，表 2-6 列出了国产瓷介电容器(Ⅱ类瓷介电容器除外)温度系数的标志方法，表 2-7 给出了苏联和德国瓷介电容器的表示方法，表 2-8 给出了苏联云母电容器温度系数的表示。

表 2-6　国产瓷介电容器温度系数的标志

组别	温度系数/(10^{-6}/℃)	标志颜色	组别	温度系数/(10^{-6}/℃)	标志颜色
A	120±30	蓝色	J	-330±60	浅绿色
U	±33±30	灰色	I	-470±90	粉红色
O	±30	黑色	H	-750±100	红色
K	-33±30	褐色	L	-1300±200	绿色
Q	-47±30	浅蓝色	Z	-2200±400	黄底白点
B	-75±30	白色	G	-3300±600	黄底绿点
D	-150±40	黄色	R	-4700±800	绿底蓝点
N	-220±40	紫红色	W	-5600±1000	绿底红点

第 2 章 电容器

表 2-7 苏联和德国瓷介电容器温度系数的标志

组别	温度系数/(10^{-6}/℃)	色 标		组别	温度系数/(10^{-6}/℃)	色 标	
		苏 联	德 国			苏 联	德 国
C	+110±30	蓝色	深绿	п	−700±100	红色	砖红
P	+30±30	灰色	紫灰	Я	−1300±200	红底绿点	
M	−50±30	青色		H	不规定	橙色	
Л	−75±30	白色					

表 2-8 苏联云母电容器温度系数的标志

组别	温度系数/(10^{-6}/℃)	色 标	组别	温度系数/(10^{-6}/℃)	色 标
A	±1000	黑	P	±100	红
B	±200	棕	Γ	±50	黄

5. 国外电容器容量、误差、耐压的标志

国外电容器标称容量、误差、耐压的标志如图 2.1 所示。

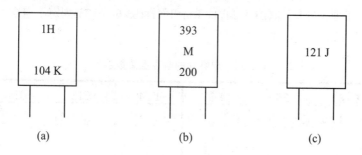

图 2.1 国外电容器的标志

由图 2.1 可得:
(1) 标称容量采用数码表示法。

图 2.1(a)中,标称容量为 $10×10^4$=100000pF= 0.1μF,图 2.1(b)中,标称容量为 $39×10^3$=39000pF,图 2.1(c)中,标称容量为 $12×10^1$=120pF。

(2) 误差由字母表示。

图 2.1(a)中的 K,图 2.1(b)中的 M,图 2.1(c)中的 J 均用于表示电容器的精度误差。字母所表示的误差大小见表 2-9。

表 2-9 误差标志表

字 母	G	J	K	L	M
误差/%	±2	±5	±10	±15	±20

(3) 耐压采用直接标志或用数字和字母的组合来标志。

直接标志如图 2.1(b)中的 200 表示耐压为 200V,数字和字母的组合标志如图 2.1(a)中的 1H 表示耐压为 50V。数字和字母组合的标志值见表 2-10。

表 2-10 耐压的表示

	A	B	C	D	E	F	G	H	J
0	1	1.25	1.6	2	2.5	3.15	4.0	5.0	6.3
1	10	12.5	16	20	25	31.5	40	50	63
2	100	125	160	200	250	315	400	500	630

2.3 电容器的技术指标

电阻器的主要技术指标有优先数系、额定功率、精度误差、温度系数、绝缘电阻及漏电流、损耗角正切、频率特性等。

2.3.1 优先数系

国家规定了一系列电容值作为产品标准，这一系列容量值称为电容器的优先数系(标称容量)或电容器上标有的电容数值就是电容器的优先数系(标称容量)。国家标准(GB/T 2471—1995)代替了原国家标准(GB/T 2471—81)和部标(SJ 616—73)规定了电容器的优先数系，见表 2-11 和表 2-12。

表 2-11 电容器的电容量值数系表

E24 允差±5%	E12 允差±10%	E6 允差±20%	E3 允差>±20%	E24 允差±5%	E12 允差±10%	E6 允差±20%	E3 允差>±20%
1.0	1.0	1.0	1.0	3.3	3.3	3.3	
1.1				3.6			
1.2	1.2			3.9	3.9		
1.3				4.3			
1.5	1.5	1.5		4.7	4.7	4.7	4.7
1.6				5.1			
1.8	1.8			5.6	5.6		
2.0				6.2			
2.2	2.2	2.2	2.2	6.8	6.8	6.8	
2.4				7.5			
2.7	2.7			8.2	8.2		
3.0				9.1			

注：表中数值再乘 10^n，其中 n 为正整数或负整数。

E24 由 $(10^n)^{1/24}$ 理论数的修约值组成，其中 n 为正整数或负整数。

E12 由 $(10^n)^{1/12}$ 理论数的修约值组成，并由 E24 项省略而成。

E6 是由 $(10^n)^{1/6}$ 理论数的修约值组成，并由 E12 项省略而成。

表2-12 固定电容器的电容量值数系表

E192	E96	E48	E192	E96	E48	E192	E96	E48
100	100	100	178	178	178	316	316	316
101			180			320		
102	102		182	182		324	324	
104			184			328		
105	105	105	187	187	187	332	332	332
106			189			336		
107	107		191	191		340	340	
109			193			344		
110	110	110	196	196	196	348	348	348
111			198			352		
113	113		200	200		357	357	
114			203			361		
115	115	115	205	205	205	365	365	365
117			208			370		
118	118		210	210		374	374	
120			213			379		
121	121	121	215	215	215	383	383	383
123			218			388		
124	124		221	221		392	392	
126			223			397		
127	127	127	226	226	226	401	402	402
129			229			407		
130	130		232	232		412	412	
132			234			417		
133	133	133	237	237	237	422	422	422
135			240			427		
137	137		243	243		432	432	
138			246			437		
140	140	140	249	249	249	442	442	442
142			252			448		
143	143		255	255		453	453	
145			258			459		
147	147	147	261	261	261	464	464	464
149			264			470		
150	150		267	267		475	475	
152			271			481		

续表

E192	E96	E48	E192	E96	E48	E192	E96	E48
154	154	154	274	274	274	487	487	487
156			277			493		
158	158		280	280		499	499	
160			284			505		
162	162	162	287	287	287	511	511	511
164			291			517		
165	165		294	294		523	523	
167			298			530		
169	169	169	301	301	301	536	536	536
172			305			543		
174	174		309	309		549	549	
176		562	312			556		
562	562		681	681	681	825	825	825
569			690			835		
576	576		698	698		845	845	
583			706			856		
590	590	590	715	715	715	866	866	866
597			723			876		
604	604		732	732		887	887	
612			741			898		
619	619	619	750	750	750	909	909	909
626			759			920		
634	634		768	768		931	931	
642			777			942		
649	649	649	787	787	787	953	953	953
657			796			965		
665	665		806	806		976	976	
673			816			988		

注：这些系列只有当元件的允许偏差小于 5% 和因特殊要求而 E24 能满足需要时才予以考虑。

E192 $(10^n)^{1/192}$ 理论数的修约值组成，其中 n 为正整数或负整数。

E96 由 $(10^n)^{1/96}$ 理论数的修约值组成，并由 E192 项省略而成。

E48 由 $(10^n)^{1/48}$ 理论数的修约值组成，并由 E96 项省略而成。

2.3.2 额定电压

电容器在长期可靠工作时,所能承受的最大直流电压称为电容器的额定电压或耐压。在短时间内使电容器击穿的电压称为击穿电压。

国标(GB/T 2472—81)和部标(SJ 615—73)都规定了固定电容器的额定电压系列,见表2-13。

表2-13 电容器的额定电压系列

(1.6)	4	6.3	(10)	16	25
32*	(40)	50*	(63)	100	125*
(160)	(250)	300*	(400)	450*	500
(630)	(1000)	(1600)	2000	(2500)	3000
(4000)	(6300)	(8000)	(10000)	(15000)	20000
25000	30000	35000	(40000)	45000	50000
60000	80000	100000			

注:(1)标有*只限于电解电容器使用。
　　(2)括号内数值建议优先采用。

2.3.3 允许偏差

电容器的准确度直接以允许偏差的百分数来表示,允许偏差δ定义为

$$\delta = \frac{C - C_R}{C_R} \times 100\% \tag{2.2}$$

式中,C为实际容量;C_R为标称容量。

根据国标《电阻器和电容器的标志代码》(GB/T 2691—1994)规定,常用电容器的允许偏差有对称百分数表示和非对称百分数表示两种,分别见表2-14和表2-15。

表2-14 电容器允许偏差的非对称百分数的表示

允许偏差/%	字母代码	允许偏差/%	字母代码
−10　+30	Q	−20　+50	S
−10　+50	T	−20　+80	Z

表2-15 电容器允许偏差的对称百分数的表示

允许偏差/%	字母代码	允许偏差/%	字母代码
±0.1	B	±1	F
±0.25	C	±2	G
±0.5	D		

2.3.4 温度系数

温度改变时电容量的改变量称为温度系数,即温度每改变1℃,电容值的变化量。

当电容量与温度关系为线性时,温度系数为

$$a_C = \frac{C_2 - C_1}{C_1(t_2 - t_1)} /℃ \tag{2.3}$$

式中,C_1 为温度 t_1 时的电容量;C_2 为温度 t_2 时的电容量。

当电容量与温度关系为非线性时,温度系数为

$$a_C = \frac{1}{C} \times \frac{dC}{dt} /℃ \tag{2.4}$$

常用电容器的温度系数见表 2-16。为使电路工作稳定,电容器的温度系数越小越好。

表 2-16 常用电容器的温度系数

类型	$a_C/(10^{-6}/℃)$	类型	$a_C/(10^{-6}/℃)$
云母电容	+50~-200	高频瓷介电容	+200~-1300
聚苯乙烯电容	-200	高频独石电容	+33~+2200
聚四氟乙烯电容	-200	玻璃釉电容	+40~+100

2.3.5 绝缘电阻及漏电流

电容器两极之间的电阻,称为绝缘电阻或漏电电阻,即加到电容器上的直流电压和漏电流的比值。任何电容器在工作时都有漏电流存在,漏电流过大会使电容器受损、发热失效而导致电路发生故障。电解电容器的漏电流较大,一般铝电解电容器漏电流达安培数量级(与电容量、耐压成正比),而其他类型的电容器漏电流极小。优质电容器的绝缘电阻很大,故常用 MΩ、GΩ、TΩ 等单位。

2.3.6 损耗角正切

一个理想电容器,它并不损耗电路中的能量。但实际使用的电容器,在电场作用下都要消耗能量,把所存储或传递的一部分电能转变成热能。通常把电容器的损耗定义为在电场作用下,单位时间内因发热而消耗的能量,用损耗角正切来表示。

实际电容器的等效电路如图 2.2 所示,C 为理想电容,R 为并联内阻(即等效的损耗电阻)。损耗主要包括介质损耗和金属损耗两种。介质损耗包括介质的漏电流所引起的电导损耗,介质的极化引起的极化损耗和电离损耗等;金属损耗包括金属极板与引线端的接触电阻所引起的损耗,由于各种金属材料的电阻率不同,金属损耗随频率和温度增高而增大的程度也不相同。电容器在高频电路中工作时,金属损耗占的比例很大。

电容器上存储的无功功率为

$$P_q = UI_C = UI\cos\delta \tag{2.5}$$

电容器损耗的有用功率为

$$P = UI_R = UI\sin\delta \tag{2.6}$$

则损耗角正切定义为有用功率与无用功率之比,即

$$\tan\delta = \frac{P}{P_q} = \frac{UI\sin\delta}{UI\cos\delta} = \frac{\sin\delta}{\cos\delta} \tag{2.7}$$

$$P = P_q \tan\delta = UI_C \tan\delta = U^2\omega C \tan\delta \tag{2.8}$$

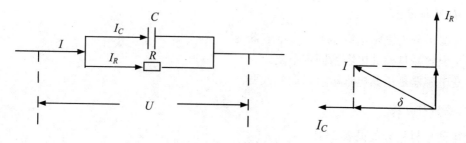

图 2.2 电容器等效电路

2.3.7 频率特性

电容器的频率特性是指电容器在高频工作时,其电容量等参数随工作频率变化的性质。不同类型的电容器,其等效电感不同,最高工作频率不同,见表 2-17。

表 2-17 电容器的电感和使用频率

类 型		电感量/(×10^{-3} μH)	最高频率/MHz
小型云母电容器		4～6	150～250
中型云母电容器		15～25	75～100
小型圆片陶瓷电容器	轴向引出	1～1.5	2000～3000
	径向引出	2～4	200～500
小型管形瓷介电容器		3～10	150～200
小型纸介和薄膜电容器(圆柱型)		6～11	50～80
中型纸介电容器		30～60	5～8
大型纸介电容器		50～100	1～1.5
中型瓷介电容器		20～30	50～70

2.4 电容器的分类与选用

2.4.1 电容器的分类

电容器的种类很多,分类原则也不相同,一般可按用途、特征、材料等进行分类。

1. 按用途分类

电容器可分为电力电容器和电讯电容器。
电力电容器主要适用于强电系统。
电讯电容器主要适用于弱电系统。

2. 按特征分类

电容器可分为固定电容器和可变电容器两大类。
固定电容器是指其电容量固定不变。
可变电容器是指其电容量可以调整改变。

3. 按材料分类

电容器按材料分类见表2-18。

表2-18 电容器的分类

介质类型	电容器种类	主要介质	主电极	芯子结构
有机介质	纸介电容器	浸渍电容器纸	金属箔	卷绕形
	金属化纸介电容器		蒸发金属膜	
	塑料薄膜电容器	聚苯乙烯薄膜	金属箔或蒸发金属	
		聚四氟乙烯薄膜		
		聚丙烯薄膜		
		涤纶薄膜		
		聚碳酸脂薄膜		
		聚砜薄膜		
		漆　膜		
无机介质	瓷介电容器（Ⅰ、Ⅱ类）	金红石瓷片（Ⅰ类瓷科）	烧渗银电极	片形叠片形
		钛酸钡陶瓷片（Ⅱ类瓷科）		
	云母片	云母片	金属箔或烧渗银电极	
	玻璃釉电容器	玻璃釉片		
阀金属氧化膜	铝电解电容器	三氧化二铝膜	铝箔与电解质	箔式卷绕形、固体烧结块形液体烧结块形
	钽电解电容器	五氧化二钽膜	钽箔或烧结钽块与电解质	
	铌电解电容器	五氧化二铌膜	铌箔或烧结铌块与电解质	
空气介质 有机介质 无机介质	可变及半可变电容器	空气	铝板或黄铜板	平板，圆筒，可变形
		塑料薄膜		
		云母片	烧渗银电极	
		玻璃片		
		陶瓷片		

2.4.2 常用电容器的特点

1. 有机介质电容器

有机介质电容器根据有机介质的种类及分子结构可分为5类：

(1) 以天然纤维素结构材料为介质的纸介电容器、金属化纸介电容器。
(2) 以高分子合成膜为介质的有机合成膜电容器。
(3) 复合有机介质电容器。
(4) 漆膜电容器。
(5) 有机薄膜与无机材料混合电容器。有机塑料薄膜电容器又可分为极性塑料薄膜电容器和非极性塑料薄膜电容器。

极性塑料薄膜有聚脂(涤纶)薄膜、聚碳酸脂薄膜和聚砜薄膜。特点是电容率(介电常数)较大，损耗角正切较大，不能用于高频电路，但使用温度上限较高，体积电阻率较大，电容温度系数为正。

非极性塑料薄膜有聚苯乙烯薄膜、聚四氟乙烯薄膜和聚丙烯薄膜等。特点是损耗角正切小，吸收系数小，极高的体积电阻率，电容率小，电容温度系数为负。

浸渍电容器纸属于极性介质，因电容器纸由纤维素组成，属于有机高分子物质，又是极性材料，它归于极性有机介质，其性能取决于纤维素的性能和浸渍剂的性质。

1) 纸介电容器(型号 CZ)

容量和耐压范围宽($1\mu F \sim 20\mu F$，$36V \sim 3kV$)，损耗角正切大，成本低，体积大，纸介质化学稳定性差，易老化，纸介质耐热性差，工作温度范围为$-60℃ \sim +70℃$。$\tan\delta$随频率升高急剧增大，故限制其在高频中的应用，适用于直流及低频电路，有时也用于脉冲、储能、移相电路等，主要用于直流和低频旁路及隔直。

2) 金属化纸介电容器(型号 CJ)

体积小，容量大，成本低，寿命长，具有自愈能力(当工作电压过高，电容器内某一点击穿后，由于金属膜很薄，随即会蒸发掉，可避免两极间短路的危险)，损耗角正切在工频和音频内极小($1kHz$，$20℃ \sim 25℃$时，$\tan\delta$为$0.01 \sim 0.012$)，随着频率升高而急剧增加，工作频率不宜超过几十千赫。适用于频率和稳定性要求不高的电路中。容量范围为$6500pF \sim 30\mu F$，允许偏差为$\pm 5\%$、$\pm 10\%$、$\pm 20\%$，工作电压为$63V \sim 1600V$。

3) 塑料薄膜电容器

塑料薄膜是一个统称，包括涤纶、聚苯乙烯、聚碳酸酯、聚丙烯、聚四氟乙烯等多种。工作温度高，损耗小，耐压高，绝缘电阻大，在很大频率范围内稳定性好。

(1) 涤纶电容器(型号 CL)。

涤纶电容器的介质为涤纶薄膜，其电容量和耐压范围宽($100pF$至几微法，几十伏至上千伏)，体积小，容量大，耐高温，成本低。但$\tan\delta$随频率变化较大，故多用于对$\tan\delta$、稳定性和损耗要求不高的场合，如直流及脉动电路中。

(2) 聚苯乙烯薄膜电容器(型号 CB)。

绝缘电阻大，$\tan\delta$小，但$\tan\delta$随温度和频率升高而增加，电容量稳定，充电1000小时仍可保持电荷量的95%(而纸介电容器充电250小时后，电荷全部放完)，精度高，分$\pm 0.1\%$、$\pm 0.2\%$、$\pm 0.5\%$、$\pm 1.0\%$、$\pm 2.0\%$、$\pm 5.0\%$、$\pm 10\%$、$\pm 20\%$多种，容量范围为$10pF \sim 1\mu F$，

额定工作电压为30V～1.5kV，常作为精密电容器使用。

(3) 聚碳酸酯薄膜电容器(型号 CS)。

该电容器的频率特性比涤纶好，电容量及 $\tan\delta$ 随频率的变化较小，可用于低压交直流电路中。

(4) 聚四氟乙烯电容器(型号 CBF)。

聚四氟乙烯在 400℃下长期加热不碳化，有"塑料王"之称，绝缘电阻比聚苯乙烯大，电性能随频率的变化小，但精度较低，一般为±10%～±20%。主要用于高温、高性能的特殊场合。

(5) 聚丙烯电容器(型号 CBB)。

绝缘电阻、$\tan\delta$ 对频率的稳定性等电性能仅次于聚苯乙烯电容器，多用于高压范围内。

4) 常用有机介质电容器的性能比较

常用有机介质电容器的性能比较见表 2-19。

表 2-19 常用有机介质电容器的性能比较

	聚苯乙烯	涤纶	聚碳酸脂	聚丙烯	聚四氟乙烯	金属化聚碳酸脂
容量范围	10pF～1μF	510pF～5μF	510pF～5μF	1000pF～1μF	510pF～0.1μF	0.01μF～10μF
额定电压	30V～1.5kV	35V～1kV	50V～250V	50V～1kV	250V～1kV	50V～500V
损耗角正切	0.01～0.05	0.3～0.7	0.08～0.15	0.01～0.1	0.02～0.05	0.1～0.2
绝缘电阻	10^8 MΩ	10^5 MΩ	10^5 MΩ	2×10^5 MΩ	10^6 MΩ	
工作温度/℃	-40～+70	-55～+85	-55～+125	-55～+85	-55～+200	-55～+125
温度系数/(10^{-6}/℃)	-150～+200	+200～+600	±200	-100～-300	-100～-200	±200
应用场合	高精度高频	低频直流	低压交直流	高压电路	高温环境	低压交直流

2. 无机介质电容器

1) 瓷介电容器(型号 CC)

由于陶瓷材料的介电常数 ε 很大，一般为几十到几百，有时高达几千，故电容器体积可做得很小；稳定性好，从化学性能讲，酸、碱、盐类和水对陶瓷材料的侵蚀性很小，从耐热性能看，陶瓷材料在高达 500℃～600℃的高温下，能长期工作而不老化；损耗角正切 $\tan\delta$ 与频率无关，适用于高频电路；具有良好的绝缘性能，可制成高压电容器，供高压电路使用；不同成分的陶瓷，其介电常数和温度系数不同，其温度系数范围很宽，便于制成不同温度系数的电容器，用于温度补偿电容；结构简单，原料丰富，便于大量生产，是应用极为广泛的电容器。缺点是机械强度低，易碎易裂。容量范围为 1pF～6800pF，允许偏差为±5%、±10%、±20%，工作电压为 63V～500V，高压型的工作电压为 1kV～30kV。

瓷介电容器的品种较多，按介质材料分，有高介电常数介质材料瓷介电容器和低介电常数介质材料瓷介电容器；按外形结构分，有管形、筒形、圆片形、叠片形等瓷介电容器；按工作电压分，有高压瓷介电容器和低压瓷介电容器；按频率分，有高频型瓷介电容器和低频型瓷介电容器。

高频型瓷介电容器有 CC11 型、CC1 型、CC2 型、CC10 型等多种瓷介电容器。它们具有使用频率高、电容量稳定的特点，适用于电视机调谐以及其他电子设备的谐振回路、滤波电路、温度补偿电路等。CC11 型、CC1 型瓷介电容器的主要性能参数见表 2-20 和表 2-21。

表 2-20　CC11 型瓷介电容器主要参数

型号与尺寸代号	直流工作电压/V	编号	电容温度系数/电容温度特性	标称容量/pF	允许偏差	尺寸/mm
CC11-07a	250	02	N	11，11.5，12	J，K	$\phi7.0\pm0.3$
		04	U	33，36		
CC11-07b	160	03	2E4	1000	+100%	$\phi7\pm0.3$
CC11-A	250	05	C	3~6	±0.5pF J，K	$\phi5$~$\phi7$
		06	N	8~16		$\phi5$~$\phi7$
		07	P	12~24		$\phi5$~$\phi7$
		08	U	30~68		$\phi5$~$\phi7$
		09	L	7.6~27		$\phi5$~$\phi9.5$
		10	SL	3~340		$\phi5$~$\phi12$
CC11-B	160	11	2B4	270~560	±20% +100%	$\phi6$~$\phi8$
		12	2E3	1000~2200	+100%	$\phi6$~$\phi7$

表 2-21(a)　CC1 型瓷介电容器主要参数

型号及尺寸代号	直流工作电压/V	标称容量/pF				
		电容温度系数组别				
		AP100	BP33	CNP0	NN47	PN150
CC1-05	63 160 250	1~5.1	1~7.5	1~8.2	1~8.2	1~13
CC1-05						
CC1-06		5.6~12	8.2~20	9.1~24	9.1~24	15~39
CC1-08		13~27	22~43	27~47	27~47	43~82
CC1-10		30~33	47	51	51	
CC1-12		36~56	51~75	56~82	56~82	91~120
CC1-06	500	1~5.1	1~10	1~10	1~10	4.3~12
CC1-08		5.6~10	11~15	11~15	11~15	13~20
CC1-10		11~15	16~22	16~22	16~22	16~22
CC1-12		16~27	24~39	24~39	24~39	33~47
CC1-16		30~33	43~47	43~47	43~51	51~68

表 2-21(b)　CC1 型瓷介电容器主要参数

型号及尺寸代号	直流工作电压/V	标称容量/pF 电容温度系数组别				
		RN220	SN330	TN470	UN750	VB1500
CC1-05	63 160 250	1.5~6.8	1~22	2~8.2	3.3~30	30~51
CC1-05		7.5~10		9.1~15		56~68
CC1-06		11~30	24~62	16~33	33~100	75~150
CC1-08		33~51	68~120	36~62	110~200	160~330
CC1-10		56~82		68~100	220~300	360~510
CC1-12		90~120	130~150	110~150	330~560	560~680
CC1-06	500	1~13	1.5~13	1.5~15	8.2~33	15~51
CC1-08		15~24	15~24	16~30	36~68	56~100
CC1-10		22~30	27~33	33~43	75~150	110~200
CC1-12		36~56	36~56	47~82	160~220	220~330
CC1-16		62~75	62~82	91~100	240~300	360~470

2) 云母电容器(型号 CY)

云母是一种极为重要的、优良的无机绝缘材料。天然云母为含水硅酸铝，它具有介电强度高，介电常数大，损耗小，化学稳定性高，耐热性好等优点。云母电容器稳定性好，损耗小，可靠性高，精度一般为±2%～±5%，标准云母电容器可调整到±0.01%～±0.03%或更高，工作电压为 50V～5000V，容量为 4.7pF～47000pF，绝缘电阻为 1000Ω～7500Ω，分布电感小，适用于高频和高压电路。但云母来源有限，成本高、生产工艺复杂、体积大。

3) 玻璃釉电容器(型号 CI)

介电常数 ε 大，体积小，高温性能好，能在 200℃下长期稳定工作，抗湿性好，能在相对湿度为 90%的条件下正常工作，适用于半导体电路及电子仪器中的交直流电路和脉冲电路。

3. 电解电容器

1) 电解电容器的构造

以金属氧化物膜(Al_2O_3 或 Ta_2O_5)为介质，以金属和电解质为电极，金属为阳极，电解质为阴极的电容器称为电解电容器。电解电容器容量的简单计算公式为

$$C = \frac{\varepsilon S}{3.6\pi d} \times 10^{-6} (\mu F) \tag{2.9}$$

式中，ε 为电介质的介电常数；d 为电介质的厚度(cm)；S 为极板的有效表面积(cm^2)。电解电容器的介质为一层极薄的金属氧化膜，其厚度大约为 $10^{-1}\mu m \sim 10^{-2}\mu m$，是所有电容器中最薄的介质。极板采用烧结和腐蚀工艺，可有意增大极板表面积，这是其他类型电容器所做不到的，故其比电容量最大，体积最小。

2) 电解电容器的优点

(1) 电解电容器的电容量特别大，尤其是在额定电压低时最为突出，因此是小型化、

大容量电容器中的佼佼者。

(2) 电解电容器在工作过程中可以自动修补氧化膜的弱点,具有一定的自愈能力。

(3) 电解电容器可耐非常高的工作场强,工作场强比所有电容器都高,可以保证小型化。

(4) 铝电解电容器价格便宜,适用于各种用途;钽电解电容器可靠性高、性能好,但价格贵,只能适用于高性能指标的电子设备。

3) 电解电容器的缺点

(1) 一般电解电容器均有极性,使用时必须注意极性,否则会使电容器损坏(介质为氧化膜,它具有单向导电性)。

(2) 电解电容器都有一定的工作电压上限,如铝电解电容器的最高耐压为500V,钽电解电容器为160V,固体钽电容器只有63V。

(3) 电解电容器的绝缘质量是所有电容器中最差的,一般用端电流表示。铝电解电容器比钽电解电容器差,绝缘电阻低。

(4) 电解电容器的损耗角正切较大,而且温度和频率变化时,电性能变化大。

(5) 固体钽电解电容器承受大电流冲击的能力差,而铝电解电容器在长期搁置不用后再用,不宜立即使用额定电压。

(6) 电解电容器的阴极是电解液,当温度下降时,电阻率增加,损耗角正切上升。当温度升高时,电解液粘度降低,电解液易外漏,故工作温度受到一定的限制,一般为$-20℃\sim+70℃$。

4) 几种电解电容器性能比较

各种电解电容器的性能比较见表 2-22。

表 2-22 电解电容器性能比较

性　　能	铝电解电容器	固体钽电解电容器	液体钽电解电容器
比电容量	最小	中等	最大
额定电压	最高	最低	中等
漏电流	最大	中等	最小
损耗角正切	最大	最小	中等
阻抗频率特性	最差	最好	中等
耐反向电压能力	最好	中等	最差

4. 可变电容器

1) 可变电容器的概念

可变电容器是通过外力改变电极片面积,使得电容量值发生变化。其电极片由定片和动片组成。它的变化方式有两种,一种是相对电极面积变化方式,另一种是电极间隙变化方式。

2) 可变电容器的分类

(1) 按电容量变化程度分类。

可变电容器可分为主调电容器和微调电容器。

微调电容器按介质不同可分为薄膜微调电容器、陶瓷微调电容器、云母微调电容器以及玻璃微调电容器。

微调电容器按结构不同又可分为多圈微调电容器、单圈微调电容器以及压塑型微调电容器。

(2) 按介质分类。

可变电容器可分为空气可变电容器、陶瓷微调电容器和云母微调电容器等。

3) 几种可变电容器介绍

(1) 空气可变电容器。

空气可变电容器制造容易，精度高，性能稳定，寿命长，高频性能好，旋转摩擦损耗小，无静电噪声。但由于以空气(电容率最小)为介质，故体积大，重量重，易引起机震。目前主要用在高精度、高可靠的高级收音机及其他通信机中。

(2) 塑料薄膜可变电容器。

塑料薄膜可变电容器变化时性能不够稳定，电容量精度较差，主要用在收音机、录音机等民用产品中。

(3) 薄膜微调电容器。

薄膜微调电容器价格低廉，便于大量生产，广泛用于收音机等民用产品中，作为整机电容量微调。

(4) 陶瓷微调电容量。

介质为Ⅰ类瓷料，其电容率比塑料薄膜大得多，特点是体积小、容量大，特别适合于电路集成化的需要；电容量成直线变化，调整方便，调整后的电容量漂移小；耐冲击，振动性能好；由温度和湿度等环境变化而引起的电容量和特性的变化小，长期使用后仍有很高的可靠性。

(5) 云母微调电容器。

介质为云母，在介质两面附以电极，它利用电极间相对面积的增减或距离变化而使电容量变化。其特点是电容量较大，也是属于小型化、大容量的产品。由于云母本身可耐400℃高温，底板采用耐热的无机材料制成，故耐高温性能好。密封型云母微调电容器的性能不受湿度变化的影响，介质损耗小，电容量稳定性好，云母的品质因数 Q 值可高达2500以上；压缩型云母微调电容器的体积相对较大，不符合电子设备小型化的要求，故将被淘汰。

(6) 玻璃微调电容器。

介质为圆筒形玻璃，用调节螺钉移动玻璃内部的活塞型电极来改变电容量。其特点是调节机构具有自锁结构，调节精度特别高；Q 值高，高频特性优异；使用温度范围宽；玻璃管与动电极间无间隙，使用寿命长；体积小，可变容量范围宽，抗冲击和振动性能好；价格昂贵，但调谐精密，可靠性高，稳定性好，广泛用于卫星通信、航空通信、广播发射机、测量仪器等。当需要高 Q 值或高耐压时，可用石英作为介质管，但石英微调电容器的成本更高，电容器更小。

4) 微调电容器的性能比较

各种微调电容器的性能比较见表2-23。

表 2-23 微调电容器性能比较

相对性能	多圈					单圈			压缩型云母
	玻璃石英	蓝宝石	塑料	陶瓷	空气	陶瓷	塑料	空气	
稳定性	优	良～优	良	中	优	中	良	优	中
Q 值	优	优	优	良	优	中	良～优	优	优
调节灵敏度	优	优	良	良	中	中	中	中	中
体积	中	优	中	中～良	中	优	良～优	中	中
温度范围	优	优	良	良	优	良～优	良	优	良
抗冲击振动能力	优	优	优	优	优	良	良	良～优	中
受潮后的绝缘电阻	优	良～优	优	良	优	良	良	优	良
价格	中	中	良	优	中	优	优	良	优

2.4.3 电容器的选用

电容器在家用电器和其他电子设备中使用的品种型号和数量均较多。因此，在维修和装配电子产品时，如何选好、用好电容器，将对电子产品的性能和质量起到非常重要的作用。如果选择不当，不仅满足不了电路对其各种性能参数的要求，而且还会使一些家用电器不能正常工作。

1. 电容器的选取原则

选用电容器的基本原则是：

(1) 选用电容器时，首先要满足电子设备对电容器主要参数的要求

不管是电解电容器、纸介电容器、瓷介电容器，还是其他种类的电容器，其主要技术参数均为标称容量、允许偏差、额定工作电压、绝缘电阻、能量损耗、环境温度和温度系数等，有的还要考虑工作频率范围。而其中最主要的参数是标称容量、允许偏差、额定工作电压和绝缘电阻。

在选用电容器时，第一要了解电容量能否满足要求。初选好电容器以后，还要用万用表或交流阻抗电桥、电阻电容测量仪等进行测量。容量在 $1\mu F$ 以上的可用万用表 $R \times 1k\Omega$ 档测量，容量在 $0.01\mu F \sim 1\mu F$ 的可用万用表的 $R \times 1k\Omega$ 档或 $R \times 10k\Omega$ 档测量。在大多数情况下，对电容器的容量要求并不严格，如在退耦电路、低频耦合等，选用时可比要求值略大些。但在振荡回路、延时电路、音调控制等电路中，电容器的容量应尽可能和计算值一致。在各种滤波器及网络中，电容器的数值要求非常精确，其误差值应小于 $\pm 0.3\% \sim \pm 0.5\%$。

电容在电路中的作用不同，有些场合要求一定的精度，而在较多场合容量范围可以相差很大。因此在确定容量精度时，应首先考虑电路对容量精度的要求，不要盲目追求精度等级，因为不同精度的电容价格相差很大。

第二，电容器的额定工作电压也要符合电路要求。不同类型的电容器有其不同的电压系列，所选电容必须在其系列之内。当电路工作电压高于电容器额定电压时，电容器就会发生击穿而导致损坏。故应选用额定电压高于实际工作电压的电容器，并要留有足够的余量。因为电路中常因各种原因，电压发生波动造成工作电压升高，导致电容器击穿。一般

要使其额定值高于线路施加在电容两端电压的 1 倍～2 倍。一般工作电压应低于电容器额定电压的 10%～20%左右，对于工作电压稳定性较差的电路，可留有更大的余量。

第三，优先选用绝缘电阻大、介质损耗小、漏电流小的电容器。另外，在高频电路中还要考虑电容器的频率特性。同时，由于电容器的 $\tan\delta$ 随介质材料的不同也相差较大，它对电路的性能(特别是高频电路)影响很大，会直接影响到整机的性能指标，因此，在高频电路中应选择 $\tan\delta$ 值较小的电容器。

电容器的选用不仅要考虑上述电容器的性能指标，还要考虑使用环境条件、电子设备的电路特点、体积(外形尺寸)以及成本等情况。

(2) 选用电容器时，要选用符合电路要求的类型

对于各种类型的电容器，在选用时要根据电路要求的类型进行认真地选择。如在收音机、录音机的电源滤波电路、去耦电路，可选用电解电容器；低频耦合、旁路等场合中，对电气性能的要求较低，可选用纸介电容器和电解电容器；在中频电路可选用金属化纸介和有机薄膜电容器；高频电路应选用瓷介电容器、云母电容器；在高压电路中可选用高压瓷介电容器、云母电容器等；在调谐电路中可选用小型密封可变电容器、空气介质电容器等。如果要求可靠性、稳定性高的电路，则可选用云母电容器、纸介电容器等。

(3) 选用电容器时，还要考虑电容器的外表和形状

电容器的形状有管形、筒形、圆片形、方形、柱形等多种。要根据实际情况来选择电容器的形状，同时应注意外表面无损，标志要清楚。

(4) 根据使用环境条件进行选择

电容器的性能与环境条件有密切的关系，在气候炎热、工作温度较高的环境中，电容器易发生老化，故在设计安装时，应尽可能使电容器远离热源和改善机内通风散热。对于工作于寒冷地区，由于气温很低，普通电解电容器会因电解液结冰而失效，使机器工作失常，因此，必须选择耐寒的电解电容器。

对于室外工作或在湿度较大的环境下工作时，应选用密封电容器，以提高设备的抗潮性能。

(5) 成本的考虑

由于各类电容器的生产工艺相差较大，价格悬殊，在满足产品技术条件的情况下，尽量使用价格低的电容器，以降低产品成本。

2. 电容器的使用注意事项

(1) 加到直流电容器上的电压波形有直流部分和交流部分。直流部分的最高电压和交流电压的峰值电压之和不应超过电容器的额定直流电压值，且交流峰值应小于直流的 20%。

(2) 当交流电压高于电容器的局部放电电压时，如果使用一般的纸介电容器，不仅电容器寿命变短，而且不可避免地产生噪声，通常使用浸绝缘油之类液体浸渍剂的电容器。因为浸液体的电容器没有气泡及缝隙等，它比浸固体(如浸地蜡)的电容器的局部放电电压高，所以在这种电路中多使用浸液体的电容器。

(3) 在直流条件下对电容器的各种规定，不适合于用在纯交流或脉冲电路中的电容器。

(4) 应了解电容器的允许电流与频率之间的关系。因为频率升高时，电极及导线的有效截面积将与频率的平方根成反比，产生集肤效应，增加串联电阻，电容器可能成为电感

器而不起作用。

(5) 在要求电容量特别大或电压特别高的情况下，往往采用多个电容器并联或串联，这时电容器之间的接线应尽可能短，以便减小固有电感。

(6) 环境温度越高，故障率越高，寿命就越短，特别是超过上限温度时，由于介质加速老化，将加速电容器的失效。因此，要注意电容器的工作温度上限。

(7) 当电容器用于气压急速变化的情况时，封装外壳应相当结实，否则气压的高低将影响电容量。

(8) 储存电容器应当避潮，特别是烧渗银电极的陶瓷电容器。

(9) 对于浸有绝缘油或电解液的电容器，不应使它承受机械应力。

(10) 使用电解电容器时，要注意电容器的正、负极性。

3. 卷绕型金属化电容器的选用注意事项

(1) 电容器具有自愈作用，一旦击穿，能在极短时间内自愈恢复，但这一瞬间破坏，将使电路产生过渡现象，故不能用于调谐电路。

(2) 在高频情况下，若电流超过规定限度，易在电极和引线间产生发热，造成接触不良或断线。

(3) 在电路电压很低(如 1V)或串联电阻很高($1M\Omega$)时，这种电容器将因能量不够而失去自愈作用，一旦断路就难以恢复，故不宜采用。

(4) 在电源功率很大的交流电路中，使用这种电容器时偶尔会由于介质的恶化而产生连续不断的火花，当发生这一现象时，应立即断开电容器，避免发生更大的故障。

(5) 某些电路中的过电压有可能超过电容器额定电压的 10 倍，在这种情况下，自愈作用也将丧失，对这种电路应具有过电压保护装置。

4. 云母电容器的选用注意事项

(1) 云母是一种耐热性能好，不易受局部放电及辉光放电破坏的一种绝缘材料，云母电容器即使长时间承受高于耐压的大电压也不致遭到破坏，不过这时的局部放电将产生强烈的噪声，给电路带来干扰，当云母电容器用于高压场合时，应注意这一问题。

(2) 对电容器温度系数要求较高时，应使用烧渗银电极的云母电容器，环境温度越高，使用必要性越大。

(3) 由酚醛树脂包封的烧渗银云母电容器应尽量避免潮湿，如处于高湿环境中，将由于潮气侵入的影响而加速银离子迁移，导致电容器短路。

5. 微调电容器的使用注意事项

(1) 微调电容器一般为半可变电容器，有小型或超小型瓷介微调电容器、拉线式和云母微调电容器等。使用时，要注意微调电容器的微调松紧度，调节过松会造成容量不稳定；微调过紧，调节时微调动片将旋转不动，电容器的容量不会改变，失去其调节作用。

(2) 使用微调电位器，必须了解其调节范围并了解如何进行调节。

6. 可变电容器的使用注意事项

(1) 可变电容器的转轴与动片接触的松紧要合适，转动转轴不应有松动感。若有轻微松动，可适当调节末端的锁紧螺钉。不要使用转轴很松动或转动不灵活的可变电容器。

(2) 使用可变电容器之前，为防止其动片和定片短路，可用万用表电阻档测量其动片和定片之间的电阻。同时，还要检查电容器接触是否良好，以避免因接触不良而引起的电路噪声，观察其动片和定片之间是否有杂物、污垢，若有则必须清除干净。如果使用的是薄膜介质可变电容器，还要特别注意检查其动片和定片之间的绝缘膜片是否完好。

7. 根据用途选用电容器

不同的电容器其用途不同，见表2-24。

表2-24 根据用途来选择固定电容器参考表

用途	电容器种类	电容量	工作电压/V	损耗角正切值($\tan\delta$)
高频旁路	陶瓷Ⅰ类	(8.2~1000)pF	500	15×10^{-4}
	云母	(51~4700)pF	500	15×10^{-4}
	玻璃釉	(100~3300)pF	500	15×10^{-4}
	涤纶	(100~3300)pF	400	0.0015
	玻璃膜	(10~3300)pF	100	15×10^{-4}
低频旁路	纸介	(0.001~0.5)μF	<500	0.04
	陶瓷Ⅱ类	(0.001~0.047)μF	500	0.2
	铝电解	(10~1000)μF	25~450	
	涤纶	(0.001~0.047)μF	400	00.015
滤波	铝电解	(10~3300)μF	25~450	<0.2
	纸介	(0.01~10)μF	1000	0.015
	复合纸介	(0.01~10)μF	2000	0.015
	液体钽	(220~3300)μF	16~125	0.2~0.5
滤波器	陶瓷	(100~4700)pF	500	15×10^{-4}
	聚苯乙烯	(100~4700)pF	500	15×10^{-4}
	云母	(51~4700)pF		
调频	陶瓷Ⅰ类	(1~1000)pF	500	15×10^{-4}
	云母	(51~1000)pF	500	13×10^{-4}
	玻璃膜	(51~1000)pF	500	12×10^{-4}
	聚苯乙烯	(51~1000)pF	<1600	0.001
高频耦合	云母	(470~6800)pF	500	0.001
	聚苯乙烯	(470~6800)pF	400	0.001
	陶瓷Ⅰ类	(10~6800)pF	500	15×10^{-4}
低频耦合	纸介	(0.001~0.1)μF	<630	0.015
	铝电解	(1~47)μF	450	0.15
	陶瓷Ⅱ类	(0.001~0.047)μF	<500	0.04
	涤纶	(0.001~0.1)μF	<400	<0.015
	固体钽电容	(0.33~470)μF	<62	<0.15

续表

用途	电容器种类	电容量	工作电压/V	损耗角正切值($\tan\delta$)
电源输入抗高频干扰	纸介	$(0.001\sim0.22)\mu F$	<1000	0.015
	陶瓷Ⅱ类	$(0.001\sim0.047)\mu F$	<500	0.04
	云母	$(0.001\sim0.047)\mu F$	<500	0.001
	涤纶	$(0.001\sim0.1)\mu F$	<1000	<0.015
储能	纸介	$(10\sim50)\mu F$	1~30k	0.015
	复合纸介	$(10\sim50)\mu F$	1~30k	0.015
	铝电解	$(100\sim3300)\mu F$	1~5k	0.15
计算机电源	铝电解	$(1000\sim100000)\mu F$	25~100	>0.3
高频电压	陶瓷Ⅰ类	$(470\sim6800)pF$	<12k	10×10^{-4}
	聚苯乙烯	$(180\sim4000)pF$	<30k	10×10^{-4}
	云母	$(330\sim20000)pF$	<10k	10×10^{-4}
晶体管电路小型电容器	金属化纸介	$(0.001\sim10)\mu F$	<160	<0.01
	陶瓷Ⅰ类	$(1\sim5000)pF$	<160	15×10^{-4}
	陶瓷Ⅱ类	$6800pF\sim0.047\mu F$	63	<0.04
	云母	$(4.7\sim10000)pF$	100	<0.001
	铝电解	$(1\sim3300)pF$	6.3~50	<0.2
	钽电解	$(1\sim3300)pF$	6.3~63	<0.15
	聚苯乙烯	$(0.0047\sim0.47)\mu F$	<50~100	<0.001
	玻璃釉	$(10\sim3300)pF$	<63	15×10^{-4}
	金属化涤纶	$(0.1\sim1)\mu F$	63	15×10^{-4}
	聚丙烯	$(0.01\sim0.47)\mu F$	63~160	1×10^{-3}

8. 电容器的质量判别

(1) 将万用表的表笔接电容器的引脚,发现万用表指针摆动一下后,很快返回∞处,表明电容器性能正常。对于容量大于 5100pF 的电容器,可用万用表 $R\times10k\Omega$、$R\times1k\Omega$ 档测量电容器的两引线。正常情况下,表针先向 R 为零的方向摆去,然后向 $R\to\infty$ 的方向退回(充电)。如果退不到∞,而停留在某一数值上,指针稳定后的阻值就是电容器的绝缘电阻(也称漏电电阻)。一般电容器的绝缘电阻在几十兆欧以上,电解电容器在几兆欧以上。若所测电容器的绝缘电阻小于上述值,则表示电容器漏电。绝缘电阻越小,漏电越严重,若绝缘电阻为零,则表明电容器已击穿短路。若表针不动,则表明电容器内部开路。

(2) 对于小于 5100pF 的电容器,由于充电时间很快,充电电流很小,即使使用万用表的高阻值档也看不出表针摆动。故可借助一个 NPN 型的三极管($\beta\geqslant100$,I_{CEO} 越小越好)的放大作用来测量,测量的方法如图 2.3 所示。电容器接到 A、B 两端,由于晶体管的放大作用,就可以看到指针摆动,判断好坏,同上所述。

(3) 测量电解电容器时,应注意电容器的极性,一般正极引线长。测量时电源的正极(黑表笔)与电容器的正极相接,电源的负极(红表笔)与电容器负极相接,称为电容器的正接。因为电容器的正接比反接时漏电电阻大。当电解电容器的极性无法判断时,可用上述原理来判别。可先任意测量一下漏电电阻，记下其大小，然后将电容器两引线短路放掉内部电荷，交换表笔再测量一次，两次测量中，阻值大的那一次，是正向接法，黑表笔所接为电容器的正极，红表笔所接为电容器的负极。

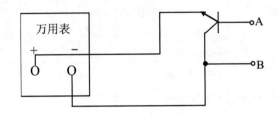

图 2.3 小容量电容器的测量

(4) 可变电容器的漏电碰片，可用万用表的欧姆档来检测。将万用表的两只表笔分别与可变电容器的定片与动片引出端相连，同时将电容器来回旋转几下，表针均应在∞位置上不动，如果表针指零或某一较小数值，则表明可变电容器发生碰片或严重漏电。

2.5 电容器的测量

2.5.1 电桥法测量电容器

电桥法测量电容器历史悠久，主要对工作在低频电路中的电容器进行参数测量，其测量的基本原理是电桥平衡时，对角桥臂阻抗之积相等。电桥法测量电容器的电桥形式主要有以下几种。

1. 串联电容比较电桥

如图 2.4 所示，为恒相差电桥电路，当选择 R_2、C_2 为可调元件时，被测量 R_x、C_x 可以分别读数，适用于损耗小、容量大的电容器的测量（R_x 为电容器的等效损耗内阻），计算公式如下：

$$C_x = \frac{C_2 R_4}{R_3} \tag{2.10}$$

$$R_x = \frac{R_2 R_3}{R_4} \tag{2.11}$$

$$\tan\delta = \omega^2 C_2 R_2 \tag{2.12}$$

2. 并联电容比较电桥

如图 2.5 所示，为恒相差电桥电路，当选择 R_2、C_2 为可调元件时，被测量 R_x、C_x 可以分别读数，适用于并联电容器与大损耗电容器的测量，计算公式如下：

$$C_x = \frac{C_2 R_4}{R_3} \tag{2.13}$$

$$R_x = \frac{R_2 R_3}{R_4} \tag{2.14}$$

$$\tan\delta = \omega^2 C_2 R_2 \tag{2.15}$$

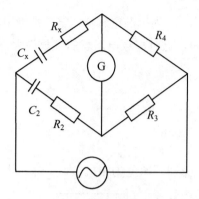

图 2.4 串联电容比较电桥

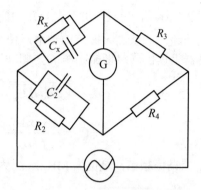

图 2.5 并联电容比较电桥

3. 西林(Schering)电桥

如图 2.6 所示,为恒相和电桥电路,选 C_3 为高压电容时,可以用于高压电桥,有利于对绝缘材料和电缆的绝缘试验。当选择 R_4、C_4 为可调元件时,被测量 R_x、C_x 可以分别读数,在信号源电压很高时也较安全,计算公式如下:

$$C_x = \frac{C_2 R_4}{R_3} \tag{2.16}$$

$$R_x = \frac{R_2 R_3}{R_4} \tag{2.17}$$

$$\tan\delta = \omega^2 C_2 R_2 \tag{2.18}$$

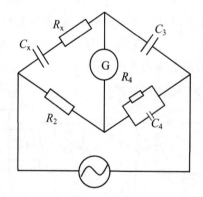

图 2.6 西林电桥

2.5.2 谐振法测量电容器

谐振法测量电容器是根据调谐回路谐振特性建立元件参数的测量方法,电路简单,受杂散耦合小,而且测量条件和工作在高频时的电容器的实际情况相接近,故常用于测量电容器的高频参数。

1. 直接测量法

如图 2.7 所示，为直接测量电容器的原理框图，L_n 为标准电感器，它与被测电容器 C_x 组成谐振回路。调整高频振荡的频率，使回路谐振，这时高频电压表的读数最大，同时从高频振荡器上读出回路谐振频率 f_0，则

$$f_0 = \frac{1}{2\pi\sqrt{L_n C_x}} \tag{2.19}$$

$$C_x = \frac{2.53 \times 10^4}{f_0^2 L_n} \tag{2.20}$$

式中，f_0 为谐振频率，单位为 MHz；L_n 为标准电感器，单位为 μH。

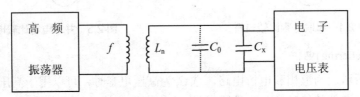

图 2.7 直接测量法测量电容器

直接测量法的精度取决于频率 f_0 的精度和杂散电容 C_0 (线圈的分布电容、引线电容等)的大小。

2. 替代测量法

为了减小频率误差和分布参数的影响，提高测量准确度，可采用替代测量法。

1) 并联替代法

如图 2.8 所示，C_n 为标准可调电容器，测量时，先不接入 C_x，将 C_n 调整到较大数值 C_{n1} 时，调节高频振荡器的频率使回路达到谐振。然后接入 C_x，与 C_n 并联，保证振荡器频率不变，调节 C_n 为 C_{n2} 时，回路再次达到谐振，则

$$C_x = C_{n1} - C_{n2} \tag{2.21}$$

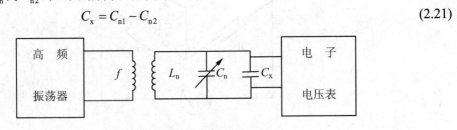

图 2.8 并联替代法测量电容器

由测量方法可知，并联替代法只能测量小电容器，即被测电容器的容值应小于标准可调电容器的容值变化范围。

2) 串联替代法

如图 2.9 所示，C_n 仍为标准可调电容器，测量时，先不接入 C_x，将其两端短接，调节 C_n 为较小值 C_{n1}，再调节频率 f 使回路谐振，然后去掉短接线，接入 C_x，重新调节 C_n 为 C_{n2} 时，回路再次谐振，则

$$C_x = \frac{C_{n1} C_{n2}}{C_{n2} - C_{n1}} \tag{2.22}$$

串联替代法可用来测量大于标准可调电容变化范围的电容器。

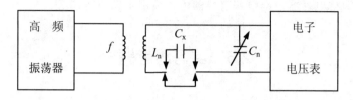

图 2.9 串联替代法测电容

2.5.3 万用表对电解电容器的极性识别

电解电容器在使用前必须弄清引脚极性。通常在电解电容器的引脚旁标明正极(+)或负极(-)。但当极性标志不清楚时，可以根据电解电容器的正向漏电电阻大于反向漏电电阻的特点，利用万用表的欧姆档进行测量判断。

方法是先任意测量一下电容器的漏电电阻，记录下其大小，然后将电容器的两个引脚相碰短路放电后，再交换表笔进行测量，读出漏电电阻，比较两次测量出的漏电电阻大小，阻值较大的那一次黑表笔所接引脚为电解电容器的正极，红表笔所接为负极。

如果两次测量比较不出漏电电阻的大小，可通过多次测量来判断电容器的极性。当量程太小时，两个阻值较大而且相互接近，就必须选择量程较大的档位进行测量。但用此法对漏电流小的电容器不易区别极性。另外，测量电解电容器时一般选用 $R \times 10\mathrm{k}\Omega$ 档或 $R \times 1\mathrm{k}\Omega$ 档，但 47μF 以上的电容器一般不用 $R \times 1\mathrm{k}\Omega$ 档。选用欧姆档时要注意万用表的内部电池(一般最高欧姆档使用 6V～22.5V 的电池，其余档可使用 1.5V 或 3V 的电池)电压不要高于电容器额定直流工作电压。否则，测量结果是不准确的。在测量过程中还要注意手不能同时接触两根引线，并且在第一次测量完以后必须进行放电(用两表笔将两引脚短路一下即可)，然后才能进行第二次测量。

2.5.4 数字万用表对小容量电容器的测量

利用 DT-890 型数字万用表可以直接测出小容量电容器的电容值。根据被测电容器的标称容值，选择合适的电容量程(CAP)，如 2μF 档(该表有 2000pF、2μF、20μF 等 5 档)，调整调零旋钮(仅在测量电容器时使用)，使初始值(即空载电容值，指没有插入电容器之前，显示屏所显示的数值)为 000 或 -000，然后将被测电容器插入数字万用表的 CAP 插孔中，万用表立即显示出被测电容器的电容值。

2.5.5 电容器的代换

电容器如果损坏，若没有相同的品种时可选用代用品。但要保证容量基本相同，除特殊情况外(如调谐电路等)有 10%～20% 的变动问题不大，保证耐压相同或高于原电容器。如果实际电路中的电压值较低，代用电容器的耐压可以低于原电容器耐压，但应大于实际电路对电容器耐压要求。旁路、滤波等用途的电容器可以用大于原电容量的电容器代换；用于高频的电容器，可以代替等值、等耐压的低频电容器。可用两只以上相同耐压的电容器并联代替一只电容器。云母电容器、瓷介电容器可以替代纸介电容器，瓷介电容器可代换云母电容器和玻璃釉电容器，钽电解电容器可代换铝电解电容器等。

2.6 练习思考题

1. 电容器的作用是什么？
2. 电容器的主要标志方法有哪几种？
3. 电容器有哪些技术参数，哪种电容器的稳定性较好？
4. 电容器的额定工作电压是其允许的最大直流电压吗？
5. 电容器如何命名，如何分类？
6. 常用电容器有哪几种，各有何特点，应该怎样合理选用电容器？
7. 如何判别电容器的好坏？
8. 电容器的容量常用数字表示，试说明 103、333、229、682 各表示的电容量？
9. 指出下列电容器的数值大小、允许偏差和标志方法。
    5n1   103J   2p2   339K   p56K
10. 选择和使用铝电解电容器应注意哪些问题？在电子电路中，为何常将一个小电容和一个大电解电容器并联使用？
11. 电解电容器极性的识别方法有哪几种？与普通电容相比，有何不同？
12. 怎样用万用表判断失去极性标志的电解电容器的正、负极？
13. 怎样用万用表测量电解电容器的漏电流大小？
14. 如何判断较大容量的电容器是否出现断路、击穿及漏电故障？
15. 电容器在电路中起什么作用？

实训题 1 电容器的识别

一、目的

熟悉电容器的各种外形结构，掌握其标志方法。

二、工具和器材

(1) 万用表一块。
(2) 不同标志的无极性电容器，电解电容器，可变电容器若干。

三、步骤

识别不同类型的电容器，读出其在不同标志方法中的各个参数值，并将识读结果记录在表 2-25 中。

表 2-25　电容器的识读结果

电容器编号	标志方法	标志内容	识读结果			备注
			标称容量	允许偏差	耐 压	
1						
2						
3						
4						
5						
6						
7						
8						
9						
10						

实训题 2　电容器的检测

一、目的

掌握用万用表检测电容器的容量、漏电电阻及判断电容器好坏的方法。

二、工具和器材

(1) 万用表一块。

(2) 不同标志的无极性电容器，电解电容器，可变电容器若干。

三、步骤

(1) 用万用表的欧姆档检测电容器的好坏。

(2) 选择两个 5000pF 以上，且容量不等的电容器，用万用表检测并判断它们的容量大小。

(3) 万用表判断电解电容器的极性。将检测电容器的各种结果记录在表 2-26 中。

表 2-26　电容器的检测与分析

编号	电容器类型	标称容量	标称耐压	允许偏差	万用表量程	所测电阻值	好坏判断
1							
2							
3							
4							
5							

续表

编号	电容器类型	标称容量	标称耐压	允许偏差	万用表量程	所测电阻值	好坏判断
6							
7							
8							
9							
10							

第 3 章 电 感 器

教学提示：电感器是电感线圈的简称，是最常见的一种电子元件，广泛用于各种电路中。变压器是利用两个电感线圈靠近时产生的互感现象来进行工作的，常用作电压变换、阻抗变换和选频功能等。

教学要求：通过本章学习，学生应了解电感器的概念、命名、标志方法以及技术指标，熟悉变压器的概念、型号命名、主要特征参数以及常用电感器和不同类型变压器的性能特点、适用场合，并掌握其测量方法。

3.1 概 述

电感器又称为线圈或电感线圈，是由导线在绝缘骨架上(也有不用骨架的)绕制而成。

3.1.1 电感器的分类

电感器种类较多，可按不同的分类方法进行分类。

1. 按照形状分类

电感器可分为线绕电感和平面电感两种。平面电感又可分为印制板电感和片状电感两种。线绕电感按绕制方式可分为单层线圈和多层线圈两种。

单层线圈的电感量通常较小，在几个微亨至几十微亨左右。电感值较大时，线圈的尺寸就会太大，给安装带来困难，单层线圈通常适用于高频电路。

单层线圈的绕制又可分为密绕和间绕。密绕是指导线一圈挨一圈的绕制，其特点是绕法简单，制作容易，线圈体积较小，电感量一般大于 15μH，但其匝间电容较大，使 Q 值和稳定性有所降低。间绕是导线每匝间都相距一定的距离，分布电容较小，当采用粗导线时，可获得高 Q 值(150～400)和高稳定性，但电感量不能做得很大。

多层线圈的电感量较大，通常大于 300μH。多层线圈的缺点就在于固有电容较大，因为匝与匝、层与层之间都存在分布电容。同时，线圈层与层之间的电压相差较大，当线圈两端具有较高电压时，易发生跳火、绝缘击穿等。

多层线圈的绕制可分为分层平绕、分格平绕、乱绕和蜂房式绕制等多种形式。

蜂房线圈的绕制方法是为克服多层电感本身分布电容较大的不足而采取的绕制方法。是将被绕制的导线以一定的偏转角(约 19°～26°)在骨架上缠绕，这样可减小线圈的固有电容。

2. 按照工作特征分类

电感器可分为固定电感和可变电感两种。

固定电感是根据不同电感量的需求，将不同直径的铜线绕在磁芯上，再用塑料壳封装或用环氧树脂包封而成。其特点是体积小、重量轻、结构牢固可靠。

固定电感按照引线方式的不同,可分为双向引出式和单向引出式两种,其电感量范围分别为

双向引出式:0.1μH～22000μH

单向引出式:1μH～33000μH

电感量采用 E 数系列,其间隔按 E12 系列排列,Q 值一般为 40～60,工作电流在 50μA～1600μA,温度系数约 $300\times10^{-6}/℃$～$800\times10^{-6}/℃$。

可变电感是指其电感量是可以改变的电感线圈。当需要电感值跳跃或改变时,一般采用抽头式线圈。如图 3.1(a)所示,通过连接抽头的位置不同,使电感量发生变化。

当需要电感值均匀改变时,可采用以下 3 种方法:第 1 种是在线圈中插入磁芯或铜芯,改变磁芯或铜芯的位置即可改变线圈的电感量,如图 3.1(b)所示;第 2 种是在线圈上安装一滑动的触点,改变触点在线圈上的位置,即可改变线圈的匝数,从而改变电感量,如图 3.1(c)所示;第 3 种是将两个线圈并联,均匀改变两线圈之间的相对位置,以达到互感量的变化,从而使线圈的总电感量随之变化,如图 3.1(d)所示。

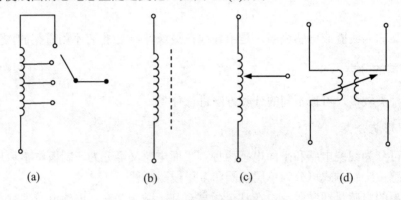

图 3.1 可变电感线圈

3. 按照功能分类

电感器可分为振荡线圈、扼流圈、耦合线圈、校正线圈、偏转线圈等。

4. 按照结构分类

电感器可分为空心线圈、磁芯线圈、铁芯线圈等。

3.1.2 电感器的型号命名方法

电感器的型号命名没有统一的国家标准,各生产厂家有所不同,有的厂家用 LG 加产品序号来表示。有的厂家采用 LG 加数字和字母后缀的表示形式,其后缀字 1 表示卧式,2 表示立式,G 表示胶木外壳,P 表示圆饼式,E 表示耳朵形环氧树脂包封。也有的厂家采用 LF 加数字和字母后缀来表示,例如 LF10RD01,其中 LF 为低频电感线圈,10 为特征尺寸,RD 为工字形磁芯,01 代表产品序号。但大多数的表示方法由 4 部分组成。

第 1 部分:主称,用字母表示,其中 L 代表线圈,ZL 代表阻流圈。

第 2 部分:特征,用字母表示,其中 G 代表高频。

第 3 部分：型号，用字母表示，其中 X 代表小型。

第 4 部分：区别代号，用字母表示。

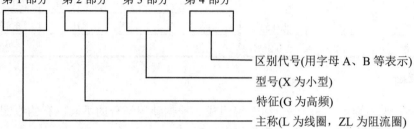

例如：LGX 型为小型高频电感线圈。

3.1.3 电感器的标志方法

为了便于生产和使用，常将小型固定电感线圈的主要参数标志在其外壳上，标志方法有直标法和色标法两种。

1. 直标法

直标法是在小型固定电感线圈的外壳上直接用文字符号标出其电感量、允许偏差和最大直流工作电流等主要参数。其中允许偏差常用Ⅰ、Ⅱ、Ⅲ来表示，分别代表允许偏差为 ±5%、±10%、±20%，最大工作电流常用字母 A、B、C、D、E 等标志，字母与电流的对应关系见表 3-1。

表 3-1　小型固定电感线圈的工作电流与字母的相应关系

字　母	A	B	C	D	E
最大工作电流/mA	50	150	300	700	1600

例如，固定电感线圈外壳上标有 330μH、C、Ⅱ 的标志，则表明线圈的电感量为 330μH，允许偏差为Ⅱ级(±10%)，最大工作电流为 300mA(C 档)。

2. 色标法

色标法是指在电感器的外壳上涂上 4 条不同颜色的环，来反映电感器的主要参数。前两条色环表示电感器的电感量，第 1 条表示电感量的第 1 位有效数字，第 2 条表示第 2 位有效数字，第 3 条色环表示乘数(即 10^n)，第 4 条色环表示允许偏差。数字与颜色的对应关系见表 3-2，单位为微亨(μH)。

表 3-2　电感器的色环表示

颜色	有效数字	乘数	允许偏差	颜色	有效数字	乘数	允许偏差
黑	0	10^0		紫	7	10^7	±0.1%
棕	1	10^1	±1%	灰	8	10^8	
红	2	10^2	±2%	白	9	10^9	+5% −20%
橙	3	10^3					

续表

颜色	有效数字	乘数	允许偏差	颜色	有效数字	乘数	允许偏差
黄	4	10^4		金		10^{-2}	±5%
绿	5	10^5	±0.5%	银		10^{-1}	±10%
蓝	6	10^6	±0.25%	无色			±20%

3.1.4 线圈的结构

线圈通常由骨架、绕组、屏蔽罩、磁芯等组成。根据使用场合的不同，有的线圈没有磁芯或屏蔽罩，或两者都没有，还有的连骨架也没有。

1. 骨架

骨架的作用是使线圈固定成型，并以此将线圈和铁芯绝缘。常用的骨架材料有电工纸板、胶木、塑料、聚苯乙烯、云母、陶瓷等。这些材料的介质损耗和耐热特性都不相同，像云母和陶瓷既耐热，又损耗小；电工纸板、胶木等材料，耐热特性较差，损耗也较大。骨架材料的优劣，直接影响线圈的质量和稳定性。在使用时，应根据要求仔细选取。

2. 绕组

大多数线圈的绕组是由绝缘导线在骨架上缠绕而成的。常用的绝缘导线有各种规格的漆包线、电磁线和单股塑料线等。圈数的多少由电感量的大小决定，一般电感量越大，线圈的圈数就越多。导线的直径由通过线圈的电流值和线圈的 Q 值来决定，通过电流大，要求 Q 值高，则导线直径应选择粗一些的。当电感量较小，如小于几微亨时，绕组也常用不带绝缘的镀银铜线进行间绕，以减小导体的表面电阻，提高线圈的性能。

3. 屏蔽罩

为了减小外界电磁场对线圈的影响和线圈产生的电磁场与外电路的相互耦合，需要采用屏蔽罩将线圈与外电路隔离。通常是将线圈放入一个闭合的具有良好接地的金属罩内。

4. 磁芯

线圈装有磁芯后，其电感量增加，或者说与同样电感量的无磁芯线圈相比，带磁芯的线圈圈数较少，这样可减小线圈的体积和分布电容，并提高线圈的 Q 值。有时为了调整线圈的电感量，也可以通过调节磁芯在线圈中的位置来实现。常用的磁芯有锰锌铁氧体和镍锌铁氧体等，并根据不同要求，可制成各种不同的形状，如磁棒、E 型磁芯、螺纹磁芯、环形磁芯、双孔磁芯等。

3.1.5 线圈的符号识别

目前，在电路中会出现各类线圈的符号，如图 3.2 所示，它们代表不同的电感线圈。

1. 空心线圈

如图 3.2(a)所示，一个半圆弧形象地代表了线圈中一圈的导线，尽管线圈的绕制方法有密绕、间绕和蜂房式多种，但电路中均用这种符号表示。

2. 带铁氧体磁芯的线圈

如图 3.2(b)所示，这种线圈是在绕好的空心线圈中插入铁氧体磁芯，图中虚线表示铁氧体磁芯。由于增加了磁芯，所以在相同电感量的情况下，体积要比空心线圈小得多。

3. 可调磁芯线圈

如图 3.2(c)所示，铁氧体磁芯线圈中的磁芯放进深度可以调整，多用于调谐回路中。通过磁芯的调整，使得谐振频率发生改变。

4. 可调铜芯线圈

同可调磁芯线圈类似，还有可调铜芯线圈，如图 3.2(d)所示，空心长方形表示铜芯。

5. 铁芯线圈

如图 3.2(e)所示，这类线圈绕好后，在中间插入硅钢片一类物质，线圈旁边的粗黑线表示铁芯。

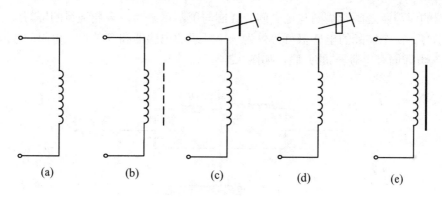

图 3.2 线圈的符号

3.2 电感器的技术指标

电感器的主要技术指标有电感量、品质因素、固有电容、直流电阻、额定电流和稳定性等。

3.2.1 电感量

在没有非线性导磁物质存在的条件下，一个载流线圈的磁通与线圈中电流成正比，其比例常数称为自感系数，简称电感，用 L 表示，即

$$L = \frac{\Phi}{I} \tag{3.1}$$

式中，L 为电感，单位 H，常用的单位有 mH、μH 和 nH；Φ 为自感磁通量，单位 V·s；I 为电流强度，单位 A。

1H 是指电路在 1s 内，电流平均变动为 1A 时，在电路内感应出 1V 自感应电动势的电感量值。

3.2.2 品质因数

品质因数是表示线圈质量的一个参数,它是指线圈在某一频率的交流电压工作时,线圈所呈现的感抗和线圈的直流电阻之比,即

$$Q = \frac{2\pi f L}{R} = \frac{\omega L}{R} \tag{3.2}$$

式中,Q 为线圈的品质因数;ω 为工作角频率;R 为线圈的等效总损耗电阻;L 为线圈的电感量。

当 ω 和 L 一定时,品质因数仅与线圈的等效电阻有关,电阻越大,Q 值越小。在谐振回路中,线圈的 Q 值越高,回路的损耗越小,效率越高,滤波性能就越好。但 Q 值的提高,要受到一些因素的限制,如导线的直流电阻,线圈骨架的介质损耗,屏蔽和铁芯引起的损耗以及高频工作时的集肤效应等。一般不能做得很高,通常为几十至一百,最高为四、五百。

3.2.3 固有电容和直流电阻

线圈的匝与匝之间、线圈与地之间、线圈与屏蔽罩之间、多层绕组的层与层之间均存在分布电容。一个实际的电感器可等效为一个理想的电感器和等效直流电阻的串联,再与分布电容器(即固有电容器)的并联,如图 3.3 所示。

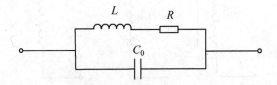

图 3.3 电感器的等效电路

由于固有电容器和直流电阻的存在,增加了线圈的等效总损耗电阻,降低了品质因数。因此,线圈的固有电容越小越好。可通过减小线圈骨架的直径,采用细导线绕制或采用间绕法、蜂房式绕法等措施进行减小。

3.2.4 额定电流

电感线圈在正常工作时,允许通过的最大电流称为额定电流,也称为线圈的标称电流值。当工作电流大于额定电流时,线圈就会发热,甚至被烧坏。

3.2.5 稳定性

稳定性表示线圈参数随外界条件变化而改变的程度,通常用电感温度系数和不稳定系数两个量来衡量,它们越大,表示稳定性越差。

3.3 变压器

变压器也是一种电感器。它由初级线圈、次级线圈、铁芯或磁芯等组成,利用两个电

感线圈在靠近时产生的互感应现象进行工作。在电子电路中常作为电压变换器、阻抗变换器等。

3.3.1 变压器的分类

变压器种类繁多，可按不同方式进行分类。

1. 按导磁材料分类

变压器可分为硅钢片变压器、低频磁芯变压器、高频磁芯变压器3种。

2. 按用途分类

变压器可分为电源变压器和隔离变压器、调压器、输入/输出变压器、脉冲变压器4种。

3. 按工作频率分类

变压器可分为低频变压器、中频变压器和高频变压器3大类。

低频变压器又可分为电源变压器、输入变压器、输出变压器、线间变压器、用户变压器和耦合变压器等。

中频变压器又可分为收音机中频变压器、电视机中频变压器等。

高频变压器又可分为天线线圈、天线阻抗变换器和脉冲变压器等。

3.3.2 变压器的型号命名

1. 低频变压器的型号命名

电源变压器、音频输入变压器和音频输出变压器的型号命名由3部分组成。

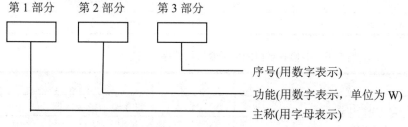

第1部分：主称，用字母表示，见表3-3。
第2部分：功率，用数字表示，单位是W。
第3部分：序号，用数字表示。

表3-3 低频变压器主称字母的含义

字 母	意 义	字 母	意 义
DB	电源变压器	HB	灯丝变压器
CB	音频输出变压器	SB 或 ZB	音频(定阻式)输送变压器
RB	音频输入变压器	SB 或 EB	音频(定压式或自耦式)输送变压器
GB	高压变压器		

例如，DB-10-2 表示 10W(V·A)的电源变压器，GB-100-1 表示 100W 的高压变压器。

2. 调幅收音机中频变压器的型号命名

调幅收音机的中频变压器型号命名也由 3 部分组成。

第 1 部分：主称，用几个字母的组合表示名称、特征及用途，见表 3-4。

第 2 部分：外形尺寸，用数字表示，见表 3-5。

第 3 部分：序号，用数字表示，见表 3-6。

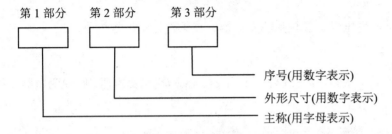

表 3-4 调幅收音机内中频变压器的主称代号

字 母	名称、特征、用途	字 母	名称、特征、用途
I	中频变压器	F	调幅收音机用
L	线圈或振荡线圈	S	短波段
T	磁性瓷芯式		

表 3-5 调幅收音机内中频变压器的尺寸代号

数 字	外形尺寸/mm×mm×mm	数 字	外形尺寸/mm×mm×mm
1	7×7×12	3	12×12×16
2	10×10×14	4	20×25×36

表 3-6 调幅收音机内中频变压器的序号代号

数 字	意 义	数 字	意 义
1	第 1 级中频变压器	3	第 3 级中频变压器
2	第 2 级中频变压器		

例如，FTT22 表示调幅收音机用的磁性瓷芯式中频变压器，其外形尺寸为 10mm×10mm×14mm，第 2 级放大器后用的第 2 级中频变压器。

3. 电视机中频变压器的型号命名

电视机用的中频变压器的型号命名由 4 部分组成。

第 1 部分：底座的尺寸，用数字表示。

第 2 部分：主称，用字母表示名称和用途，见表 3-7。

第 3 部分：结构，用数字表示，见表 3-8。

第 4 部分：序号，用数字表示。

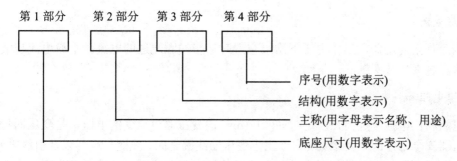

表 3-7 电视机内中频变压器的主称代号

字 母	意 义	字 母	意 义
T	中频变压器	V	图像回路
L	线圈	S	伴音回路

表 3-8 电视机内中频变压器的结构代号

字 母	意 义	字 母	意 义
2	调磁帽式	3	调螺杆式

例如，10TS2221 表示调磁帽式伴音中频变压器，其底座尺寸为 10mm×10mm，产品序号为 221。

3.3.3 变压器的主要特征参数

1. 变压比

变压比又称变阻比、圈数比。它是指变压器的初级线圈的电压(阻抗)与次级线圈的电压(阻抗)之比，定义为

$$n = \frac{U_1}{U_2} = \frac{N_1}{N_2} \tag{3.3}$$

式中，n 为变压器的变压比；N_1 为变压器的初级线圈的圈数；N_2 为变压器的次级线圈的圈数；U_1 为初级线圈两端接入的交流电压；U_2 为次级线圈内产生的感应电动势。

若 $n \geq 1$，即 $N_1 \geq N_2$，则次级线圈的感应电压 U_2 小于等于初级线圈的电压 U_1，即 $U_2 \leq U_1$，该变压器称为降压变压器。若 $n \leq 1$，即 $N_2 \geq N_1$，则次级的感应电压 U_2 大于等于初级线圈的电压 U_1，即 $U_2 \geq U_1$，该变压器称为升压变压器

2. 额定功率

变压器在特定频率和电压条件下，能长时间连续稳定地工作，而未超过规定温升的输出功率称为额定功率。单位为 W 或 kW。常用电子产品中变压器的额定功率一般为几百瓦。

3. 效率

变压器输出功率与输入功率之比称为效率，常用百分数表示。其大小与设计参数、材料、工艺以及功率有关。对于 20W 以下的变压器，其效率为 70%～80%。对于 100 W 以上的变压器，其效率可大于 95%。

4. 空载电流

空载电流是指变压器在工作电压下次级空载时初级线圈流过的电流。空载电流越大，变压器的损耗越大，效率越低。

5. 绝缘电阻和抗电强度

绝缘电阻和抗电强度是指在规定时间(如 1min)内变压器可承受的电压，是变压器特别是电源变压器安全工作的重要参数。它产生于变压器线圈之间、线圈与铁芯以及引线之间。不同工作电压、不同使用条件和要求的变压器对绝缘电阻和抗电强度的要求不同，小型电源变压器绝缘电阻要求不小于 500 MΩ，抗电强度应大于 2000V。

3.4 常用电感器和变压器

3.4.1 小型固定电感器

小型固定电感器有卧式(双向引出式)和立式(单向引出式)两种，其电流等级分别用 A、B、C、D、E 表示(即分别表示工作电流不小于 50mA，150mA，300mA，700mA，1600mA)。固定电感量是将漆包线直接绕在棒形、Z 形、王字形等磁芯上，外表裹覆环氧树脂或封装在塑料壳中。具有体积小、重量轻、结构牢固、耐振动、耐冲击、防潮性好、安装方便等优点，一般用于滤波、扼流、延时、陷波等电子线路中。

3.4.2 平面电感

平面电感是在陶瓷或微晶玻璃基片上沉积金属导线而成的，主要采用真空蒸发，光刻电镀及塑料包封等工艺。平面电感在稳定性、精度、可靠性方面较好，可用于几十兆赫到几百兆赫的高频电路中。

3.4.3 中周线圈

中频变压器又称中周线圈，是超外差式无线电接收设备中的主要元器件之一，广泛用于调幅、调频收音机、电视接收机、通信接收机等电子设备中。

中频变压器的技术参数直接影响接收机的技术指标，故各种接收机中的中频变压器参数都不完全一致，使用时应查阅有关性能参考表，保证正确使用。

3.4.4 罐形磁芯线圈

采用罐形铁氧体磁芯制作的电感器，因具有闭合磁路，存在较高的磁导率和电感系数，所以体积较小、电感量较大。如果在中心柱上开适当的气隙，不但可以改变电感系数，而且能够提高品质因数，减小电感温度系数，可广泛用于 LC 滤波器、谐振回路、匹配回路等。

3.4.5 高频变压器

高频变压器即高频线圈，如收音机的磁性天线，它是将线圈绕制在磁棒上，并和一只可变电容器组成调谐回路。磁性天线线圈分为中波磁性天线线圈和短波磁性天线线圈两种。

调谐可变电容器有 170pF、270pF、290pF、360pF 多种。磁棒一般由铁氧体制成,分为锰锌铁氧体(MX)和镍锌铁氧体(NX)两种。锰锌铁氧体导磁能力强、工作频率低,适用于中频段;镍锌铁氧体导磁能力较弱、工作频率较高,适用于高频段。磁棒的长度对收音机的灵敏度影响较大,磁棒越长,灵敏度越高。

3.4.6 中频变压器

中频变压器又称中周变压器,简称中周,在音频、视频设备和测量仪器中广泛应用。一般由磁芯、线圈、支架、底座、磁帽、屏蔽外壳组成。通过磁帽的上下调节,使电感量发生改变,以使电路谐振在某个特定频率上。

3.4.7 低频变压器

低频变压器一般包括收音机的输入、输出变压器和 1kV 以下的电源变压器。

输入、输出变压器的主要作用是实现阻抗匹配,无畸变的传送信号电压和信号功率,对直流信号进行隔离。它由铁芯、骨架和绕组等组成。铁芯通常采用 E 字形硅钢片,骨架由尼龙或塑料压制而成,绕组在骨架上绕制漆包线。输入、输出变压器的大小、外形相似,但初、次级线圈匝数比不同。

3.4.8 脉冲变压器

脉冲变压器,如电视机中的行输出变压器,又称行逆程变压器。位于行扫描输出级,将行逆程反峰电压升高,再经整流、滤波,为显像管提供各种直流电压。

3.4.9 电源变压器

电源变压器的作用是将工频市电(交流 220V 或 110V)转换为各种额定功率和额定电压的重要部件。因为在家用电器和电子设备中,需要各种各样的电源供电,只有电源变压器,才能根据需要将 220V 的交流电变为不同类型的电源。电源变压器种类繁多、样式各异,但其基本组成相同,均由铁芯、线圈等组成。

3.5 电感及变压器的测量

3.5.1 电桥法测量电感

1. 麦克斯韦-文氏(Maxwell-Wien)电桥

如图 3.4 所示,为恒相和电桥电路。电路特点是被测元件(L_x、R_x)臂的相对臂采用不同性质的元件,且为并联。当选择 R_4、C_4 为可调元件时,被测量 L_x、R_x 可以分别读数。此电桥适用于测量低 Q 值,即 Q<10 的电感。电桥平衡时有

$$L_x = R_2 R_3 C_4 \tag{3.4}$$

$$R_x = \frac{R_2 R_3}{R_4} \tag{3.5}$$

$$Q = \frac{\omega L_x}{R_x} = \omega R_4 C_4 \tag{3.6}$$

2. 海氏(Hay)电桥

如图 3.5 所示,为恒相和电桥电路。当选择 R_4、C_4 为可调元件时,被测量 L_x、R_x 可分别读数。用于并联电感或高 Q 值($Q>10$)的测量。电桥平衡时有

$$L_x = R_2 R_3 C_4 \tag{3.7}$$

$$R_x = \frac{R_2 R_3}{R_4} \tag{3.8}$$

$$Q = \frac{1}{\omega R_4 C_4} \tag{3.9}$$

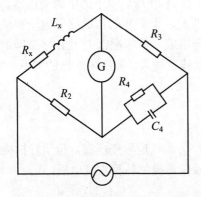
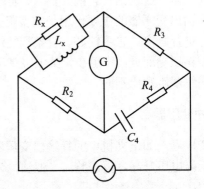

图 3.4 麦克斯韦－文氏电桥 　　　　　图 3.5 海氏电桥

3. 串联欧文(Owen)电桥

如图 3.6 所示,为恒相差电桥电路,当选择 R_2、C_2 为可调元件时,被测量 L_x、R_x 可分别读数,电桥平衡时有

$$L_x = R_2 R_3 C_4 \tag{3.10}$$

$$R_x = \frac{R_3 C_4}{C_2} \tag{3.11}$$

4. 麦克斯韦电感比较电桥

如图 3.7 所示,为恒相差电桥电路。当选择 L_2、R_2 为可调元件时,被测量 L_x、R_x 可分别读数。对于低 Q 值线圈,可以在 L_2 支路内串联一附加电阻以实现电桥平衡。电桥平衡时有

$$L_x = \frac{L_2 R_3}{R_4} \tag{3.11}$$

$$R_x = \frac{R_2 R_3}{R_4} \tag{3.12}$$

$$Q = \frac{\omega L_2}{R_2} \tag{3.13}$$

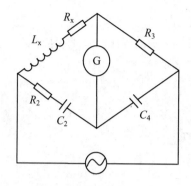
图 3.6　串联欧文电桥

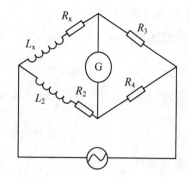
图 3.7　麦克斯韦电感比较电桥

3.5.2　谐振法直接测量电感

如图 3.8 所示，C_n 为标准电容，调整高频振荡器的频率，使回路谐振，这时高频电压表读数最大，从高频振荡器上读出谐振频率 f_0，求被测电感 L_x 为

$$L_x = \frac{2.53 \times 10^4}{f_0^2 C_n} \ (\mu H) \tag{3.14}$$

式中，f_0 为谐振频率，单位为 MHz；C_n 为标准电容，单位为 pF。

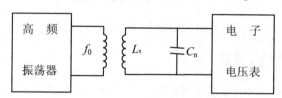

图 3.8　电感的直接测量

3.5.3　Q 值的测量

1. 电压比法测量 Q 值

如图 3.9 所示，调节振荡器的频率 f 或标准可调电容 C_n，使回路谐振，电子电压表指示最大，且为 $U_{\max}$，则

$$Q = \frac{U_{\max}}{U} \tag{3.15}$$

该 Q 值为谐振回路的品质因数，由于标准电容的介质损耗比线圈的电阻损耗小得多，故该 Q 值可认为是被测线圈的品质因数。

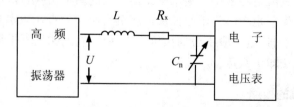

图 3.9　电压比法测 Q 值

2. 变电容法测 Q 值

电路原理图仍为图 3.9，当谐振时，回路总阻抗 $Z = R_X$ 为最小，这时有

$$I_{\max} = \frac{U}{R_x} \qquad (3.16)$$

调整标准可调电容 C_n 为 C_{n1} 和 C_{n2} 时有

$$I_1 = I_2 = \frac{\sqrt{2}}{2} I_{\max} = 0.707 I_{\max} \qquad (3.17)$$

称为半功率点，则

$$Q = \frac{2C_0}{C_{n1} - C_{n2}} \qquad (3.18)$$

C_0 为谐振时的电容值，如图 3.10 所示。

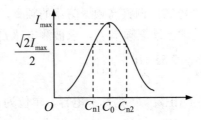

图 3.10　谐振曲线半功率点的表示

3.5.4　用万用表测量中频变压器

中频变压器及可调线圈引出端与屏蔽罩之间的绝缘电阻应不小于 100 MΩ，初、次级绕组间的绝缘电阻应不小于 10 MΩ。如果用万用表测量以上绝缘电阻时，表头指针应不摆动。如果指针指向零，则表明中频变压器及可调线圈引出端与屏蔽罩之间或初次级绕组之间已短路。根据中频变压器及可调线圈的接线位置，凡绕有线圈的两端均应通路，如用万用表测量，表头指针若不动，则表示线圈已断路。当指针摆动，且有一定阻值时，要根据线圈所绕匝数及所使用的线径加以判断。

3.5.5　输入、输出变压器判别

输入、输出变压器形状相同，一般在产品上注有输入、输出标记。包有绿色纸的表示输入，包有红色纸的表示输出。

当产品上无标记时，应根据输入、输出变压器直流电阻的不同来判断。输出变压器次级的两根引线最粗，直流电阻最小。输入变压器次级的两根引线直流电阻最大。中心抽头的判别可用万用表，先假定一端为中心抽头，测量它两端的直流电阻是否平衡，若平衡，则假定的一端就是中心抽头(一般中心抽头位于中间位置)。如果不平衡，可换另一端作为中心抽头端，依照上法即可判定。

3.5.6　变压器同名端的检测

如图 3.11 所示，当开关闭合的一瞬间，如果万用表指针正偏，说明 1、4 脚为同名端；

如果反偏，说明1、3脚为同名端。

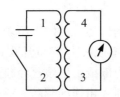

图 3.11　变压器同名端的检测

3.5.7　变压器的使用注意事项

使用变压器时一定不能接错端线，如果接错就有可能造成变压器的自身损坏，因此使用前必须判断出各个引线。可用欧姆表测量各绕组的内阻，并对各绕组进行简单的区分，同时还应该判断出变压器的同名端位置。

3.6　电感及变压器的选用和质量判别

3.6.1　电感线圈的选用

1. 选取原则

(1) 电感线圈的工作频率要适合电路的要求。用在低频电路中的电感线圈，应选用铁氧体或硅钢片作为磁芯材料，线圈能承受较大电流。当用于音频电路时，应选用带铁芯(硅钢片)或低铁氧体芯的；用于几百千赫到几兆赫之间时，最好选用铁氧体芯，并以多股绝缘导线绕制的；用于几兆赫到几十兆赫时，应选用单股镀银的粗铜线绕制的，磁芯选用短波高频铁氧体，也可选用空芯线圈。由于多股导线间分布电容的影响，不适用于频率较高的场合，在100MHz以上时一般不选用铁氧体芯，只能用空芯线圈。线圈骨架的材料与线圈的损耗有关。在高频电路中，通常选用高频损耗小的高频陶瓷作为骨架。对于要求不高的场合，可选用塑料、胶木和纸为骨架的电感器，这样损耗虽然大，但价格低、制造方便、重量轻。

(2) 电感线圈的电感量、额定电流必须满足电路要求。

(3) 电感线圈的外形尺寸要符合电路板上位置的要求。

(4) 对于不同电路应选用不同性能的电感线圈。如振荡电路、滤波电路等，电路性能不同，对电感线圈的要求也不一样。

2. 电感线圈的代换

(1) 在更换电感线圈时，不要随便改变线圈的大小、形状，尤其是用在高频电路中的空芯电感线圈，不要改动原来的位置或线圈的间距，一旦稍有改变，其电感量就会发生变化。

(2) 对于色码电感或小型固定电感线圈，当电感量和标称电流相同时，可以替换使用。

(3) 对于代换有屏蔽罩的电感线圈时，一定要注意将屏蔽罩接地，可提高电感线圈的使用性能，达到隔离电场的目的。

3.6.2 电感器的质量判别

用万用表可以大致判断电感器的好坏。即用万用表测量一下电感器的阻值。将万用表置于 $R\times 1\Omega$ 档，测得的直流电阻为零或很小(零点几欧到几欧)，说明电感器未断；当测量的线圈电阻为无穷大时，表明线圈内部或引出线已经断开。在测量时要将线圈与外电路断开，以免外电路对线圈的并联作用造成错误的判断。对于电感线圈的匝间短路问题，可用一只完好的线圈替换试验，故障消除则证明线圈匝间有短路，需要更换。如果用万用表测得线圈的电阻远小于标称阻值，也说明线圈内部有短路现象。

用数字万用表也可以对电感器进行通断测试。将数字万用表的量程开关拨到"通断蜂鸣"符号处，用红、黑表笔接触电感器的两端，如果阻值较小，表内蜂鸣器就会鸣叫，表明该电感器可以正常使用。

3.6.3 变压器的选用

1. 选取原则

(1) 选用变压器一定要了解变压器的输出功率、输入和输出电压大小以及所接负载需要的功率。

(2) 要根据电路要求选择其输出电压与标称电压相符。其绝缘电阻值应大于 $500\,\text{M}\Omega$，对于要求较高的电路应大于 $1000\,\text{M}\Omega$。

(3) 要根据变压器在电路中的作用合理使用，必须知道其引脚与电路中各点的对应关系。

2. 变压器的代换

(1) 中频变压器型号较多，基本上不能互换使用，损坏后应尽量选用同型号、同规格的进行更换，不然电路很难正常工作。

(2) 电源变压器的代换原则是同型号可以代换，也可以选用比原型号功率大的但输出电压与原型号相同的进行代换，还可以选用不同型号、不同规格、不同铁芯的变压器进行代换，但前提是其功率必须比原型号稍大，输出电压相同(对特殊要求的电路例外)。

3.6.4 变压器的质量判别

变压器的质量判别首先从两方面考虑，即开路和短路。开路检查用万用表欧姆档很容易完成，可将万用表置于 $R\times 1\Omega$ 档，分别测量变压器各绕组的阻值，一般初级绕组的阻值大约为几十欧到几百欧。变压器功率越大，使用的导线越粗，阻值越小；变压器功率越小，使用导线越细，阻值越大。次级绕组由于绕制匝数少，绕组阻值大约为几欧到几十欧。如果测量中电阻为零，说明此绕组有短路现象；阻值无穷大，有开路故障。但需要注意的是，测试时应切断变压器与其他元器件的连接。短路故障也可以用下面的方法测试。

1. 空载通电法

切断变压器的负载，接通电源，看变压器的空载温度升高是否正常。如果温度升高较快，则表明内部存在局部短路。如果接通电源 15min～30min，温度升高正常，则表明变压器正常。

2. 串联检测法

在变压器的电源回路内串接一个 100W 的灯泡,接通电源时,灯泡只发微红,则表明变压器正常;如果灯泡很亮或较亮,则表明变压器内部有局部短路现象。

另外,变压器在正常工作时,初级绕组与次级绕组之间、铁芯与各绕组之间、绕组与屏蔽层之间的电阻值都应该为无穷大。可将万用表置于 $R\times 1\,k\Omega$ 档,如果测出两绕组之间或铁芯与绕组之间的电阻值小于 $10\,M\Omega$,则说明该变压器的绝缘性能不好。

3.7 练习思考题

1. 电感器有哪些基本参数?为什么电感线圈有固有频率?使用中应注意哪些问题?
2. 电感器的主要标志方法有哪几种?
3. 如何用万用表判别电感器的好坏?
4. 外形相同的收音机的输入和输出变压器,标志丢失后怎样用万用表区分?
5. 变压器有何作用?列举 3 种常见变压器的应用实例。
6. 如何检测变压器的同名端?
7. 变压器的主要特征参数有哪些?
8. 如何对变压器的变压性能进行检测?
9. 如何用万用表检测电感器断路或内部短路?
10. 电感器的识别方法有哪些?与电阻、电容器的识别方法相似吗?
11. 电感器和变压器在电路中分别起什么作用?

第 4 章 半导体分立器件

教学提示：半导体分立器件种类繁多，功能各异，通常包括半导体二极管、晶体三极管、场效应晶体管、功率整流器件、晶闸管和单结管等。

教学要求：通过本章学习，学生应了解常用半导体分立器件的概念和工作原理，熟悉各种特种二极管、三极管、不同类型场效应管、晶闸管的结构和性能特点，学会不同类型半导体分立器件的测量方法和使用注意事项。

4.1 概　　述

半导体分立器件种类繁多，通常可分为半导体二极管、晶体三极管、场效应晶体管和功率整流器件等。

半导体二极管可分为普通二极管和特殊二极管两种。其中，普通二极管包括整流二极管、稳压二极管、恒流二极管、开关二极管等；特殊二极管包括肖特基势垒管(SBD)、隧道二极管(TD)、位置显示管(PIN)、变容二极管、雪崩二极管等。

晶体三极管包括锗管和硅管。其中，锗管包括高频小功率管、低频大功率管、大功率反压管等；硅管包括高频小功率管、超高频小功率管、高速开关管、低噪声管、微波低噪声管等。另外，晶体三极管还包括专用器件，如单结晶体管和可编程序单结晶体管等。

功率整流器件主要包括晶闸管整流器(SCR)和硅堆等。

场效应晶体管可分为结型(JFET)和绝缘栅型(MOS)两大类。结型场效应管包括 N 沟道耗尽型和 P 沟道耗尽型两种；绝缘栅型场效应管包括 N 沟道耗尽型、P 沟道耗尽型、N 沟道增强型和 P 沟道增强型 4 种。

4.2 半导体分立器件的型号命名

4.2.1 中国半导体器件的型号命名

中国半导体分立器件型号的命名方法在国家标准《半导体分立器件型号命名方法》(GB 249－1989)中进行了规定。该标准于 1990 年 4 月 1 日开始实施，并取代了原国家标准 (GB 249－74)。

半导体器件的型号命名由 5 部分组成。

第 1 部分：器件的电极数目，用阿拉伯数字表示，见表 4-1。

第 2 部分：材料和极性，用字母表示，见表 4-2。

第 3 部分：类别，用字母表示，见表 4-3。

第 4 部分：序号，用数字表示。

第 5 部分：规格号，用字母表示。

场效应器件、半导体特殊器件、复合管、PIN 管、激光器件的型号命名只有第 3，4，5 部分。

表 4-1 电极数目的表示

数　字	意　义	数　字	意　义
2	二极管	3	三极管

表 4-2 极性及材料的表示

符　号	意　义	符　号	意　义
A	N 型锗材料	B	NPN 型锗材料
B	P 型锗材料	C	PNP 型硅材料
C	N 型硅材料	D	NPN 型硅材料
D	P 型硅材料	E	化合物材料
A	PNP 型锗材料		

表 4-3 类别的表示

符　号	意　义	符　号	意　义	符　号	意　义
P	小信号管	T	闸流管	GS	光电子显示器
V	混频检波管	Y	体效应管	GF	发光二极管
W	电压调整管和电压基准管	B	雪崩管	GR	红外发射二极管
C	变容管	J	阶跃恢复管	GJ	激光二极管
Z	整流管	BT	特殊晶体管	GD	光敏二极管
L	整流堆	FH	复合管	GT	光敏晶体管
S	隧道管	PIN	PIN 管	GH	光耦合器
K	开关管	ZL	整流管阵列	GK	光开关管
X	低频小功率管	QL	硅桥式整流管	GL	摄像器阵器件
G	高频小功率管	SX	双向三极管	GM	摄像面阵器件
D	低频大功率管	DH	电流调整管	CS	场效应晶体管
A	高频大功率管	SY	瞬态抑制二极管		

注：高频 $f_a \geqslant 3\text{MHz}$，低频 $f_a < 3\text{MHz}$，大功率 $P_c \geqslant 1\text{W}$，小功率 $P_c < 1\text{W}$。

例如，锗材料 PNP 型高频小功率三极管。命名如下：

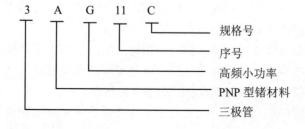

场效应器件。命名如下:

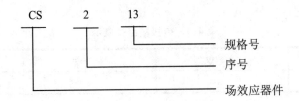

4.2.2 日本半导体器件型号命名

日本晶体管型号按日本工业标准(JIS-C-7012)规定的《半导体分立器件型号命名方法》命名,其型号命名由5部分组成。

第1部分:用数字表示器件有效电极数目或类型,见表4-4。
第2部分:用S表示已在日本电子工业协会(JEIA)注册登记的半导体器件。
第3部分:用字母表示器件使用材料、极性和类型,见表4-5。
第4部分:用多位数字表示器件在日本电子工业协会(JEIA)的注册登记号,它不反映器件的任何特征,但登记号数越大,表示越是近期产品。
第5部分:用字母A、B、C、D等表示这一器件是原型号产品的改进产品。

表4-4 电极数目或类型的表示

符号	意 义	符号	意 义
0	光电二极管或三极管及包括上述器件的组合管	3	具有4个有效电极的其他器件
1	二极管	⋮	⋮
2	三极管或具有三个电极的其他器件	$n-1$	具有n个电极的有效器件

表4-5 材料、极性和类型的表示

符 号	意 义	符 号	意 义
A	PNP 高频晶体管	G	N 控制极晶闸管
B	PNP 低频晶体管	H	N 基极单结晶体管
C	NPN 高频晶体管	K	N 沟道场效应管
D	NPN 低频晶体管	J	P 沟道声效应管
F	P 控制极晶闸管	M	双向晶闸管

日本半导体分立器件型号命名,有时也采用简化方法。即将型号前两部分省略,如2SD746简化为D746,2SC502A简化为C502A等。但也有时除5部分外,还附加有后缀字母及符号,以便进一步说明该器件的特点。

后缀的第一个字母一般是说明器件的特定用途,常用的有以下几种。
M:表示该器件符合日本防卫厅海上自卫队参谋部的有关标准。
N:表示该器件符合日本广播协会(NHK)的有关标准。
H:是日立公司专门为通信工业制造的半导体器件,并且采用塑料外壳封装。

Z：是松下公司专门为通信设备制造的高可靠性器件。
G：是东芝公司为通信设备制造的器件。
S：是三洋公司为通信设备制造的器件。

后缀的第 2 个字母常用来作为器件的某个参数的分档标志，如日立公司生产的一些半导体器件，用 A、B、C、D 等标志说明该器件的 β 值分档情况。

例如：

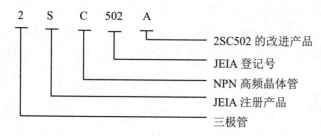

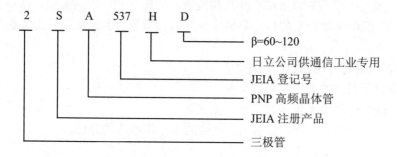

4.2.3 美国半导体器件型号命名

美国电子工业协会(EIA)的半导体分立器件型号命名由 5 部分组成。

第 1 部分：用符号表示器件的类别，见表 4-6。
第 2 部分：用数字表示 PN 结数目，见表 4-7。
第 3 部分：用字母 N 表示该器件已在美国电子工业协会(EIA)注册登记。
第 4 部分：用多位数字表示该器件在美国电子工业协会(EIA)的登记号。
第 5 部分：用字母 A、B、C、D 等表示同一型号器件的不同档别。

表 4-6 类别的表示

符 号	意 义	符 号	意 义
JAN或J	军用品	无	非军用品

表 4-7 PN 结数目的表示

符 号	意 义	符 号	意 义
1	二极管	3	三个PN结器件
2	三极管	n	n个PN结器件

例如：

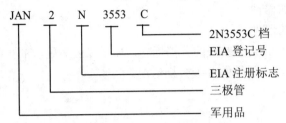

美国半导体器件型号的内容只能判断是二极管、三极管还是多个 PN 结器件，而无法判断其类型。同时，美国半导体分立器件还有不少是按厂家自己的型号命名方法进行命名的，显得较乱。

4.2.4 欧洲半导体器件型号命名

目前，欧洲各国没有明确统一的标准半导体分立器件型号命名方法。但是德国、法国、意大利、荷兰等参加欧洲共同市场的国家和一些东欧国家，如匈牙利、罗马尼亚、南斯拉夫、波兰等，大都使用国际电子联合会的标准半导体分立器件型号命名方法，它由 4 部分组成。

第1部分：用字母表示器件使用的材料，见表4-8。
第2部分：用字母表示器件的类型，见表4-9。
第3部分：用数字或字母加数字表示登记号，见表4-10。
第4部分：用字母 A、B、C、D、E 表示同一型号的半导体器件的分档。

表 4-8 材料的表示

符 号	意 义	符 号	意 义
A	锗材料	D	锡化铟
B	硅材料	R	复合材料，如霍尔元件和光电池使用的材料
C	砷化镓		

表 4-9 类型的表示

符 号	意 义	符 号	意 义
A	检波开关混频二极管	M	封闭磁路中的霍尔元件
B	变容二极管	P	光敏器件
C	低频小功率三极管	Q	发光器件
D	低频大功率三极管	R	小功率晶闸管
E	隧道二极管	S	小功率开关管
F	高频小功率三极管	T	大功率晶闸管
G	复合器件及其他器件	U	大功率开关管
H	磁敏二极管	X	倍增二极管
K	开放磁路中的霍尔元件	Y	整流二极管
L	高频大功率三极管	Z	稳压二极管

表 4-10 登记号的表示

符 号	意 义	符 号	意 义
3 位数字	通用半导体器件的登记序号	一个字母和两位数字	专用半导体器件的登记序号

欧洲半导体器件的型号命名除以上 4 部分外，有时还加后缀，以进一步标明半导体器件的特性或对器件进行进一步的分类。按规定后缀用破折号与基本部分分开。

常见的后缀有以下几种。

1. 稳压二极管的后缀

第 1 部分是一个字母，用来表示器件标称稳定电压值的允许误差范围，见表 4-11。
第 2 部分是数字，通常表示稳压二极管的标称稳定电压的整数数值部分。
第 3 部分是字母 V，代表小数点，字母 V 后面的数字为标称稳定电压值的小数数值部分。

表 4-11 允许误差范围的表示

符 号	A	B	C	D	E
允许误差/%	±1	±2	±5	±10	±15

2. 整流二极管的后缀

整流二极管的后缀一般是数字，直接标出器件的最大反向耐压值，单位是 V。

3. 晶闸管的后缀

晶闸管的后缀也是数字，通常标出其最大反向耐压和最大反向关断电压中数值较小的电压值。

如

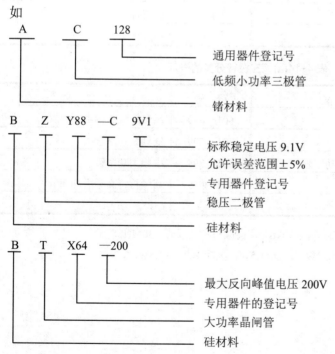

4.2.5 苏联半导体器件型号命名

苏联半导体分立器件型号命名先后使用过 3 个标准，即 1964 年以前，1965 年—1972 年，1973 年以后。根据国家标准(OCT 10862－72)规定，半导体分立器件的型号命名由 4 部分组成。

第 1 部分：用字母或数字表示器件的使用材料，见表 4-12。
第 2 部分：用字母表示器件的类型，见表 4-13。
第 3 部分：用数字表示器件的基本参数分类，见表 4-14。
第 4 部分：用字母 A、E、B、Г、п、л、δ、ж 等对同一型号的器件进行分档。

表 4-12 材料的表示

符 号	意 义	符 号	意 义
r 或 1	锗或锗的化合物	A 或 3	镓或镓的化合物
K 或 2	硅或硅的化合物		

表 4-13 类型的表示

符 号	意 义	符 号	意 义
T	三极管	H	晶闸管
П	场效应管	Y	双向晶闸管
Д	二极管	Л	发光器件
Ц	整流器件	P	噪声发生器
A	特高频二极管	Σ	甘纳二极管
B	变容二极管	K	稳流管
N	隧道二极管	C	稳压管

表 4-14(a) 三极管分类的表示

符 号	意 义	符 号	意 义
101～199	低频小功率管	601～699	高频与特高频中功率管
201～299	中频小功率管	701～799	低频大功率管
301～399	高频与特高频小功率管	801～899	中频大功率管
401～499	低频中功率管	901～999	高频与特高频大功率管
501～599	中频中功率管		

注：低频 $f_T \leqslant 3MHz$，中频 $3MHz < f_T \leqslant 30MHz$，高频与特高频 $f_T > 30MHz$，小功率 $P_{cm} \leqslant 0.3W$，中功率 $0.3W < P_{cm} \leqslant 1.5W$，大功率 $P_{cm} > 1.5W$。

表 4-14(b)　二极管分类的表示(I_F：额定电流)

符　号	意　义	符　号	意　义
101～199	小功率(I_F<0.3 A)整流二极管	601～699	中速(30ns<τ≤150ns)开关管
201～299	中功率(0.3A<I_F≤10A)整流二极管	701～799	高速(5ns<τ≤30ns)开关管
301～399	大功率(I_F>10A)整流二极管	801～899	高速(1ns<τ≤5ns)开关管
401～499	低频(f<I_F·1Hz)通用二极管	901～999	超高速(τ≤1ns)开关管
501～599	低速(τ>150ns)开关管		

表 4-14(c)　整流器件分类的表示

符　号	意　义	符　号	意　义
101～199	小功率(I_F≤0.3A)整流柱	301～399	小功率(I_F≤0.3A) 整流堆
201～299	中功率(0.3A≤I_F≤10A)整流柱	401～499	中功率(0.3A<I_F≤10A)整流堆

表 4-14(d)　特高频二极管分类的表示

符　号	意　义	符　号	意　义
101～199	混频管	501～599	调制管
201～299	检波管	601～699	阶跃管
401～499	参量管	701～799	振荡管

表 4-14(e)　隧道二极管分类的表示

符　号	意　义	符　号	意　义
101～199	放大管	301～399	开关管
201～299	振荡管	401～499	反向管

表 4-14(f)　变容二极管分类的表示

符　号	意　义	符　号	意　义
101～199	电调谐管	201～299	阶跃管

表 4-14(g)　晶闸管分类的表示(I_F：额定平均正向电流)

符　号	意　义	符　号	意　义
101～199	小功率(I_F≤0.3A)通用晶闸管	401～499	中功率(0.3A<I_F≤10A)可关断型晶闸管
201～299	中功率(0.3A<I_F≤10A)通用晶闸管	501～599	小功率(I_F≤0.3A)双向晶闸管
301～399	小功率(I_F≤0.3A)可关断型晶闸管	601～699	中功率(0.3A<I_F≤10A)双向晶闸管

表 4-14(h) 发光器件分类的表示

符 号	意 义	符 号	意 义
101～199	红外光范围	401～499	可见光范围，亮度>500Nit
301～399	可见光范围，亮度≤500Nit		

表 4-14(i) 稳压管分类的表示

符 号	意 义	符 号	意 义
101～199	小功率(P_Z≤0.3W)，稳压电压小于 10V	601～699	中功率(0.3W<P_Z≤5W)，稳压电压 100V～199V
201～299	小功率(P_Z≤0.3W)，稳压电压为 10V～99V	701～799	大功率(P_Z>5W)，稳压电压为小于 10V
301～399	小功率(P_Z≤0.3W)，稳定电压为 100V～199V	801～899	大功率(P_Z>5W)，稳压电压为 10V～99V
401～499	中功率(0.3W<P_Z≤5W)，稳定电压小于 10V	901～999	大功率(P_Z>5W)，稳压电压 100V～199V
501～599	中功率(0.3W<P_Z≤5W)，稳压电压为 10V～99V		

4.3 半导体二极管

4.3.1 二极管的概念

1. 二极管的构成

半导体二极管是由 PN 结、引出线和管壳 3 部分构成的，其符号为 VD。

半导体二极管按其结构可分为点接触型二极管、面接触型二极管和硅平面开关管 3 类。

1) 点接触型二极管

点接触型二极管由管芯、引线和玻璃管壳组成。管芯是一根金属触须(半径约为 0.1mm 的钨丝或金丝)压接在半导体晶体上，利用电形成工艺来获得 PN 结。

点接触型二极管由于其 PN 结面积小，使得结电容很小，适用于在高频情况下工作，但不能通过很大的电流。故主要用于小电流整流或高频时的检波和混频等。砷化镓点接触型二极管比硅、锗二极管可以工作在更高的频率范围内(即微波范围内)。

2) 面接触型二极管

面接触型二极管也由管芯、引线和金属壳组成。管芯是面接触的，PN 结用合金法形成。

面接触型二极管由于其 PN 结面积大，允许通过较大的正向电流，比点接触型二极管大数倍、数十倍乃至数万倍，但它的结电容也大，故只能在较低的频率情况下使用，主要适用于大功率整流。目前常用的是硅合金整流二极管，工作温度可高达 150℃～200℃。

3) 硅平面开关管

硅平面开关管是一种较新的管型，管芯结构如图 4.1 所示。

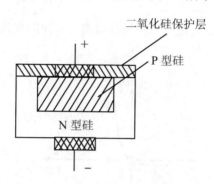

图 4.1　平面管管芯结构

二氧化硅是绝缘体，它相当于保护层，用于保护 PN 结不受外界污染，使二极管漏电流小，工作稳定。

平面管的结面积较大时，可以通过较大的电流，适用于大功率整流；结面积较小时，PN 结电容小，适用于在脉冲数字电路中作为开关管，如 2CK9 和 2CK19 等。

2. PN 结的工作原理

1) PN 结的单向导电性

当 PN 结加正向电压时，即外加电源电压的正极接 P 区，负极接 N 区。由于外加电源电压产生的电场正好和阻挡层内正负离子产生的电场方向相反，使得阻挡层内总的电场减弱，破坏了漂移和扩散的平衡，扩散作用占优势。于是 P 区的多数载流子空穴穿过阻挡层扩散到 N 区，形成空穴电流。同时，N 区的多数载流子电子也穿过阻挡层扩散到 P 区，形成电子电流。PN 结的正向电流即为二者之和。故 PN 结正向导电时，其正向电阻很小，正向电流很大，并且正向电流随外加电压的增加而增加。

当 PN 结加反向电压时，由于外加电源电压在阻挡层中产生的电场与阻挡层原来的电场方向相同，使得阻挡层内总的电场增强，阻挡层变宽。外加反向电压破坏了原来阻挡层内扩散和漂移的平衡，使电场的漂移作用占优势。因而，P 区和 N 区中的多数载流子的扩散运动被阻止。由于本征激发，P 区中的少数载流子电子一旦运动到 PN 结的边界处，在电场的作用下被拉到 N 区，形成电子电流。同样，N 区的少数载流子空穴一旦运动到 PN 结的边界处，也被拉到 P 区，形成空穴电流。由于 P 区中的电子和 N 区中的空穴都是少数载流子，数量较小。故 PN 结的反向电流很小，所呈现的电阻很大。

2) PN 结的击穿

当 PN 结加反向电压时，如果反向电压超过一定的限度，反向电流会突然急剧增大，破坏 PN 结的单向导电性，称为 PN 结的反向击穿。反向击穿分为齐纳击穿和雪崩击穿两种。

4.3.2　二极管的主要参数

二极管的主要参数有最大整流电流、最大反向工作电压、工作频率、反向电流、直流电阻、交流电阻、势垒电容、扩散电容等,其伏安特性可通过曲线表示。

1. 伏安特性曲线

加到二极管两端的电压 U 与流过二极管的电流 I 之间的关系曲线称为伏安特性曲线,如图 4.2 所示。

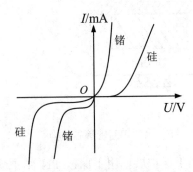

图 4.2　二极管伏安特性曲线

由曲线可以看出:

(1) 当二极管两端的电压为零时,电流也为零,故特性曲线从坐标原点开始。

(2) 当二极管加正向电压时,随着电压的增加,电流也逐渐增加。但在刚开始时,电流增加很慢,表明二极管开始导电时正向电阻较大。当二极管两端的电压超过一定数值时(即死区电压),二极管的电阻变小,正向电流显著增加。通常硅管的死区电压为 0.5V~0.7V,锗管为 0.1V~0.3V。

(3) 当二极管加反向电压时,最初反向电流随着反向电压的逐渐增大也逐渐增大。但当反向电压增加到一定值后,反向电流成为常数。在同样温度条件下,硅的反向电流比锗的小。锗管是微安级,硅管是纳安级。

(4) 当反向电压加大到一定数值时,反向电流突然增大,二极管发生击穿。

(5) 二极管加正向电压时导通,加反向电压时截止。这就是二极管的主要特性——单向导电性。

(6) 二极管是非线性元件,伏安特性曲线各点的直流电阻和交流电阻均不相等,加到两端的电压与流过的电流不符合欧姆定律。

2. 最大整流电流

最大整流电流也称为额定整流电流,是二极管长期安全工作所允许通过的最大正向电流。它与 PN 结的面积和所用的材料有关。一般 PN 结面积大,额定整流电流大。

3. 最大反向工作电压

最大反向工作电压反映了 PN 结的反向击穿特性,加到二极管两端的反向电压不允许超过最大反向工作电压。

4. 工作频率

二极管的工作频率主要取决于 PN 结的势垒电容和扩散电容。

5. 反向电流

二极管未击穿时,反向电流的数值称为反向电流。反向电流越小,二极管的单向导电性越好。

6. 直流电阻

二极管的直流电阻又称为静态电阻。它定义为二极管两端的直流电压与流过二极管的直流电流之比。由于二极管为非线性元件,它的直流电阻与工作点有关。用万用表欧姆档测得的正向或反向电阻是在一定工作点下的直流电阻。

7. 交流电阻

二极管的交流电阻又称为动态电阻。它定义为二极管在一定工作点时,电压的变化量与电流的变化量之比。

8. 势垒电容

势垒电容是由耗尽层引起的。耗尽层内只有不能移动的正负离子,相当于存储的电荷,耗尽层内缺少导电的载流子,电导率很低,相当于介质;耗尽层两侧的 P 区和 N 区电导率较高,相当于金属。当二极管加上正向电压时,耗尽层中的电荷量减少,耗尽层变窄,相当于放电;当二极管加上反向电压时,耗尽层中的电荷量增多,耗尽层变宽,相当于充电。这些现象都和电容器的作用类似,有时也称为势垒电容或阻挡层电容。

9. 扩散电容

扩散电容是由于 N 区电子和 P 区空穴在相互扩散过程中积累所形成的。扩散电容和通过的电流成正比,当 PN 结正向导电时,它的数值较大;而当 PN 结反向截止时,扩散电容可以忽略。

4.3.3 特种半导体二极管

特种半导体二极管的种类很多,用途各异。主要有稳压二极管、快恢复二极管(FRD)、超快恢复二极管(SRD)、肖特基二极管(SBD)、变容二极管(VCD)、恒流二极管(CRD)、可调恒流二极管(VCRD)等。

1. 稳压二极管

1) 稳压二极管的概念

稳压二极管是利用二极管的反向击穿特性制成的。由于在击穿过程中,雪崩击穿和齐纳击穿是同时存在的,但对于稳压值较低的稳压二极管,主要是齐纳击穿;对于稳压值较高的稳压二极管,主要是雪崩击穿。对于硅稳压二极管,它们的分界大约是 4V~7V,即 4V 以下的稳压管属于齐纳击穿,7V 以上的属于雪崩击穿,而在 4V~7V 中间的稳压管则是二者兼有。

稳压二极管的外形同普通二极管一样，也有两个电极即正极和负极，其符号如图 4.3(a)所示。

2) 稳压二极管的伏安特性

稳压二极管的伏安特性曲线见图 4.3(b)所示。

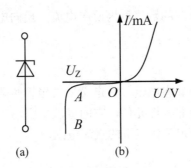

图 4.3 稳压二极管的符号及伏安特性

由曲线可看出，它和普通二极管的正向特性一样，但反向特性稍有区别。普通二极管的反向电流随着反向电压的增加而逐渐增加，当达到击穿电压时，二极管将击穿损坏。而稳压二极管的反向电压在小于击穿电压 U_Z 时，反向电流极小，但当反向电压增加到 U_Z 后，反向电流急剧增加。此后，只要反向电压稍有增加，反向电流就增加很多。此时的稳压管处于反向击穿状态，对应于曲线上的 AB 段，称为击穿区。当去掉外加电压后，击穿即可恢复。

稳压二极管正常工作时，是在伏安特性的反向击穿区(即 AB 段)。利用这段电流在很大范围内变化，而电压基本恒定的特性来进行稳压。

3) 稳压二极管的主要参数

(1) 稳定电压 U_Z

稳定电压 U_Z 是指稳压二极管反向击穿后的稳定工作电压值。

(2) 稳定电流 I_Z

稳定电流 I_Z 是指工作电压等于稳定电压时的工作电流。

(3) 动态电阻 r_g

在稳压条件下，稳压管两端的电压变化与电流变化的比值称为动态电阻。r_g 越小，稳压性能越好。r_g 一般在几欧至几十欧之间。

(4) 最大耗散功率 P_m

最大耗散功率 P_m 是指由二极管的允许温升限定的最大功率耗散。它在数值上等于稳定电压 U_Z 与稳定电流 I_Z 之积。

(5) 电压温度系数

当稳压二极管的电流等于稳定电流时，温度每变化 1℃，稳定电压变化的百分数定义为电压温度系数。电压温度系数越小，温度稳定性越好。一般讲，低于 6V 的稳压管，其电压温度系数是负的；高于 6V 的稳压管，它的电压温度系数是正的。而在 6V 附近的稳压管，其稳定电压受温度的影响最小。

4) 稳压二极管的应用

(1) 基准电压源

如图 4.4 所示为利用稳压二极管提供基准电压源的电路。交流电压经过变压器降压，桥式整流电路整流和电容器滤波后，得到直流电压 U_0，再经过电阻 R 和稳压管 VZ 组成的稳压电路接到负载上，便可得到一个比较稳定的直流电压。

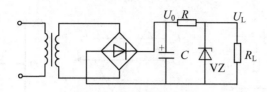

图 4.4　稳压管稳压电路

当交流电压增加时，U_0 增加，负载电阻上的电压 U_L 也随着增加，U_L 就是加在稳压管上的反向电压。设此时稳压二极管已处于击穿状态，则当 U_L 增加时，I_Z 增加，电阻 R 上的压降增加，从而使得 U_L 下降，起到稳定电压的作用。

(2) 保护电路

图 4.5(a)所示为过低压保护电路。当电源电压超过击穿电压时，稳压二极管 VZ 击穿导通，有足够的电流激励继电器触点闭合，信号加到负载上。当电源电压过低(即达不到稳压管的击穿电压)时，就没有电流流过继电器，负载与电源断开。

图 4.5(b)所示为过高压保护电路(直流)。正常状态下，电源电压低于稳压管的击穿电压，稳压管的反向电阻很大，对电源相当于开路。当电源电压超过稳压二极管的稳定电压时，稳压管击穿，静态电阻减小，电流增大，使得电压受到一定限制，限制在稳压二极管的稳定电压上。

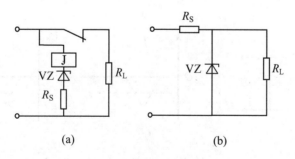

图 4.5　过电压保护电路

(3) 限幅电路

图 4.6 所示为稳压二极管用于脉冲限幅的基本电路及输入、输出波形。图(a)、图(b)、图(c)为串联限幅器，图(d)、图(e)、图(f)为并联限幅器。

串联限幅器的输出电压波形是输入电压波形中高于稳压二极管击穿电压的部分，它可以用来抑制干扰脉冲，提高电路的抗干扰能力。

并联限幅器的输出电压波形是输入电压波形中低于稳压二极管击穿电压的部分，它可以用来整形和稳定输出波形的幅值，还可以将输入的正弦波电压整形为方波电压。

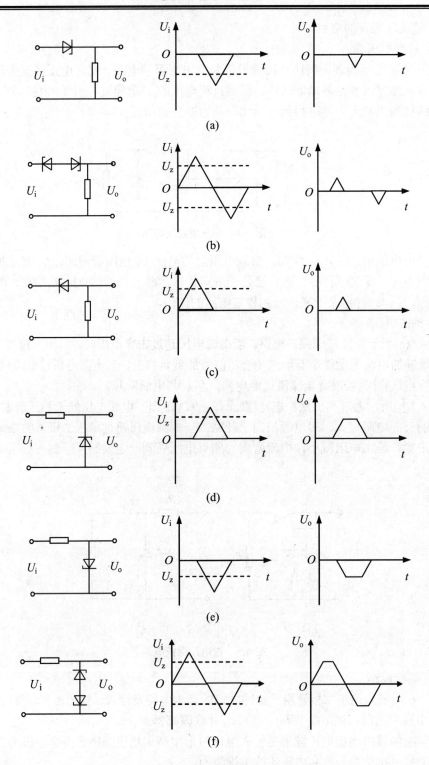

图 4.6 脉冲限幅电路

5) 典型稳压二极管的主要参数

稳压二极管的主要参数见表 4-15。

表 4-15 典型稳压二极管的主要参数

型号	稳定电压/V	稳定电流/mA	最大稳定电流/mA	耗散功率/W	动态电阻/Ω	电压温度系数/(10^{-4}/°C)
2CWR1	1.04～1.16	1		100m	100	−20
2CWR2	1.14～1.26	1		100m	100	−20
2CWR3	1.24～1.36	1		100m	100	−20
2CW29A	1.3～1.5	1	50	100m	150	30
2CWR4	1.34～1.46	1		100m	100	−20
2CWR5	1.44～1.56	1		100m	100	−20
2CWR6	1.54～1.66	1		100m	150	−20
2CWR7	1.64～1.76	1		100m	150	−20
2CWR8	1.74～1.86	1		100m	150	−20
2CWR9	1.84～1.96	1		100m	150	−20
2CW50	1.0～2.8	10	83	250m	50	−9
2CW100	1.0～2.8	50	33	1	15	−9
2CW51	2.5～3.5	10	71	250m	60	−9
2CW130	3～4.5	100	660	3	20	−8
2CW102-4V6	4.3±5%	50		1	25	
2CW28.4.7	4.4～5	10	50	250m	40	−4～2
2DW170-4V7	4.7±5%	1500		50	1	
2CW53	4～5.8	10	41	250m	50	−6～4
2CW103-5V1	5.1±5%	30		1	20	
2DW110-5V1	5.1±5%	150		10	10	
2DW170-5V1	5.1±5%	1500		50	1	
2DW8A	5～6	10	30	200m	25	−8～8
2DW1B	5～6.5	30	160	1	8	6
2DW235	6～6.5	10	30	0.2	10	−5～5
2DW302A	6.5～7	0.2		200m	750	−5～5
2DW1	6～7.5	30	130	1	3.5	6
2CW56	7～7.9	5	20	0.5	15	38
2CW300C	7.3～8	0.01		50m	500	−5～6
2CW56B	7～8.8	5	27	0.25	15	7
2CW2X	8～9.5	10	17	0.14	10	8
2DW3	8.5～9.5	30	100	1	4	8
2CW135	8.5～9.5	50	310	3	7	8
YWH3308E	8.5～9.6	1370	4800	50	0.5	
2DW4	9～10.5	30	95	1	4	

续表

型　　号	稳定电压/V	稳定电流/mA	最大稳定电流/mA	耗散功率/W	动态电阻/Ω	电压温度系数/(10^{-4}/℃)
2CW35B	10.1~11.2	5		400m	25	9
2CW109	10~11.5	20	83	1	20	9
2CW59	10~11.8	5	20	0.25	30	9
2CW60	11.5~12.5	5	19	0.25	40	9
112CW12-6	12.5~13.1	10	38	0.5	25	＋0.9
2CW61	12.2~14	3	16	0.25	50	9.5
2CW28.15	13.8~15.6	5	16	0.25	30	9
2VW140	13.5~17	30	170	3	25	10
2CW62-16V	10±5%	3		0.5	50	
2CW63	16~19	3	13	0.25	70	9.5
2CW64	18~21	3	11	0.25	75	10
2CW65	20~24	3	10	0.25	80	10
2CW115	20~24	10	41	1	50	11
2CW66	23~26	3	9	0.25	85	10
2CW116	23~26	10	38	1	55	11
2VW67	25~28	2	9	0.25	90	10
2CW117	25~28	10	35	1	60	11
2VW145	25~28	15	105	3	55	11
2CW68	27~30	3	8	0.25	95	10
2CW69	29~33	3	7	0.25	95	10
2CW70	32~36	3	7	0.25	100	10
2CW71	35~40	3	6	0.25	100	10
2CW128	35~40	75	250	10	8	12
2CW50	38~45	5	22	1	90	12
2CW80	38~45	20	65	3	35	12
W46C	43.4~49	7.5	13	0.5	75	±0.5
YWH3330D	44~50	270	880	50	5	
W53B	49.6~56	7.5	13	0.5	85	±0.5
2DW52	52~65	3	15	1	120	12
2DW53	62~75	3	13	1	170	12
2DW54	70~85	3	11	1	210	12
2CW84B	80~95	2	2	0.25	1000	12
2DW56	90~110	3	9	1	300	12
2CW86B	100~120	2	2	0.25	1500	12
2DW58	110~130	3	7	1	600	
2DW59	120~145	3	6	1	600	12

续表

型 号	稳定电压/V	稳定电流/mA	最大稳定电流/mA	耗散功率/W	动态电阻/Ω	电压温度系数/(10^{-4}/℃)
2CW89B	135~155	1	1	0.25	2000	12
2DW91	145~165	5	18	3	65	12
2DW62	155~175	3	5	1	900	12
2DW93	165~190	5	15	3	800	12
2DW64	180~200	3	5	1	1100	
2DW143	190~220	10	45	10	330	
2DW144	210~240	10	40	10	340	
2DW205-260V	260±5%	50		50	80	
2DW146-280V	280±5%	10		10	250	12
2DW207-300V	300±5%	30		50	100	
2DW148-340V	340±5%	5		10	450	12
2DW149-380V	380±5%	5		10	500	12
2DW210-420V	420±5%	30		50	300	
2DW151-460V	460±5%	5		10	700	
2DW152-510V	510±5%	5		10	800	
2DW153-560V	560±5%	5		10	900	
2DW154-620V	620±5%	5		10	900	

6) 稳压二极管的产品分类

稳压二极管可分为低压稳压二极管和高压稳压二极管两种。低压稳压二极管的 U_Z 值一般在 40V 以下,高压稳压二极管最高可达 200V。

近年来全系列玻璃封装稳压二极管已广泛应用。其优点是规格齐全、稳压值 U_Z 为 2.4V~200V、稳压性能好、体积小巧、价格低廉。最大功耗分为 0.5W(采用 DO.35 封装,管径 ϕ2.0mm,长 4mm,不含引线)、1.5W(采用 DO.41 封装,管径 ϕ2.7mm,长 5.2mm)。其特性参数见表 4-16~表 4-18。

需注意的是,稳定电压 U_Z 的标称值允许有±5%的偏差。U_Z 的电压温度系数一般为±0.1%/℃左右。但专门采用温度补偿的稳压二极管(如 2DW7A~2DW7C),其电压温度系数可降到 0.005%/℃,此类二极管属于三端器件,内含温度补偿二极管,也称精密型稳压二极管。

表 4-16 国产稳压二极管的类型

封装形式	用途及结构特点		典型产品	额定电压标称值/V
金属封装		N 型硅	2CW1~2CW23	2.5~43
	低压	P 型硅	2DW1~2DW	5~25
	精密型		2DW7A~2DW	6~6.3
	高压	P 型硅	2DW130~2DW	50~200

续表

封装形式	用途及结构特点		典型产品	额定电压标称值/V
玻璃封装	全系列	N型硅	2CW332～2CW378	2.4～200
	低压	N型硅	2CW101～2CW121	3.3～39
	高压	P型硅	2DW50～2DW64	43～200

表 4-17　0.5W 玻璃封装稳压二极管的技术指标

国产型号	稳定电压/V	工作电流/mA	最大工作电流/mA	最大动态电阻/Ω	电压温度系数 α_T/(%/℃)
2CW332	2.4	10	177	150	−0.100
2CW333	2.7	10	157	150	−0.100
2CW334	3.0	10	141	120	−0.095
2CW335	3.3	10	128	100	−0.090
2CW336	3.6	10	118	90	−0.085
2CW337	3.9	10	109	80	−0.080
2CW338	4.3	10	99	70	−0.075
2CW339	4.7	10	90	60	−0.070
2CW340	5.1	5	83	50	0.050
2CW341	5.6	5	76	25	0.050
2CW342	6.2	5	68	15	0.060
2CW343	6.8	5	63	15	0.065
2CW344	7.5	5	57	10	0.070
2CW345	8.2	5	52	15	0.077
2CW346	9.1	5	47	20	0.081
2CW347	10	5	43	25	0.085
2CW348	11	5	39	30	0.088
2CW349	12	5	35	30	0.090
2CW350	13	5	33	35	0.092
2CW351	15	5	28	35	0.095
2CW352	16	5	27	40	0.097
2CW353	18	5	24	40	0.099
2CW354	20	5	21	50	0.100
2CW355	22	5	19	60	0.105
2CW356	24	5	18	70	0.110
2CW357	27	5	16	80	0.105
2CW358	30	5	14	80	0.108
2CW359	33	5	13	90	0.110

续表

国产型号	稳定电压/V	工作电流/mA	最大工作电流/mA	最大动态电阻/Ω	电压温度系数 $α_T$/(%/°C)
2CW360	36	5	12	90	0.115
2CW361	39	2	11	95	0.120
2CW362	43	2	9.9	95	0.125
2CW363	47	2	9.0	100	0.126
2CW364	51	2	8.3	110	0.130
2CW365	56	2	7.6	110	0.133
2CW366	62	2	6.8	200	0.135
2CW367	68	2	6.3	200	0.138
2CW368	75	2	5.7	300	0.140
2CW369	82	2	5.2	300	0.145
2CW370	91	2	4.7	400	0.150
2CW371	100	1	4.3	400	0.155
2CW371	110	1	3.9	650	0.155
2CW373	120	1	3.5	800	0.155
2CW374	130	1	3.3	950	0.155
2CW375	150	1	2.8	1200	0.155
2CW376	160	1	2.7	1400	0.155
2CW377	180	1	2.4	1700	0.155
2CW378	200	1	2.1	2000	0.155

表4-18 1.5W玻璃封装稳压二极管部分产品的技术指标

国产型号	稳定电压/V	工作电流/mA	最大工作电流/mA	动态电阻/Ω	最高结温 TJM/°C
2CW101	3.3	113	432	10	200
2CW103	5.1	73	282	4.0	200
2CW104	6.2	60	230	2.0	200
2CW108	10	37	142	4.5	200
2CW114	20	18	71	14	200
2CW118	30	12	47	28	200
2DW51	51	7.3	28	70	200
2DW53	75	5	19	140	200
2DW56	100	3.7	14	250	200
2DW60	2.5	2.5	9	600	200
2DW64	1.9	1.9	7	1.2k	200

2. 恒流二极管

1) 恒流二极管的概念

恒流二极管简称 CRD，是一种能在较宽的电压范围内提供恒定电流的半导体器件。它是利用场效应原理制成的，实质上是栅源短路的结型场效应管。恒流二极管的符号如图 4.7(a)所示。

2) 恒流二极管的伏安特性

如图 4.7(b)所示。正向可分为 4 个部分。在 *OA* 段电流随电压线性增加。在 *AB* 段电流随电压的增加变慢，*OB* 段总称为起始区。在 *BC* 段电流基本上不随电压的变化而变化，称为饱和区或恒流区。

在 *CD* 段电流随电压急剧增加，称为击穿区。反向时，电流随电压绝对值的增大而增大，不呈现电流饱和现象，是两个正向 PN 结与沟道电阻并联的结果。

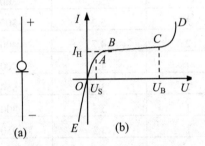

图 4.7 恒流二极管的伏安特性

3) 恒流二极管的主要参数

(1) 恒定电流 I_H。

恒流二极管在恒流区时的电流值，称为恒定电流。

(2) 动态阻抗 Z_H。

动态电阻是指恒流二极管伏安特性曲线斜率的倒数。在恒流区，恒流二极管的动态电阻越大，恒流效果越好。

(3) 起始电压 U_S。

恒流二极管进入恒流区所需的最小电压称为起始电压。

(4) 击穿电压 U_B。

击穿电压是指恒流二极管离开恒流区，进入击穿区的电压值。一般在 20V～100V 范围内，按 A、B、C、D 等级分档。

(5) 电流温度系数 α_T。

电流温度系数定义为

$$\alpha_T = \frac{\Delta I_H}{I_H \cdot \Delta T} \tag{4.1}$$

式中，ΔT 为温度的变化量；ΔI_H 为电流的变化量；I_H 为恒定电流。

4) 恒流二极管的应用

(1) 恒流源。

单个恒流二极管或多个恒流二极管的串并联都可以方便地作为恒流源，用于半导体器件、集成电路工作点的稳定，如图 4.8 所示。

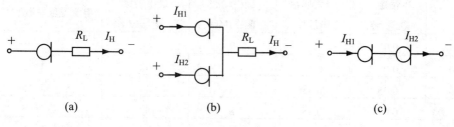

图 4.8 恒流源

图 4.8(a)所示为单个恒流二极管组成的恒流源，只要恒流二极管的端电压在 U_S 和 U_b 之间变化，就能保证流过负载的电流恒定。

图 4.8(b)所示为两个恒流二极管并联组成的恒流源，其目的是增大工作电流，即 $I_H=I_{H1}+I_{H2}$。但要求电压范围为

$$U_S = \max(U_{S1}, U_{S2}) \tag{4.2}$$

$$U_B = \min(U_{B1}, U_{B2}) \tag{4.3}$$

$$Z_H = \frac{Z_{H1}Z_{H2}}{Z_{H1}+Z_{H2}} \tag{4.4}$$

图 4.8(c)所示为两个恒流二极管串联组成的恒流源，其目的是增大工作电压，即

$$U_S = U_{S1} + U_{S2} \tag{4.5}$$

$$U_B = U_{B1} + U_{B2} \tag{4.6}$$

但要求 $I_{H1} = I_{H2}$。

(2) 恒流二极管用于波形变换。

图 4.9(a)所示为两只恒流二极管构成的双向恒流产生矩形波电路。当输入正弦波正半周时，CRD_1 恒流，CRD_2 导通，稳压二极管处于反向状态，输出高电平；当输入正弦波负半周时，CRD_1 导通，CRD_2 恒流，稳压二极管处于正向状态，输出低电平。

图 4.9(b)所示为两只恒流二极管组成双向恒流产生三角波的电路。输入正弦波或方波，恒流二极管使电容器恒流充电、放电。当两只恒流二极管的 I_H 相等时，输出三角波电压。

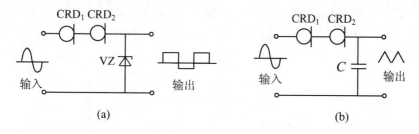

图 4.9 恒流源用于波形变换

5) 典型恒流二极管的主要参数

典型恒流二极管的主要参数见表 4-19。

表 4-19 典型恒流二级管的主要参数

型 号	恒定电流/mA	最大起始电压/V	最小动态阻抗/MΩ	最小击穿电压/V	电流温度系数/(10^{-3}/℃)
2DH00A	0.05	0.5	8	20	1~5
2DH00B	0.05	0.35	8	30	1~5
2DH00C	0.05	0.35	8	40	1~5
2DHP00D	0.05	0.35	8	50	1~5
2DH01A	0.1±0.05	0.8	8	20	1~2
2DH02A	0.2±0.05	1.5	2	20	−2~−1
2DH02B	0.2±0.05	0.8	5	30	−2~−1
2DH022A	0.22±0.03	1	4	30	1~5
2DH027A	0.27±0.03	1	3	30	1~3.5
2DH027D	0.27±0.03	1	3	100	1~3.5
2DH03A	0.3±0.05	1.5	2	20	−3~−1
2DH033A	0.33±0.04	1	2.5	30	1~2
2DH039A	0.39±0.04	1	2.5		
2DH04A	0.4±0.05	2	2	20	−3~−1
2DH047A	0.47±0.05	1	1.5	30	1~1.5
2DH047D	0.47±0.05	1	1.5	100	−1.5~−1
2DH05A	0.5±0.05	2	2	20	−3~−1
2DH056A	0.56±0.06	1.5	1.5	30	1~2
2DH056D	0.56±0.06	1.5	1.5	100	1~2
2DH06A	0.6±0.05	2	1	20	−3~−1
2DH068A	0.68±0.07	1.5	1	30	−2~−1
2DH068D	0.68±0.07	1.5	1	100	−2~−1
2DH07A	0.7±0.05	2	1	20	−3~−1
2DH08A	0.8±0.05	2.5	1	20	−3~−1
2DH082A	0.82±0.07	15	0.85	30	−3~−1
2DH09A	0.9±0.05	2.5	0.8	20	−3~−1
2DH09B	0.9±0.05	1.5	1	30	−3~−1
2DH100A	1±0.1	1.5	0.8	30	−3~−1
2DH100C	1±0.1	1.5	0.8	70	−3~−1
2DH120A	1.2±0.15	2	0.75	30	−3.5~1
2DH120D	1.2±0.15	2	0.75	100	−3.5~−1
2DH1B	0.95±1.5	2	1	30	−3~1

续表

型　号	恒定电流/mA	最大起始电压/V	最小动态阻抗/MΩ	最小击穿电压/V	电流温度系数/(10^{-3}/℃)
2DH150A	1.5±0.15	2	0.7	30	−4～−1
2DH150D	1.5±0.15	2	0.7	100	−4～−1
2DH180D	1.8±0.2	2.5	0.6	100	−4～−1
2DH2A	2±0.5	3	0.3	20	−4～−1
2DH220B	2.2±0.3	2.5	0.5	50	−5～−1
2DH270C	2.7±0.3	2.5	0.4	70	−5～−1
2DH3D	3±0.5	2.5	0.3	50	−4～−1
2DH390C	3.9±0.4	3.5	0.25	70	−5.5～−1
2DH4A	4±0.5	3.5	0.2	20	−4～−1
2DH470B	4.7±0.5	4	0.2	50	−5.5～−1
2DH5C	5±0.5	3.5	0.15	40	−5～−1
2DH560C	5.6±0.6	4	0.15	70	−6～−1
2DH6D	6±0.5	4	0.15	50	−5～−1
2DH7A	7±0.5	5	0.1	20	−5～−1
2DH8A	8±0.5	5	0.1	20	−5～−1
2DH9B	9±0.5	5	0.08	30	−5～−1
2DH10C	10±0.5	5	0.08	40	−5～−1
2DH11A	11±0.5	6	0.02	20	−5～−1
2DH12B	12±0.5	5	0.06	30	−5～−1
2DH13D	13±0.5	5	0.04	50	−5～−1
2DH14A	14±0.5	6	0.01	20	−5～−1
2DH15C	15±0.5	5	0.04	40	−5～−1
2DH16D	16±0.5	5.5	0.03	50	−5～−1
2DH17A	17±0.5	8.5	0.03	20	−5～−1
2DH18B	18±0.5	5.5	0.03	30	−5～−1
2DH19C	19±0.5	5.5	0.03	40	−5～−1
2DH20D	20±1	2	0.02	50	−5～−1
2DH21A	21±1	6.5	0.02	20	−5～−1
2DH22B	22±1	6	0.02	20	−5～−1
2DH23C	23±1	6	0.02	40	−5～−1
2DH24D	24±1	6	0.02	50	−5～−1
2DH25A	25±1	6.5	0.02	20	−5～−1
2DH26B	26±1	6	0.02	30	−5～−1
2DH27C	27±1	6	0.02	40	−5～−1
2DH28D	28±1	6	0.02	50	−5～−1

型 号	恒定电流/mA	最大起始电压/V	最小动态阻抗/MΩ	最小击穿电压/V	电流温度系数/(10^{-3}/℃)
2DH29A	29±1	6.5	0.02	20	−5～−1
2DH30A	30±1	6.5	0.02	20	−5～−1
2DH30B	30±1	6	0.02	30	−5～−1
2DH30C	30±1	6	0.02	40	−5～−1
2DH30D	30±1	6	0.02	50	−5～−1

6) 恒流二极管的产品分类

恒流二极管的产品分类见表4-20。

表4-20 恒流二极管的产品分类

型 号	恒定电流/mA	封装形式	生产厂家
2DH1～2DH15(8 种)	0.08～0.15	EC.1 或 S.1	江苏南通晶体管厂
2DH101～2DH115(8 种)	0.85～1.15		
2DH02～2DH60(11 种)	0.2～6.0	EC.1 或 EC.2	杭州大学 浙江海门晶体管厂
2DH022～2DH560(18 种)	0.22～5.60		
IN5283～IN5314(32 种)	0.22～4.70	DO.7	美国摩托罗拉公司
CR022～CR470(32 种)	0.22～4.70	DO.18	美国西利康尼克斯公司
A122～A561	1.2～5.6		日本电子公司

3. 变容二极管

1) 变容二极管的概念

变容二极管是利用外加电压可以改变二极管的空间电荷区宽度，从而改变电容量大小的特性而制成的非线性电容元件，其等效电路与符号如图 4.10 所示。

图 4.10(a)所示为变容二极管的等效电路，C_J 为结电容(势垒电容)，R_J 为势垒电阻，R_S 是半导体材料的电阻，L_S 是封装电感，C_S 是封装电容。通常，由于 L_S 很小，R_J 很大，故可简化为如图 6.10(b)所示的等效电路。

图 4.10(c)所示为变容二极管的表示符号。

2) 变容二极管的压容特性

图 4.11 所示为变容二极管的压容特性曲线。电容变化指数为 $n(n=1/3～3)$。当 $n=1/3$ 时，称为缓变结。当 $n=1/2$ 时，称为突变结，该变容二极管适用于参量放大器，具有 Q 值大、截止频率高、噪声小等特点。当 $n>1/2$ 时，称为超突变结，属于超突变结的变容二极管，适用于调谐电路，其电容变化率高。

3) 变容二极管的主要参数

(1) 电容变化指数 n。

电容变化指数 n 的大小直接反映了电容变化量的大小，它定义为

$$n = \frac{\lg C}{\lg U} \tag{4.7}$$

有时,电容变化率也常用最大电容与最小电容的比值 K 来表示

$$K = \frac{C_{J\max}}{C_{J\min}} \tag{4.8}$$

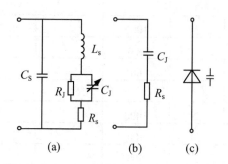

图 4.10 变容二极管等效电路和符号

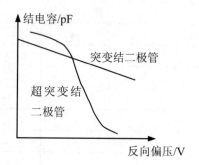

图 4.11 变容二极管的压容特性

(2) 品质因数 Q。

变容二极管的品质因数(也称优值)Q 定义为

$$Q = \frac{1}{\omega C_J(U) R_s(U)} \tag{4.9}$$

式中,ω 为角频率;$C_J(U)$ 为结电容,它与偏置电压有关;$R_s(U)$ 为半导体材料的电阻,与偏置电压有关。

4) 变容二极管的应用

由于变容二极管的结电容随外加偏压的不同而不同,故可用它来代替可变电容器。目前,广泛应用于 LC 调谐电路、RC 滤波电路、电子调谐、自动频率控制、调幅、调相、调频以及微波参量放大器、倍频器、变频器等电路中。

5) 典型变容二极管的主要参数

典型变容二极管的主要参数见表 4-21。

表 4-21 典型变容二极管的主要参数

型号	零偏压截止频率/Hz	最小击穿电压/V	结电容/pF	结电容变化比	品质因数 $Q_{\min}$	接触电势/V	最大耗散功率/W
WB5525	400G	6	0.08～0.25	0.23			
WB424C			0.1～0.3	2.5	25		
B233		100	0.2～1				2
B222		50	0.8～2.5		2		
2CC12A		15	1.8	1			
2CC12B		15	2.5	1	100		
2CC12C		15	3	2			
CC502C		30	3.6～5	2.7	100		
2CC12D		20	4	3			

续表

型号	零偏压截止频率/Hz	最小击穿电压/V	结电容/pF	结电容变化比	品质因数 Q_{min}	接触电势/V	最大耗散功率/W
2CC12E		20	45	3			
2CC20A		25	5～6.1	2	1000		
2B13A		30	6～12.5	6	400		
2CC16A		10	10～18	3	60		
2CC12F		15	15				
2CC20C		25	19～20	2	1000		
DB313		20	20～35	10	100		
2CC20D		25	28～40	2	500		
2CC1B		15	20～60	2	250		
2CC1F		90	20～60	3.5			
2CB19A		30	25～35	9	200		
302A		20	25～65		100		
2CC13A		10	30～70	3	300		
2CC1		15	30～70	3.5			
2CC5		45	30～70	3.5			
2CC1E		40	40～80	2	300		
2CB20C		30	60～65	4	100		
2CC1A		15	60～110	2	250		
2CC201		10	70	2.2			
2CC13B		10	70～110	3	250		
2CC13D		20	70～110	2	250		
2CC1C		25	70～110	2	250		
2CC13F		1530	70～110	2	250		
2CC2		1015	70～130	3.5			
2CC4		30	70～130	3.5			
2CC6		45	70～130	3.5			
302C		20	80～110		100		
301A		20	100	5	100		
CC842		15	80	8	100		
CC841		15	150	8	100		
WB5442	600	6	0.8～0.16	0.17			0.8
WB5443	600	6	0.08～0.16	0.19			0.8
WB5452	700	6	0.08～0.16	0.17			0.8
WB5412	300	6	0.08～0.25	0.19			0.8

续表

型号	零偏压截止频率/Hz	最小击穿电压/V	结电容/pF	结电容变化比	品质因数 Q_{min}	接触电势/V	最大耗散功率/W
WB5422	400	6	0.08~0.25	0.17		0.8	
WB524C		6	0.1~0.3	0.4	25	0.8	
WB523C		6	0.31~0.5	0.4	25	0.8	
2B11A1		20	0.4~0.8	4	5		
WB5556	700	6	0.08~0.25	0.25		0.8	

4. 快恢复二极管

快恢复二极管(FRD)和超快恢复二极管(SRD)是极有发展前途的电力电子半导体器件。具有开关特性好、反向恢复时间短、正向电流大、体积小、安装简便等优点。可广泛用于开关电源、脉宽调制器(PWM)、不间断电源(UPS)、高频加热装置、交流电极变频调速等领域中。

典型快恢复二极管和超快恢复二极管的主要参数见表4-22。

表4-22 典型快恢复二极管和超快恢复二极管的技术指标

产品型号	结构特点	反向恢复时间/ns	平均整流电流/A	最大瞬时电流/A	反向峰值电压/V	封装形式
C20-04	单管	400	5	70	400	TO-220
C92-02	共阴对管	35	10	50	200	TO-220
MUR1680A	共阳对管	35	16	100	800	T0-220
EU2Z	单管	400	1	40	200	DO-41
RU3A	单管	400	1.5	20	600	DO-15

5. 阶跃恢复二极管

1) 阶跃恢复二极管的概念及压容特性

阶跃恢复二极管是一种特殊的变容二极管，也称为电荷存储二极管，简称阶跃二极管，其表示符号如图 4.12(a)所示。阶跃恢复二极管的压容特性如图 4.12(b)所示。该二极管在高频或突变电压激励下，正向导通时，存储着大量的电荷，而转到反向电压时，存储的电荷立刻返回原处，形成很大的反向电流，直到存储的电荷耗完时，反向电流才迅速减小，并立即恢复到正常的反向截止状态。

2) 阶跃恢复二极管的应用

利用阶跃恢复二极管反向电流迅速减小的特性，可以产生非常丰富的谐波分量，故特别适宜于作为高倍数的倍频器，其倍频次数可高达 40 以上，这是普通变容二极管(倍频次数一般小于 5)所不能比拟的。同时，阶跃恢复二极管还可用于超高速脉冲整形和发生电路。

图 4.13 所示为阶跃恢复二极管倍频器的原理电路图。频率较低的基波信号 U_i 经限流电阻 R_S，通过带通滤波器 Φ_1 后加到阶跃恢复二极管 VD 上，反向跃变产生的高次谐波由频率为 $n(fin)$ 的带通滤波器 Φ_2 输出，从而实现了 n 次倍频。

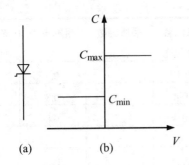

图 4.12 阶跃恢复二极管

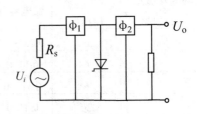

图 4.13 阶跃恢复二极管倍频器

3) 典型阶跃恢复二极管的主要参数

典型阶跃恢复二极管的主要参数见表 4-23。

表 4-23 阶跃恢复二极管的主要参数

型 号	最小击穿电压/V	最小阶跃时间/s	最小存储时间/s	最大结电容/pF	最小正向微分电阻/Ω	最大耗散功率/W
2CJ4C	15	50 p		0.5	1.2	
2J4C	15	50 p		0.5	1.2	
2DJ1C	20	50 p	1n	0.8		0.5
2CJ4B	15	60 p		0.5	1.2	
2DJ1B	20	100 p	1n	0.8		0.5
WY402C	30	100p		1	1	0.5
WY402D	30	100 p		1	1	
2J1B	15	150 p		1	1	
2J3C	25	150 p		1	1	
2DJ1A	20	200 p	1n	0.8		0.2
WY372C	40	200 p	2.3n	1	1	5
2CJ2B	30	300 p	4n	1.3		0.5
2CJ2A	30	400 p	4n	1.8		
2CJ1D	30	400 p	6n	4.5		1
WY381C	40	500 p	2.3n	2	1	5
2J5E	30	700 p		1.5	1.2	
WY391C	40	800 p	2.3n	3		5
2CJ1A	50	800p	8n	5.5		2
2J5C	30	1n		1.5	1.2	
2J5A	25	1.5n		1.5	1.2	
WY431	70	650 p	60m	6.5	0.45	
WY432	80	650 p	60m	6.5	0.45	
BT5F	30	700 p		0.8	1.2	
BT5E	30	700 p		1.5	1.2	

6. 雪崩二极管

1) 雪崩二极管的概念

雪崩二极管是利用二极管雪崩击穿的特性而制成的。它工作于反向击穿状态,对外呈现负阻特性。

图 4.14 所示为外加电压、雪崩电流和外电路电流间相位关系图。若外加电压为正弦电压则雪崩电流滞后交流电压 90°。同时,电子通过雪崩区产生的电子,渡越宽度的漂移区需要一个渡越时间 τ_d,从平均上看外电路电流 i_e 将落后 $1/2\tau_d$,若正弦电压的周期为 $2\tau_d$,则 i_e 刚好比外加电压滞后 180°,故呈现负阻特性。

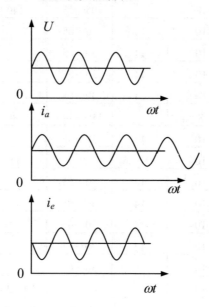

图 4.14 外加电压、雪崩电流和外电路感应电流间相位关系

2) 雪崩二极管的应用

雪崩二极管是一种能够产生微波振荡的负阻器件。广泛用于脉冲和多普勒雷达、相控阵天线以及反射放大器中作为本机振荡器或参量放大器的泵浦源。

3) 典型雪崩二极管的主要参数

典型雪崩二极管的主要参数见表 4-24。

表 4-24 典型雪崩二极管的主要参数

型号	最小输出功率/W	频率范围/GHz	击穿电压/V	工作电压/V	工作电流/mA	最大耗散功率/W	最大正向微分电阻/Ω
WX331	30m	12~18		45~65		3.0	3.0
WX321	40m	8~12		70~90		3.5	2.5
WX332	50m	12~18		45~65		3.0	3
2X1A	50m	18~26		40~52	50~70	4.5	4
WX501	60m	23~25		22~34	68~105	2.3	1.0

续表

型 号	最小输出功率/W	频率范围/GHz	击穿电压/V	工作电压/V	工作电流/mA	最大耗散功率/W	最大正向微分电阻/Ω
WX502	80m~120m		70~90	30~50	3.5	2.5	
MW0-4	100m	65~75	11	15~20	160~280		10
WX503	150m	23~25		22~34	68~105	2.3	1.0
2X2C	200m	8~12		65~105	60~90	6.0	3
2X2D	300m	8~12		65~105	80~120	7.0	3
2X4A	500m	5~18		105~138	140	13	2.5
WX511	700m	7~10	14	30~65		11	1.5
WX51A	700m	7~10	14	30~65		11	1.5
WX51B	900m	7~10	14	30~65		11	1.5
WX512	900m	7~10	14	30~65		11	1.5
2X4B	1	5~8		110~140	180	20	
WX513	1.2	7~10	14	30~65		11	1.5
WX514	1.5	7~10	30~65		11	1.5	
WX51D	1.5	7~10	14	30~65		11	1.5
WX52A	1.5	7~10	14	30~65		15	1.5
WX52B	1.8	7~10	14	30~65		15	1.5
WX52C	2.2	7~10	14	30~65		15	1.5
WX52D	2.5	7~10	14	30~65		15	1.5
WX341	200	16.0~17		83~103	70~200	2	1.5
WX342	200	16~17		83~103	70~200	2	1.5

7. 隧道二极管

1) 隧道二极管的概念

隧道二极管是利用隧道效应制成的二极管。隧道效应是指高掺杂材料形成的 PN 结中，耗尽层十分窄，它对电子的流动并不构成很大的障碍，故一个小的正向或反向电压就能使载流子具有足够的能量通过耗尽层，这种现象称为载流子穿透势垒的隧道效应。

隧道二极管的符号及等效电路如图 4.15 所示。

2) 隧道二极管的伏安特性

隧道二极管的伏安特性如图 4.16 所示。当正向电压较小时，电流随电压的增加而线性增加。当出现峰点电流 I_P 时(对应的峰点电压为 U_P)，电压若再增加，电流反而减小。电压增加到 U_V 时，电流达到极小值 I_V，该点称为谷点，相应的电压和电流分别称为谷点电压和谷点电流。此后，随着电压的继续增大，电流又迅速增加，这一段与普通二极管基本一样。

由图 4.16 可得，隧道二极管的特性曲线在 P 点和 V 点之间，电压的增加将引起电流的减小，具有负阻特性。

隧道二极管的反向特性是当反向电压从零略微增大时，电流就剧烈增大。

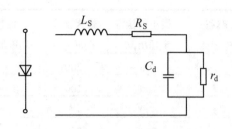 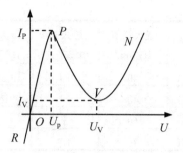

图 4.15 隧道二极管符号、等效电路　　图 4.16 隧道二极管的伏安特性

3) 隧道二极管的应用

隧道二极管主要用于振荡电路,此外还可用于放大器、变频器、开关电路等。

4) 典型隧道二极管的主要参数

典型隧道二极管的主要参数见表 4-25。

表 4-25　典型隧道二极管的主要参数

型 号	最大峰值电流/mA	最大总电容/pF	最大峰值电压/mV	峰谷电流比	最小谷值电压/mV	最大上升时间/ps	耗散功率/mW
2BS4A	1	5	75	8	300		25
2BS23A	2	2	100	8	250	150	
2ES33A	2	2	180	5	750	150	
2BS4B	2.5	5	75	8	300		25
2BS3	3	5	75	8	300		25
2BS23B	4	5	100	8	250	150	
2BS4	4	5	75	8	300		
2BS4C	5	5	75	8	300	150	
2BS23C	6	3	120	8	300	150	
2ES33C	6	3	180	5	750	150	
2BS7	7	10	75	8	300		25
2BS8	8	10	80	8	320		25
2BS9	9	10	80	8	320		25
2BS23D	10	3	120	8	300	150	
2ES32D	10	7	200	6	700	200	
2BS11	11	10	80	8	320		25
2BS12	12	10	80	8	320		25
2ES33E	15	3.5	80	6	750	150	
2BS22E	15	4	150	8	300	150	
2ES31E	15	8	200	6	700	200	
2ES32F	25	9	200	6	700	200	

续表

型 号	最大峰值电流/mA	最大总电容/pF	最大峰值电压/mV	峰谷电流比	最小谷值电压/mV	最大上升时间/ps	耗散功率/mW
2ES31G	40	10	200	7	700	200	
2ES32G	40	10	200	7	700	200	
2BS21B	60	3	180	3	400	45	
2ES31H	70	10	200	7	700	200	

8. 肖特基势垒二极管

1) 肖特基势垒二极管的概念

肖特基势垒二极管又称为势垒二极管，简称肖特基二极管，用 SBD 表示。它是利用金属与 N 型半导体之间的接触势垒具有整流特性而制成的一种金属半导体器件。它属于 5 层器件，中间层以 N 型半导体为基片，其上是用砷作为掺杂剂的 N^- 外延层，最上面是由金属材料钼构成的阳极。在基片下面分别为 N^+ 阴极层和金属阴极。通过调整结构参数，可在基片和阳极之间形成肖特基势垒。当在阳极与基片间加正偏压时势垒宽度变小，加负偏压时势垒宽度变大。由于只用一种载流子输送电荷，在势垒区外没有少数载流子的累积，所以不存在电荷存储效应。反向恢复时间极小(几纳秒)，而且正向导通压降仅在 0.4V 左右，属于低功耗、大电流、超高速半导体功率器件。常用于高频、低压、大电流整流或续流、微波混频、检波及超高速电路中。

图 4.17 所示为肖特基二极管的符号及等效电路。R_J、C_J 分别为结电阻与结电容，R_S 为包含半导体的体电阻、引线电阻等的串联电阻，L_S 是引线电感，C_P 是管壳的并联电容。其中，R_J、C_J 均是偏流和偏压的函数。

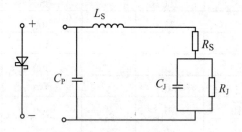

图 4.17 肖特基二极管等效电路

2) 肖特基二极管的伏安特性

如图 4.18 所示，SBD 在外加电压下表现为单向导电性。在正向时，表现为小电阻，流过大的电流；在反向时，表现为大电阻，流过小的电流，故它与普通二极管一样，是一种单向导电的非线性器件。但是，不同之处在于 SBD 正向导通时，电子是流到金属中，而不是流到 P 型半导体中。因此，不存在非平衡少子的存储以及由此产生的扩散电容，故肖特基二极管的工作频率很高。

另外，肖特基二极管的正向起始电压比普通二极管低，如铅－硅肖特基二极管、钛－硅肖特基二极管的正向起始电压约为 0.3V 左右。反向耐压也比一般二极管低。由于以金属代替了 P 型半导体，消除了 P 区电阻以及与其相连接的接触电阻，无论是作为变阻二极管还是作为变容二极管使用,都有利于降低噪声。肖特基二极管因反向击穿电压低,不能承受大的功率。

3) 肖特基二极管的应用

如图 4.19 所示为肖特基二极管用于钳位的电路原理图。其中,图(a)为电路原理图,图(b)为带有肖特基二极管钳位的晶体管代表符号。由于晶体管的开关速度受存储时间的影响,而存储时间又取决于晶体管的饱和深度,饱和越深,存储时间越长,故提高晶体管速度的关键在于限制晶体管的饱和深度。当晶体管工作在饱和状态时,发射结和集电结都处于正向偏置,集电极正向偏压越大,表明饱和程度越深,故在晶体管 ac 之间并上 SBD,当晶体管集电结的正向偏压达到 SBD 的正向起始电压时,肖特基二极管首先导通,将集电结正向偏压钳制在 0.3V 左右。如果流向基极的电流增大,企图使集电结正向偏压增大时,则一部分电流就会通过肖特基二极管直接流向集电极,而不会使晶体管基极电流过大。因此,肖特基二极管起了抵抗晶体管过饱和的作用,这种电路称为抗饱和电路,使电路的开关时间大大缩短。

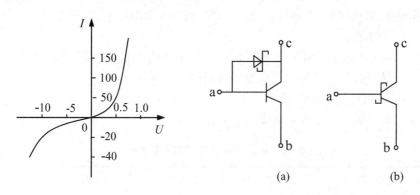

图 4.18　肖特基二极管的伏安特性　　图 4.19　带有肖特基二极管钳位的晶体管

4) 典型肖特基二极管的主要参数

典型肖特基二极管的主要参数见表 4-26。

表 4-26　典型肖特基二极管的主要参数

型　号	整机噪声系数/dB	中频阻抗/Ω	电压驻波比	最大漏过脉冲功率/μA	反向电流/μA	说　明
2H11A	≤7.5	200～450	≤2	500	≤10	微带型微波肖特基势垒二极管,用于 X 波段
2H11B	≤6.5	200～450	≤2	500	≤10	
2H12A	≤7.5	150～200	≤2	500	≤10	微带型微波肖特基势垒混频二极管,用于 C 波段
2H12B	≤6.5	150～500	≤2	500	≤10	
2H13A	≤7.5	200～600	≤2	700	≤10	微带型微波肖特基势垒混频二极管,用于 S 波段
2H13B	≤6.5	200～600	≤2	700	≤10	
2CV3A	≤7.5	100～250	≤2	500	≤10	微波肖特基势垒混频二极管,用于 X 波段
2CV3B	≤6.5	100～250	≤2	500	≤10	

续表

型号	整机噪声系数/dB	中频阻抗/Ω	电压驻波比	最大漏过脉冲功率/μA	反向电流/μA	说明
2CV2A		300～600	≤2	4000	≤1	用于 C 波段混频
2CV2B		300～600	≤2	4000	≤1	
2CV2C		300～600	≤2	4000	≤1	
2CV4A		300～600	≤2	1000	≤1	用于 Ku 波段混频
2CV4B		300～700	≤2	1000	≤1	

9. PIN 二极管

1) PIN 二极管的概念

PIN 二极管是一种结构与性能方面同阶跃恢复二极管类似的半导体器件，它相当于一个电流控制的可变电阻，其阻抗大小可以通过正偏压的调节连续调变。具有低电容、低串联电阻和高击穿电压(1000V～2000V)、高阻抗转换比(可达 10.4 以上)等特点。

2) PIN 二极管的应用

利用 PIN 二极管的高频电阻可根据其偏压连续可调的性能，用于微波衰减器。同时，PIN 管还可用于微波调幅、移相、功率控制及射频开关等。

3) 典型 PIN 二极管的主要参数

典型 PIN 二极管的主要参数见表 4-27。

表 4-27 典型 PIN 二极管的主要参数

型号	最小击穿电压/V	频段	最大总电容/pF	最大正向微分电阻/Ω	最大开关时间/s	最大耗散功率/W
BT71	15		0.42	4		1
BT620	20		0.65	1	0.5	
WP32	30	L～C	0.6	1.5		
WP323	45		0.4	1.5	30n	
WP402	50	S	0.6	1.5		
WP412	50	S～X	0.5	2		0.5
WP40	50	L～S	0.95	1.5		0.5
BT62H	100		0.65	1		
WP361	100	26G～40G	0.05	3		
WP362	100	26G～40G	0.07	3		
WP411A	100	C	0.25	1.5		
WP412	100	C	0.25	1.2～2		
WP412E	100	L	0.35	1.2～2		
WP411E	100	L	0.4	1.5		
WP422	100		1.2	1.5	0.5μ	

续表

型号	最小击穿电压/V	频段	最大总电容/pF	最大正向微分电阻/Ω	最大开关时间/s	最大耗散功率/W
2K4E	200		0.4	0.7		200m
VK011	200		1.2	1.5	1μ	1
BT63	300	1.5G	1.2		5	
VK012	400		1.2		1μ	5
BT63A	500		1.5	1.0		5
VK103	600		1.4	1.5	1μ	5
VK014	800		1.2		1μ	1
WK105	1000		1.4	1.5		5
BT63B	1000		1.5	1.0		5
BT61C	1000			0.7		5

10. 双向触发二极管

双向触发二极管可以等效为基极开路时，发射极和集电极对称的 NPN 型晶体管，其结构上相当于两个二极管反向并联。因此无论给其两端加上什么极性的电压，都能够导通。双向触发二极管可以用来触发双向晶闸管工作。

11. 双基极二极管

双基极二极管又称为单结晶体管，有两个基极和一个发射极，在后面的内容中将详细介绍。

12. 变阻二极管

利用 PN 结之间等效电阻可变的原理制成的单导体器件，主要用在 10MHz～1000MHz 高频电路或开关电源等电路中作为可调衰减器，起限幅、保护作用。

等效电阻的阻值随二极管两端正向电压的改变而改变。当正向电压增高时，二极管的正向电流增加，等效电阻减小；反之，等效电阻增大。当外加偏置电压固定时，二极管的等效电阻保持不变。一般采用轴向塑料封装。常见的高频变阻二极管有 1SV121、1SV99 等型号，其正向电流为 0～10A 时，等效电阻在 8 kΩ～3 kΩ 之间变化。

13. 开关二极管

利用二极管的单向导电特性，在给二极管加正向偏压时，处于导通状态；在加反向偏压时处于截止状态，在电路中起到接通、关断电流的作用，即开关作用。具备开关速度快、寿命长、体积小、可靠性高等特点，广泛用于通信、仪器仪表等电路中。

4.3.4 全桥、半桥和硅堆

1. 全桥组件

1) 结构

在二极管整流电路中，桥式整流电路使用较多。因此，常把 4 只整流二极管按桥式全波整流电路的形式连接并封装成一体称为全桥组件,其结构如图 4.20 所示。

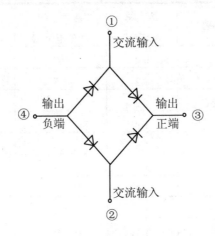

图 4.20　全桥堆内部结构

对外有 4 条引线,分别为交流输入端(引线①②)和直流输出端(引线③④)。在使用时,要正确识别其引线功能。其优点是使用方便,缺点是若全桥组件内如有一个二极管损坏,则整个组件无法正常工作。

2) 引脚排列规律

(1) 长方体全桥组件:输入、输出端直接标注在全桥组件的表面上。如图 4.21 所示,"～"对应的引线表示交流输入端,"+"、"−"对应的引线表示直流输出的正、负端。

(2) 圆柱体全桥组件:表面一般只标有"+"号,对应的引线表示直流输出的正端,负端引线在"+"的对面,余下的另外两条引线为交流输入端,如图 4.22 所示。

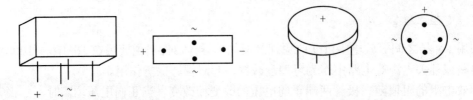

图 4.21　长方体全桥组件引脚标注　　　图 4.22　圆柱体全桥组件引脚标注

(3) 扁形全桥组件:除直接标明正、负极与交流引线符号外,通常以靠近缺角端的引脚为正(部分国产为负)极,另一边引线为负极,中间为交流输入极,如图 4.23 所示。

(4) 大功率方形全桥组件:该类全桥组件由于工作电流大,使用时要另加散热器。一般不标型号和极性,可在侧面边上寻找正极标志,如图 4.24 所示。正极对角线上的引线是

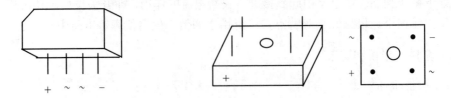

图 4.23　扁形全桥组件引脚标注　　　图 4.24　大功率方形全桥组件引脚标注

负极端,余下的两引脚是交流端。对于缺角方形全桥组件的外形,缺角处引脚为正极端,其对角为负极端,其余两极为交流输入端,如图4.25所示。

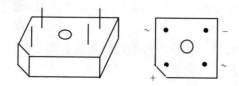

图4.25 缺角方形全桥组件引脚标注

2. 半桥组件

目前,除全桥组件外,还有半桥组件,其内部是由两个相互独立的整流二极管组合而成。一个全桥组件可用两个半桥组件构成。使用时,一定要区分是全桥组件还是半桥组件。

3. 硅堆

硅堆又称为硅柱,是一种高频高压整流二极管。工作电压在几千伏到几万伏之间。常用于电视机、雷达或其他电子仪器中。其内部是由若干个硅高频二极管的管芯串联起来组合而成的。外面用高频陶瓷进行封装,其反向峰值电压的大小,取决于管芯的个数与每个管芯的反向峰值电压。常见的型号有2DGL和2CGL系列。如2DGL,表面上标有15kV,表示最高反向峰值电压为15kV。

4.3.5 二极管极性的识别与测量

1. 二极管极性的识别

1) 根据标志识别

一般印有红色点一端为正极,印有白色点一端为负极。

2) 根据正反电阻识别二极管的电极

(1) 模拟万用表检测

把万用表置于$R \times 100 \Omega$档或$R \times 1 k\Omega$档,直接用万用表测量二极管的直流电阻,如果表上显示阻值很小时,表示二极管处于正向连接,黑表笔所接为二极管正极(黑表笔与万用表内电池正极相连),而红表笔所接为二极管负极。如果表上显示阻值很大,则红表笔所接为二极管正极,黑表笔所接为二极管负极。若两次测量的阻值都很大或很小,则表明二极管已损坏。利用万用表测小功率二极管的直流电阻时,不能使用$R \times 1 \Omega$档和$R \times 10 k\Omega$档,因为$R \times 1 \Omega$档电流很大,容易烧坏二极管,$R \times 10 k\Omega$档的电压较高,容易使二极管的PN结击穿。

(2) 数字万用表检测

将数字万用表的量程开关拨到二极管档,这时红表笔带正电,黑表笔带负电(与指针式万用表表笔带电情况相反)。用表笔分别连接二极管的两个电极,若显示屏显示为1V以下,表明二极管处于正向导通状态,红表笔所接为二极管的正极,黑表笔所接为负极。若显示屏显示溢出符号1,表明二极管处于反向截止状态,黑表笔所接为正极,红表笔所接为负极。

如果两次测试都显示000,表明二极管已击穿短路;两次测试都显示1,表明二极管内部开路。

利用数字万用表的 h_{FE} 插口检测二极管：将量程开关拨到 NPN 档，将二极管的两个电极分别插入 C 孔和 E 孔，显示屏显示为溢出符号 1，表明 C 孔所接为二极管的正极，E 孔所接为负极；如果显示 000，表明 E 孔所接为二极管的正极，C 孔所接为负极。

3) 根据结构识别

对于玻璃封装的点接触式二极管，可透过玻璃外壳观察其内部结构来区分极性，金属丝一端为正极，半导体晶片一端为负极。

2. 普通二极管的测量

1) 好坏的判断

用万用表测量二极管时，将万用表置于 $R×100\Omega$ 档或 $R×1k\Omega$ 档(对于面接触型的大电流整流管可用 $R×1\Omega$ 档或 $R×10\Omega$ 档)，黑表笔接二极管正极，红表笔接二极管负极，这时正向电阻的阻值一般应在几十欧到几百欧之间，当红黑表笔对调后，反向电阻的阻值应在几百千欧以上，测量结果如符合上述情况，则可初步判定该二极管是好的。

如果测量结果阻值都很小，接近零时，说明被测二极管内部 PN 结已被击穿或已短路。如果阻值均很大，接近无穷大，则该二极管内部已断路。

2) 硅管和锗管的判断

由于硅、锗二极管的正向压降不同，硅管为 0.5V~0.7V，锗管为 0.1V~0.3V，故可根据正向导通时的压降进行判断。

用数字万用表测量二极管两端的管压降，如为 0.5V~0.7V，即为硅管；如为 0.1V~0.3V，即为锗管。

3. 稳压二极管的测量

1) 普通稳压二极管的测量

首先用万用表的低电阻档($R×1k\Omega$ 以下)判断二极管的好坏，由于表内电池 1.5V，不足以稳压二极管击穿，故使用低电阻档测量稳压管的正向电阻时，其阻值和普通二极管一样。

其次测量稳压管的稳压值，用万用表的高阻档，如 $R×10k\Omega$ 档，这时表内电池是 10V 以上的高压电池，当实测其反向电阻为 R_x 时，其稳压值为

$$U_Z = \frac{E_g \cdot R_x}{R_x + nR_0} \tag{4.10}$$

式中，E_g 为表内电池的电压值，如用 $R×10k\Omega$ 档时，500 型是 10.5V，108-1T 型是 15 V，MF-9 型是 10.5V，MF-19 型是 15V 等；n 为所用电阻档的倍率数，如 $R×10k\Omega$ 档，$n=10000$；R_0 是万用表中心阻值，如 500 型为 10Ω，108-1T 型为 12Ω，MF-9 型为 18Ω，MF-19 型为 24Ω。

如果实测电阻 R_x 非常大(接近∞)，表示被测管的 U_Z 大于 E_g，无法将被测稳压管击穿。如果实测电阻 R_x 极小，接近零或只有几欧，则是表笔接反了，这时只要将表笔互换即可。

2) 三管脚稳压二极管的测量

三管脚稳压二极管(如 2DW7，2DW232 等)是一种具有温度补偿特性的电压稳定性很高的稳压二极管，它由一个正向硅稳压二极管(负温度系数)和一个反向硅稳压二极管(正温度系数)串联在一起，并封装在一个管壳内，其电压温度系数为 0.005%/℃，常用于高精度的仪器和稳压电源中，如图 4.26 所示。使用时，3 脚空着不用，管帽侧面有白点标记的对应

管脚接正极，另一脚接电源负极。这时，反接的管子用于稳压，正接的管子用于温度补偿，稳压值为 5.8V～6.6V，若 1 脚或 2 脚断了，则可用 3 脚和 2 脚(或 1 脚)作为一般稳压管使用，但稳压值比用 1 脚和 2 脚时低 0.7V 左右。

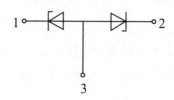

图 4.26　三脚稳压二极管

利用万用表 $R×100\,\Omega$ 档可判断三脚稳压二极管的好坏，黑表笔接 3 脚，红表笔接 1 脚，然后接 2 脚，测得两个 PN 结的正向电阻约为几千欧，然后对调红黑表笔，再测反向电阻，应接近无穷大，则稳压管是好的。否则，若正反电阻阻值均接近零，则稳压管内部短路。若正反电阻阻值无穷大，则稳压管内部断路。

4. 稳压二极管与普通二极管的识别

将万用表置于 $R×1\,k\Omega$ 档，先判定被测二极管的极性(正、负极)。然后再把万用表置于 $R×10\,k\Omega$ 档，红表笔接被测二极管的正极，黑表笔接其负极，观察万用表的表头显示。如果阻值较小，则被测二极管为稳压二极管，如果电阻值很大或为无穷大，则为普通二极管。

5. 变容二极管的识别与检测

1) 根据标志识别极性

涂有黑色标记的变容二极管一端为负极，另一端为正极。有的变容二极管管壳两端分别涂有黄色环和红色环，红色环的一端为正极，黄色环的一端为负极。

2) 数字万用表识别

将数字万用表的量程开关拨到二极管档，通过测量变容二极管的正、反向压降来判断其正、负极性。正常的变容二极管，测量其正向压降时为 0.58V～0.65V，测量反向压降时读数显示为溢出符号 1。在测量正向压降时红表笔所接为正极，黑表笔所接为负极。

3) 好坏的识别

变容二极管的好坏可以通过测量其正、反向电阻进行判断。可将万用表置于 $R×10\,k\Omega$ 档，红表笔接变容二极管的负极，黑表笔接其正极，测量出的正向电阻值为 $200\,k\Omega$ 左右，然后对调表笔测量反向电阻，其阻值应为无穷大。

6. 双向触发二极管的检测

用万用表的 $R×1\,k\Omega$ 档，测量双向触发二极管的正向电阻和反向电阻，其阻值都应为无穷大。如果测量的阻值很小或为零，表明二极管已经损坏，不能使用。

7. 快恢复二极管的检测

测量快恢复二极管的正、反向电阻值，正向电阻值一般为几欧，反向电阻值为无穷大，如果测量的阻值都为无穷大或零，表明二极管已损坏。

8. 肖特基二极管的检测

将万用表置于 $R\times1\,\Omega$ 档,正常时其正向电阻值(黑表笔接正极)为 $2.5\,\text{k}\Omega\sim3.5\,\text{k}\Omega$,反向电阻为无穷大。如果测量的阻值都为无穷大或接近零,表明二极管开路或击穿损坏。

9. 变阻二极管的检测

将万用表置于 $R\times1\,\text{k}\Omega$ 档,正常时其正向电阻值(黑表笔接正极)为 $4.5\,\text{k}\Omega\sim6\,\text{k}\Omega$,反向电阻为无穷大。如果测量的阻值都为无穷大或接近零,表明二极管损坏。

10. 开关二极管的检测

检测方法同普通二极管,可通过测量其正、反向电阻确定其好坏和极性。但其正向电阻值要比普通二极管大。

11. 恒流二极管的检测

将万用表置于 $R\times100\,\Omega$ 档,其正向电阻值为 $1\,\text{k}\Omega$ 左右,反向电阻为几百欧。其正向电阻值大于反向电阻值,与普通二极管不同。测得电阻值大时,红表笔接的是恒流二极管的正极,黑表笔接的是其负极。

12. 全桥堆的测量

全桥堆是硅整流组合件。如图 4.27 所示,用万用表测量时,同普通整流二极管正、反电阻的测量方法一样。正常时全桥堆其正、反电阻阻值见表 4-28。

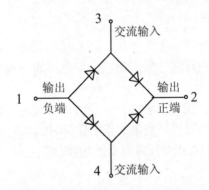

图 4.27 全桥堆内部结构

表 4-28 正常全桥堆正反电阻值

黑表笔接	红表笔接	$R_x/\text{k}\Omega$	阻值/$\text{k}\Omega$
1	3	1	3.8
1	4	1	3.8
3	1	1	∞
4	1	10	∞
2	3	10	∞
2	4	10	∞

续表

黑表笔接	红表笔接	$R_x/\text{k}\Omega$	阻值/kΩ
3	2	1	3.8
4	2	1	3.8

13. 半桥的测量

用万用表的 $R\times 1\text{k}\Omega$ 档分别检测每个二极管的正、反向电阻值就可以判定其好坏。

14. 硅堆的测量

硅堆好坏和正、负极性的判断必须使用万用表的 $R\times 10\text{k}\Omega$ 档。正向导通时,电阻约为几百千欧;反向截止时,电阻应为∞。

4.3.6 二极管的使用注意事项

在选用二极管时,要根据用途来选择类型,依据电路要求选择型号和参数。如选用检波管时主要考虑工作频率要满足要求;选用整流管时主要考虑最大整流电流和最高反向工作电压要满足要求,一般选择频率在 3kHz 以下,而高频整流应选用高频整流管,一般工作频率要大于 20kHz。

对于稳压管,主要根据稳压值和额定工作电流来选择。工作电流越大,动态电阻越小,效果越好。可以串联使用,但不可以并联使用。在使用过程中,稳压管应该工作在击穿状态,同时要保证工作电流不能超过最大值,因此要选择合适的限流电阻。

4.3.7 二极管的代换

(1) 在实际使用中,必须注意硅管与锗管不能替代。

(2) 同类型的二极管可以代替,但也要注意参数是否适合。

(3) 检波二极管如果没有同型号更换时,也可以选用材料相同、主要参数相近的二极管来代替;整流二极管、稳压二极管可由参数相同的其他型号整流二极管、稳压二极管代换,通常要求反向电压高的可代替反向电压低的,整流电流值高的可代替整流电流值低的,也可由参数相同的稳压二极管代换,具有相同稳压值的高耗散功率稳压二极管可代换低耗散功率稳压二极管;开关二极管可用主要参数相同的其他型号开关二极管代换,高速开关二极管可代换普通开关二极管,反向击穿电压高的可代换反向击穿电压低的;变容二极管可用主要参数相同(尤其是结电容范围应相同或相近)的其他型号代换。

4.4 晶体三极管

4.4.1 晶体三极管的构成

晶体三极管由两个 PN 结组成,它有两种形式,如图 4.28 所示。图(a)为 PNP 型,图(b)为 NPN 型。三极管有 3 个电极:发射极、基极、集电极,分别用 e、b、c 表示,发射极、基极之间的 PN 结,称为发射结(e 结),集电极、基极之间的 PN 结称为集电结(c 结)。

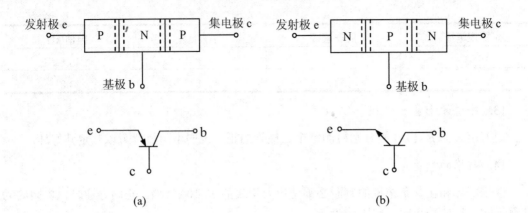

图 4.28 三极管结构图

4.4.2 三极管的主要参数

三极管的主要参数有电流放大系数、极间反向电流、反向击穿电压、集电极最大允许耗散功率、最大允许集电极电流等。

1. 电流放大系数

(1) 共基电路：当忽略反向饱和电流 I_{cbo} 时有

$$\alpha = \frac{I_c}{I_e}, \quad \alpha = \frac{\Delta I_c}{\Delta I_e} \tag{4.11}$$

(2) 共射电路：当忽略穿透电流 I_{ceo} 时有

$$\beta = \frac{I_c}{I_b}, \quad \beta = \frac{\Delta I_c}{\Delta I_b} \tag{4.12}$$

2. 极间反向电流

(1) 集电极-基极间反向饱和电流 I_{cbo}

它是发射极开路时集电极的反向电流。在一定温度下，该反向电流基本上是常数，而与 U_{ce} 的大小无关。I_{cbo} 值一般很小，小功率锗管为微安级，硅管为纳安级。

(2) 集电极-发射极穿透电流 I_{ceo}

它是基极开路时集电级和发射极间加上一定反向电压时的集电极电流，它是 I_{cbo} 的 $(1+\beta)$ 倍。

3. 反向击穿电压

(1) 集电极开路时，发射极和基极的反向击穿电压 BU_{ebo}

它是发射结允许的最大反向电压，超过这个极限值，发射结将被击穿。

(2) 发射极开路时，集电极和基极的反向击穿电压 BU_{cbo}

当 U_{cb} 增大到一定数值后，集电极的反向饱和电流 I_{cbo} 迅速增大，引起雪崩击穿，故 BU_{cbo} 由集电极的雪崩击穿电压决定，它有较高的数值。

(3) 基极开路时，集电极和发射极的反向击穿电压 BU_{ceo}

集电极和发射极间加上电压 U_{ce}，使集电结处于反向，发射结处于正向。当基极开路时，发射极正向电压的大小决定了流过它的电流大小。U_{ce}较低时，$I_{ceo}≈βI_{cbo}$。当U_{ce}大到一定程度，使集电极刚开始出现雪崩击穿，则I_{cbo}加大，使I_{ceo}也相应增大，形成I_c进一步增大，故集电极刚出现雪崩击穿就会引起发射极电流增大，使雪崩倍增的效果得到放大。因此，BU_{ceo}要比BU_{cbo}小得多。

(4) 基极和发射极间接入电阻R_b时，集电极和发射极的反向击穿电压BU_{cer}

当基极和发射极间接入电阻R_b后，发射结被R_b分流，使加到发射结的正向电压比基极开路时小，于是发射极向基区注入的电子数目减小，I_c随之减小，故要进入击穿状态就必须加大U_{ce}，即$BU_{cbr}>BU_{ceo}$。

(5) 基极和发射极短路时，集电极和发射极的反向击穿电压BU_{ces}

当基极和发射极短路时，发射结不再起作用，$BU_{ces}≈BU_{cbo}$。

(6) 发射结加反向电压时，集电极和发射极的反向击穿电压BU_{cex}

由于发射极加反向电压，三极管处于截止状态，因此击穿电压BU_{ces}基本上接近于BV_{cbo}。

以上几种击穿电压的关系为$BU_{cbo}>BU_{cex}>BU_{ces}>BU_{cer}>BU_{ceo}$

4. 集电极最大允许耗散功率P_{CM}

集电结反向工作时，两端电压较高，该电压与流过结的电流的乘积是集电极的耗散功率，它将使集电结发热。耗散功率过大，集电结的结温过高，不仅会改变参数，还会烧坏三极管。因此，耗散功率受到限制，它也决定三极管的温升，硅管的最高使用温度约为150℃，锗管为70℃。

5. 最大允许集电极电流I_{CM}

当集电极电流较大时，若再继续增加，必然引起电流放大倍数$β$的下降，I_{CM}表示$β$下降到额定电流值的$β$的2/3时，所允许的集电极电流，工作电流大于最大允许集电极电流时，将使放大器产生失真。

4.4.3 三极管管脚的识别与测量

1. 根据管脚排列规律进行识别

(1) 等腰三角形排列，识别时管脚向上，使三角形正好在上半圆内，从左角起，按顺时针分别为e、b、c。

(2) 在管壳外延上有一个突出部，由此突出部顺时针方向为e、b、c。

(3) 管脚为等距一字形排列，从外壳色标志点起，按顺序为c、b、e。

(4) 管脚为非等距一字形排列，从管脚之间距离较远的第一只脚为c，接下来是b、e。

(5) 若外壳为半圆形状，管脚一字形排列，则切面向上，管脚向里，从左到右依次为e、b、c。

(6) 个别超高频管为4脚，从突出部顺时针方向为e、b、c、d。d与管壳相通，供高频屏蔽用。

2. 利用万用表进行识别

1) 基极与管型的判别

对于中小功率三极管，万用表使用 $R\times 100\,\Omega$ 档或 $R\times 1\,\mathrm{k}\Omega$ 档。以 PNP 型为例，先假定某一管脚为基极，将红表笔接上，黑表笔分别接另外两管脚，如果测得电阻均很小(约 $1\,\mathrm{k}\Omega$)时，将红黑表笔对调，重复测量一次，如果阻值均很大(约 $200\,\mathrm{k}\Omega$ 以上)，那么假设正确。

当不明确三极管是 PNP 型还是 NPN 型时，红表笔接假定的基极，黑表笔接另两极，如果阻值均很小，则为 PNP 型，否则为 NPN 型。

2) 集电极和发射极的判别

将万用表置于 $R\times 100\,\Omega$ 档或 $R\times 1\,\mathrm{k}\Omega$ 档，如果被测的为 PNP 型，那么红表笔接基极，黑表笔依次接另外两个管脚，两次测得阻值不同，一次阻值大，一次阻值小。阻值小的一次黑表笔所接为集电极，如果被测的为 NPN 型，只要把表笔对调即可。

另一种方法就是将表笔分别接在除基极以外的另外两个极上，用手蘸点水，用拇指和食指把红表笔所接的那个极与基极捏住(但不能相碰)，记下此时万用表欧姆档读数，然后调换万用表表笔，以同样方法再测一次，两次测量中，阻值小的一次，红表笔所接的管脚为集电极。如果是 NPN 型，正好相反。

4.4.4 晶体三极管的测量

1. 硅管和锗管的判断

测量电路如图 4.29 所示。只要测出 U_{be} 即可以判断，当 U_{be} 的数值为 $0.5\mathrm{V}\sim 0.7\mathrm{V}$ 时为硅管，当 U_{be} 为 $0.2\mathrm{V}\sim 0.3\mathrm{V}$ 时为锗管。

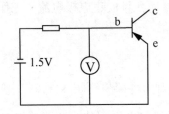

图 4.29　硅、锗管的判断电路

2. 高频管和低频管的判断

一般 NPN 型的硅管都是高频管，不需要再判断。

对于锗高频管和低频管，一般根据其发射结反向击穿电压 BU_{ebo} 相差甚大来判断，通常锗高频管的 BU_{ebo} 在 1V 左右，很少超过 5V，而锗低频管的 BU_{ebo} 在 10V 以上。测量时，在基极上串接 $20\,\mathrm{k}\Omega$ 的限流电阻，采用 12V 直流电源，正端接在 $20\,\mathrm{k}\Omega$ 上，负端接在锗管的发射极上，这时可测量锗管 eb 之间的电压，如果是高频管，这时三极管接近于击穿，电压表读数只在 1V 左右或最多不超过 5V，如果电压表读数在 5V 以上，则表明被测管为低频管。但也有个别高频管如 3AG38、3AG40、3AG66～3AG70 等的 BU_{ebo} 超过 10V。

3. 电流放大倍数 β 的近似测量

测量电路如图 4.30 所示，万用表置于直流 5mA 档，现以 3AX 31B 为例。

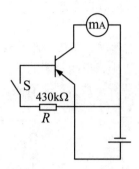

图 4.30 β 的测量电路

S 断开时：$I_b = 0$，电流表读数为 $I_{c1} = 300\mu A$

S 接通时：$I_b \approx \dfrac{4.5V}{430k\Omega} = 10\mu A$，电流表读数为 $I_{c2} = 1000\mu A$

则电流放大倍数 $\beta = \dfrac{\Delta I_c}{\Delta I_b} = \dfrac{1000-300}{10-0} = 70$

4. 用万用表测量大功率三极管的极间电压

用万用表测量大功率三极管时，万用表应置于 $R \times 1\Omega$ 档或 $R \times 10\Omega$ 档，因为大功率三极管一般漏电流较大，测出的阻值较小，若用高阻档，似乎被短路，故不易判断。

测量极间电阻共有两种不同的接法。如图 4.31 所示，当 $R \times 1\Omega$ 档时对于硅管，低阻值约为 $8\Omega \sim 15\Omega$，高阻应为无穷大，即表针基本不动。对于锗管，低阻值约为 $2\Omega \sim 5\Omega$，高阻值也很大，表针应动得很小，一般不应超过满刻度的 1/4，否则就是三极管质量不好或已损坏。

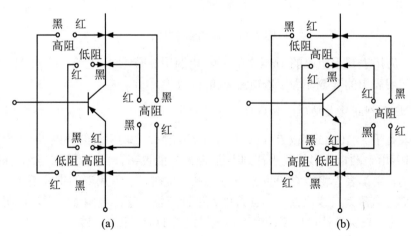

图 4.31 大功率三极管的极间电阻

5. 用万用表测量大功率三极管的放大能力

测量电路如图 4.32 所示，万用表置于 $R \times 1\Omega$ 档，R_b 可选 680Ω。测量时，先不接入 R_b，即基极悬空，测量发射极和集电极之间的电阻，表头指针应偏转很小。如果表头指针偏转很大，仅几欧或十几欧，说明该被测管穿透电流(I_{ceo})较大，如果万用表指示阻值已接近于零，说明该管已坏。

接入 R_b，万用表表头指针应向右偏转，阻值越小，说明管子的放大能力越强，如果万用表指示的阻值小于 R_b 的十分之几以上，说明管子的放大能力是较大的。如果万用表指示的阻值比 R_b 少不了多少，则表示被测管子放大能力有限，甚至管子是坏的。

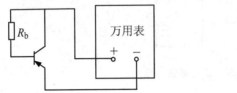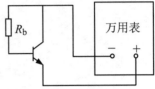

图 4.32　放大能力的测量电路

6. 用万用表测量三极管穿透电流 I_{ceo}

三极管穿透电流 I_{ceo} 是指基极开路时，集电极和发射极间的反向漏电流。如果选用 I_{ceo} 大的晶体三极管，其耗散功率增大，热稳定性差，而且调整集电极电流 I_c 很困难，噪声也大。I_{ceo} 的测量电路如图 4.33 所示。

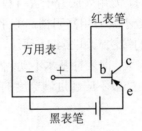

图 4.33　I_{ceo} 的测量电路

测量时，万用表置于电流的 1mA 档，直流电源用 3 节 1.5V 电池，共 4.5V，接在被测三极管上，万用表上的读数即为穿透电流 I_{ceo} 的读数。

7. 用万用表判断锗大功率管的好坏

将万用表置于 $R\times100\Omega$ 档或 $R\times1\,k\Omega$ 档，红表笔接锗大功率管的集电极 c，黑表笔接发射极 e，此时万用表的指针可能几乎打到零位(但并不能说明管子的好坏)。然后保持万用表的红表笔不动，用黑表笔将被测管的 e、b 极短路，此时，若万用表的指针不产生回摆，则说明被测管穿透电流太大或已损坏。若万用表指针产生回摆，电阻读数大，说明被测管两个 PN 结是好的。表头指针摆幅度越大，则该被测管的放大倍数越大。

8. 片状晶体管的检测

片状晶体管判定 b、c、e 极，区分 PNP 型、NPN 型和硅管、锗管的方法同上述检测方法。

9. 数字万用表对三极管放大倍数 β 的测量

利用数字万用表的 h_{FE} 档，将量程开关拨到 NPN 档(如测定 3DG、3DK 等 NPN 型晶体管),将三极管插入对应插孔中(注意管脚与插孔旁的 b、c、e 对应),再将电源开关拨到 ON 位置,数字万用表显示屏就显示出直流放大倍数 β 值。如果测试 3AX 类等 PNP 型三极管,就要注意将量程开关拨到 PNP 档,再插入待测三极管。

4.4.5 三极管的使用注意事项

(1) 接入电路前,应首先判断三极管的管型和各个管脚。否则容易造成电路不能正常工作或三极管的损坏。

(2) 不能带电拆装,焊接时要注意温度不要太高。可用镊子夹住引线帮助散热。

(3) 对于功放管,要按要求配备合适的散热片。

(4) 对于处于开关状态的一些三极管,要根据电路要求加保护措施。

(5) 根据不同的电路要求,选用不同类型的晶体管,合理选用三极管的技术参数,如电流放大倍数、集电极最大电流、集电极最大耗散功率、工作频率等。

(6) 根据整机的尺寸合理选择晶体管的外形及其封装形式,在安装位置允许的前提下,优先选用小型化产品和塑封产品,以减小整机尺寸,降低成本。

4.4.6 三极管的代换

(1) 极限参数高的晶体管可以代换极限参数低的晶体管。

(2) 放大倍数高的晶体管可以代换放大倍数低的晶体管。

(3) 性能相同的国产晶体管可以代换进口晶体管。

(4) 特性好的晶体管可代换特性差的晶体管。

(5) 高频晶体管可以代换低频晶体管,而低频晶体管不能代换高频晶体管。高频晶体管集电极耗散功率较小,代换时应注意管子的承受功率能力。

(6) 开关晶体管可以代换普通晶体管,但普通晶体管不能代换开关管,开关晶体管的性能一般比普通晶体管好。如 3DK、3AK 系列可代换 3DG、3AG 系列高频晶体管。

(7) 相同极性的晶体管,只要参数相同就可以互相代换,即 NPN 型代换 NPN 型,PNP 型代换 PNP 型。使用时要注意,用复合管可以代换晶体管。

(8) 锗管和硅管可以相互代换,但导电类型要相同,即 NPN 型代换 NPN 型,PNP 型代换 PNP 型。

4.5 场效应管

4.5.1 场效应管的特点与分类

场效应管是通过改变半导体的内电场,利用电场效应来控制 PN 结中载流子的运动,从而实现用电压控制电流的器件。

1. 场效应管的特点

场效应管的主要优点是输入阻抗极高、噪声系数低、温度稳定性好、抗辐射能力强,同时还具有与双极型晶体管相同的特点,如体积小、重量轻、寿命长、工艺简单等。

场效应管与晶体管的主要区别是：双极型晶体管中参与导电的载流子有自由电子和空穴两种，并通过基极(或发射极)电流来控制集电极的电流，属于电流控制器件或双极型器件。而场效应管输入端则需要外加电压来控制电场变化，参与导电的载流子只有一种，属于电压控制器件或单极型器件。

2. 场效应管的分类

根据不同的材料、结构和导电沟道，可分为结型场效应管(JFET)和绝缘栅型场效应管(MOS)两大类。

结型场效应管(JFET)是利用 PN 结之间形成的耗尽区的宽窄控制导电沟道，以实现对电流的控制。结型场效应管又分为 N 沟道耗尽型和 P 沟道耗尽型。

绝缘栅型场效应管(MOS)是利用覆盖在 P 型或 N 型半导体上面的金属栅极(两者之间用氧化物绝缘)来控制导电沟道，以实现对电流的控制，故又称为金属氧化物半导体场效应管，简称 MOS 管。绝缘栅型场效应管可分为 N 沟道耗尽型、N 沟道增强型、P 沟道耗尽型、P 沟道增强型 4 种。

3. 场效应管的电路符号

不同类型的场效应管的电路符号如图 4.34 所示。

对于结型场效应管有 3 只管脚 G、S、D，分别称为绝缘栅极、源极与漏极。对于 MOS 管，则要多出一个衬底 B 的管脚，通常它与源极接在一起。

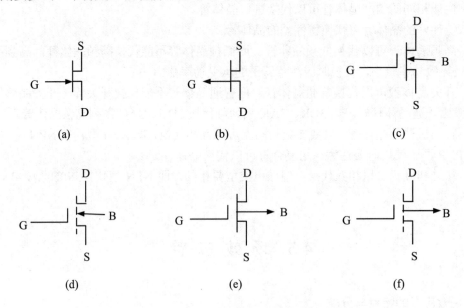

图 4.34　场效应管的电路符号
(a) N 沟道 JFET；(b) P 沟道 JFET；(c) N 沟道耗尽 MOS；
(d) N 沟道增强 MOS；(e) P 沟道耗尽 MOS；(f) P 沟道增强 MOS

4.5.2　场效应管的主要参数

场效应管的主要参数包括直流参数、交流参数和极限参数 3 类。

1. 直流参数

直流参数包括夹断电压、开启电压、饱和漏电流、直流输入电阻、漏源击穿电压、栅源击穿电压等。

1) 夹断电压 U_P

在结型场效应管(或耗尽型绝缘栅管)中,当栅源间反向偏压 U_{GS} 足够大时,沟道两边的耗尽层充分扩展,会使沟道夹断($I_{DS} \approx 0$),此时的栅源电压就称为夹断电压 U_P。通常为 1V~5V。

2) 开启电压 U_T

在增强型绝缘栅场效应管中,当 U_{DS} 为某一固定数值时,漏、源之间开始导通所需的最小电压 U_{GS} 就称为开启电压 U_T。

3) 饱和漏电流 I_{DSS}

在耗尽型绝缘栅管中,当 $U_{GS}=0$ 时,MOS 管处于预夹断时的漏极电流。

4) 直流输入电阻 R_{GS}

在漏源极短路(即 $U_{DS}=0$)时,栅源电压 U_{GS} 与栅极电流的比值,其阻值可达 10^3 MΩ。

5) 漏源击穿电压 $U_{(BR)DSS}$

当栅源电压一定时,在增加漏源电压的过程中,使漏电流 I_D 开始急剧增加时的漏源电压称为漏源击穿电压 $U_{(BR)DSS}$。

6) 栅源击穿电压 $U_{(BR)GSS}$

在结型场效应管中,反向饱和电流急剧增加时的栅源电压称为栅源击穿电压 $U_{(BR)GSS}$。对于绝缘栅场效应管,$U_{(BR)GSS}$ 是使二氧化硅绝缘层击穿的电压,击穿后会造成短路现象,使 MOS 管损坏。

2. 交流参数

交流参数包括低频跨导、交流输出电阻、极间电容等。

1) 低频跨导 g_m

低频跨导是表征栅源电压对漏极电流控制作用的一个参数。定义为当 U_{DS} 是常数时,I_D 的微小变量与相应的 U_{GS} 的微小变量之比。

2) 交流输出电阻 R_{DS}

其大小反映了 U_{DS} 对 I_D 的影响。当 U_{GS} 一定时,U_{DS} 的微小变化量与相应的 I_D 的微小变量之比。其阻值范围一般在几十千欧到几百千欧范围内。

3) 极间电容

场效应管的 3 个电极间都存在极间电容,即栅源电容 C_{GS}、栅漏电容 C_{GD} 和漏源电容 C_{DS}。通常 C_{GS} 和 C_{GD} 的容值为 1pF~3pF,C_{DS} 的容值为 0.1pF~1pF。

3. 极限参数

极限参数包括最大漏源电压、最大栅源电压、最大耗散功率等。

1) 最大漏源电压 $U_{(BR)DS}$

漏极附近发生雪崩击穿时的漏源电压称为最大漏源电压。对 N 沟道,U_{GS} 越负,$U_{(BR)DS}$ 越小。

2) 最大栅源电压 $U_{(BR)GS}$

对于结型场效应管是指栅极与沟道间 PN 结的反向击穿电压,对于绝缘栅型场效应管是指使绝缘层击穿的电压。

3) 最大耗散功率 P_{DM}

耗散功率 $P_D=U_{DS}I_D$,而 P_{DM} 受场效应管最高工作温度和散热条件的限制。其意义与双极型晶体管的最大集电极功耗 P_{CM} 的意义相同。

此外,还有低频噪声系数、最高工作频率等有关参数。

4.5.3 场效应管管脚的识别

1. 用万用表检测结型场效应管的电极

将万用表置于 $R\times1\,k\Omega$ 档,用黑表笔与结型场效应管的一个电极相接,再用红表笔依次接触另外的两个电极。若两次测量的电阻值都很小(几百欧到 $1\,k\Omega$),说明测的都是正向电阻,而且正向压降为 0.6V 左右,被测管为 N 沟道场效应管,此时黑表笔所接为栅极。若两次测出的阻值都较大,说明均为反向电阻,则被测管是 P 沟道场效应管,黑表笔所接仍是栅极。源极和漏极在结构上是对称的,一般用电阻档难以区分,而且在大多数情况下即使将二者接反,结型场效应管仍能正常工作,只是放大能力略有降低。

2. 用万用表检测 MOS 场效应管的电极

将万用表置于 $R\times1\,k\Omega$ 档,用两表笔与任意两脚相接,如果有一个管脚与其他两脚之间的电阻值都是无穷大,则表明该极为栅极 G。然后再用两表笔去接另外两个管脚,两次测量得到阻值较小的那一次,红表笔接的是 D 极,黑表笔接的是 S 极。

3. 用万用表检测 VMOS 场效应管的电极

将万用表置于 $R\times1\,k\Omega$ 档,分别测量 3 个管脚中任意两脚之间的电阻。若测量得到某脚与其他两脚之间的电阻均为无穷大,而且将表笔互换后仍为无穷大,则证明该脚是 G 极。然后用表笔分别接另外两脚,两次测量得到电阻值较小的那一次为正向连接,红表笔所接为 D 极,黑表笔所接为 S 极。

4.5.4 场效应管的测量

1. 用万用表区分结型场效应管和 MOS 管

用万用表 $R\times1\,k\Omega$ 档或 $R\times100\,\Omega$ 档测量 G-S 管脚之间的阻值,若阻值很大,则为 MOS 管;若与 PN 结的正、反向阻值相近,则为结型场效应管。

2. 用万用表检测结型场效应管的质量

测试时,可以按照一般二极管的测量方法,分别测试栅极-源极、栅极-漏极之间的两个 PN 结,看是否正常,若反向电阻很小,说明管子已坏。

3. 估测结型场效应管的放大能力

以 N 沟道为例。将万用表置于 $R\times10\,k\Omega$ 档,红表笔接源极 S,黑表笔接漏极 D,观察 D-S 极间的电阻值。再用手指捏住栅极 G,若观测到 D-S 极间的电阻值有明显的变化(增大或减小的幅度较大），说明该管的放大能力较强；若无明显变化或不变，说明此管已经损坏。

4. 检测 MOS 场效应管的放大能力

将栅极悬空，万用表置于 $R\times 10\,\mathrm{k\Omega}$ 档，用黑表笔接 D 极，红表笔接 S 极，观察 D-S 极间的电阻值。再用手指接触栅极 G，若观测到 D-S 极间的电阻值有明显的变化（增大或减小），其变化幅度越大，说明该管的放大能力越强。

5. 用万用表检测 VMOS 场效应管的跨导

将万用表置于 $R\times 1\,\mathrm{k\Omega}$ 档或 $R\times 10\,\mathrm{k\Omega}$ 档，黑表笔接 S 极，红表笔接 D 极，用螺丝刀去碰栅极，表针应有明显的偏转，偏转越大，该管的跨导越高。

4.5.5 场效应管的使用注意事项

(1) 绝缘栅型场效应管的输入电阻较高，但栅极感应电荷很难通过它泄掉，电荷的累积导致电压的升高，而且极间电容小。因此，少量的感应电荷就会产生较高的电压，导致场效应管还未使用或在焊接时就已击穿或指标下降，所以在存放时要使 3 个电极短路。焊接时要有良好的接地，最好去掉电源利用烙铁的余热来焊。

(2) 在电路中应使栅极、源极之间有直流通路。

(3) 取用场效应管时要注意人体静电对栅极的感应，可在手碗上套一接地的金属环，防止人体静电的影响。

(4) 源极和漏极是对称的，互换使用不影响效果。

(5) 场效应管有多种类型，应根据实际电路需要选择合适的管型。如音频放大器的差分输入及调制、限流等电路就应选用结型场效应管，开关电源、充电器等电路就应选用功率 MOS 场效应管。

(6) 选用的场效应管的主要参数应符合实际电路的具体要求。小功率场效应管应注意输入阻抗、夹断电压（或开启电压）、击穿电压等参数，大功率场效应管应注意击穿电压、耗散功率、漏极电流等参数。

4.5.6 场效应管的代换

场效应管的代换与晶体管一样，遵循代换管与原管"类型相同、特性相近、外形相似" 3 项基本原则。对于音频功率放大器使用的功放管，也可用耗散功率和漏源击穿电压稍高的同类管子代换，代换时应将构成推挽功率放大器的两只管子同时更换。

4.6 晶 闸 管

晶体闸流管或晶闸管又称可控硅，是一种大功率半导体器件，可以用微小的信号功率（100mA～200mA 电流，2V～3V 电压）对大功率的信号（几百安电流，几千伏电压）进行控制和变换，具有耐压高、容量大、效率高、控制灵敏等优点，主要缺点是过载能力和抗干扰能力较差，控制电路复杂。

4.6.1 晶闸管的构成

晶闸管是一种 3 端 4 层的晶体管，由 PNPN 四层半导体构成，内部形成 3 个 PN 结 J_1、J_2、J_3，如图 4.35(a)所示，P_1 引线为阳极，N_2 引线为阴极，P_2 引线为控制极，其符号如图 6.35(b)所示。

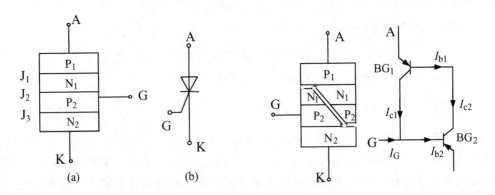

图 4.35　晶闸管的构造　　　　　　图 4.36　晶闸管双晶体管模型

4.6.2 晶闸管的工作原理

由图 4.36 可见，晶闸管相当于一个 NPN 晶体管和一个 PNP 晶体管互联的器件，即 BG_1 的集电极接到 BG_2 的基极，BG_2 的集电极接至 BG_1 的基极。当控制极 G 开路时，给阳极和阴极加正向电压，即 A 为正，K 为负，由于 J_2 反偏，AK 不导通，只有微小漏电流流过。当 A、K 间加反向电压时，由于 PN 结 J_1 和 J_3 反偏，AK 仍不导通，也只有微小的漏电流通过。当阳极和阴极加正向电压的同时，控制极相对阴极加正的触发电压，一旦有足够的控制极电流 I_G 流入，就会形成强烈的正反馈，即

$$I_G = I_{b2}, I_{c2} = I_{b1} = \beta_2 I_{b2} = \beta_2 I_G$$
$$I'_{b2} = I_{c1} + I_G = \beta_1 I_{b1} + I_G = \beta_1 \beta_2 I_{b2} + I_G \tag{4.13}$$

这样晶闸管就会立即饱和导通。

晶闸管一旦触发导通，把控制极信号减小甚至完全去掉，仍然导通，只有将阳极电流减小到维持电流以下，才会截止。

4.6.3 晶闸管的分类

晶闸管一般可分为普通晶闸管(KP)、双向晶闸管(KS)、快速晶闸管、可关断晶闸管(KG)、逆导晶闸管(KN)、光控晶闸管(GK)等。

1. 双向晶闸管

双向晶闸管是一种交流器件(普通晶闸管为直流器件)，它相当于一对反向并联的普通晶闸管。双向晶闸管主电路和控制电路的电压可正可负，故无所谓阳极和阴极，其符号如图 4.37(a)所示，它具有触发电路简单、工作稳定可靠等优点。在灯光调节、温度控制、交流电机调速、各种交流调压和无触点交流开关电路中得到广泛应用。

2. 快速晶闸管

快速晶闸管是一种对开关时间等瞬态参数有特别要求,可以在 400Hz 以上频率下工作的反向阻断型晶闸管元件,它可分为一般快速晶闸管(工作于 10kHz 频率以下)和高频晶闸管(工作于 10kHz 频率以上)。快速晶闸管多用于中频冶炼电源、中频逆变器等设备中,高频晶闸管由于具有高的动态参数和良好的高频性能,因此,它比快速晶闸管更适合于高频电路,如感应加热电源、超声波电源、电火花加热电源、发射机电源等,它能使这些电源装置获得较高的经济技术指标,高频化电源装置的突出优点是体积小、重量轻、效率高。

3. 可关断晶闸管

可关断晶闸管是一种门极加正信号使晶闸管导通,门极加负信号使其关断的晶闸管,其符号如图 4.37(b)所示,它既有普通晶闸管耐压高、电流大的优点,又有控制方便等长处,是一种比较理想的直流开关,在中小容量的逆变器、斩波器、变频器以及各种开关电路中得到广泛应用。

4. 光控晶闸管

光控晶闸管是一种利用光信号控制晶闸管导通的开关器件,如图 4.37(c)所示,它具有重量轻、体积小、可靠性高等优点,同时由于主电路与控制电路相互隔离,通过光耦合,易于满足对高压绝缘的要求,且可以抑制噪声干扰,广泛应用于光继电器、自控、隔离输入开关、光计数器、光报警器、光触发脉冲发生器、液位及物位控制等方面,大功率光控晶闸管主要用于大电流脉冲装置和高压直流输电系统。

5. 逆导晶闸管

逆导晶闸管是由一个晶闸管和一个反并联的整流二极管集成在同一硅片内的电力半导体复合元件,如图 4.37(d)所示。根据性能特点,可分为 4 类,第 1 类为快速开关型,其特点是高压、大电流、快速,主要用于大功率直流开关电路,如斩波器和直交逆变电路中,但其工作频率不高,一般在 200Hz~350Hz 左右。第 2 类为频率型,其工作频率为 500Hz~1000Hz,主要用于高频脉宽调制逆变器、高频感应加热逆变器及各种稳压逆变电源等设备中。第 3 种为高压型,它采用阳极短路,有利于高温和高压,相对薄的基区有利于减小通态电压降和缩短关断时间。主要用于高压输电、高压静电开关等高压电路中。第 4 种为可断型,前 3 种逆导晶闸管的正向都不具备自关断特性,由于可关断晶闸管的发展,将可关断特性和逆导晶闸管的反向导通特性结合起来,便形成了关断型逆导晶闸管。

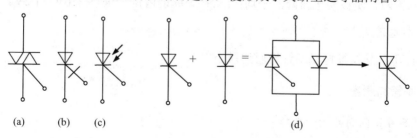

图 4.37 各种晶闸管的符号

4.6.4 晶闸管的主要参数

晶闸管的主要参数包括正向转折电压、正向阻断峰值电压、反向击穿电压及反向峰值电压、额定正向平均电流、控制极触发电压和触发电流、正向平均管压降、维持电流等。

1. 正向转折电压 U_{BO}

正向转折电压是指在额定温度(100℃)控制极开路的条件下,在阳、阴极间加正弦半波正向电压,使其由关闭状态发生正向转折变为导通状态时所对应的电压峰值。即当 $I_G=0$ 时对应的阳极和阴极间的电压值 U_{AK}。如果 U_{AK} 超过此值,晶闸管将导通。

2. 正向阻断峰值电压 U_{DRM}

正向阻断峰值电压是指在实际应用时,为避免出现 $I_G=0$ 时晶闸管导通而对加的正向电压峰值的限制,$U_{DRM} = U_{BO} - 100V$,即裕度为 100V,晶闸管的正向阻断峰值电压可达数千伏。

3. 反向击穿电压 U_{BR} 及反向峰值电压 U_{RRM}

反向击穿电压 U_{BR} 是指在额定结温下,阳、阴极间加正弦半波反向电压,当其反向漏电流急剧上升时所对应的电压峰值。

反向击穿电压 U_{BR} 减去 100V 即为其反向阻断峰值电压 U_{DRM}。

U_{BR} 和 U_{DRM} 当中较小的一个数值,称为额定电压。

4. 额定正向平均电流 I_F

额定正向平均电流 I_F 是指在规定环境温度及标准散热条件下,晶闸管允许通过的工频正弦半波电流的平均值。

5. 控制极触发电压 U_G 和触发电流 I_G

控制极触发电压 U_G 和触发电流 I_G 是指在规定环境温度和阳、阴极间为一定值的正向电压条件下,使晶闸管从阻断状态转变为导通状态所需要的最小控制极直流电压和最小控制极直流电流。

6. 正向平均管压降 U_F

正向平均管压降 U_F 是指在规定环境温度及标准散热条件下,当通过的电流为其额定电流时,晶闸管阳、阴极间电压降的平均值(在一个周期内),一般为 0.6V~1.2V。

7. 维持电流 I_H

维持电流 I_H 是指维持晶闸管导通的最小电流。

4.6.5 晶闸管的测量

1. 用万用表判别晶闸管电极

对于晶闸管的电极有的可以从外形封装加以判断,如外壳就是阳极,阴极引线比控制极引线长。当外形无法判断时,可用万用表进行判别。

将万用表置于 $R\times 1\text{k}\Omega$ 挡,将晶闸管其中一端假定为控制极,与黑表笔相接,然后用红表笔接另外两个极,若一次出现正向导通,则假定控制极是对的,而导通那次红表笔所接为阴极,另一极则为阳极。如果两次均不导通,则假定的控制极是错的,可重新设置一端为控制极,便可判断出晶闸管的 3 个电极。

2. 判断晶闸管的好坏

判断电路如图 4.38 所示,S_1 为电源开关,S_2 为按钮开关,3CT 为待测晶闸管,ZD 为指示灯,它不仅用来指示电路的工作状态,而且用来限制晶闸管的控制极电流 I_g 和阳极电流 I_a。测量时将电源开关 S_1 闭合,如果被测晶闸管是好的,应是关断状态,因为控制极开路时,晶闸管正向应不导通,所以电源电压几乎全部加在阳极 A 和阴极 K 之间,此时电路不通,指示灯不亮。若指示灯亮,说明该被测管在控制极开路时,阳极已导通,该晶闸管已失效。

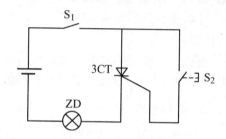

图 4.38 晶闸管判断电路

按下按钮开关 S_2,使阳极 A 和控制极 G 短路,原加在阳极 A 和阴极 K 之间的电压同时加在控制极 G 和阴极 K 之间。若被测晶闸管是好的,则立即导通触发,阳极与阴极之间的电压迅速降至 1V 左右,同时指示灯两端电压迅速上升,指示灯发光。这时按钮开关 S_2 对晶闸管失去控制作用,因为晶闸管正向导通后,撤出控制极电流仍能维持导通。所以此时 S_2 断开或闭合,指示灯均发光。要关断晶闸管,必须断开电源开关 S_1。

若按下按钮开关 S_2 时指示灯不亮,或按下 S_2 时亮,而放开时不亮,均说明该被测晶闸管已失效。

3. 用万用表测量晶闸管的极间电阻

晶闸管极间电阻用万用表测量时,其阻值大小如图 4.39 所示。

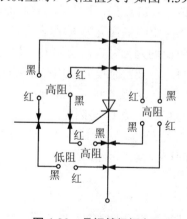

图 4.39 晶闸管极间电阻

4. 用万用表判定双向晶闸管

双向晶闸管有 3 个电极，分别是主电极 T_1、主电极 T_2 和门极 G。

用 $R\times 1\Omega$ 档测量任意两脚之间的电阻，G、T_1 之间电阻较小，正反向电阻仅几十欧。而 T_2、G 及 T_2、T_1 之间的正反向电阻均为无穷大。因此，当测量出任意一脚与其余两脚之间的电阻无穷大时，则该脚为 T_2 极。找到 T_2 极以后，再假定剩余两脚中的一脚为 T_1，另一假定 G 极。把黑表笔接 T_1，红表笔接 T_2，测量的电阻为无穷大。再将红表笔把 T_2 与 G 短路，给 G 极加负触发信号，电阻值应为 100Ω 左右，说明双向晶闸管从 T_1 到 T_2 已经导通。再将红表笔与 G 极断开(仍接 T_2 极)，如果电阻值保持不变，说明双向晶闸管在触发后能维持导通状态。

相反，将红表笔接 T_1 极，黑表笔接 T_2 极，然后使 T_2 与 G 短路，给 G 极加上正触发信号，电阻值仍为 100Ω 左右，与 G 极断开后如果电阻值不变，说明双向晶闸管经触发后在 T_2 到 T_1 方向上也能维持导通状态。

因此，晶闸管具有双向触发特性，也证明上述假设是正确的。如果不符合条件应重新假设，重复上述试验。若哪种实验都不能使双向晶闸管触发导通，则表明晶闸管已经损坏。

5. 用万用表判定可关断晶闸管的电极

将万用表置于 $R\times 1\Omega$ 档，测量任意两脚之间的电阻值。仅当黑表笔接 G 极，红表笔接 K 极时，电阻值呈低阻值，而对于红、黑表笔任意接两脚的其他情况，测量的电阻值均为无穷大。由此可以判定 G 极与 K 极，剩下的就是 A 极。

6. 万用表判定逆导晶闸管的电极

将万用表置于 $R\times 100\Omega$ 档，测量各电极之间的正、反向电阻值时，会发现有一个电极与另外两个电极之间正、反向测量时均会有一个低阻值，此电极就是阴极 K。将黑表笔接阴极 K，红表笔依次触接另外两个电极，显示为低阻值的一次测量中，红表笔接的是阳极 A。再将红表笔接阴极 K，黑表笔依次触接另外两极，显示为低阻值的一次测量中，黑表笔接的就是门极 G。

7. 万用表判定逆导晶闸管的好坏

将万用表置于 $R\times 100\Omega$ 档或 $R\times 1k\Omega$ 档，测量反向导通晶闸管的阳极 A 与阴极 K 之间的正、反向电阻值。正常时，正向电阻值为无穷大(黑表笔接 A 极)，反向电阻值为几百千欧到几千欧。如果正、反向电阻值均为无穷大，说明晶闸管内部并联的二极管已开路，如果均为零或很小，说明晶闸管短路。正常时反向导通晶闸管的阳极 A 与门极 G 之间的正、反向电阻均为无穷大。如果测得 A、G 极之间正、反向电阻值均很小，说明 A、G 极之间击穿短路。正常时反向导通晶闸管的门极 G 与阴极之间的正向电阻值(黑表笔接 G)为几百千欧到几千欧，反向电阻值均为无穷大，如果测得 A、G 极之间正、反向电阻值均很小或无穷大，说明晶闸管 G、K 之间已开路或短路。

4.6.6 晶闸管的使用注意事项

(1) 选择晶闸管的类型。晶闸管有多种类型，要根据电路要求合理选用。如用于交直流电压控制、可控整流等电路,可选用普通晶闸管;用于交流调压、交流电机调速等电路,可选用双向晶闸管;用于电磁灶、电子镇流器等电路,可选用逆导晶闸管。

(2) 选择晶闸管的主要参数。应根据电路具体要求来定,留有一定的功率裕量,其额定峰值电压和额定峰值电流(通态平均电流)均应高于受控电路的最大工作电压和最大工作电流 1.5 倍~2 倍。正向压降、触发电流、触发电压等参数应符合门极控制电路的各项要求,不能太高或太低。

4.6.7 晶闸管的代换

晶闸管损坏后,如果没有同型号的晶闸管更换,可以选用与其性能参数相近的其他型号来代换。只要注意其额定峰值电压(重复峰值电压)、额定电流(通态平均电流)、门极触发电压和触发电流即可,尤其是额定峰值电压和额定电流两个指标。代换晶闸管应与原来的管子开关速度一致。另外还要注意两个晶闸管的外形要相同,否则会给安装带来不便。

4.7 单 结 管

单结晶体管是一种常用的半导体器件,虽有 3 个管脚,很像半导体三极管,但它只有一个 PN 结,即一个发射极和两个基极,所以又称为双基极二极管。单结晶体管具有负阻特性,利用这一特性可以组成自激多谐振荡器、阶梯波发生器、定时电路等脉冲单元电路,被广泛应用于脉冲及数字电路中。

4.7.1 单结晶体管的结构

单结晶体管是一种只有一个 PN 结和两个电阻接触电极的半导体器件,其基片为条状的高阻 N 型硅片,两端分别引出第一基极 b_1 和第二基极 b_2,所以又称为双基极二极管。单结晶体管具有负阻特性,利用这一特性可以组成定时电路、自激多谐振荡器等脉冲单元电路,广泛应用于脉冲及数字电路中。在硅片另一侧靠近 b_2 处用合金法制作一个 PN 结,并在 P 型半导体上引出电极 e 作为发射极。其结构、符号和等效电路如图 4.40 所示。

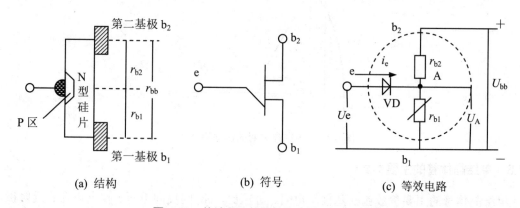

图 4.40 单结晶体管的结构、符号和等效电路

4.7.2 单结晶体管的特性

从图 4.41 可以看出,两基极 b_1 与 b_2 之间的电阻称为基极电阻 r_{bb},阻值一般在 $2\,k\Omega \sim 10\,k\Omega$ 之间。

$$r_{bb} = r_{b1} + r_{b2} \tag{4.14}$$

式中,r_{b1} 为第一基极与发射结之间的电阻,其数值随发射极电流 i_e 而变化;r_{b2} 为第二基极与发射结之间的电阻,其数值与 i_e 无关,发射结是 PN 结,与二极管等效。

若在基极 b_1 与 b_2 间加上正电压 U_{bb},则 A 点电压为

$$U_A = \frac{r_{b1}}{r_{b1}+r_{b2}}U_{bb} = \frac{r_{b1}}{r_{bb}}U_{bb} = \eta U_{bb} \tag{4.15}$$

式中,η 为分压比,其值一般在 0.3~0.85 之间,如果发射极电压 U_e 由零逐渐增加,就可测得单结晶体管的伏安特性,如图 4.41 所示单结晶体管的伏安特性。从特性曲线上可以看出,它有以下 3 种工作状态。

(1) 当 $U_e < \eta U_{bb}$ 时,发射结处于反向偏置,管子截止,发射极只有很小的漏电流 I_{ceo}。

(2) 当 $U_e > \eta U_{bb} + U_D$ 时,U_D 为二极管正向压降(约为 0.7V),PN 结正向导通,i_e 显著增加,r_{b1} 阻值迅速减小,U_e 相应下降,这种电压随电流增加反而下降的特性,称为负阻特性。单结晶体管由截止区进入负阻区的临界 P 称为峰点,与其对应的发射极电压和电流分别称为峰点电压 U_P 和峰点电流 I_P。I_P 是正向漏电流,是使单结晶体管导通所需的最小电流,显然 $U_P = \eta U_{bb}$。

(3) 随着发射极电流 i_e 不断上升,U_e 不断下降,降到 V 点后,U_e 不再下降。该点 V 称为谷点,与其对应的发射极电压和电流称为谷点电压 V_V 和谷点电流 I_V。

(4) 过了 V 点后,发射极与第一基极间半导体内的载流子达到了饱和状态,所以 U_e 继续增加时,i_e 便缓慢地上升,显然 V_V 是维持单结晶体管导通的最小发射极电压,如果 $U_e < U_V$,单结晶体管重新截止。

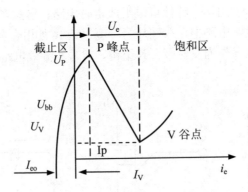

图 4.41 单结晶体管的伏安特性

4.7.3 单结晶体管的主要参数

单结晶体管的主要参数包括基极间电阻、分压比、eb_1 间反向电压、反向电流、反射极饱和压降、峰点电流等参数。

(1) 基极间电阻 r_{bb}:发射极开路时,基极 b_1 与 b_2 之间的电阻,一般为 $2\,k\Omega \sim 10\,k\Omega$,

其数值随温度上升而增大。

(2) 分压比 η：由单结晶体管内部结构决定的常数，一般为 0.3～0.85。

(3) eb_1 间反向电压 U_{cb1}：b_2 开路，在额定反向电压 U_{cb2} 下，基极 b_1 与发射极 e 之间的反向耐压。

(4) 反向电流 I_{eo}：b_1 开路，在额定反向电压 U_{cb2} 下，eb_2 间的反向电流。

(5) 发射极饱和压降 U_{eo}：在最大发射极额定电流时，eb_1 间的压降。

(6) 峰点电流 I_P：单结晶体管刚开始导通时，发射极电压为峰点电压时的发射极电流。

4.7.4 单结晶体管的测量

1. 单结晶体管电极的识别

(1) 发射极与基极的识别：由于单结晶体管 b_1、b_2 极间呈纯电阻特性，故用万用表测量任意两电极间的阻值，正、反向电阻值相等时，所测的两个电极为基极 b_1 和 b_2，剩下的一个电极为发射极 e。

(2) 第一基极和第二基极的识别：从管子的结构上得知，第二基极靠近 PN 结，所以 b_2、e 极间的正向电阻应比 b_1、e 极间的正向电阻要小些，其阻值数量级在几千欧到几十千欧之间。因此，当测得的阻值较小时，万用表黑表笔所接的电极为 b_2，否则为 b_1 极。

b_1、b_2 的识别方法并不一定对所有单结晶体管都适用。准确区分 b_1、b_2 在实际应用中并不特别重要，即使区分错了，使用时也不会损坏管子，只会影响输出脉冲的幅值。当发现输出脉冲幅值偏小时，只要将它们对调一下即可。

(3) 将数字万用表置于二极管档，红表笔固定在一个电极上，黑表笔依次碰触另外两个电极。如果两次数字万用表的显示都是在 1.2V～1.8V 范围内，说明红表笔接的就是 e 极。如果两次都显示溢出符号 1，说明红表笔接的不是 e 极，应改换其他电极，按照上述方法直到找出 e 极。在确定发射极 e 以后，对于大多数单结管，红表笔接的是 e 极，黑表笔接 b_1 极时，数字万用表显示的电压值较小。

2. 判断质量的好坏

1) 测量 PN 结正向电阻

将万用表置于 $R\times100\Omega$ 档或 $R\times1k\Omega$ 档，测量发射极 e 与任意基极间的正向电阻，正常时为几千欧至十几千欧，比普通二极管正向电阻略大，反向电阻应趋于无穷大。一般以正、反向阻值比大于 100Ω 为好。

2) 测量基极电阻 r_{bb}

万用表仍置于 $R\times100\Omega$ 档或 $R\times1k\Omega$ 档，测量基极 b_1、b_2 间的阻值应在 $2k\Omega\sim10k\Omega$ 范围内。若阻值过大或过小，均不宜使用。

4.8 练习思考题

1. 如何用万用表检测二极管的好坏与极性？
2. 选择二极管一般要考虑哪些问题？

3. 如何用万用表检测稳压二极管的好坏与极性？如何计算稳压管的限流电阻？

4. 有的普通二极管(如 IN4148)和 0.5W 的稳压二极管外形相同，如何区分这两种二极管？

5. 选择三极管应考虑哪些问题？

6. 场效应管有何特点？在电路设计中哪些地方应考虑选择场效应管，而不选用三极管？

7. 如何用万用表判别结型场效应管的电极？

8. 在用万用表测量二极管的正、反向电阻时，为什么不使用 $R×1\,\Omega$ 档和 $R×10\,\mathrm{k}\Omega$ 档？

9. 有一只脱落标志的稳压二极管，与一只外形与其相似的普通二极管混在一起，如何用万用表将稳压二极管鉴别出来？

10. 有一只塑封的晶闸管，怎样判别出阳极、阴极和控制极 3 个电极？

11. 怎样判断晶闸管的好坏？

12. 有两只三极管，一只是 PNP 型，一只是 NPN 型，型号标志都模糊了，怎样能判别出它们的型号？

13. 有一只 PNP 三极管，从外观上分不清它的 3 个电极，怎样把这 3 个电极判别出来？如果是 NPN 型，又怎样可以判别出它的 3 个电极？

14. 举例说明单结晶体管的应用。

实训题　半导体器件的检测

一、目的

(1) 熟悉各种二极管、晶体管的外形结构和标志方法。

(2) 学会用万用表测量二极管的极性与好坏。

(3) 学会用万用表检测晶体管的引脚极性、晶体管的类型和晶体管性能的好坏。

二、工具和器材

(1) 万用表一块。

(2) 各种类型的二极管若干(好的二极管 3 个~4 个，坏的二极管 2 个~3 个；普通型、特殊型的二极管均有)。

(3) 各种类型的晶体管若干(好的二极管 3 个~4 个，坏的二极管 2 个~3 个；不同类型大、小功率的晶体管均有)。

三、步骤

1. 二极管的识读与检测

(1) 识读二极管的外形结构和标志内容。

(2) 用万用表测量二极管的极性与好坏，将测量结果记录在表 4-29 中。

2. 晶体管的识读与检测

(1) 识读晶体管的外形结构和标志内容。

(2) 用万用表测量晶体管的管脚、管型与好坏,测量 I_{ceo} 的大小,将结果记录在表 4-30 中。

表 4-29 二极管的测量

二极管编号	万用表档位	正向电阻	反向电阻	质量好坏	极性识别	备注
1						
2						
3						
4						
5						
6						
7						
8						
9						
10						

表 4-30 晶体管的测量

三极管编号	测量数据				万用表档位	三极管类型	质量好坏	极性识别
	发射结		集电结					
	正向电阻	反向电阻	正向电阻	反向电阻				
1								
2								
3								
4								
5								
6								
7								
8								
9								
10								

第 5 章　换能元器件

教学提示：换能元器件是实现电量与非电量之间相互转换的电子元器件。在现代工业自动化程度越来越高，民用产品智能化程度越来越强的今天，换能元器件的重要性日显突出。本章主要介绍了几种敏感元器件以及电光器件和电声器件。

教学要求：通过本章的学习，学生应了解各种换能元器件的基本原理和结构，重点掌握最常见的几种换能元器件的基本原理、特性参数和应用。

5.1　热敏元器件

热敏元器件是指对温度敏感的元器件，广泛用于温度测量、温度控制、过热保护等电路中。

5.1.1　热敏电阻

1. 热敏电阻的概念

热敏电阻是指阻值随温度的改变而发生变化的敏感元件，它可以将热量(温度)直接转换为电量。热敏电阻多由金属氧化物半导体材料构成，也可由单晶半导体、玻璃、陶瓷和塑料等制成。

2. 热敏电阻器的工作原理

半导体的导电方式是载流子(电子、空穴)导电。由于半导体中载流子的数目远比金属中的自由电子少得多，随着温度的变化，半导体中参加导电的载流子数目就会急剧变化，故半导体电导率变化明显。热敏电阻器正是利用半导体的电阻值随温度显著变化这一特性制成的热敏元件。它是由某些金属氧化物按不同的配方制成的，在一定的温度范围内，通过测量热敏电阻阻值的变化，便可得到被测介质的温度变化。

3. 热敏电阻的分类

热敏电阻的分类方法很多，一般可按其阻温特性、结构、形状、用途、材料、使用范围等分别进行分类。

1) 按阻温特性分类

热敏电阻按阻温特性可分为正温度系数热敏电阻和负温度系数热敏电阻两种。它们又可分别分为开关型和缓变型两种。

正温度系数热敏电阻(PTC)是指在工作温度范围内，其阻值随温度升高而增加的热敏电阻。金属材料具有正电阻温度系数，如图 5.1(a)所示。

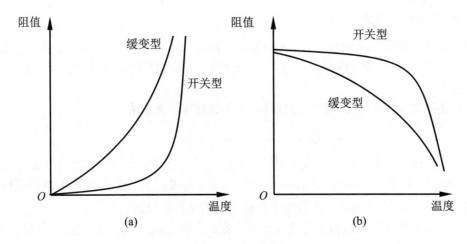

图 5.1 热敏电阻
(a)正温度系数热敏电阻；(b)负温度系数热敏电阻

负温度系数热敏电阻(NTC)是指在工作温度范围内,其阻值随温度升高而减小的热敏电阻。合成氧化物半导体材料具有负电阻温度系数。负温度系数热敏电阻其温度系数在$(-1\sim 6)\times 10^{-2}/℃$,如图 5.1(b)所示。

开关型正温度系数热敏电阻又称为临界正温度系数热敏电阻,是指在特定温度范围内,其阻值急剧上升的热敏电阻。

开关型负温度系数热敏电阻又称为临界负温度系数热敏电阻(CTR),是指在特定温度范围内,其阻值急剧下降的热敏电阻。

缓变型正温度系数热敏电阻或缓变型负温度系数热敏电阻是指在一定温度范围内,其阻温特性与开关型相似,但变化不如开关型陡峭,即变化比较缓慢的热敏电阻。

2) 按加热方式分类

热敏电阻按加热方式可分为直热式和旁热式两种。

直热式是利用电阻体本身通过电流取得热源而改变阻值。

旁热式是尽量减低自加热所产生的电阻变化,而用管形热敏电阻中央或珠形热敏电阻外部加热器的加热电流来改变阻值。

3) 按材料分类

热敏电阻按材料可分为陶瓷热敏电阻、半导体单晶热敏电阻、玻璃热敏电阻、塑料热敏电阻、金刚石热敏电阻等。

4) 按温度范围分类

热敏电阻按温度范围可分为常温型热敏电阻、高温型热敏电阻、低温型热敏电阻 3 种。

常温型热敏电阻:温度范围在$-60℃\sim +350℃$。

高温型热敏电阻:温度范围大于$+350℃$。

低温型热敏电阻:温度范围小于$-60℃$。

5) 按用途分类

热敏电阻按用途可分为补偿型热敏电阻、测温型热敏电阻、控温型热敏电阻和稳压型热敏电阻。

4. NTC 热敏电阻器

NTC 热敏电阻器主要由锰(Mn)、钴(Co)、镍(Ni)、铁(Fe)、铜(Cu)等过渡金属氧化物混合烧结而成,改变混合物的成分和配比,即可获得不同的测温范围、阻值及温度系数的 NTC 热敏电阻器。

NTC 热敏电阻器的电阻-温度特性符合负指数规律,关系为

$$R_{\mathrm{T}} = R_0 \mathrm{e}^{B\left(\frac{1}{T} - \frac{1}{T_0}\right)} \tag{5.1}$$

式中,R_T 为热敏电阻器在绝对温度 T 时的阻值(Ω);R_0 为热敏电阻器在绝对温度 T_0 时的阻值(Ω);T_0、T 为介质的起始绝对温度和变化绝对温度(K);B 为热敏电阻器材料系数,一般为 2000K~6000K,B 值的大小取决于热敏电阻器制作的材料。

NTC 热敏电阻的线性较好、精度高、可靠性高、响应速度快、成本低,已得到了广泛应用。

5. CTR 热敏电阻器

CTR 热敏电阻器是以三氧化二钒与钡、硅等的氧化物,在磷、硅的氧化物的弱还原气氛中混合烧结而成的,它呈半玻璃状,具有负温度系数。通常 CTR 热敏电阻器用树脂包封成珠状或厚膜型使用,其阻值在 1kΩ~10MΩ 之间。

CTR 热敏电阻器随温度变化的特性属剧变型,具有开关特性。当温度高于居里点 T_c 时,其阻值会减小到临界状态,突变可达 4 个数量级。因此,又称这类热敏电阻器为临界热敏电阻器。为满足不同条件的使用要求,通过对材料成分的调整可得到不同温度特性的 CTR 热敏电阻器。

由于 CTR 热敏电阻器温度特性存在剧变性,因而不能像 NTC 热敏电阻器那样用于宽范围的温度控制,只能在特定的温区内作为开关元件使用。

6. PTC 热敏电阻器

PTC 热敏电阻器是以钛酸钡掺合稀土元素烧结而成的半导体陶瓷元件,具有正温度系数。常用于各种恒温器、限流保护、温控开关,还可组成发热元器件,功率可达数百瓦。

5.1.2 热敏电阻的特性参数

热敏电阻的主要参数包括阻温特性、伏安特性、额定功率、实际阻值、标称阻值、材料常数、温度系数、测量功率、绝缘电阻、最大电压、额定工作电流、热耦合系数、最高工作温度、耗散常数等。

1. 阻温特性

热敏电阻的阻温特性是指电阻的实际阻值与电阻体温度之间的依赖关系,分为正温度系数热敏电阻和负温度系数热敏电阻。

2. 伏安特性

在静态情况下,通过热敏电阻的电流 I 与其两端电压 U 的关系,称为热敏电阻的伏安特性。

图 5.2 所示为负温度系数热敏电阻的伏安特性。当流过热敏电阻的电流很小时,热敏电阻的伏安特性遵循欧姆定理。当电流增大到一定值后,由于热敏电阻本身温度的升高,使之出现负阻特性,虽然电流增大,但电阻却减小,端电压下降。

图 5.3 所示为正温度系数热敏电阻的静态伏安特性曲线,与负温度系数热敏电阻一样,曲线起始段为直线,其斜率与热敏电阻在环境温度下的电阻值相等。这是因为通过热敏电阻的电流很小时,耗散功率所引起的温升可忽略不计。当热敏电阻的耗散功率继续增大时,电阻体温度超过环境温度,引起阻值增大,曲线开始弯曲。当电压增加到 U_m 时,电流达到最大值 I_m。如果电压继续增加,由于温升引起的阻值增加超过了电压的增加速度,电流反而减小,曲线斜率变负。

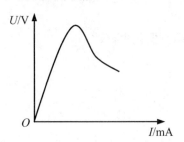 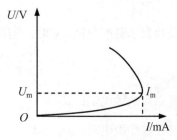

图5.2 负温度系数热敏电阻伏安特性　　图5.3 正温度系数热敏电阻伏安特性

3. 额定功率

热敏电阻在规定的技术条件下,长期连续工作所允许消耗的最大功率,称为额定功率。在此功率下,电阻体自身温度不应超过其最高工作温度。

4. 实际阻值 R_T

实际阻值是指在一定的环境温度下,采用引起阻值变化不超过 0.1% 的测量功率所测得的电阻值,又称为零功率电阻值、不发热功率电阻值、冷电阻值。阻值大小取决于热敏电阻的材料和几何尺寸。

热敏电阻的实际阻值与其自身温度关系为

负温度系数热敏电阻: $R_T = R_\infty e^{B/T}$ (5.2)

正温度系数热敏电阻: $R_T = R_0 e^{AT}$ (5.3)

式中,R_T 为绝对温度 T 时的实际电阻值;R_0、R_∞ 为常数,它们与电阻体的几何尺寸和材料的物理特性有关;A、B 为材料常数。

5. 标称阻值 R_{25}

标称阻值是指环境温度为 25℃时的实际阻值。

负温度系数热敏电阻: $R_{25} = R_T e^{B\left(\frac{1}{298} - \frac{1}{T}\right)}$ (5.4)

正温度系数热敏电阻: $R_{25} = R_T e^{A(298-T)}$ (5.5)

6. 材料常数

材料常数是用来描述热敏电阻材料物理特性的一个参数,又称热灵敏指标。

负温度系数热敏电阻: $B = 2.303 \dfrac{T_1 T_2}{T_2 - T_1} \lg \dfrac{R_1}{R_2}$ (5.6)

正温度系数热敏电阻: $A = 2.303 \dfrac{1}{R_{T2} - R_{T1}} \lg \dfrac{R_1}{R_2}$ (5.7)

式中,R_1、R_2 分别为热力学温度 T_1、T_2 时的电阻值。

7. 温度系数 α_T

温度系数表示温度变化 1℃时,电阻实际值的相对变化量,即

$$\alpha_T = \dfrac{dR_T}{R_T dT} \text{ (℃)} \quad (5.8)$$

负温度系数热敏电阻: $\alpha_T = -\dfrac{B}{T^2}$ (5.9)

正温度系数热敏电阻: $\alpha_T = A$ (5.10)

8. 测量功率

测量功率是指在规定的环境温度下,电阻体受测试电流加热所引起的阻值变化不超过 0.1%时所消耗的功率。

9. 绝缘电阻

绝缘电阻是指在规定的环境条件下,热敏电阻的电阻体与加热器或密封外壳之间的电阻值。

10. 最大电压

最大电压是指在规定环境温度下,热敏电阻不引起失控所允许连续施加的最大直流电压。

11. 额定工作电流

在正常工作状态下,热敏电阻规定的名义电流值。

12. 热耦合系数

当热敏电阻分别采用直热式和旁热式加热方式,使两种热敏电阻的电阻体达到相同的热电阻值时,其直热功率 P_1 与旁热功率 P_2 之比,称为热耦合系数,即

$$K = \dfrac{P_1}{P_2} \quad (5.11)$$

它是功率被有效利用的一个参数,其大小取决于热敏电阻的结构,其值通常大于 0.5。

13. 最高工作温度

最高工作温度是指在规定的标准条件下,热敏电阻长期连续工作所允许的最高温度。

14. 耗散常数

耗散功率是指热敏电阻的温度增加 1℃时所耗散的功率。其大小与热敏电阻的结构、形状及介质种类有关。定义为

$$H = \frac{\Delta P}{\Delta t} \tag{5.12}$$

式中，H 为耗散常数；ΔP 为温度变化 Δt 时，耗散功率的变化量；Δt 为温度的变化量。

5.1.3 热敏电阻的应用

热敏电阻具有体积小、结构简单、灵敏度高、稳定性好、易于实现遥控遥测等优点，得到了广泛应用。

1. 热敏电阻温度计

如图 5.4 所示，热敏电阻作为一个桥臂电阻接入电桥。当温度 t 为 0℃时，调整电桥达到平衡。当 $t \neq 0$ 时，电桥失去平衡，根据检流计指针偏转即可测出温度值，并可在表盘上直接以温度标记刻度。这种温度计精密度高，能遥测遥控，若配上不同规格的热敏电阻，可进行多点固定温度的测量和快速测量。

2. 热敏电阻开关

如图 5.5 所示，R_t 为开关型热敏电阻，R 为加热丝，恒温箱温度固定在开关型热敏电阻的临界温度上。当恒温箱温度超过临界温度时，R_t 阻值急剧增加几个数量级，且远大于 R，这相当于电源被切断，加热丝 R 不发热，使得恒温箱温度下降。当恒温箱温度低于临界温度时，R_t 阻值急剧减小，且远小于 R，这相当于电源接通，加热丝 R 发热，恒温箱温度升高。

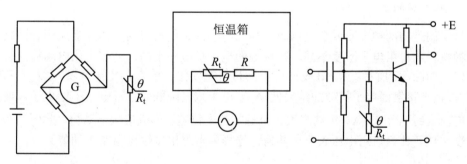

图 5.4　热敏电阻温度计　　图 5.5　热敏电阻开关　　图 5.6　温度补偿

3. 温度补偿

如图 5.6 所示，R_t 为负温度系数热敏电阻。当温度升高时，由于晶体管为热敏感器件，其集电极电流 I_c 增加。但同时 NTC 热敏电阻 R_t 的阻值相应减小，使晶体管基极电位 U_b 下降，从而使基极电流 I_b 减小。由于 I_b 随温度升高而减小，抑制了 I_c 的增加，故达到了稳定静态工作点的目的。

5.1.4 热敏电阻的测量

用万用表测量负温度系数热敏电阻。

1. 零功率下标称电阻值的测量

测量条件要求环境温度为25℃,测量功率不超过规定值。如 MF12-1 热敏电阻,其额定功率为1W,测量功率为$P_1=0.2\text{mW}$,假定标称值为$10\text{k}\Omega$,则测量电流为

$$I = \sqrt{\frac{P_1}{R_0}} = \sqrt{\frac{0.2 \times 10^{-3}}{10 \times 10^3}} = 141\mu\text{A} \tag{5.13}$$

应选择$R\times 1\text{k}\Omega$档比较合适,该档满刻度电流I通常为几十微安到一百多微安。如500型万用表的$R\times 1\text{k}\Omega$档,其满刻度电流为150μA。

对于低阻值的热敏电阻应尽量选择较高的电阻档,以减小因测试电流所引起热效应造成的测量误差。

2. 热敏电阻温度系数的测量

在常温T_1下,测得电阻值为R_{T1}。用电吹风机或电烙铁作为热源,靠近热敏电阻,然后测的电阻值为R_{T2},并用标准温度计量出热敏电阻表面的平均温度为T_2。则热敏电阻的温度系数可用下面公式进行估算:

$$\alpha_T = \frac{1}{R} \times \frac{\text{d}R}{\text{d}T} \approx \frac{R_{T2} - R_{T1}}{R_{T1}(T_2 - T_1)} \tag{5.14}$$

对于负温度系数热敏电阻,测量计算得a_T小于零。

5.1.5 热电偶

1. 热电偶的工作原理

热电偶是由两种金属或合金构成,当两种不同金属材料的导体焊接成闭合回路时,由于两种材料的自由电子密度不同,在接触面电子扩散率不同,会产生热电动势,且与温度成正比。如图 5.7 所示,A、B 是两种不同材料的导体,设 A 的电子密度N_A大于 B 的电子密度N_B,在接触面电子扩散的结果使 A 端电子浓度降低而带正电,B 端电子浓度升高而带负电。达到平衡时,A、B 端产生一个稳定的电位差,形成接触电动势。此电动势与接触点温度T成正比,可用电压表测出其值,这样就可得出接触点温度T的值。

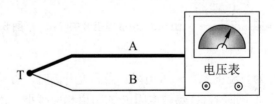

图 5.7 热电偶的工作原理

2. 常用热电偶的特点

铂铑-铂热电偶:铂铑丝为正极,纯铂丝为负极。该热电偶可在 1300℃以下范围内长

期工作，短时（几小时）可测 1600℃ 高温，且测量精度高，但价格昂贵。

镍铬-镍铝热电偶：镍铬为正极，镍铝为负极。测量范围为 1000℃ 以下。其化学稳定性高、产生热电动势大、线性好、价格便宜，是工业生产中最常用的一种热电偶。

镍铬-考铜热电偶：镍铬为正极，考铜为负极。适用于还原性或中性介质，其灵敏度高、价格便宜，但只能在 600℃ 以下使用。

当被测温度在 1300℃～2000℃ 之间时，一般需采用高温热电偶，如钨-钼热电偶、碳-钨热电偶或碳-碳化硅热电偶。

5.1.6 半导体制冷器

1. 半导体制冷器的工作原理

半导体制冷器是根据在两种不同材料导体构成的闭合回路中加上直流电压后，由于载流子在不同导体中的势能不同，在接触面上产生吸热、放热现象的原理而构成的，如图 5.8 所示。

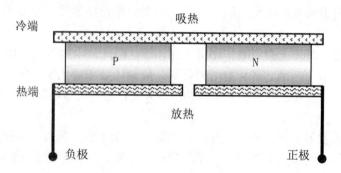

图 5.8 半导体制冷器工作原理

当把特制的 N 型半导体和 P 型半导体用金属片(铜)焊接在一起，就组成了半导体制冷器。由于空穴在金属中具有的能量低于 P 型半导体中空穴所具有的能量，而自由电子在金属中的势能低于 N 型半导体中电子的势能，所以载流子流过结点(金属和半导体的联结点)时，必然会引起能量的传递。这样，当电流经 N 型半导体流向 P 型半导体时，则在上端的金属片上产生吸热现象，此端称为冷端；而在下端的金属片上产生放热现象，此端称为热端。可见，半导体制冷的本质是载流子(电子和空穴)流过结点时，由势能的变化而引起的能量传递。当电源正负极性调换时，因电子与空穴的流动方向将相反，故冷热端将互换。由于每组半导体制冷器所产生的电热效应较小，一级半导体制冷器工作温差只有 60℃ 左右，所以实际中都是将多个半导体制冷器集成使用。将冷端放在一起，热端放在一起并联使用，可增加制冷器的功率。

2. 半导体制冷器的应用

半导体制冷比一般压缩机式制冷效率低，造价成本高。但因其易于实现微型化，在电子器件、仪表和医疗器械中作为微小型低温和恒温器件有着其他制冷器无法比拟的优点及发展前景。

5.2 光敏器件

光敏元器件是指对光照敏感的元器件，广泛用于照度测量、光控制电路、光能转换、光成像等领域。

5.2.1 光敏电阻

1. 光敏电阻的概念

光敏电阻是光电传感元件之一。它是利用半导体的光电导效应制成的一种元件，阻值随入射光的强弱而改变。一般情况下，入射光增强，电导率增大，电阻值减小。

2. 光敏电阻的种类

光敏电阻的种类很多，可按不同的方法进行分类。按照光谱特性一般可分为紫外光敏电阻、可见光敏电阻和红外光敏电阻等几类。按半导体材料不同可分为单晶光敏电阻和多晶光敏电阻。

紫外光敏电阻对紫外光较灵敏，如碲化镉、硒化镉光敏电阻等，可用于探测紫外线。

可见光光敏电阻包括硒、硫化镉、硒化镉、硫硒化镉和碲化镉、砷化镓、硅、锗、硫化锌光敏电阻等。它主要用于各种光电自动控制系统，照相机自动曝光装置、光电计数器、光电跟踪系统等。

红外光敏电阻主要有碲化铅、硫化铅、硒化铟、锑化铟、锑镉汞、锌锡铅、锗掺汞、锗掺金等光敏电阻。这类电阻广泛应用于卫星姿态监视、气体分析、无损探伤、人体病变探测、红外光谱、红外通信等国防、科研和工农业生产中。

3. 特点

(1) 光敏电阻的阻值随入射光的强弱而改变，有较高的灵敏度。
(2) 光敏电阻在直流和交流电路中均可使用，性能稳定。
(3) 体积小、结构简单、价格便宜，可广泛用于检测、自动控制、通信、自动报警等电路中。

5.2.2 光敏电阻的特性参数

1. 光照特性

光敏电阻的光照特性是指阻值随光照改变而变化的规律。所有光敏电阻的光照特性都是非线性的。图5.9所示为硫化镉光敏电阻的光照特性。由图可见，随着光照强度的增加，光敏电阻的阻值迅速下降，然后逐渐趋于饱和，这时即使光照再增强，阻值变化也很小。

2. 伏安特性

伏安特性是描述光敏电阻上外加电压和所流过的电流之间的关系。图5.10所示为烧结膜光敏电阻的伏安特性。由图可见，所加电压越高，光电流越大，且无饱和现象，同时，不同的光照，其伏安特性具有不同的斜率。

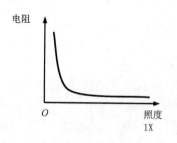
图 5.9 硫化镉光敏电阻的光照特性

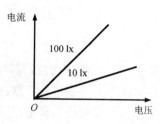
图 5.10 硫化镉光敏电阻的伏安特性曲线

3. 亮电阻和亮电流

在一定的外加电压下受到光照时，通过光敏电阻的电流称为亮电流。亮电流 I_L 与外加电压 U 和入射光照度 L 的关系为

$$I_L = U^\alpha L^\beta \tag{5.15}$$

式中，α 为电压指数；β 为照度指数。

光敏电阻在受到光照时所具有的阻值称为亮电阻 R_L，一般测试条件照度为 10lx。

4. 暗电阻和暗电流

在一定的外加电压下，没有光照时流过光敏电阻的电流称为暗电流 I_D。亮电流与暗电流之差称为光电流 I_P。

光敏电阻在不受光照时所具有的阻值称为暗电阻 R_D。定义为当照度为 0lx 时，光敏电阻具有的阻值。规定在光源关闭 30s 后进行测量。

5. 灵敏度

表示灵敏度的参数有阻值变化倍数、电阻灵敏度、电流灵敏度、比灵敏度、灵敏阈等。

1) 阻值变化倍数

阻值变化倍数是指暗电阻与亮电阻的比值，即

$$K = \frac{R_D}{R_L} \tag{5.16}$$

K 值越大，说明光敏电阻的灵敏度越高。

2) 电阻灵敏度

电阻灵敏度是指暗电阻与亮电阻之差同暗电阻之比，即

$$\frac{R_D - R_L}{R_D} = \frac{\Delta R}{R_D} \tag{5.17}$$

3) 电流灵敏度

电流灵敏度是指单位入射光通量下的光电流，可表示为光电流 I_P 与照射在光敏电阻上的光通量 Φ 之比，即

$$G = \frac{I_P}{\Phi} (\mu A/lm) \tag{5.18}$$

4) 比灵敏度

光电流的大小除了与光通量有关外，还与外加电压有关。当外加电压为 1V 时，光电流灵敏度称为比灵敏度，也称积分灵敏度，即

$$G_0 = \frac{G}{U} = \frac{I_P}{\Phi U} \ (\mu A/lm \cdot V) \tag{5.19}$$

6. 时间常数

当光敏电阻上的光照跃增(或跃减)时,亮电阻并不能立刻跃减(或跃增)到最终的稳定值,而需要经过一段时间才能达到,这就是光敏电阻的延时现象。

从光照跃变开始至达到稳定亮电流的63%(即 $1-1/e$)时,所需的时间称为时间常数 τ。τ 越小,说明响应越快。

7. 额定功率

额定功率是指光敏电阻在规定条件下,长期连续负荷所允许消耗的最大功率。在此功率下,电阻器自身的温度不应超过最高工作温度。

8. 最高工作电压

光敏电阻在额定功率下,所允许承受的最高电压称为最高工作电压。

5.2.3 光敏电阻的应用

光敏电阻可用于各种物体检测、光电控制、自动报警及照相机自动曝光等电路中,如电子测光表。电子测光表可用来测定人像和景物的亮度或投射到它上面的照度,从而帮助摄影者根据胶片感光度来选择合适的光圈数和曝光速度,使胶片得到正确的曝光。

图 5.11 所示为电子测光表的原理图。完整电路由电池、硫化镉光敏电阻和微安表组成。光敏电阻将光的强弱变换成电阻的阻值差异,从而使流过微安表的电流不同,电表直接显示亮度值。图 5.11(a)为外测曝光表的原理图,图 5.11(b)为内测曝光表的电原理图。图中 R_1、R_2 是调节表面刻度用的电阻,电位器 W 和电阻 R_3 为一分流器,控制表头灵敏度。

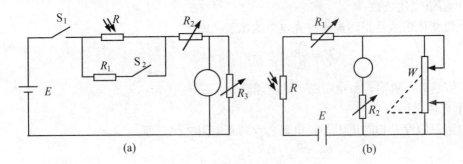

图 5.11 电子测光表原理图

5.2.4 光敏电阻的测量

用万用表检测光敏电阻时,首先选择 $R \times 1\ k\Omega$ 档,表笔分别与两引线相接。先用黑纸挡住光敏电阻,测量的电阻值应接近无穷大。去掉黑纸,再加光照,电阻值将减小。也可以把光敏电阻的管帽对准光线方向,用黑纸片在上面晃动,不断改变照度,万用表的指针会随着光线的强弱变化而左右摆动。假如指针始终停留在无穷大,说明光敏材料损坏或内部引线开路。

5.2.5 光敏二极管

1. 光敏二极管的结构

光敏二极管又称光电二极管，它与普通半导体二极管在结构上相似。图 5.12 是光敏二极管的结构图。光敏二极管有一个能射入光线的玻璃透镜，管芯的 PN 结面积较大，电极面积较小，PN 结的结深比普通半导体二极管浅，在硅片上有一层 SiO_2 保护层，可减少暗电流。

2. 光敏二极管的工作原理

光敏二极管与普通二极管一样，其 PN 结具有单向导电性。因此，光敏二极管工作时应加上反向电压。当无光照时，光敏二极管截止；当有光照射时，PN 结附近受光子的轰击，半导体内被束缚的价电子吸收光子能量而被激发产生电子-空穴对，使少数载流子的浓度大大提高，在反向电压作用下，反向饱和漏电流增加，形成光电流，该光电流随入射光强弱变化而相应变化，实现光电转换功能。光敏二极管的工作原理如图 5.13 所示。

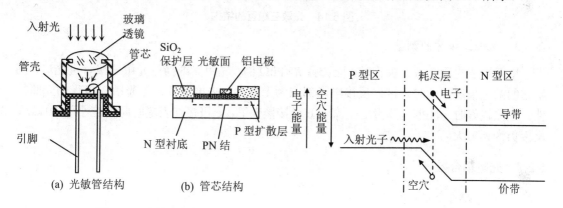

图 5.12 光敏二极管的结构图　　图 5.13 光敏二极管的工作原理

3. 光敏二极管的测量

用万用表检测光敏二极管时，应选择 $R×1 kΩ$ 档。先用黑纸挡住光敏二极管进光口，测量二极管的单向导电性。正向电阻应为 $10 kΩ \sim 20 kΩ$，反向电阻应为无穷大。去掉黑纸，测二极管反向电阻，看光敏二极管的光照特性，光照较好时，光敏二极管反向电阻应从无穷大变为一个较小值，变化越大说明灵敏度越高。

5.2.6 光敏三极管

1. 光敏三极管的结构

光敏三极管的结构与普通三极管没有本质区别，只不过将集电结做成光敏二极管的形式，该集电结既是一个光敏二极管，又是三极管的一个组成部分。这种结构等效于一个光敏二极管加上一个晶体管放大器，如图 5.14 所示。

2. 光敏三极管的工作原理

光敏三极管的工作原理分为光电转换和光电流放大两个过程。光电转换过程与一般光敏二极管相同，在集电极-基极结区内进行。光激发电子-空穴对，电子、空穴在电场的作用下移动形成电流,该电流作为基区的基极电流被晶体管放大,其放大原理与一般晶体管相同。所不同之处是一般晶体管是由基极向发射结注入载流子控制发射区扩散电流,而光敏三极管是由光生载流子注入发射结控制发射区的扩散电流。因此,光敏三极管通常没有基极引线。一般光敏三极管的光电流比具有相同有效面积的光敏二极管的光电流要大几十倍乃至几百倍,但是响应速度比二极管差。

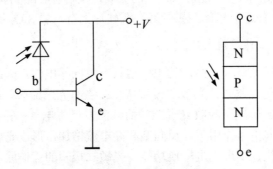

图 5.14 光敏三极管的结构

3. 光敏三极管的测量

用万用表检测光敏三极管时,应选择 $R\times 1\,\text{k}\Omega$ 档。先用黑纸挡住光敏三极管进光口,测量它的漏电情况。此时正接、反接电阻都应为无穷大。去掉黑纸,测光敏三极管的光照特性。光照较好时,NPN 型光敏三极管,c 极接黑表笔,e 极接红表笔时阻值应小于 $30\,\text{k}\Omega$,反接仍为无穷大。

5.2.7 光电耦合器

1. 光电耦合器的概念

光电耦合器(简称光耦)是指把发光元件(如红外发光二极管)和受光元件(如光电池、光电二极管、光电三极管、达林顿型光电三极管等)共同封装于一个壳内,完成电-光、光-电的转换,且使输入和输出信号在电气上绝缘的一类器件。

光电耦合器能使电子器件实现无反馈的直流隔离耦合,故又被称为光隔离器。具有容易与逻辑电路配合、寿命长、体积小、耐冲击、反应速度快以及无触点等优点,在电子仪器、仪表以及自动控制设备中得到广泛的应用。

2. 光电耦合器的工作原理

如图 5.15 所示,在光电耦合器的输入端加上电信号后,发光元件发光,受光元件在光照后,由于光电效应产生光电流,由输出端输出。这样,就实现了以光为媒介的电信号传输。

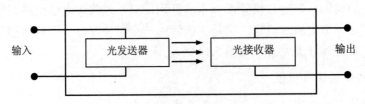

图 5.15 光电耦合器内部结构

3. 光电耦合器的结构

图 5.16 给出了常见的几种光电耦合器的结构示意图。通常,其外壳形式和普通三极管的外壳形式相同或与集成电路中常用的双列直插式外壳相同。封装形式有金属壳、双列直插和扁平封装等。

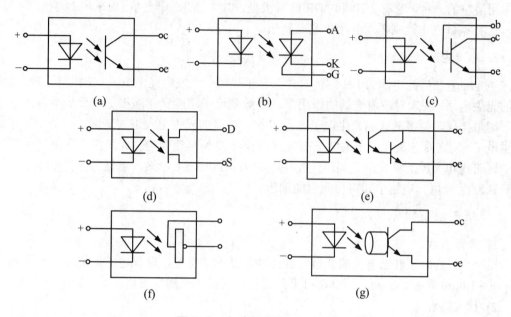

图 5.16 多种光电耦合器的结构

(a) 通用型(无基极引线);(b) 光敏晶闸管型;(c) 通用型(有基极引线);(d) 光敏场效应管型;
(e) 达林顿型;(f) 光集成电路型;(g) 光纤型

5.2.8 硅光电池

1. 硅光电池的结构

硅光电池是一种能将光能直接转换成电能的半导体器件,其结构如图 5.17 所示。本质上是一个大面积的半导体 PN 结。

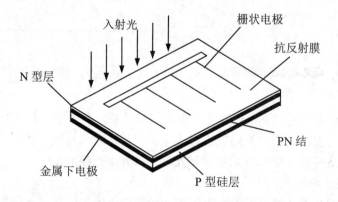

图 5.17 硅光电池结构示意图

硅光电池的基体材料为 P 型单晶硅薄片,在它的表面上利用热扩散法生成一层 N 型受光层,交接处形成 PN 结,在 N 型受光层上做栅状电极。另外在受光面上还均匀覆盖有抗反射膜,增加电池对入射光的吸收率。

以硅材料为基体的硅光电池,可以使用单晶硅、多晶硅、非晶硅制造。单晶硅光是目前应用最广的一种,它有 2CR 和 2DR 两种类型,其中 2CR 型硅光电池采用 N 型单晶硅制造,2DR 型硅光电池则采用 P 型单晶硅制造。

2. 硅光电池的工作原理

当光照射在硅光电池的 PN 结区时,会在半导体中激发出光生电子-空穴对。PN 结两边的光生电子-空穴对在内电场的作用下,多数载流子不能穿越阻挡层,而少数载流子却能穿越阻挡层,使得 P 区的光生电子进入 N 区,N 区的光生空穴进入 P 区,将每个区中的光生电子-空穴对分离开。光生电子在 N 区的集结使 N 区带负电,光生空穴在 P 区的集结使 P 区带正电。P 区和 N 区之间产生光生电动势。当硅光电池接入电路后,光电流从 P 区经负载流至 N 区,电路中即可得到电能输出。

3. 硅光电池的特性

1) 光谱特性

图 5.18 给出了硅光电池的光谱特性曲线。从曲线可见,硅光电池的光谱响应范围在 0.5μm～1.0μm 光波长之间,可以在可见光到红外光区的范围内使用。

2) 伏安特性

伏安特性表示负载为电阻时,受光照射的硅光电池输出电压与电流的关系。选择合适的负载电阻,可获得硅光电池的最大功率。图 5.19 给出了硅光电池的伏安特性曲线。

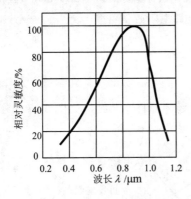

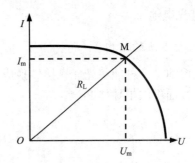

图 5.18 硅光电池的光谱特性　　　　图 5.19 硅光电池的伏安特性

3) 光电特性

光电特性表示光照度与光电流及光生电动势的关系。开路电压与光照度的关系是非线性的,当光照度为 2000lx 时,开路电压趋于饱和。短路电流与光照度的关系,在很大的光照度范围内呈线性关系。图 5.20 给出了硅光电池的光电特性曲线。

4) 温度特性

硅光电池的参数受环境温度的影响较大,开路电压的温度系数一般为 $-2.1\text{mV}/℃$,短路电流的温度系数一般为 $+78\mu\text{A}/℃$。

5) 频率特性

作用于硅光电池上的光交变频率对其输出电流具有明显的作用,其响应时间为 1×10^{-4} s~1×10^{-3} s。

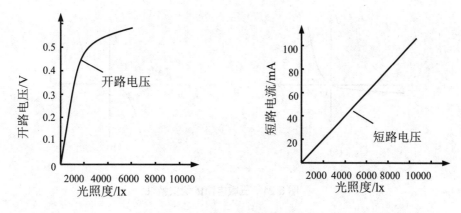

图 5.20 硅光电池的光电特性曲线

5.3 压敏元器件

当外加电压发生一定变化时,特性参数急剧变化的元件称为电压敏感元器件,简称压敏元器件。压敏元器件常用于抑制瞬变电压以及对半导体器件和电子设备进行保护。常见的压敏元器件有压敏电阻、瞬态电压抑制二极管及气体放电管等。

5.3.1 压敏电阻

1. 压敏电阻的概念和特点

压敏电阻是利用半导体材料的非线性特性原理而制成的,是指其伏安特性为非线性的电阻。非线性是由电压引起的,在一定范围内,随着电压的微小变化,阻值会发生急剧变化。

压敏电阻的工作电压范围宽(6V~3000V,分若干档),对过压脉冲响应快(几纳秒至几十纳秒),耐冲击电流的能力很强(可达到 100A~20kA),漏电流小(低于几微安至几十微安),电阻温度系数低(低于 0.05%),且价格低廉、体积小,是一种理想的保护元件。可构成过压保护电路、防雷击保护电路、消除火花电路、浪涌电压吸收电路等。

2. 压敏电阻的分类

压敏电阻可以有多种分类方法。

按材料分类,压敏电阻可分为氧化锌压敏电阻、碳化硅压敏电阻、硅锗压敏电阻、金属氧化物压敏电阻、钛酸钡压敏电阻、硒化镉和硒压敏电阻等。

按物理结构分类,压敏电阻一般可分为体型压敏电阻、结型压敏电阻和薄膜型压敏电阻等。体型压敏电阻是指其伏安特性主要由电阻体本身的半导体性质所形成,结型压敏电阻是指其伏安特性主要由电阻体和金属电极间的非欧姆接触所形成。

按伏安特性分类,压敏电阻可分为对称性(无极性)压敏电阻和非对称性(有极性)压敏电阻两种。如图 5.21 所示,图(a)为非对称性压敏电阻的伏安特性曲线,图(b)为对称性压敏电阻的伏安特性曲线。非对称性只能在直流场合使用,对称性可用于交直流场合,但如果将两只非对称性压敏电阻反向并联,则也可用于交流场合。

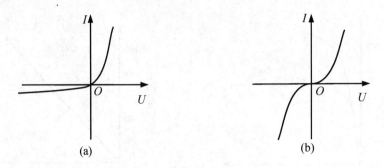

图 5.21 压敏电阻的伏安特性

5.3.2 压敏电阻的特性参数

压敏电阻的特性参数包括标称电压、电压温度系数、通流能力、电压比、残压比、绝缘电压、稳压电压、漏电流、绝缘电阻、响应时间、最大稳压电流、电流温度系数等。

1. 标称电压

标称电压是指通过 1mA 电流时,压敏电阻器两端的电压,又称为压敏电压。

2. 电压温度系数

当通过压敏电阻的电流保持恒定时,温度每改变 1℃,电压的相对变化称为压敏电阻的电压温度系数。

3. 通流能力(耐浪涌能力)

压敏电阻能够承受浪涌电压或浪涌电流的最大能力称为通流能力或耐浪涌能力。

4. 电压比

电压比是指压敏电阻通过 1mA 电流时的端电压与通过 0.1mA 电流时的端电压之比。

5. 残压比

残压比是指某一脉冲电流通过压敏电阻时所产生电压的峰值(残压)与标称电压的比值。对于同一个脉冲电流来说,若残压比较小,说明电阻的非线性较好。

6. 绝缘电压

绝缘电压是指压敏电阻在连续工作时,加到其引出端或任何导电安装面之间所允许的最大峰值电压。

7. 稳压电压

稳压电压是指压敏电阻在规定的环境条件下,流过起始电流时的端压降。

8. 漏电流

漏电流是指在规定温度和最大直流电压下，流过压敏电阻的电流。由于它是在电路上处于等待状态时一直产生的电流，所以又称为等待电流。其值越小越好，以减少功率的消耗。

9. 绝缘电阻

绝缘电阻是指压敏电阻引出端与任何导电安装面之间的直流电阻值。

10. 响应时间

加在压敏电阻上的脉冲电压峰值与其引起的残压(端电压峰值)之间的间隔时间称为响应时间。

11. 最大稳压电流

最大稳压电流是指在规定的环境条件下，保证稳压压敏电阻正常工作所允许连续施加的最大电流。

12. 电流温度系数

在恒定电压时，温度每改变 1℃，压敏电阻所通过的电流的相对变化量称为电流温度系数。

5.3.3 压敏电阻的应用

压敏电阻的主要用途是在各种电气和电子电路中抑制浪涌。浪涌是由于某种能量突然释放而引起的，这种能量可能是电路本身储存的，也可能是存在于本电路之外，通过耦合或其他途径侵入到电路中。最常见的是雷电引起的浪涌、电感电路中电流突变引起的浪涌和静电电压等。这些暂态冲击电压的幅值可以高出电路正常工作电压的几倍乃至几百倍，从而造成破坏。

用压敏电阻器将浪涌限制在允许的范围内，可以降低对设备的绝缘等级和对器件耐压的要求，提高系统的可靠性，使开关、继电器、有刷微电机等机电产品的工作寿命延长，防止电火花和静电电压引起的爆炸及干扰等。此外，压敏电阻还可以用于高压稳压、非线性补偿和自动增益控制、高压元件的均压电阻(其效果优于线性电阻)。利用碳化硅压敏电阻电流和电压之间稳定的二次方到三次方关系可以在模拟运算电路里，方便地实现对数和乘除运算。

1. 半导体器件的过电压保护

为了防止半导体器件工作时由于某些原因产生过电压被烧毁，常常使用压敏电阻加以保护。图 5.22 为其应用电路，在晶体管集电极和发射极之间，或者在变压器的初级间连接压敏电阻器，能有效地抑制过电压对晶体管的损伤。在正常电压作用下，压敏电阻呈高阻抗状态，只有很小的漏电流。而当承受过电压时，压敏电阻迅速变为低阻抗状态，过电压的能量以放电电流的形式被压敏电阻吸收掉。浪涌电压过后，当电路或元件承受正常电压作用时，压敏电阻又恢复高阻抗状态。

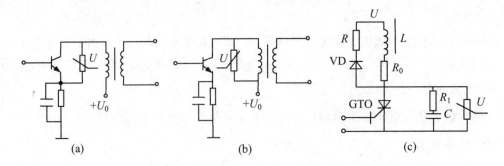

图 5.22 压敏电阻器用于半导体器件的过压保护

对于二极管或晶闸管元件来说,一般将压敏电阻器与这些半导体器件并联或者与电源并联连接。应该满足如下两个要求:一是重复动作的反向电压要大于压敏电阻的残压;二是非重复动作的反向电压也要大于压敏电阻的残压。

2. 对接触器、继电器的保护

当切断含有继电器、接触器、电磁离合器等感性负荷的电路时,其过电压可以超过电源电压好多倍。过电压造成触点间电弧和火花放电,损坏触头,缩短设备寿命。由于压敏电阻在高电位时具有分流作用,可以在触点断开的瞬间防止火花放电,从而保护了触点。压敏电阻保护继电器等的连接方法如图 5.23 所示。压敏电阻与线圈并联时,触点间的过电压等于电源电压与压敏电阻残压的和,压敏电阻吸收的能量为线圈存储的能量。压敏电阻与触点并联时,触点间的过电压等于压敏电阻的残压,压敏电阻吸收的能量为线圈存储能量的 12 倍。

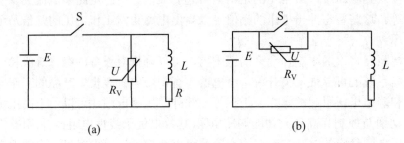

图 5.23 压敏电阻对继电器等的保护

3. 稳压电路

在如图 5.24 所示的电路中,当输入电压 U_i 的大小发生变化时,由于压敏电阻伏安特性的非线性,从负载电阻 R_L 中流过的电流变化很小,所以输出电压 U_o 的电压变化率小于输入电压 U_i 的电压变化率,使电路起到稳压作用。

4. 电压变化倍增电路

如图 5.25 所示电路,当输入电压 U_i 增加或减小 ΔU 时,如果电路中两只电阻均为普通电阻,则输出电压的变化率为 $\frac{\Delta U_o}{U_o} = \frac{\Delta U_i}{U_i}$。当 R_1 为压敏电阻时,由于它具有相似于稳压管的稳压特性,输入电压的变化部分 ΔU_i 几乎全部到达输出端,使电路输出电压的变化率大于输入电压变化率,起到电压变化倍增作用。这种电路可用于将某一量变换为电压之后,输出其变化量的装置。

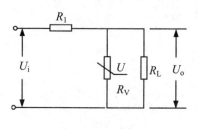

图 5.24　稳压电路图

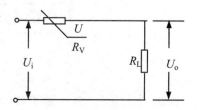

图 5.25　电压变化倍增电路

5. 整流电源的过压保护

由于电网电压的波动或人为配电事故,经常会使电网产生浪涌过电压现象,极易造成电子设备整流电路及电源变压器的损坏。若将压敏电阻器并联在整流二极管或电源变压器的输入端,即可起到保护的作用,电路如图 5.26 所示。

6. 半导体三极管的过压保护

在电视机中行输出和帧输出管都接有较大的电感线圈。在开、关电视机的瞬间,电感线圈的两端会产生瞬间过电压。为了确保半导体三极管的安全,可在三极管的 c、e 电极间加装一只压敏电阻,如图 5.27 所示。压敏电阻的压敏电压应高于电路工作电压,又要低于半导体三极管的耐压。

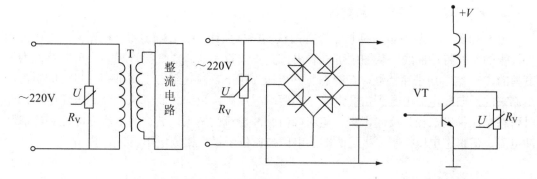

图 5.26　整流电源的过压保护　　　　图 5.27　三极管过压保护电路

7. 天线防雷保护电路

雷雨天看电视,雷电往往会通过室外天线窜入电视机将电视机的高频头损坏。如果在室外天线上加装压敏电阻,则可起到防雷的作用。其保护电路如图 5.28 所示,压敏电阻直接和大地相接。

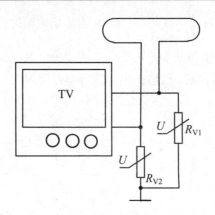

图 5.28　电视机防雷保护电路

5.3.4　瞬态电压抑制二极管

瞬态电压抑制二极管是一种安全保护器件，对电路中瞬间出现的浪涌电压脉冲可起到分流钳位作用，能有效降低由于雷电及电路中开关通断时感性元件产生的高压脉冲，避免对电子设备的损坏。

1. 瞬态电压抑制二极管的结构

瞬态电压抑制二极管通常采用二极管式的轴向引线封装，如图 5.29 所示。其核心单元为芯片，芯片由半导体硅材料扩散制成，分为单极型和双极型两种结构。单极型瞬态电压抑制二极管有一个 PN 结，双极型瞬态电压抑制二极管有两个 PN 结。它们都是利用现代半导体制作工艺在同一块硅片正反两个面上制作出的两个背对背的 PN 结。瞬态电压抑制二极管芯片的 PN 结经过玻璃纯化保护后由引线引出，再由惰性环氧树脂封装而成。

2. 瞬态电压抑制二极管的特性

图 5.30 给出了瞬态电压抑制二极管的伏安特性曲线。图 5.30(a)为单极型瞬态电压抑制二极管的伏安特性曲线。从图中可以看出，其正向特性与普通二极管相同，反向特性为突变型的 PN 结雪崩击穿特性。在瞬态脉冲电压作用下，流过瞬态电压抑制二极管的电流，由原来的反向漏电流上升到击穿电流，其两端电压则由反向关断电压上升到击穿电压，此时瞬态电压抑制二极管反向击穿。随着峰值脉冲电流的增大，通过的电流立即达到峰值脉冲电流，但瞬态电压抑制二极管两端的电压被钳位于最大钳位电压。

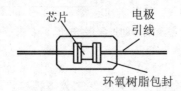

图 5.29　瞬态电压抑制二极管的一般结构

二极管从零到最小击穿电压的时间称为钳位时间。单极型瞬态电压抑制二极管的钳位时间小于 1ns，双极型瞬态电压抑制二极管的钳位时间小于 10×10^{-9} s。根据上述特性，瞬态电压抑制二极管在电路中有浪涌电压产生时,可将高压脉冲限制在安全范围内,而使瞬间大电流旁路起到对电路过压保护的作用。双极型瞬态电压抑制二极管的伏安特性曲线是对称的,如图 5.30(b)所示,可用于双向过压保护。

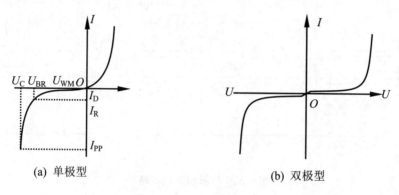

图 5.30　瞬态电压抑制二极管的伏安特性曲线

瞬态电压抑制二极管当受到瞬态高压脉冲浪涌电压冲击时,它能以 10^{-12} s 量级的响应速度由高阻关断状态跃变为低阻导通状态,可吸收高达数千瓦的浪涌功率,将电压钳位(抑制)在一个预定值。

瞬态电压抑制二极管具有体积小、峰值功率大、抗浪涌电压能力强、击穿电压特性曲线好、阻抗低、反向漏电流小以及响应时间快等特点,适合在恶劣环境条件下工作,是目前比较理想的防雷击、防静电、防过压和抗干扰的保护器件之一。

3. 瞬态电压抑制二极管的应用

1) 设备防雷保护电路

设备防雷保护电路如图 5.31 所示。当有雷电发生产生过电压时,过压电流可经瞬态电压抑制二极管 VZ_2 和 VZ_3 入地,其对地电压之差又被两线间双极型瞬态电压抑制二极管 VZ_1 进一步抑制,从而使设备得到保护。

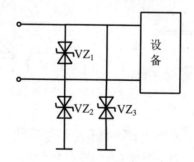

图 5.31　设备防雷保护电路

2) 计算机保护电路

计算机保护电路如图 5.32 所示。在计算机与外围设备的接口处接有双极型瞬态电压抑制二极管 $VZ_1 \sim VZ_4$,它们可对从计算机外围设备窜入的过压脉冲进行抑制。在计算机工作电源的输入端分别加装有单极型瞬态电压抑制二极管 VZ_5 和 VZ_6,用来对电源窜入的过压脉冲进行抑制。

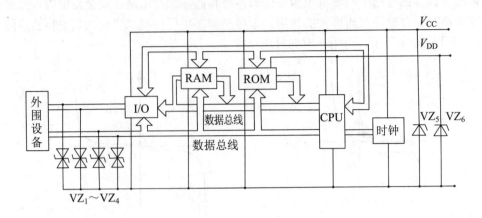

图 5.32 计算机保护电路

5.3.5 气体放电管

1. 气体放电管的结构及原理

气体放电管的内部结构如图 5.33 所示。主要由电极及绝缘瓷管组成，在电极的有效电子发射表面上涂有激活化合物，电极间的距离一般小于 1mm，以提高电子的发射能力。为了保证气体放电管能快速将浪涌电压限制在低电位，在陶瓷绝缘管内表面置有一导电带，通过其作用电场来加速放电区域的电离，使放电管具有快速响应特性和可恢复性。

为了提高气体放电管的工作稳定性，管内一般充有氖或氩等惰性气体。气体放电管有二极放电管及三极放电管两种类型。

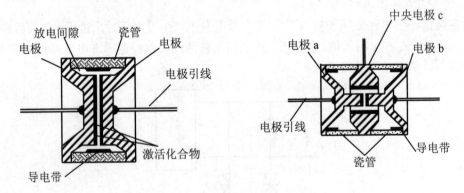

图 5.33 气体放电管结构示意图
(a) 二极放电管；(b) 三极放电管

从结构上讲，可将气体放电管看成一个具有很小电容的对称开关，在正常工作条件下是关断的，其极间电阻达兆欧级以上。当浪涌电压超过电路系统的耐压强度时，气体放电管被击穿而发生弧光放电现象，由于弧光电压低，仅为几十伏，从而可在短时间内限制浪涌电压的进一步上升。气体放电管就是利用上述原理限制浪涌电压，对电路起过压保护作用。随着过电压的降低，通过气体放电管的电流也相应减少。当电流降到维持弧光状态所需的最小电流值以下时，弧光放电停止，放电管的辉光熄灭。

2. 气体放电管的特性及用途

气体放电管的各种电气特性,如直流击穿电压、冲击击穿电压、耐冲击电流、耐工频电流能力和使用寿命等,可根据使用系统的要求进行调整优化。这种调整可以通过改变放电管内的气体种类、压力、电极涂敷材料成分及电极间的距离来实现。

气体放电管主要用于保护通信系统、交通信号系统、计算机数据系统以及各种电子设备的外部电缆、电子仪器的安全运行。气体放电管也是电路防雷击及瞬时过压的保护元件。气体放电管具有载流能力大、响应时间短、电容小、体积小、成本低、性能稳定及寿命长等特点;缺点是点燃电压高,在直流电压下不能恢复截止状态,不能用于保护低压电路。

5.4 力敏元器件

力敏元器件是利用金属或半导体材料的压力电阻效应制成的,压力电阻效应(又称压阻效应)是指电阻的阻值随着外加应力的大小而发生改变。目前最常见的力敏元器件是电阻应变片。

5.4.1 电阻应变片的概念

电阻应变片是一种能将被测体上的应力变化转换成电阻变化的敏感器件,是应变式传感器的主要组成部分。

1. 电阻应变片的分类

电阻应变片主要分为金属电阻应变片和半导体应变片两大类。电阻应变片是应用很广的力电转换元件,通常它需要和电桥电路一起使用,由于其输出信号微弱,还需要经放大器将信号放大。

2. 金属电阻应变片

金属电阻应变片分为金属丝电阻应变片和金属箔电阻应变片两种,其结构分别如图 5.34 和图 5.35 所示。由保护片、敏感栅、基底及引线 4 部分组成。敏感栅可由金属丝或金属箔制成,被贴在绝缘基底上,在其上面再粘贴一层绝缘保护片,然后在敏感栅的两个引出端焊上引出线。

金属电阻应变片的规格一般以使用面积($b×L$)和敏感栅的电阻值表示。

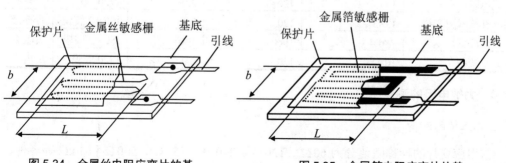

图 5.34 金属丝电阻应变片的基   图 5.35 金属箔电阻应变片的基

3. 半导体应变片

半导体应变片主要是利用硅半导体材料的压阻效应制成的。如果在半导体晶体上施加作用力，晶体除产生应变外，其电阻率也会发生变化。这种由外力引起半导体材料电阻率变化的现象称为半导体的压阻效应。

半导体应变片是直接用单晶锗或单晶硅等半导体材料进行切割、研磨、切条、焊引线、粘贴等一系列工艺制作过程完成的，其结构如图 5.36 所示。

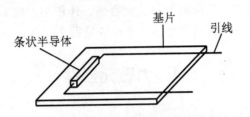

图 5.36 半导体应变片结构示意图

半导体应变片与金属电阻应变片相比，灵敏系数高，但在温度稳定性和重复性方面不如金属电阻应变片优良。

5.4.2 电阻应变片的应用

电阻应变片在使用时应粘贴在被测试件的理想部位上，进行直接测量，也可以与弹性元件组成力学传感器使用。电阻应变片用途非常广泛，既可以检测机械装置各部分的受力状态，如应力、振动、冲击、响应速度、离心力及不平衡力大小等，也可以制成加速度计、张力计、半导体传声器以及各种电阻压力传感器等。

5.4.3 常用电阻应变片

表 5-1 给出了目前常用的国产应变片的主要参数。

表 5-1　几种应变片的参数

名 称	栅状尺寸 $L \times b$/mm×mm	标称电阻值/Ω	灵敏系数/K	基片材料	特 点
电阻丝式应变片	3×2	120	2.0	纸基	
电阻丝式应变片	6×2	120	2.0～2.3	JSF－2 胶膜	
箔式电阻应变片	1×1	120	2.0	1720 胶膜	
自动补偿式应变片	13×3	120	2.18	JSF－2 胶膜	带补偿片
半导体应变片	7×0.4	1000	160	JSF－2 胶膜	灵敏度高
箔式应变花	10×2	120	2.0	1720 胶膜	Δ 式

5.4.4 力敏电阻的测量

1. 阻值的测量

常用应变片的标称阻值分为 60Ω、120Ω、240Ω、350Ω、500Ω 和 1 kΩ 等多种。在使用应变片之前，应用万用表的欧姆档对标称阻值进行测量(采用 $R \times 10\,\Omega$ 或 $R \times 100\,\Omega$ 档)。

若阻值为无穷大，则表明应变片断路损坏。

2. 绝缘电阻的测量

应变片的绝缘电阻是指应变片本身与试件之间的电阻值。测量时用环氧树脂把应变片贴于试件上，凝固后，用万用表测量应变片与试件之间的绝缘电阻。一般情况下，要求大于 200 MΩ。对于长期工作的应变片，要求其绝缘电阻大于 500 MΩ。

5.5　磁敏元器件

磁敏元器件是用于实现磁信号与电信号转换的元器件，它包括磁敏电阻、霍耳元件、磁敏二极管、磁敏三极管和磁头等。现广泛用于无触点电路、自动控制、物理量测量、磁介质信息记录等领域。

5.5.1　磁敏电阻

1. 磁敏电阻的概念

磁敏电阻是利用磁电效应制成的。磁电效应是指磁场强度改变时，其阻值发生变化。磁敏电阻的阻值随着穿过它的磁通量密度的不同而变化。

磁敏电阻的显著特点是在弱磁场中阻值与磁场的关系成平方变化；在强磁场中阻值按线性关系变化，并有很高的灵敏度。

磁敏电阻主要有锑化铟单晶磁敏电阻和锑化铟共晶磁敏电阻。后者的灵敏度和电阻值都较高。

2. 磁敏电阻的性能参数

1) 磁阻系数

磁阻系数是指在某一规定的磁感应强度下，磁敏电阻的阻值与在该规定的磁感应强度下的电阻值之比。

2) 磁阻灵敏度

在某一规定的磁感应强度下，磁敏电阻的电阻值随磁感应强度的相对变化率称为磁阻灵敏度。它可分为线性灵敏度和平方灵敏度两种。

3) 电阻温度系数

在规定的磁感应强度和温度下，电阻值随温度的相对变化率与电阻值之比称为电阻温度系数。

4) 磁阻比

磁阻比是指在某一规定的磁感应强度下，磁敏电阻的阻值与零磁感应强度下的阻值之比。

5) 最高工作温度

最高工作温度是指在规定的条件下，磁敏电阻长期工作所允许的最高温度。

3. 磁敏电阻的应用

磁敏电阻主要应用于测定磁场强度、测量频率和功率等，同时也可用于制成无触点开关、可变的无触点电位器等。

4. 常用磁敏电阻

国产的磁敏电阻主要有 RCM01 型强磁性薄膜磁敏电阻和 RCM01 型强磁性金属膜磁敏电阻等，其主要指标见表 5-2。

表 5-2 RCM01 型磁敏电阻的性能参数

参　数	指标要求	参　数	指标要求
工作温度	−40℃～+100℃	功耗	150mW
保存温度	−50℃～+125℃	输出电压	80mW

5.5.2 霍耳元件

1. 霍耳元件的概念

霍耳元件是根据霍耳效应(Halleffect)进行磁电转换的磁敏元件。具有体积小、重量轻、寿命长、噪声低以及结构简单等优点，广泛用于磁场检测、位移量检测、位开关等。

2. 霍耳元件结构及工作原理

霍耳元件是根据霍耳效应进行磁电转换的磁敏元件，其典型工作原理图如图 5.37 所示。霍耳元件是一个 N 型半导体薄片，若在其相对两侧通以控制电流 I，在薄片垂直方向加以磁场 B，则在半导体另外两侧便会产生一个大小与电流 I 和磁场 B 的乘积成正比的电压，这个现象就是霍耳效应，所产生的电压称为霍耳电压 $\dot{U}_H$。

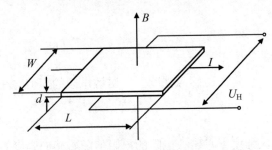

图 5.37 霍耳效应原理图

霍耳元件在磁场作用下产生的霍耳电压为

$$\dot{U}_H = \frac{\dot{R}_H}{d} \times \dot{I} \times \dot{B} \tag{5.20}$$

式中，$\dot{R}_H$ 为霍耳系数；d 为霍耳元件的厚度；$\dot{I}$ 为通过霍耳元件的电流；$\dot{B}$ 为加在霍耳元件上的磁通密度。

由式(5.20)可以看出，霍耳电压正比于电流强度和磁场强度，且与霍耳元件的形状有关。在电流强度恒定以及霍耳元件形状确定的条件下，霍耳电压正比于磁场强度。当所加磁场方向改变时，霍耳电压的符号也随之改变。因此，霍耳元件可以用来测量磁场的大小及方向。

霍耳元件一般采用锗、硅、砷化镓、砷化铟及锑化铟等半导体制作。用锑化铟半导体制成的霍耳元件灵敏度最高，但受温度的影响较大。用锗半导体制成的霍耳元件，虽然灵敏度较低，但它的温度特性及线性度较好。目前使用锑化铟霍耳元件的场合较多。

图 5.38 给出了一种用溅射工艺制作的锑化铟霍耳元件的结构，由衬底、十字形霍耳元件、电极引线及磁性体顶端等构成。十字形霍耳元件的 4 个端部的引线中，有一对是电流输入端，另一对为电压输出端。磁性体顶端是为了集中磁力线和提高元件灵敏度而设置的，它的体积越大，输出灵敏度越高。霍耳器件的电路符号及常用电路如图 5.39 所示。

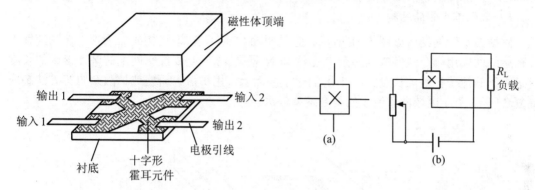

图 5.38　锑化铟霍耳元件的结构

图 5.39　霍耳器件的电路符号及常用电路
(a) 电路符号；(b) 常用电路

3. 霍耳元件的特点及应用

霍耳元件可以测量磁物理量及电量，还可以通过转换测量其他非电量。由于霍耳元件的输出量与两个输入量的乘积成比例。因此，可以方便而准确地实现乘法运算，构成各种非线性运算部件。一般的霍耳元件可工作在直流到数百千赫的频率范围内，体积小、重量轻、稳定性好、寿命常、使用方便。

霍耳元件可用于高斯计、霍耳罗盘、大电流计、功率计、调制器、位移传感器、微波功率计、频率倍增器、回转器、乘法器、磁带或磁鼓读出器以及霍耳马达等。

图 5.40 所示为无触点电位器的结构示意图。其中磁敏元件可采用磁敏二极管或霍耳线性集成传感器。将磁敏元件放置在单个磁铁中下方或两个磁铁之间，当旋动电位器手柄时，磁铁跟着转动，从而使磁敏元件表面的磁感应强度发生变化。这样磁敏元件的输出电压将随手柄的转动而变化，起到电位调节的作用。

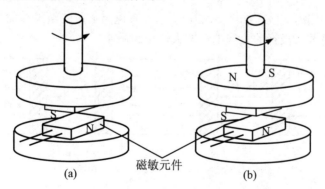

图 5.40　无触点电位器结构示意图
(a) 单磁铁；(b) 双磁铁

5.5.3 磁敏二极管

磁敏二极管也是一种磁电转换元件，它可以将磁信息转换成电信号，具有体积小、灵敏度高、响应快、无触点、输出功率大及性能稳定等特点，可广泛应用于磁场检测、磁力探伤、转速测量、位移测量、电流测量、无触点开关以及无刷直流电机等技术领域。

1. 磁敏二极管的结构

磁敏二极管的结构如图 5.41 所示。它是平面 $P^+ - i - N^+$ 型结构的二极管。在高纯度半导体锗的两端用合金法做成高掺杂 P 型区和 N 型区。i 区是高纯空间电荷区，该区的长度远远大于载流子扩散的长度。在 i 区的一个侧面上，用扩散、研磨或扩散杂质等方法制成高复合区 r，在 r 区域内载流子的复合速率较大。

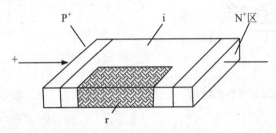

图 5.41 磁敏二极管结构

2. 磁敏二极管的工作原理

在电路中，P^+ 区接正电极，N^+ 区接负电极，即给磁敏二极管加上正电压时，P^+ 区向 i 区注入空穴，N^+ 区向 i 区注入电子。在没有外加磁场时，大部分的空穴和电子分别流入 N^+ 区和 P^+ 区而产生电流，只有很少一部分载流子在 i 区或 r 区复合，如图 5.42(a)所示。此时 i 区有固定的阻值，器件呈稳定状态。若给磁敏二极管外加一个正向磁场 B_+ 时，在正向磁场中，空穴和电子在洛伦兹力的作用下偏向 r 区，如图 5.42(b)所示。由于空穴和电子在 r 区的复合速率大，所以载流子复合掉的比没有磁场时大得多，从而使 i 区中的载流子数目减少，i 区电阻增大，该区的电压降也增加，又使 P^+ 与 N^+ 结的结压降减小，导致注入到 i 区的载流子数目减少。其结果是使 i 区的电阻继续增大，其压降也继续增大，形成正反馈过程，直到进入某一动平衡状态为止。当给磁敏二极管加一个反向磁场 B_- 时，载流子在洛伦兹力的作用下均偏离 r 区，如图 5.42(c)所示。其偏离 r 区的结果与加正向磁场时的情况恰恰相反，此时磁敏二极管的正向电流增大，电阻减小。

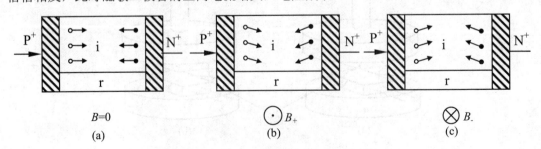

图 5.42 磁敏二极管工作原理
(a) 无磁场；(b) 加正向磁场；(c) 加反向磁场

由此可见，磁敏二极管是采用电子与空穴双重注入效应及复合效应原理制作的，具有很高的灵敏度。由于磁敏二极管在正、负磁场作用下，输出信号增量的方向不同，所以利用这一点可以判别磁场方向。

5.5.4 磁敏三极管

磁敏三极管是一种新型的磁电转换器件，具有灵敏度高、无触点、输出功率大、响应速度快、体积小及成本低等优点。在磁力探测、无损探伤、料位测量、转速测量及自动控制中得到了广泛应用。

1. 磁敏三极管的结构

磁敏三极管由锗材料或硅材料制成。图 5.43 所示为磁敏三极管的结构图。它是在高阻半导体材料 i 上制成 P^+–i–N^+ 结构，在发射区的一侧用喷砂等方法破坏一层晶格，形成载流子高复合区 r。元件采用平板结构，发射区和集电区设置在它的上、下表面。

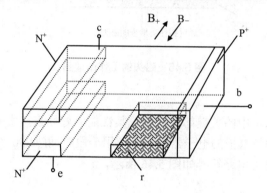

图 5.43 磁敏三极管的结构

2. 磁敏三极管的工作原理

图 5.44 所示为磁敏三极管的工作原理图。其工作原理与磁敏二极管完全相同，在无外界磁场作用时，由于 i 区较长，在横向电场作用下，发射极电流大部分形成基极电流，小部分形成集电极电流。在正向或反向磁场作用下，会引起集电极电流的减少或增加，而基极电流基本不变。因此，可以用磁场方向控制集电极电流的增加或减少，用磁场的强弱控制集电极电流的变化量。

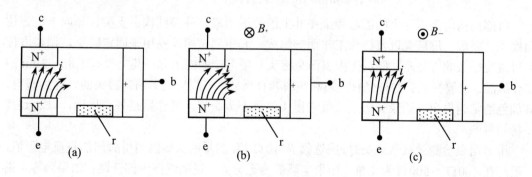

图 5.44 磁敏三极管的工作原理

5.5.5 磁头

磁头有音频磁头和视频磁头两种类型,前者主要应用于收录机、录音机以及单放机(也称为随身听)中,后者主要应用于摄像机、录像机以及放像机中。其共同点都是把电信号转变成磁信号并记录在磁带上,或是把磁带上已记录的磁信号转变成电信号。图 5.45 所示为磁头的工作原理图,磁头就是通过它的磁芯缝隙泄露出来的磁力线,实现与磁带的信息传递。

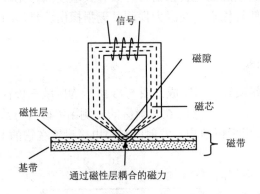

图 5.45 磁头的工作原理图

1. 录放音磁头

录放音磁头是录音机中的关键部件之一,其性能的好坏直接影响到录音机的录放音效果。另外,它也是一种易磨损的电子器件,在使用一段时间(如 30 小时)后,应对其进行清洗。录放音磁头的结构及电路符号如图 5.46 所示。

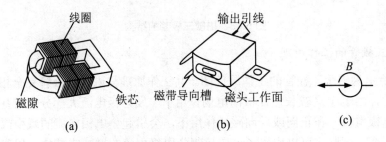

图 5.46 录放音磁头的内、外结构及电路符号
(a) 内部结构;(b) 外部结构;(c) 电路符号

内部结构由高磁导率的磁芯和绕在其上的线圈组成,外部结构由支架、导向卡、方位角螺丝、引脚、屏蔽壳以及磁头工作面等组成,其中固定螺丝孔用来固定磁头,调整方位角可改变磁头的方位角,磁头工作表面是磁头与磁带接触的地方,其上设有 $1\mu m \sim 3\mu m$ 的工作缝隙。录放音磁头的外壳有金属和塑料两种形式。一般情况下消音磁头的外壳为塑料,其颜色通常为白色,而录音磁头、放音磁头的外壳为金属,其作用是外壳接地,以达到抗干扰的目的。

用万用表检测录放音磁头时,应选择 $R \times 10 \Omega$ 档,测量磁头线圈两引脚间的直流电阻值,一般应在 $100\Omega \sim 500\Omega$ 为正常。如果电阻值为无穷大,说明线圈内部开路;如果为零,说明内部短路。另外还要测线圈与外壳间阻值,如短路为零,则不能使用。

2. 视频磁头

视频磁头多采用的是旋转磁头，以提高磁头、磁带间的相对速度。因此，视频磁头被做成鼓型，称为磁头鼓或磁鼓。图 5.47 所示为 VHS 家用录像机的磁鼓实物图。它分为旋转的上磁鼓和固定的下磁鼓两部分。视频磁鼓的磁隙一般为 $0.3\mu m \sim 1\mu m$，肉眼无法看到。VHS 录像机采用两磁头螺旋磁头扫描方式，如图 5.48 所示，磁带走向与磁头旋转方向之间有一定角度，旋转的磁鼓上相隔 180°角装有两个磁头。磁带通过导柱的调节和下磁鼓上的磁带引导线定位，卷绕在磁鼓半圆圈上，在进带和出带之间形成一定高度差，利用磁鼓的旋转和走带，两个磁头轮流接触磁带，扫描出一条条倾斜的磁迹，来记录视频信息。

图 5.47 VHS 家用录像机的磁鼓实物图

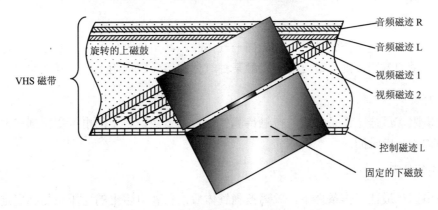

图 5.48 VHS 家用录像机的螺旋扫描示意图

5.6 气敏元器件

气敏元器件是利用金属氧化物半导体表面吸收某种气体分子时，发生氧化反应或还原反应，而使电阻值发生改变的特性制成的一种新型的半导体敏感元件，又称为气敏电阻。

气敏电阻按结构可分为直热式气敏电阻(加热器已埋入气敏体内)和旁热式气敏电阻(带有与气敏体绝缘的加热器)两种。按制造材料可分为 N 型、P 型和结合型气敏电阻器。N 型气敏电阻器是利用 N 型半导体材料制成的，P 型气敏电阻是由 P 型半导体制成的。

5.6.1 气敏电阻的主要参数

气敏电阻的主要参数包括测量电压、加热功率、允许工作电压范围、工作电压、加热电压、加热电流、灵敏度、响应时间和恢复时间等。

1. 测量电压

气敏电阻的测量电压是指输入端所加的电压大小。

2. 加热功率

加热功率是指加热电压与加热电流的乘积。

3. 允许工作电压范围

允许工作电压范围是指在保证气敏电阻正常工作的情况下，工作电压所允许的变化范围。

4. 工作电压

工作电压是指在正常工作条件下，气敏电阻两极间所加的电压。

5. 加热电压

加热电压是指气敏电阻加热器两端所加的电压。

6. 加热电流

加热电流是指通过加热器的电流。

7. 灵敏度

气敏电阻在最佳工作条件下，接触同一气体时，其阻值随气体浓度变化的特性。如果采用电压测量的方法，则灵敏度等于接触某种气体前后负载电阻上的压降之比。

8. 响应时间

气敏电阻在最佳工作条件下，接触待测气体后，负载电阻上的电压变化到规定值所需要的时间称为响应时间。

9. 恢复时间

气敏电阻在最佳工作条件下，脱离被测气体后，负载电阻上的电压恢复到规定值所需要的时间称为恢复时间。

5.6.2 气敏电阻的应用

气敏电阻具有灵敏度高、功耗低、稳定性好、响应和恢复时间短等特点。主要用于制作换气扇、排油烟机的自动开关以及气体浓度的检测等。

1. 瓦斯报警电路

图 5.49 所示为一种瓦斯报警器参考电路，由气敏元件 QM-N5 和电位器 W 组成气体检

测电路，555 时基电路及其外围元件组成多谐振荡器。当无瓦斯气体时，气敏元件 QM-N5 的 A、B 之间电导率很小，由于电位器 W 滑动触点的输出电压小于 0.7V，555 集成电路的 4 脚被强行复位，振荡器处于不工作状态，报警器不发出声响。当周围空气中有瓦斯气体时，A、B 之间的电导率迅速增加，555 集成电路 4 脚变为高电平，振荡器电路起振，扬声器发出报警声，提醒人们采取相应的措施，以防事故的发生。报警器除了对瓦斯气体的有无可以报警外，对烟雾和其他有害气体也可以报警。调节 W 可调节报警器的灵敏度。

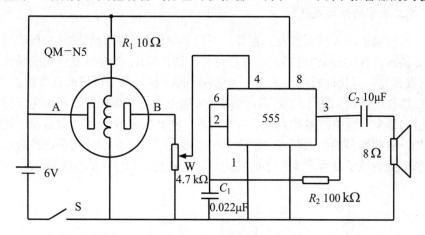

图 5.49　瓦斯报警电路

2. 酒精测试仪电路

图 5.50 所示为食用酒精测试仪参考电路。只要被试者向由气敏元件组成的传感探头吹一口气，便可显示出被试者醉酒的深度，决定出被试者是否还适宜驾驶车辆。气敏元件选用 MQ-J1 型酒敏元件，它对乙醇气体特别敏感。当气体传感器探测到酒精时，其内阻变低，从而使 IC 的 5 脚电平变高。IC 为显示推动器，共有 10 个输出端，每个输出端可以驱动一个发光二极管，根据 5 脚的电位高低来确定依次点亮发光二极管的级数。酒精含量越高，点亮二极管的级数就越大。

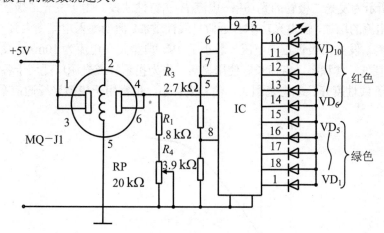

图 5.50　酒精测试仪电路

5.7 电光器件

电光器件是一种能够把电能转换成光能的器件,包括各种发光器件及各类显示器件。

5.7.1 发光二极管

1. 发光二极管的结构及原理

发光二极管属于注入型电致发光器件。不同半导体材料制造的发光二极管发出不同颜色的光,如磷砷化镓(GaAsP)材料发红光或黄光,磷化镓(GaP)材料发红光或绿光,氮化镓(GaN)材料发蓝光,碳化硅材料发黄光,砷化镓(GaAs)材料发不可见的红外线。

发光二极管的结构如图 5.51 所示,当在 PN 结上加正向偏压时,正向电压破坏了原来的平衡,引起每个区域中的多数载流子流入对方,使 P 区和 N 区内少数载流子比原来平衡时有所增加,这些增多的少数载流子称为非平衡载流子。非平衡载流子在扩散过程中,与原区域内的多数载流子复合产生光子而发光,这便是发光二极管的发光原理。

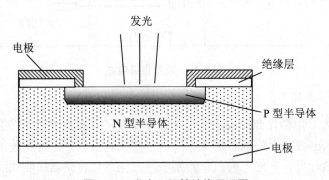

图 5.51 发光二级管结构原理图

2. 发光二极管的特性

图 5.52 所示为发光二极管的光功率-电流(P-I)特性曲线。由于发光二极管为无阈值器件,随着注入电流的增加,输出光功率 P 近似呈线性增加。但当注入电流增大到一定程度时,曲线呈饱和趋势。发光二极管正向电压一般小于 2V,典型正向电流为 10mA。发光二极管响应速度快、功耗低、体积小、寿命长、使用灵活,作为指示灯或光源广泛用于各种电器设备中。发光二极管线性度好、动态范围大、信号失真小,也常用于模拟光纤通信系统中。

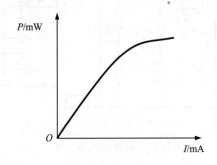

图 5.52 半导体发光二极管的 P-I 特性曲线

5.7.2 半导体激光器

1. 激光的概念

激光 LASER 是英文 Light Amplification by Stimulated Emission of Radiation 的缩写,意思是光受激辐射放大。激光与普通光一样,同是电磁波,但它是一种单色光,频率范围极窄、有良好的相干性,它的方向性是目前所有光源中最好的,几乎是一束平行线。

2. 半导体激光器的结构

图 5.53 所示为铟镓砷磷(InGaAsP)双异质结条形半导体激光器,由 5 部分组成,如表 5-3 所示。

表 5-3 InGaAsP 双异质结条形激光器各层作用

材 料	厚度/μm	作 用
P^+−InGaAsP(掺 Zn)	0.1～0.5	改善与金属的接触
P−InP(掺 Zn)	0.7～2	构成光波导,约束载流子
N^+−InGaAsP(未掺杂)	0.1～0.2	有源复合区
N−InP(掺 Zn)	2～5	构成光波导,约束载流子
N−InP		衬底

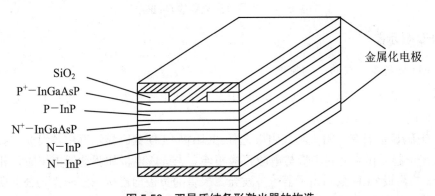

图 5.53 双异质结条形激光器的构造

N^+-InGaAsP 为发光的有源层,它与上面的 P−InP 构成一个异质结,其势垒阻止电子进入 P−InP 区。同时还与下面的 N−InP 也构成一个异质结,阻止空穴进入 N−InP 区。由于有源区两侧各有一个异质结,故称为双异质结。在双异质结激光器中,由于有源区两侧势垒增大,阻止了有源区内的电子和空穴向两侧逸出,提高了有源区内载流子的密度,加大了发光机会,使得阈值电流减小。当 PN 结外加正向偏压后,在其内部两个准费米能级之间,价带由空穴所占据,导带由电子所占据,实现了粒子数的反转分布,形成有源区。在有源区内,导带上的电子与价带上的空穴复合时释放出的能量变为光子。当有源区内受激辐射大于受激吸收,该光子会不断地激发出全同光子,即产生了光的放大作用。被放大的光在谐振腔内形成振荡,当满足阈值条件后,便可发出激光。

3. 半导体激光器的特性

半导体激光器是一个阈值器件,其工作状态随注入电流的不同而不同。当注入电流较小时,有源区内不能实现粒子数反转,自发辐射占主导地位,激光器发射普通的荧光,其工作状态类似于一般的发光二极管。随着注入电流的增加,有源区内实现粒子数反转,受激辐射占主导地位,但当注入电流小于阈值电流时,谐振腔的增益还不足以补偿损耗,不能形成振荡,输出仅仅是较强的荧光,这种状态称为超辐射状态。只有当注入电流达到阈值电流后,才能发射出谱线尖锐模式明确的激光,半导体激光器的输出功率与工作电流($P-I$)曲线如图 5.54 所示。

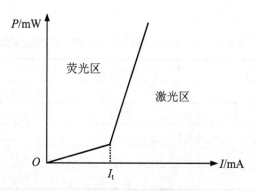

图 5.54 半导体激光器的 P-I 曲线

5.7.3 LED 显示器

1. LED 数码显示器的结构原理

LED 数码显示器也称 LED 数码管,是由多只条状半导体发光二极管按照一定的连接方式组合而成的,如图 5.55 所示。

LED 数码显示器有共阳极和共阴极之分。共阳极 LED 数码显示器中各发光二极管的正极均连接在一起,作为公共阳极与电源正极相连。当选段电极加驱动低电平时,相应的段就会发光。共阴极 LED 数码显示器中各发光二极管的负极均连接在一起作为公共阴极与电源负极相连。当选段电极加驱动高电平时,相应的段就会发光。

LED 数码显示器一般要通过集成电路驱动显示。根据需要,有外形尺寸、发光颜色、发光亮度、公共极性各不相同的 LED 数码显示器可供选择。因此,LED 数码显示器被广泛应用于数字仪表、电子显示及大屏幕点阵盘等领域。

2. LED 显示器的新发展

LED 显示器开始出现于 20 世纪 70 年代,最早的 GaP、GaAsP 同质结红、黄、绿色低发光效率的 LED 开始大量应用于指示灯、数字和文字显示。但是它们的发光强度一般在 1mcd(毫坎[德拉])以内。最近 10 年,高亮度化、全色化一直成为 LED 材料和器件工艺技术研究的前沿课题。高亮度 AlGaInP 和 InGaN LED 的研制进展得十分迅速,现已达到常规材料 GaAlAs、GaAsP、GaP 不可能达到的性能水平。1991 年,日本东芝公司和美国 HP 公司研制成 InGaAlP 620nm 橙色超高亮度 LED;1992 年,InGaAlP 590nm 黄色超高亮度

LED 达到实用化；同年，东芝公司研制的 InGaAlP 573nm 黄绿色超高亮度 LED 的法向光强达 2cd；1994 年，日本日亚公司研制成 InGaN 450nm 蓝(绿)色超高亮度 LED。至此，彩色显示所需的三基色红、绿、蓝以及橙、黄多种颜色的 LED 都达到了坎[德拉]级的发光强度，实现了超高亮度化、全色化，使发光管的户外全色显示成为现实。现在超高亮度 InGaAlP LED 和 InGaN LED 在太阳能照明、交通信号灯、大屏幕全彩显示、液晶显示(LCD)、背光照明、移动电话等方面已经得到了广泛应用。

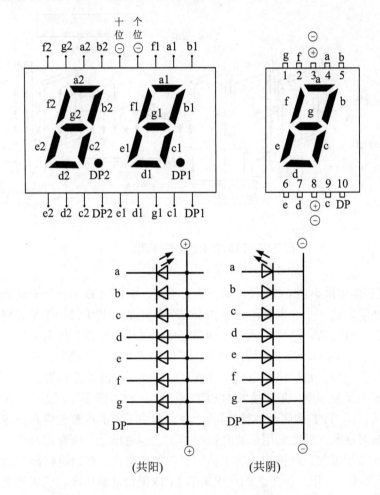

图 5.55 LED 数码显示器的结构图

5.7.4 LCD 显示器

1. 液晶显示器的结构原理

液晶显示器(LCD)属于被动型显示器件，是利用液晶的电光效应，通过交流电场控制环境光在显示部位的反射(或透射)来显示的。它本身不发光，需另加光源。

液晶是一种具有电光效应的物质，它在电场的作用下，分子排列发生变化，其光学特性也随之发生变化。黑白液晶显示器通常是将上、下两块具有透明电极的玻璃留一定的间隔叠放在一起，中间注入液晶材料后，四周密封。在玻璃的上、下表面各贴上一片偏振方向相互垂直的偏振片，底部再加上一片反射板。当入射光通过上偏振片(其偏振方向与上电极面液晶分子排列方向相同)形成的偏振光射入液晶层时，被液晶层旋转 90°，液晶盒为透明状态，可以看到反射板，此时液晶屏无显示。当液晶盒上、下两电极之间加上一定的交流电压时，电极部位的液晶分子在电场的作用下会转变成与上、下玻璃面垂直排列状态，此时液晶层失去旋光性，不能改变偏振光的方向，因此看不到反射板，显示为黑色，即能看到电极呈现的图案。图 5.56 所示为液晶显示器的工作原理。

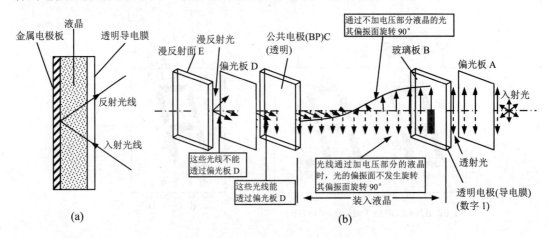

图 5.56　液晶显示器工作原理图

(a) 动态散射型；(b) 向列型；

彩色 LCD 显示屏由极小的 LCD 显示单元集合而成，每个 LCD 显示单元增加了专门处理色彩的彩色过滤层，每一个像素都由 3 个液晶单元格组成，其中每一个单元格前面都分别有红、绿或蓝色的过滤器。这样，通过不同单元格的光线就可以在屏幕上显示出不同的颜色。实际使用的彩色 LCD，除了偏振玻璃外，还增加了多层的薄膜以及组件，包括极化偏振玻璃、各种极化电极、数据传输电极、有色过滤玻璃层、液晶原料等。

为了提高像素的反应速度，最新技术的 LCD 采用 Si-TFT 液晶显示方式，把原有的非结晶型透明硅电极，用 TFT(薄膜晶体管)驱动，大大加快了液晶屏幕的像素反应速度，减少了画面出现的延时现象。同时利用色滤光镜制作工艺创造出色彩斑斓的画面，即在色滤光镜本体还未制作成型以前，就把构成其主体的材料加以染色，然后再灌膜制造。同其他普通的 LCD 显示屏相比，用这种工艺制造出来的 LCD 无论从解析度、色彩特性还是从使用寿命来说，都具有非常优异的性能。

2. 液晶显示器的特点

液晶显示器件具有超薄、超轻、无闪烁、高精度画质，强光下可读性好，不易损坏，耗电量低，无辐射等优点。LCD 的中小型产品主要应用于手机、PDA、数码相机、摄影机等显示屏，LCD 的中、大型产品主要应用于电视和计算机显示屏等。

5.8 电声器件

电声器件通常是指能将音频电信号转换成声音信号或者能将声音信号转换成音频电信号的器件。如扬声器就是把音频电信号转变为声音信号的电声器件,而传声器则是把声音信号转变为音频电信号的电声器件。

5.8.1 传声器件

传声器又称话筒,是将声音信号转换为电信号的电声器件。传声器的种类很多,若按换能原理可分为电容式、压电式、驻极体电容式、电动动圈式、带式电动式以及炭粒式等,现在应用最广的是电动动圈式和驻极体电容式两大类。传声器的电路符号如图 5.57 所示。

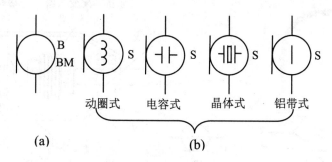

图 5.57 传声器的电路图形符号

1. 传声器的主要参数

传声器的主要参数包括输出阻抗、频率特性、灵敏度、固有噪声和指向性等。

1) 输出阻抗

传声器输出端的交流阻抗称为扬声器的输出阻抗。一般是在 1kHz 频率下测得的。输出阻抗分高阻和低阻两种,一般将输出阻抗小于 2 kΩ 的称为低阻抗传声器,而高阻抗传声器的输出阻抗大都在 10 kΩ 以上。

2) 频率特性

传声器的频率特性是指传声器在自由场中灵敏度随着频率变化而变化的现象。它是一条随频率变化的频率响应曲线。普通传声器的频率响应为 100Hz~15kHz,高性能传声器的频率响应为 30Hz~20kHz。

3) 灵敏度

传声器的灵敏度是指传声器在一定声压作用下输出的信号电压,其单位为 mV/Pa。传声器的灵敏度分为声压灵敏度及声强灵敏度。高阻抗传声器的灵敏度常用分贝(dB)表示。

4) 固有噪声

固有噪声是在没有外界声音、风振动及电磁场等干扰的环境下测得的传声器输出电压有效值。一般传声器的固有噪声很小，在微伏数量级。

5) 指向性

指向性是指传声器的灵敏度随声波入射方向而变化的特性。分为全向性、单向性和双向性 3 种。全向性传声器对来自四周的声波都有基本相同的灵敏度。单向性传声器的正面灵敏度比背面高。单向性传声器根据指向性特性曲线形状又可分为心形、超心形和超指向 3 种。双向性传声器的前、后两面灵敏度较高，左、右两侧的灵敏度偏低一些。

2. 动圈式传声器

动圈式传声器又称动圈话筒，由永久磁铁、音圈、振膜(音膜)、输出变压器等组成，如图 5.58 所示。

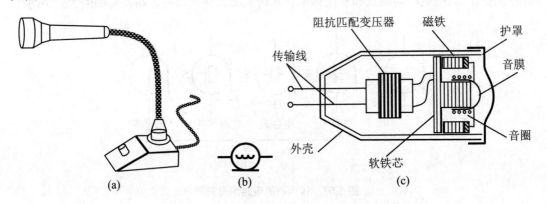

图 5.58 动圈式传声器外形、电路符号和结构示意图
(a) 外形；(b) 电路符号；(c) 结构示意图

当人对着传声器讲话时，振膜受声波的作用而振动，音圈在振膜的带动下做切割磁力线的运动，音圈输出端便产生感应电压(音频输出电压)，此电压经阻抗匹配变压器变换后输出。动圈式传声器的特点是结构简单、坚固耐用、电声性能好，可用于普通语音传声。

3. 压电式传声器

压电式传声器是利用晶体或压电陶瓷片的压电效应制成的，分为膜片式和声电池式两种，如图 5.59 所示。压电式传声器属于静电传声器，特点是灵敏度和输出阻抗高，成本低，但温度、湿度稳定性差，频率响应不够平坦，不适合高质量的音频传送。

4. 电容式传声器

电容传声器是靠电容量的变化而工作的，图 5.60 是电容式传声器的结构示意图。它主要由振动膜、极板、电源和负载电阻等组成。振动膜是一块质量很轻、弹性很强的薄膜，表面经过金属化处理，它与另一极板(振动膜)构成一只电容器。由于它们之间的间隙很小，虽然振动面积不大，但仍可以获得一定的电容量。工作原理是当膜片受到声波的压力，并随着压力的大小和频率的不同产生振动时，膜片与极板之间的电容量就发生变化。与此同时，极板上的电荷随之变化，从而使电路中的电流也相应变化，负载电阻上也就有相应的电压输出，从而实现了声电转换。电容传声器的频率范围宽、灵敏度高、失真小、音质好，但结构复杂、成本高，多用于高质量的广播、录音、扩音中。

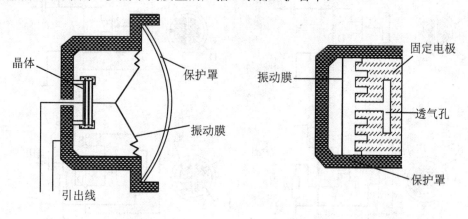

图 5.59　压电式传声器的结构　　　　图 5.60　电容式传声器的结构

5. 驻极体传声器

驻极体传声器又称驻极话筒，是利用驻极体材料制成的电容式传声器。驻极体是一种永久极化的电介质，使用驻极体高分子材料制成的振膜或固定电极(后极板)，无需外加极化电压，当驻极体式薄膜受到声波的作用而产生振动时，由于驻极体薄膜带有自由电荷，这样就改变了静态电容量，电容量的改变使电容器的输出端产生了相应的交变电压(或电流)信号，通过低噪声场效应管作为前置放大器，即可输出高质量的音频电信号。图 5.61 是驻极体传声器的结构，图 5.62 是驻极体传声器的电路接法。

通过测量驻极体引线间的电阻可判断驻极体传声器的好坏。将万用表置于 $R \times 100\,\Omega$ 档，用黑表笔接驻极体的正极(场效应管漏极)，红表笔接驻极体的负极(场效应管源极)，此时，所测阻值应在 $500\,\Omega \sim 3\,\mathrm{k}\Omega$ 之间。然后正对驻极体传声器吹气，指针应有较大幅度的摆动，摆动幅度越大，说明传声器灵敏度越高。若阻值为无穷大、零或吹气时无摆动，则说明驻极体传声器已损坏。

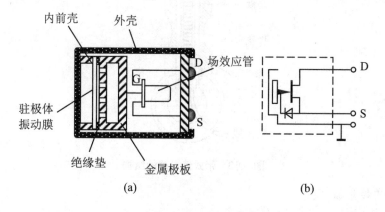

图 5.61　驻极体传声器的结构
(a) 结构；(b) 电路

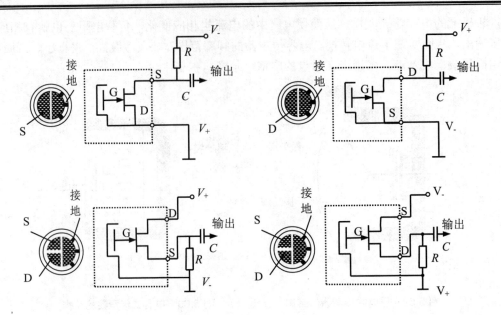

图 5.62 驻极体传声器的电路接法

6. 带式传声器

带式传声器又称速度式传声器,其振动系统——带状振膜是一条悬挂在强磁场中的波纹状合金箔(其带面与磁力线平行),如图 5.63 所示。

当带状振膜受声波作用而在磁场内振动时,就产生音频电压,通过输出变压器(带式传声器本身的阻抗较低,故使用输出变压器作为阻抗变换)输出。带式传声器的特点是频率响应及瞬态特性较好,指向性为双向,常用于固定录音室的音乐录音用。

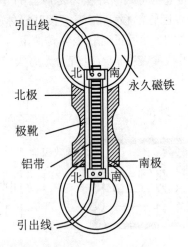

图 5.63 带式传声器的结构

7. 炭粒式传声器

炭粒式传声器由炭精砂、振动片、绒杯、保护罩、外壳等构成,如图 5.64 所示。振动片为铝片或炭精片(固定在金属外壳上),其中心装有可动电极。具有弹性的金属绒杯底部装有固定电极，炭精砂放在绒杯内，位于可动电极和固定电极之间。振动片受声波作用而振动时，炭精砂受到的压力也随之变化，可动电极与固定电极之间产生音频输出电流，经变压器输送到放大器进行放大。特点是灵敏度高、结构简单、价格低，但频率特性较差。

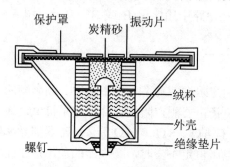

图 5.64　炭粒式传声器的结构

8. 近讲传声器

近讲传声器又称近讲话筒，是一种新型动圈式传声器，其结构如图 5.65 所示，有佩带式和手持式两种类型。

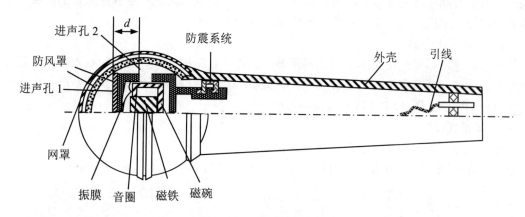

图 5.65　近讲传声器的结构

近讲传声器的前后进声孔距只有普通动圈式传声器的 1/3～1/4，近用(嘴与话筒的距离低于 5cm)时，也不会出现低频失真。其内部安装了防震系统和防风罩，可防止使用者手持传声器时产生的振动噪声及近用时呼吸气流的影响。特点是灵敏度高、频率特性好、噪声低、失真小。

9. 无线传声器

无线传声器又称微型无线话筒，由小型话筒极头和无线发射电路组成，其工作频段为 78MHz～82MHz、88MHz～108MHz、155MHz～167MHz。

无线传声器佩带在演员或播音员、主持人身上(一般在领口附近)，当使用者讲话时，话筒极头将声音转换成电信号，再经无线发射电路调制在某一载频上发射出去。接收系统收到此信号后，经过放大解调，即可得到音频电信号。

5.8.2 扬声器件

扬声器俗称喇叭,是一种电-声转换器件,其作用是将电能(电信号)转换成声能(音频信号)并辐射出去。扬声器在电路中用字母 B 或 BL 表示,图 5.66 是其电路图形符号。

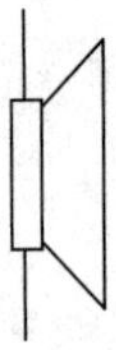

1. 扬声器的概念及参数

扬声器的主要参数有额定阻抗、功率、频率特性、频率响应、灵敏度、失真度、指向性等。扬声器额定阻抗也称标称阻抗值,通常是指在 1kHz 时的交流阻抗,有 4Ω、8Ω、16Ω 等。扬声器的频率特性是指当输入扬声器的信号电压恒定不变时,扬声器的输出声压随输入信号的频率变化而变化的规律。一般低音扬声器的频率范围在 30Hz~3kHz 之间。

图 5.66 扬声器符号

2. 常用的电动式扬声器

扬声器种类很多,但应用最广泛的是电动式扬声器,或称为动圈式扬声器。其发声原理是,当音圈通过音频电流时,产生变化的磁场,音圈磁场与磁铁磁场相互作用,使音圈振动,音圈带动相连的纸盆一起振动发出声音。常用的电动式扬声器有锥盆式扬声器、球顶式扬声器、平板式扬声器、号筒式扬声器等几种。

1) 锥盆式扬声器

锥盆式扬声器是最常用的电动式扬声器,其特点是结构简单、能量转换效率高。它分为高音、中音、低音和全音域 4 种类型,各类型的基本结构相同,只是扬声器的口径与振膜的材料等不同。图 5.67 是锥盆式扬声器的结构图。

2) 球顶式扬声器

球顶式扬声器多为高音扬声器或中高音扬声器,其振膜为近似半球形的球面,其尺寸较小,粘在音圈上,音圈带动振膜发出声音。图 5.68 是球顶式扬声器的结构图。

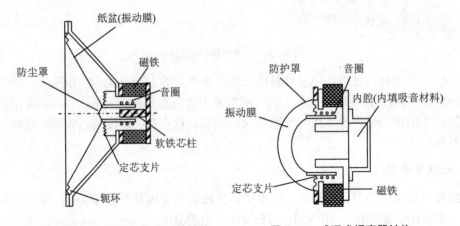

图 5.67 锥盆式扬声器的结构　　　图 5.68 球顶式扬声器结构

3) 平板式扬声器

平板式扬声器的特点是频率范围较宽,各种失真较小。曾被认为很有发展前途,但实用效果并不理想，目前已很少见到。

4) 号筒式扬声器

号筒式扬声器与锥盆式扬声器的声音辐射方式不同，属于间接辐射式，它是在振膜振动后，声音经过号筒再扩散出去。其主要特点是辐射效率高，高、中频特性好，失真小，但重放频带及指向性较窄。图 5.69 是号筒式扬声器的结构图。

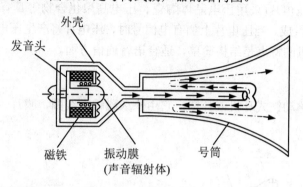

图 5.69　号筒式扬声器的结构

3. 常用电动式扬声器的测量

将万用表置于 $R\times10\Omega$ 档，一只表笔接一个引出端，另一只表笔断续地碰触另一引出端，扬声器应发出喀喀声，指针相应摆动，说明扬声器正常。调零后测出阻值 R，根据 $Z=1.17R$ 可估计出扬声器的交流阻抗。

5.8.3　耳机

1. 耳机的作用

耳机是一种将电信号转换成音频信号的电－声换能器件，主要应用于各种随身听、MP3、手机、语音室、录音棚等处，代替扬声器发声。

2. 动圈式耳机

动圈式耳机由磁体、音圈、音膜、壳体等组成，如图 5.70 所示。其工作原理、工作过程与动圈式扬声器相似。

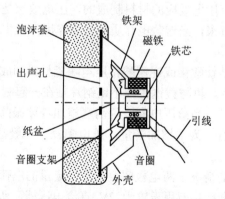

图 5.70　动圈式耳机结构示意图

动圈式耳机的音圈安装在音膜中央的磁隙中(或与音膜连为一体),当有电信号通过音圈时,音膜将随音圈的动作而振动发声。动圈式耳机的特点是音质好、灵敏度高、频响范围宽、语言与音乐重放均宜。

3. 压电式耳机

压电式耳机由压电片(采用压电晶体陶瓷、压电高聚化合物等具有压电效应的材料制成)、振膜和外壳等组成。当压电片上加有电信号时,压电片将产生压电形变,使振膜振动而发声。压电式耳机的特点是结构简单,适合语音通信方面。

4. 电磁式耳机

电磁式耳机又称动铁式耳机或耳塞,它由永久磁铁、线圈、膜片、铁芯等组成,如图5.71所示。

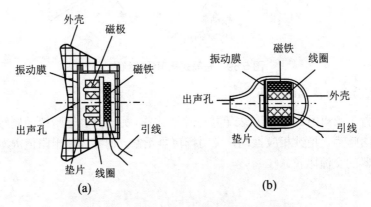

图 5.71　电磁式耳机及耳塞的结构示意图

(a) 耳机;(b) 耳塞

在静态(无电信号)时,由于磁铁的作用,膜片被吸引而略呈弯曲状。当线圈中有音频电流通过时,线圈上形成的电磁场与磁铁之间产生相吸或相斥作用。使膜片在其起始位置两侧振动而发声。电磁式耳机的特点是体积小、携带方便,常用于半导体收音机或助听器等。

5. 压电陶瓷片

压电陶瓷片是利用具有压电效应的材料制成的,压电效应是指某些电介质在电场的作用下会产生机械变形;反过来,当这些电介质在外力作用下发生变形时,在其表面就会产生电荷。

常见的压电陶瓷片由锆钛酸铅或铌镁酸铅压电陶瓷材料制成。在陶瓷片的两面镀上银电极,经极化和老化处理后,再与黄铜片或不锈钢片粘在一起制成,图5.72所示为压电陶瓷片的外形结构及电路符号。当给压电陶瓷片两端施加音频振荡电压时,压电陶瓷将带动金属片一起振动、发出声音。为了增加音量,压电陶瓷片一般都装在共振腔(或共振片)中使用。

压电陶瓷片在受外力的情况下两电极间会产生一定量的电荷,利用这一效应,可作为检测压电陶瓷片好坏的依据。将万用表置于 2V 直流电压档,两表笔分别接在压电陶瓷片的两极,当多次适度用力压放压电陶瓷片时,指针应在零刻度周围摆动,摆幅越大,说明压电效应越好。如果无反应，则说明压电陶瓷片已损坏。

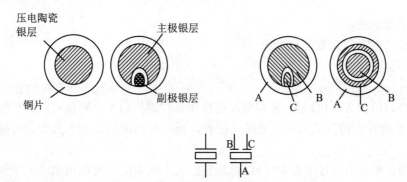

图 5.72　压电蜂鸣片外形结构及电路符号

压电陶瓷片体积小、重量轻、厚度薄、耗电少、可靠性高且价格低廉，现在已广泛用于电子表、玩具、耳机、话筒、蜂鸣器及各种简易发声装置中。

6. 蜂鸣器

蜂鸣器是一种小型化的电子讯响器，根据发声部件不同，可分为压电式和电磁式两种；根据音源不同，可分为有源和无源两种。有源蜂鸣器内部除发声部件外，还集成了多谐振荡器，当给其通上额定的直流电时，它就会发出特定的响声。

蜂鸣器主要由声源电路(多谐振荡器或音乐集成电路)、发声部件(电磁发声部件或压电陶瓷片)、阻抗匹配器及共鸣箱、外壳等组成。有的蜂鸣器外壳上还装有发光二极管。

蜂鸣器外形小巧、能耗低、工作稳定、驱动电路简单、安装方便、经济实用，在计算机、报警器、电子玩具、汽车电子设备、家用电器、定时器等电子装置中得到广泛使用。

5.9　练习思考题

1. 什么是换能元器件？它们有什么共同点？
2. 什么是热敏器件的温度系数，分为哪几类？
3. 如何区分光敏电阻、光敏二极管、光敏三极管？
4. 压敏元器件如何保护电路？哪些电路需要保护？
5. 简述磁带记录信息的工作原理。
6. 气敏元器件为什么要有加热器？
7. 观察身边的发光电器，想一想它们各属于哪种电光器件？
8. 发光二极管和半导体激光器有什么区别？

实训题　用万用表区分光敏二极管和光敏三极管

一、目的

掌握光敏二极管和光敏三极管的测量方法。

二、工具和器材

(1) 万用表一块。

(2) 光敏二极管和光敏三极管各一只。

三、内容

(1) 选择万用表 $R×1\,\text{k}\Omega$ 档,先用黑纸挡住两器件进光口,分别测它们的正向电阻和反向电阻,有单向导电特性的可能是光敏二极管,正、反向电阻均为无穷大的可能是光敏三极管。

(2) 去掉黑纸,仍用万用表 $R×1\,\text{k}\Omega$ 档测它们的正向电阻和反向电阻。(1)中判断为光敏二极管的,正、反向电阻均较小;(1)中判断为光敏三极管的,出现单向导电特性。这说明判断成立。

第 6 章　半导体集成电路

教学提示：半导体集成电路是将电阻、电容、二极管、三极管制作在一块硅片上，并按某种电路形式互连起来，完成一定功能的电路。具有重量轻、功耗低、性能好、可靠性高及成本低等特点，目前在电子产品中得到了广泛的应用。

教学要求：通过本章学习，学生应了解半导体集成电路的概念、分类、引脚识别和型号命名方法，熟悉各类集成电路的性能，学会根据不同的应用场合合理选择集成电路，并掌握 555 时基电路、集成运算放大器和三端集成稳压器的使用方法。

6.1 概　　述

6.1.1 半导体集成电路的概念

1. 集成电路的定义

集成电路是将电阻、电容、二极管、三极管经过半导体工艺或薄、厚膜工艺制作在同一硅片上，并按某种电路形式互连起来，制成具有一定功能的电路。

2. 集成电路的特点

同分立元器件相比，集成电路具有体积小、重量轻、功耗低、性能好、可靠性高、成本低等特点。

6.1.2 集成电路的分类

集成电路种类繁多，品种各异，可按不同方式进行分类。

1. 按照制造工艺分类

集成电路按其制造工艺可分为半导体集成电路、薄膜集成电路、厚膜集成电路和混合集成电路。

用平面工艺(氧化、光刻、扩散、外延)在半导体晶片上制成的集成电路称为半导体集成电路，也称为单片集成电路。

用薄膜工艺(真空蒸发、溅射)将电阻、电容等无源元件及相互连线制作在同一块绝缘衬底上，再焊接上晶体管管芯，使其具有一定功能的电路，称为薄膜集成电路。

用厚膜工艺(丝网印刷、烧结)将电阻、电容等无源元件及相互连线制作在同一块绝缘衬底上，再焊接上晶体管管芯，使其具有一定功能的电路，称为厚膜集成电路。

2. 按照有源器件分类

集成电路按有源器件可分为双极型集成电路、MOS 型集成电路和双极-MOS(BIMOS)

型集成电路等。

双极型集成电路是在半导体基片(硅锗材料)上,利用双极型晶体管构成的集成电路,其内部工作时由空穴和自由电子两种载流子进行导电。

MOS 型集成电路只有空穴或自由电子一种载流子导电。它又可分为 NMOS 型集成电路、PMOS 型集成电路和 CMOS 型集成电路 3 种。

NMOS 型集成电路是由 N 沟道的 MOS 器件构成。

PMOS 型集成电路是由 P 沟道的 MOS 器件构成。

CMOS 型集成电路则是指由 N 沟道和 P 沟道 MOS 器件构成的互补形式的电路。

双极型-MOS 型集成电路(BIMOS)是双极型晶体管和 MOS 电路混合构成的集成电路。一般前者作为输出级,后者作为输入级。双极型电路驱动能力强,但功耗较大,MOS 电路则相反,双极型-MOS 型集成电路兼有二者的优点。

3. 按照集成度分类

集成电路按其集成度可分为小规模集成电路、中规模集成电路、大规模集成电路、超大规模集成电路和极大规模集成电路,具体见表 6-1。

表 6-1 集成电路按集成度的分类

年 度	集成电路名称	缩 写	集成度门/芯片	每片晶体管数
1958 年	小规模集成电路	SSIC	1～10	10～100
1965 年	中规模集成电路	MSIC	10～100	100～1000
1973 年	大规模集成电路	LSIC	100～10 000	1000～100 000
1978 年	超大规模集成电路	VLSIC	10 000～100 000	100 000～1 000 000
1978 年后	极大规模集成电路		>100 000	>1 000 000

4. 按照应用领域分类

集成电路按照应用领域可分为军用品、民用品(又称商用品)和工业用品 3 大类。

由于军用品主要用在军事、航空、航天等领域,使用环境恶劣、装置密度高,对集成电路的可靠性要求极高,对价格的要求不太苛求。

由于民用品主要用在人们的日常生活中,使用条件较好,只要能够满足一定的性能指标要求即可。但对价格要求较高,最大限度地追求高的性能价格比。这是产品能否占领市场的重要条件之一。

工业用品介于二者之间。

5. 按照功能分类

集成电路按功能的分类如图 6.1 所示。

6.1.3 集成电路的封装及引脚识别

1. 集成电路的封装

常用集成电路的封装材料有金属、陶瓷、塑料 3 种。

1) 金属封装

金属封装散热性能好、可靠性高,但安装和使用不方便,成本高。一般高精度集成电路或大功率集成电路均以此形式封装。根据国标规定,金属封装有金属圆形和菱形两种。

2) 陶瓷封装

陶瓷封装散热性差,但体积小、成本低。一般分扁平和双列直插两种。

3) 塑料封装

塑料封装工艺简单、成本低,但散热性能较差,应用最广,适用于小功率器件,分扁平和双列直插两种。

中功率器件有时也采用塑料封装,但为了限制温升,有利散热,通常都在塑料封装的同时加装金属板,以利于固定散热片。

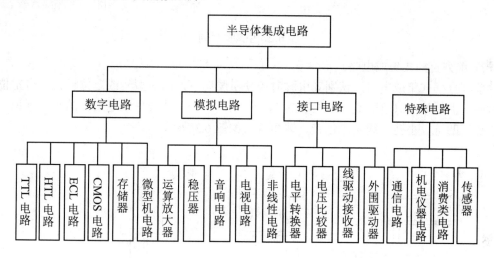

图 6.1　集成电路分类

2. 封装外形及引脚识别

封装形式最多的是圆顶形、扁平形及双列直插形。

圆顶形金属壳封装多为 8 脚、10 脚、12 脚。

菱形金属壳封装多为 3 脚、4 脚。

扁平形陶瓷封装多为 14 脚、16 脚。

单列直插式塑料封装多为 9 脚、10 脚、12 脚、14 脚、16 脚。

双列直插式陶瓷封装多为 8 脚、12 脚、14 脚、16 脚、24 脚。

双列直插式塑料封装多为 8 脚、12 脚、14 脚、16 脚、24 脚、42 脚、48 脚。

集成电路的引出脚数目虽然很多,但引出脚的排列顺序具有一定的规律。在使用集成电路时,可按排列规律正确识别集成电路的引出脚。

1) 圆顶封装的集成电路

对于圆顶封装的集成电路(一般为圆形和菱形金属外壳封装),在识别引脚时,应先将集成电路的引出脚朝上,找出其标记。常见的定位标记有锁口突耳、定位孔及引脚不均匀排列等。引出脚的顺序由定位标记对应的引脚开始,按顺时针方向依次数为引脚 1,2,3,4…,如图 6.2 所示。

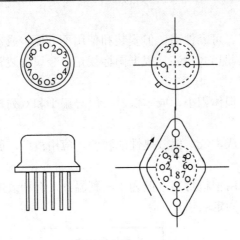

图 6.2 引脚的排列

2) 单列直插式集成电路

单列直插式集成电路，识别其引脚时应使引脚向下，面对型号或定位标记，自定位标记对应一侧的第一只引脚数起，依次为 1，2，3，4，…。此类集成电路上的定位标记一般为色点、凹坑、小孔、线条、色带、缺角等，如图 6.3 所示。

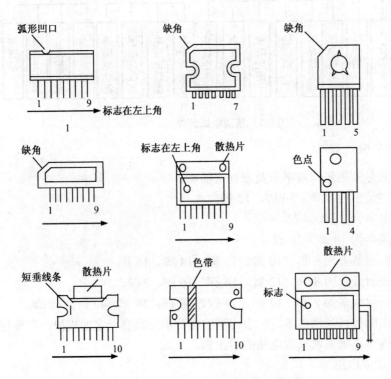

图 6.3 单列直插式引脚排列

有些厂家生产的集成电路，本是同一种芯片，为了便于在印制电路板上灵活安装，其引脚排列顺序对称相反。一种按常规排列，即由左向右，另一种则由右向左，如图 6.4 所示。对此类集成电路若封装上有识别标记，可按上述规律分清其引脚顺序。但也有少数器件上没有引脚识别标记,这时应从其型号上加以区别。若其型号后缀中有一字母 R,则表明其引脚顺序为从右到左反向排列。如 M5115P 与 M5115PR、HA1339A 与 HA1339AR、HA1366W 与 HA1366WR 等,前者的引脚排列顺序从左到右正向排列,后者的引脚排列顺序则由右到左反向排列。

还有个别集成电路,设计时尾部引出脚为非等距排列,作为标记。可按此特点来识别引脚顺序,如图 6.4 所示。

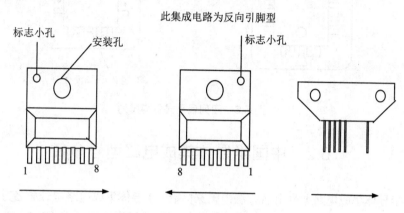

图 6.4 单列直插式引脚排列

3) 双列直插式集成电路

双列直插式集成电路,识别其引脚时,若引脚向下,即其型号、商标向上,定位标记在左边,则从左下角第一只引脚开始,按逆时针方向,依次为 1,2,3,4,…,如图 6.5 所示。若引脚向上,即其型号、商标向下,定位标志位于左边,则应从左上角第一只引脚开始,按顺时针方向,依次为 1,2,3,4,…。另外,也有个别型号的集成电路引脚,在其对应位置上有缺角(即无此输出脚),对这种型号的集成电路,其引脚编号顺序不受影响。

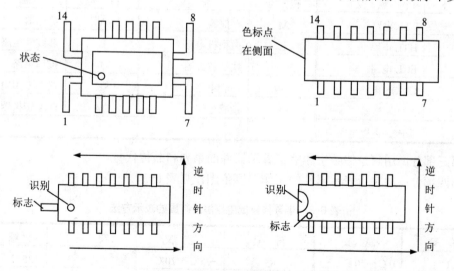

图 6.5 双列直插式引脚排列

对于某些软封装类的集成电路,其引脚直接与印制电路相结合。

对于四列扁平封装的微处理器集成电路,其引脚排列顺序如图 6.6 所示。

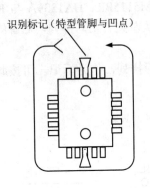
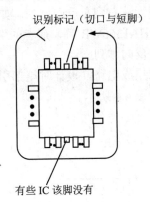

图 6.6 四列扁平式引脚排列

6.2 中国半导体集成电路型号命名

中国半导体集成电路型号命名方法由国家标准《半导体集成电路型号命名方法》(GB 3430—89)规定。该标准于 1990 年 4 月 1 日开始实施,取代了原国家标准(GB 3430—82)和四机部标准(SJ 611—77)。

根据国家标准规定,集成电路由 5 部分组成。

第一部分:用字母 C 表示器件符合国家标准。

第二部分:用字母表示器件类型,见表 6-2。

表 6-2 半导体集成电路类型的表示方法

符号	意义	符号	意义	符号	意义
T	TTL 电路	M	存储器	W	稳压器
H	HTL 电路	μ	微型机电路	B	非线性电路
E	ECL 电路	F	线性放大器	J	接口电路
C	CMOS 电路	SW	钟表电路	SC	通信专用电路
AD	A/D 转换器	SS	敏感电路	DA	D/A 转换器
D	音响、电视电路				

第三部分:用阿拉伯数字和字符表示器件的系列和品种代号。

第四部分:用字母表示器件的工作温度范围,见表 6-3。

表 6-3 半导体集成电路温度范围的表示方法

符号	意义	符号	意义	符号	意义
C	0℃~70℃	G	-25℃~70℃	L	-25℃~85℃
E	-40℃~85℃	R	-55℃~85℃	M	-55℃~125℃

第五部分：用字母表示器件封装形式，见表6-4。

表 6-4 半导体集成电路封装形式的表示方法

符号	意义	符号	意义	符号	意义
F	多层陶瓷扁平	B	塑料扁平	H	黑陶瓷扁平
D	多层陶瓷双列直插	J	黑陶瓷双列直插	P	塑料双列直插
S	塑料单列直插	K	金属菱形	T	金属圆形
C	陶瓷芯片载体	E	塑料芯片载体	G	网络阵列
J、K、L、M		商业用			

6.3 各类集成电路的性能比较

6.3.1 TTL 集成电路

TTL 集成电路的全名称是晶体管–晶体管逻辑集成电路。它由 NPN 或 PNP 型晶体管组成。

1. TTL 集成电路的分类

1) 国际通用标准 TTL 集成电路的分类

54/74 系列 TTL 数字逻辑集成电路一般分为 6 大类。

54/74XX：标准 TTL 电路系列。

54/74SXX：肖特基 TTL 电路系列。

54/74HXX：高速 TTL 电路系列。

54/74LSXX：低功耗肖特基 TTL 电路系列。

54/74ASXX：先进肖特基 TTL 电路系列。

54/74ALSXX：先进低功耗肖特基 TTL 电路系列。

注：74 为民用品，工作温度为 0～+70℃，电源电压为 5V±0.25V。

　　54 为军用品，工作温度为 −55℃～+125℃，电源电压为 5V±0.5V。

2) 国产 TTL 电路分类

T1000：标准系列，相当于国际 54/75 系列。

T2000：高速系列，相当于国际 54/74H 高速系列。

T3000：肖特基系列，相当于国际 54/74S 肖特基系列。

T4000：低功耗肖特基系列，相当于国际 54/74LS 低功耗肖特基系列。

T000 可分为 T000 中速系列和 T000 高速系列，T000 中速系列的性能类同于 T1000 系列，T000 高速系列的性能类同于 T2000 系列。

2. 用万用表判别 TTL 电路的好坏

用万用表判别 TTL 电路的好坏时，将万用表置于 $R×1\text{k}\Omega$ 档，黑表笔接 TTL 的电源地端，红表笔依次接其他各端。以 500 型万用表为例，在正常情况下，各端对地直流电阻约在 5 kΩ，但其中正电源端对地电阻约为 3 kΩ。若测量到某一端对地电阻低于 1 kΩ 或高于 12 kΩ 时，则可判断该 TTL 电路已经损坏。

为了进一步判断，可将表笔互换，即用红表笔接电源地端，黑表笔依次接其他各端，此时，若集成块完好，则电源对地电阻仍为 3 kΩ 左右，其余各端为 40 kΩ 以上；有一端电阻值低于 1 kΩ，则集成块损坏。

6.3.2 CMOS 集成电路

CMOS 集成电路于 1963 年提出线路结构，1968 发展成商品化产品。早期用于空间电子设备和军品中，20 世纪 70 年代后，广泛应用于工业控制及民用产品中。

1. CMOS 集成电路的概念

CMOS 集成电路是互补对称金属氧化物半导体(Complementary Metal-Oxide-Semiconductor)的英文缩写。对称，既指线路结构的对称，又指电气性能的对称。其基本逻辑单元由增强型 PMOS 管和增强型 NMOS 管按互补对称形式连接而成，它们在稳定的逻辑状态下，总是一个截止，另一个导通，流经电源的电流仅是截止晶体管的沟道泄漏电流，故静态功耗很小。

2. CMOS 集成电路的分类

CMOS 集成电路的种类很多，常见的是门电路。门电路中的逻辑门主要有非门、与门、与非门、或门、异或门、异或非门等。

非门是指只有一个输入端和一个输出端的逻辑门。当输入为高电平时，输出为低电平；当输入为低电平时，输出为高电平。即输入与输出总是反向的，故又常称为反相器。

与门是指具有两个或两个以上的输入端和一个输出端的逻辑门。当所有输入均为高电平时，输出为高电平；只要有一个或一个以上输入为低电平，输出就为低电平。

与非门是指具有两个或两个以上的输入端和一个输出端的逻辑门。只有当所有输入均为高电平时，输出才为低电平；只要有一个或一个以上输入为低电平，输出就为高电平。

或门是指具有两个或两个以上输入端和一个输出端的逻辑门。只有当所有输入均为低电平时，输出才为低电平；只要有一个或一个以上输入为高电平，输出就为高电平。

或非门是指具有两个或两个以上输入端和一个输出端的逻辑门。只有当所有输入均为低电平时，输出才为高电平；只要有一个或一个以上输入为高电平，输出就为低电平。

异或门是指具有两个输入端和一个输出端的逻辑门。只有当所有输入均为低电平或高电平时，输出才为低电平；输入端一个为高电平，另一个为低电平，输出就为高电平。

异或非门是指具有两个输入端和一个输出端的逻辑门。只有当所有输入均为低电平或高电平时，输出才为高电平；输入端一个为高电平，另一个为低电平，输出就为低电平。异或非门有时也称为同或门。

3. CMOS 集成电路的特点

1) 微功耗

CMOS 集成电路的静态功耗极小，如电源电压 V_{DD}=5V 时的静态功耗，各种门电路品种小于 2.5μW～5μW，缓冲器和触发器类小于 5μW～20μW，中规模集成电路小于 25μW～

100μW。

2) 工作电压范围宽

国产 CMOS 集成电路按工作电压范围分为两个系列，即 3V～18V 的 CC4000 系列和 7V～15V 的 C000 系列。

3) 抗干扰能力强

抗干扰能力又称为噪声容限，它表示电路保持稳定工作时，所能抵抗的外来干扰及本身噪声的能力。CMOS 集成电路的电压噪声容限典型值可达电源电压的 45%，保证值为 30%，高、低电平的噪声容限值相等。当 CMOS 电路工作电压提高到 10V 时，其噪声容限在数字逻辑电路中是最高的。

4) 输出逻辑摆幅大

CMOS 电路的输出高电平近似等于电源的高电平电位 V_{DD}，逻辑低电平近似等于电源的低电平电位 V_{SS}，即输出逻辑摆幅近似为电源电压。

5) 输入阻抗高

CMOS 电路的输入阻抗大于 $10^8\Omega$，一般为 $10^{10}\Omega$。

6) 扇出能力强

扇出能力是用电路输出端所能带动的输入端数目来表示的，CMOS 电路的输入和输出阻抗相差很大，其扇出能力大于 50。

7) 输入电容小

CMOS 电路的输入电容不大于 5pF。

8) 工作温度范围宽

陶瓷封装的 CMOS 电路，工作温度范围为-55℃～+125℃，塑料封装的为-40℃～+85℃。

除以上特点外，还具有成本低、可靠性高、抗辐射能力强等特点。

6.3.3 ECL 集成电路

1. ECL 集成电路的概念

ECL 集成电路为发射极耦合逻辑集成电路，是一种非饱和型数字逻辑电路。其内部电路工作在线性区或截止区，从根本上消除了限制速度提高的少数载流子的存储时间。因此，它是各种逻辑电路中速度最快的电路形式。

2. ECL 集成电路的特点

1) 速度快

ECL 基本门电路的典型传输延迟时间为亚毫微米数量级，其触发器和计数器的工作频率也在 1GHz 的范围内。故一个 ECL 系统与等效的 TTL 系统相比，其工作速度至少快一倍以上。

2) 逻辑功能强

ECL 电路能同时提供互补逻辑输出，这样不仅节省了系统所用的组件数，而且互补输出具有相同的传输延迟时间。因此，可消除一般逻辑电路中为产生互补逻辑功能而设置的反相器所增加的时间延迟，提高了系统的速度。

3) 扇出能力强

ECL 电路的输入阻抗高(约 10 kΩ)，输出阻抗低(约 7Ω)，故扇出能力强。

除以上特点外，还具有噪声低，便于数据传输等特点。

3. ECL 集成电路的应用

ECL 集成电路在高速信息系统中应用广泛，主要包括大型高速计算机、高速计数器及缓冲存储器、高速 A/D 转换系统、数字通信系统、航天与卫星通信系统、雷达系统、频率合成器、高速数字仪器仪表、微波测量系统、数据传输及情报处理系统等。

6.3.4 三种集成电路的性能比较

TTL、CMOS、ECL 等各种集成电路的性能比较见表 6-5。

表 6-5 各类集成电路性能比较

电路名称	速 度	功 耗	抗干扰能力	扇出系数
中速 TTL	≈50ns	30mW	≈0.V	≥8
高速 TTL	≈20ns	40mW	≈1V	≥8
超高速 TTL	≈10ns	50mW	≈1V	≥8
ECL	>5ns	80mW	0.3V	≥10
PMOS	>1μs	<5mW	3V	≥10
NMOS	≈500ns	1mW	≈1V	≥10
CMOS	≈200ns	<1μW	≈2V	≥15

6.3.5 集成电路的使用注意事项及代换

1. 集成电路的使用注意事项

集成电路是一种结构复杂、功能多、体积小、价格贵，安装与拆卸比较麻烦，而且容易损坏的电子器件。因此，在选购和使用过程中，一定要按照要求仔细操作，切莫造成不必要的损失。

1) TTL 集成电路的使用注意事项

(1) TTL 电路的输出端不允许直接接地或直接接电源，否则，易烧坏集成电路。

(2) TTL 电路对电源电压要求严格，要求使用稳定性好的直流稳压电源，且电源电压的允许偏差小于 10%。

(3) TTL 电路内部体积小、元件密度高。使用时，其功耗、输出电压、输入电压、输出电流、输入电流等参数，尽量不要超过其额定值。

(4) TTL 电路多余的输入端悬空时，相当于逻辑 1 状态，所以，或门和或非门的多余输入端不允许悬空，必须接地或接低电平；与门和与非门的多余输入端一般可悬空。但为了逻辑功能稳定可靠，与门和与非门的多余输入端最好接到电源上或并联使用。不用的电路输出端则应悬空。如果将其接电源或接地，集成电路会损坏。

2) CMOS 集成电路的使用注意事项

(1) CMOS 电路对电源电压要求不严格，但正负极决不允许接反，否则，极易造成损坏。

(2) CMOS 电路的输出端不允许直接接电源电压。

(3) CMOS 电路的输入端不允许悬空，可按其功能接电源或并联使用。

(4) CMOS 电路同其他电路连接时，要注意电平转换和驱动能力的问题。当 CMOS 电路与 TTL 电路连接时，因 CMOS 电路输出电流小，驱动 TTL 负载有困难，所以在提高其电平值的同时，还需在 CMOS 后面加晶体管驱动级。

(5) CMOS 电路在存储、运输时，要注意静电对集成电路的影响。

(6) CMOS 电路电流负载能力低，容抗负载对其工作速度影响很大。安装时，应减小容抗性负载。印制电路布线时，也要考虑引线电容对它的影响。

2. 集成电路的代换

集成电路的系列多达几十种甚至几百种，其型号更是举不胜数。在这品种繁多的集成电路中，既有不同厂家自行设计生产的同一功能的集成电路，也有仿制产品及组装产品，还有改进型产品等。因此，集成电路的代换异常复杂。

集成电路的代换一般可分为直接代换和间接代换两种。

1) 直接代换

直接代换是指不改动和不增加外围元件及集成电路引脚，将代换的集成块直接焊接到电路板上。该种方法的特点是简便、可靠和适用，是代换的首选方法。

直接代换可分为以下两种。

(1) 型号字母相同，数字不同的代换。

集成电路的同一个型号不断出现改进型，其后缀数字有变化，但引脚功能与原型完全相同，可以直接进行代换。如 HA11227、HA12018、HA12026，其字母相同，数字不同，但引脚功能基本相同，可以直接代换。

(2) 型号字母不同，数字相同的代换。

集成电路的前缀字母多用于表示生产厂家或电路类别。有些集成电路前缀不同，但后面的数字相同，它们只表示生产厂家不同，但功能相同，可以直接进行代换。如 HA1144、D1144、F1144 均可直接代换。但也有一些后面数字相同的集成电路，其功能不同，不能直接代换。如 BA1350 和 MC1350、HA1167 和 μPC1167，其功能及引脚均不相同，不能直接进行代换。故在型号字母不同，数字相同的集成电路代换时，应仔细查阅有关手册。

2) 间接代换

间接代换是指无法进行直接代换时，采用与原型号集成电路的电参数、封装形式相接近的集成电路进行代换。

间接代换可分为以下 4 种。

(1) 外围电路保持不变，改变引脚接线顺序。

有些型号的集成电路，其主要电参数稍有差别(或个别引脚功能排列不同)，但封装形式、使用条件均相同，可以进行间接代换，只是需要改变引脚的接线顺序。

如双声道音频功率放大电路 AN7156N 和 AN7158N，其引脚对应关系为

AN7156N： 1 2 3 4 5 6 7 8 9 10 11 12

AN7158N： 1 2 3 5 4 6 7 9 8 10 11 12

由引脚对应关系可知，在间接代换时，只需将4脚和5脚、8脚和9脚对调即可。

(2) 引脚接线顺序不变，改动外围电路或调整外围电路中的元器件。

有些型号的集成电路除个别引脚对外围电路的要求不同外，其余均相同，这时应以改动外围电路为好。

如对于伴音中放集成电路 LA1363 和 LA1365 而言，只要将 LA1363 的 5 脚对地并联一只 10V～12V 的稳压二极管，二者就可以任意进行代换了。

(3) 引脚接线顺序和外围电路同时进行改动。

这种方法同前两种相比，显然比较麻烦和困难，只有在万不得已的情况下才进行。同时也应综合考虑，若外围电路改动较大，可不进行改动。而是根据新的代换的集成电路的要求，重新设计焊接另一块电路板，并与原电路板连接。这样，反而省事。

(4) 对原集成电路进行部分代换。

有些集成电路，其内部各单元电路是彼此相互独立的，信号的输入、输出也是靠外围电路来实现的。当其内部部分损坏时，可根据具体情况进行部分代换。

如双声道音频功率放大电路 TA7203P，内部由两个相互独立的声道组成。当其中一个声道损坏时，可用一块性能与其相似的单声道放大电路(如 TA7204P)来代替。也可以将两块均损坏一个声道的集成电路组合使用。在一些允许场合，还可以将损坏声道弃之不用，未损坏声道作为单声道使用。

6.4　555 时基电路

6.4.1　555 时基电路的概念

555 时基电路由美国 SiGnetics 公司于 1972 年推出并投放市场，其目的是为了取代体积大、定时精度差的热延时继电器等机械式延时器。但 555 时基电路在人们使用过程中，用途不断得到开发，被大量用于工业控制、仪器仪表等领域，取得了大大超出原设计思想的应用成果。美国各大公司相继生产，如仙童公司的 NE555、德克萨斯公司的 E555、美国无线电公司的 CA555、国家半导体公司的 LM555、摩托罗拉公司的 MC555、菲利浦公司的 TDA0555、Intesic 公司的 ICM7555(CMOS 工艺)。世界各大公司也竞相仿制，如日本东芝公司的 TA7555、日立公司的 HA555 等。我国也有不少厂家生产，如上海半导体厂的 5G1555、苏州半导体总厂的 FD555、贵州 4433 厂的 FX555 以及 SL1555 等。以上各厂的产品型号都保留了 555 三个数字，这一方面说明了它的特性，另一方面也说明了这种 555 时基电路的应用非常广泛。

1. 555 的含义

一般的集成电路型号中的数字仅是一种编号，可是 555 时基电路的 3 个 5 却有具体的含义，它们代表基准电压电路是由 3 个 5 kΩ 电阻组成的，且要求它们严格相等。

2. 555 时基电路的特点

(1) 555 时基电路在电路结构上由模拟电路和数字电路组合而成。它将模拟功能与逻辑功能兼容为一体，能够产生精确的时间延迟和振荡，拓宽了模拟集成电路的应用范围。

(2) 555 时基电路采用单电源供电。双极型 555 的电压范围为 4.5V～15V，CMOS 555 的电压范围为 3V～18V。这样，它可以与模拟运算放大器和 TTL 或 CMOS 数字电路共用一个电源。

(3) 555 时基电路可独立构成一个定时器，且定时精度高。

(4) 555 时基电路的最大输出电流达 200mA，带负载能力强，可直接驱动小电机、喇叭、继电器等负载。

6.4.2 555 时基电路的封装

555 时基电路的封装外形一般有两种形式：一种是 8 脚圆形 TO-99 型，如图 6.7(a)所示；另一种是 8 脚双列直插 DIP-8 式，如图 6.7(b)所示。556 双时基集成块内含两个相同的时基电路，称为双 555，基封装形式为双列直插 14 脚，即 DIP-14 式，如图 6.7(c)所示。

对于 555 时基电路，其管脚功能分别如下：

1 脚为电源负端(地端)和公共端(V_{SS} 或 GND)。在通常情况下与地相连，该端的电位应比其他管脚的电位都低。

2 脚为触发端或称置位端($\overline{S}$)。当该端电压低于 $V_{DD}/3$ 时，可使触发器处于置位状态，即输出端处于逻辑 1 电平。该端允许外加电压范围为 0～V_{DD}。

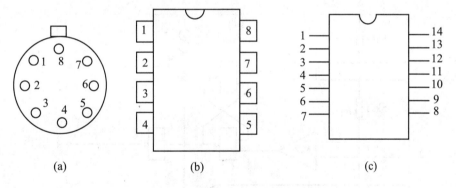

图 6.7 555、556 时基电路的封装

3 脚为输出端(V_0)，电路连接负载端。通常该脚为低电平 0，在定时期间为高电平 1。

4 脚为复位端($\overline{MR}$)。当该端外加电压低于 0.4V，即为逻辑 0 电平时，定时过程中断。不论 R、$\overline{S}$ 端处于何种电平，电路均处于复位状态，即输出为低电平 0。该端允许外加电压范围为 0～V_{DD}。不用时，应与 V_{DD} 相连。

5 脚为控制电压端(V_C)。该端与 $2V_{DD}/3$ 分压点相连，若在此端加入外部电压，可改变集成电路内部两个比较器的比较基准电压，从而控制电路的翻转门限，以改变产生脉冲宽度或频率。当不用时，应将该端接一只 0.01μF 的电容器到地。

6 脚为阈值电压端(R)。其阈值电平为 $2V_{DD}/3$ 时，即当该端电压大于 $2V_{DD}/3$ 时，可使触发器复位，即输出端处于逻辑 0 电平。该端允许外加电压范围为 $0\sim V_{DD}$。

7 脚为放电端(DIS)。该端与放电管相连，放电管为发射极接地开关控制器，用于定时电容的放电。

8 脚为电源正端(V_{DD})。双极型 555 外接 4.5V～15V，CMOS 型可外接 3V～18V 电源，一般来说，电路的定时精度受电源电压的影响极小。

对于 556 双时基电路，其管脚功能见表 6-6。

表 6-6 556 管脚功能

管 脚	功 能	管 脚	功 能
1 和 13	放电端 DIS	5 和 9	输出端 V_O
2 和 12	阈值电压端 R	6 和 8	触发端 $\overline{S}$
3 和 11	控制电压端 V_C	7	电源负端 V_{SS}
4 和 10	复位端 $\overline{MR}$	14	电源正端 V_{DD}

6.4.3 555 时基电路的工作原理

555 时基电路的原理框图如图 6.8 所示，其中含两个比较器 A_1 和 A_2、一个触发器、一个驱动器和一个放电晶体管。两个比较器分别被电阻 R_1、R_2、R_3 构成的分压器设定的 $2V_{DD}/3$、$V_{DD}/3$ 参考电压所限定。

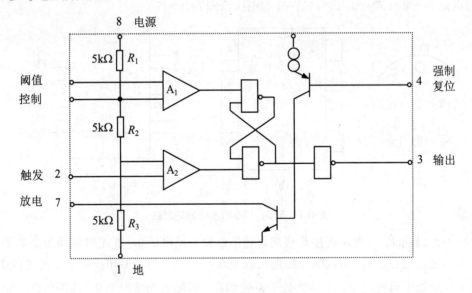

图 6.8 555 时基电路的原理框图

6.4.4 555 时基电路的主要参数

双极型 555 时基电路和 CMOS 型 555 时基电路由于其生产工艺不同，故其电性能、参数指标有较大差别。表 6-7 给出了双极型 555 时基电路的参数。

表 6-7 双极型 555 时基电路电参数特性(25℃)

参数名称		单位	测试条件	SE555			NE555		
				最小值	典型值	最大值	最小值	典型值	最大值
电源电压		V	$V_{SS}=0$	4.5		18	4.5		16
电源电流		mA	$V_{DD}=5V$, $R_L=\infty$		3	5		3	6
			$V_{DD}=15V$, $R_L=\infty$		10	12		10	15
定时误差	精度	%	R_A,R_B=1 kΩ～100 kΩ $C=0.1\mu F$ $V_{DD}=5$ 至 $V_{DD}=15V$ 下测试		0.5	2		1	
	温度漂移	$10^{-6}/℃$			30	100		50	
	电源漂移	%/V			0.005	0.02		0.01	
阈值电压		V			2/3			2/3	
触发电压		V	$V_{DD}=15V$	4.8	5	5.2		5	
			$V_{DD}=15V$	1.45	1.67	1.9		1.67	
触发电流		μA			0.5			0.5	
复位电压		V		0.4	0.7	1.0	0.4	0.7	1.0
复位电流		mA			0.1			0.1	
阈值电流		μA	$V_{DD}=15V$		0.1	0.25		0.1	0.25
控制电压		V	$V_{DD}=15V$	9.6	10	10.4	9.0	10	11
			$V_{DD}=5V$	2.9	3.33	3.6	2.6	3.33	4
输出低电平		V	$V_{DD}=15V$ $I_{mink}=10mA$		0.1	0.15		0.1	0.25
			$V_{DD}=15V$ $I_{mink}=50mA$		0.4	0.5		0.4	0.75
			$V_{DD}=15V$ $I_{mink}=100mA$		2.0	2.2		2.0	2.5
			$V_{DD}=5V$ $I_{mink}=8mA$		0.1	0.25			
			$V_{DD}=5V$ $I_{mink}=5mA$					0.25	0.35
输出高电平		V	输出电流 $I_S=200$ mA $V_{DD}=15V$		12.5			12.5	
			$I_S=100mA$ $V_{DD}=15V$	13.0	13.0		12.5	13.3	
			$I_S=100mA$ $V_{DD}=5V$	3.0	3.3		2.75	3.3	
输出上升时间		ns			100			100	
输出下降时间		ns			100			100	

表 6-8 给出了 CMOS 型 555 时基电路的参数。

表 6-8　5G7556 电参数特性(25℃)

参数名称	符号	条件	规范值			单位
			最小值	典型值	最大值	
电源电压	V_{DD}	$-20℃ \leq T_A \leq +70℃$	3		16	V
静态电流	I_{DD}	$V_{DD}=+15V$, $R_L=\infty$		600	1200	μA
初始精度		R_A, $R_B=1\,k\Omega \sim 100\,k\Omega$ $5V \leq V_{DD} \leq 15V$, $C=0.1\mu F$		2.0	5.0	%
温度漂移		$V_{DD}=15V$			600	10^{-6}/℃
电源漂移		$V_{DD}=15V$		1.0	3.0	%/V
阈值端电压	V_{TH}	$V_{DD}=15V$		$2V_{DD}/3$		V
触发端电压	V_{TRIG}	$V_{DD}=15V$		$V_{DD}/3$		V
触发端电流	I_{TRIG}	$V_{DD}=15V$		50		pA
阈值端电流	I_{TH}	$V_{DD}=15V$		50		pA
复位端电压	V_{RST}	$V_{DD}=15V$	0.4	0.7	1.0	V
复位端电流	I_{RST}	$V_{DD}=15V$		100		pA
输出电压	V_{OL}	$V_{DD}=15V$, $I_{灌进}=3.2mA$		0.1	0.4	V
	V_{OH}	$V_{DD}=15V$, $I_{灌进}=1mA$	14	14.8		V
最高振荡频率	f_{max}	非稳态触发器	500			kHz

6.4.5　双极型和 CMOS 型 555 时基电路的性能比较

1. 双极型和 CMOS 型 555 时基电路的共同点

(1) 双极型和 CMOS 型 555 时基电路的功能大体相同，外形和管脚排列一致，大多数场合下可直接进行替换。

(2) 二者均使用单一电源，适应电压范围大，可与 TTL、HTL、CMOS 型数字逻辑电路等共用电源。

(3) 555 时基电路输出的为全电源电平，可与 TTL、CMOS 型等电路直接接口。

(4) 电源电压变化时对振荡频率和定时精度的影响小，对定时精度的影响仅为 0.05%/V，且温度稳定性好，温度漂移不高于 50×10^{-6}/℃(即 0.005%/℃)。

2. 双极型和 CMOS 型 555 时基电路的不同点

(1) CMOS 型 555 时基电路的功耗仅为双极型的几十分之一，静态电流仅为 300μA，为微功耗电路。

(2) CMOS 型 555 时基电路的电源电压可低至 2V～3V，各输入功能端电流均为 pA(皮安)级。

(3) CMOS 型 555 时基电路的输出脉冲上升沿和下降沿比双极型的要陡峭，转换时间要短。

(4) CMOS 型 555 时基电路在传输过渡时间里产生的尖峰电流小，仅 2mA～3mA，而双极型 555 时基电路的尖峰电流高达 300mA～400mA。

(5) CMOS 型 555 时基电路的输入阻抗比双极型 555 时基电路的输入阻抗要高出几个数量级，高达 $10^{10}\Omega$。

(6) CMOS 型 555 时基电路的驱动能力差，输出电流仅为 1mA～3mA，而双极型的输出驱动电流可达 200mA。

6.4.6　555 时基电路的应用

555 时基电路大量应用于电子控制、电子检测、仪器仪表、家用电器、音响报警、电子玩具等诸多方面。用于振荡器、脉冲发生器、延时发生器、定时器、方波发生器、单稳态触发振荡器、双稳态多谐振荡器、自由多谐振荡器、锯齿波产生器、脉宽调制器、脉位调制器时许多资料都进行了详细介绍。

6.4.7　555 时基电路的生产厂家及型号

555 时基电路的生产厂家及型号见表 6-9。

表 6-9　555 时基电路生产厂家及型号

国　　家	生产公司、厂家	产品型号
美国	Signetics(西格尼蒂克斯)	SE555/NE555
	Exar(埃克萨)	XR555
	Fsirohild(仙童)	NE555
	Intersil(英特锡尔)	SE555/NE555，ICM7556
	Motorola(摩托罗拉)	MC1455/MC1555
	Lithicsystems(莱塞克系统公司)	LC555
	National(国家半导体公司)	LM555/LM555C
	RCA(美国无线电公司)	CA555/CA555C
	Raytheon(雷声)	RM555/RC555
	Texas Instruments(德克萨斯)	SN52555/SN72555
日本	Hitachi(日立)	HA17555
	Toshiba(东芝)	TA7555
	National(松下)	AN1555
	Sanyo(三洋)	LA555
荷兰	Philips(菲利浦)	TDA0555
法国	Thomson-osf(汤姆逊)	TBA555
中国	上海半导体五厂	5G1555/5G7555
	上海无线电十四厂	CH7555/CH7556
	苏州半导体总厂	FD555
	无锡无线电元件一厂	XT555
	贵州 4433 厂	FX555/SL555

6.5 集成运算放大器

6.5.1 集成运算放大器的概念

1. 集成运算放大器的定义

集成运算放大器(简称集成运放或运放)是由制作在一块硅片上的、完整的、直接耦合的多级放大电路组成的高增益放大器。由于它在发展初期,主要用于模拟运算,如进行加法、减法、积分和微分等各种数学运算,故称为运算放大器。目前,运算放大器的应用已远远超出了数学运算的范围,而渗透到了电子学的各个方面。如信号处理、电源稳压、有源滤波、信号产生、A/D 转换和 D/A 转换等。

2. 集成运算放大器的组成

集成运算放大器一般由输入级、中间级、输出级和偏置电路 4 部分组成,如图 6.9 所示。

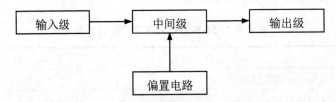

图 6.9 集成运算放大器的组成框图

输入级的作用是提供与输出级同相、反相关系的两个输入端,同时能有效地抑制零点漂移,有较高的输入电阻并具有一定的放大倍数。因此,大多采用带恒流源的差动放大电路。

中间级要有足够高的电压放大倍数,是运算放大器开环增益的主要提供者。大多采用多级带有源负载的共射级基本放大电路或复合管共射电路。

输出级要给负载提供一定的输出电压和输出电流。为提供带载能力,大多采用射极跟随器或互补对称输出电路。

偏置电路给各级提供偏置电流,由电流源电路构成。

另外,电路还包括一些其他的辅助环节,如电平移动电路、过载保护电路等。

3. 集成运算放大器的符号

集成运算放大器的符号表示如图 6.10 所示。

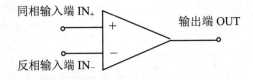

图 6.10 集成运算放大器的符号表示

集成运算放大器有两个输入端和一个输出端。两个输入端分别称为同相输入端和反相输入端。

6.5.2 集成运算放大器的分类

集成运算放大器的种类很多,目前尚无统一的划分标准,一般根据其用途的不同可以分为以几种。

1. 通用型集成运算放大器

通用型集成运算放大器的性能指标适合于一般性的使用,重点强调性能价格比,各项技术参数较为均衡。其产品数量多、应用范围广、价格便宜。目前使用最多的是 LM741 系列、RC4558 系列、LM324 系列、TL081 系列、TL082 系列以及 TL084 系列等。

2. 低功耗型集成运算放大器

低功耗型集成运算放大器重点强调的是静态功耗要小,其特点如下。
(1) 静态功耗通常比通用型集成运算放大器低 1 个～2 个数量级。
(2) 既可以在很低的电源电压下工作,如电池供电场合,也可以在标准电源范围内工作。
(3) 在很低的电源电压下工作时,不仅其静态功耗低,而且能保证具有良好的电性能,克服了通用型集成运算放大器在低电源电压下性能变坏的缺点。

3. 高精度型集成运算放大器

高精度型集成运算放大器重点强调的是温度系数、噪声、电压增益和共模抑制比,要求输入失调电压和输入失调电流随温度、时间、电源电压的变化漂移要很小,而电压增益和共模抑制比要高。故有时也将高精度型集成运算放大器称为低漂移集成运算放大器和低噪声集成运算放大器。

4. 高速型集成运算放大器

高速型集成运算放大器的主要电参数是指交流电参数,如单位增益带宽、开环带宽、转换速率、功率带宽以及建立时间等。其转换速率都在几百伏/微秒以上,仅少数在 50V/μs 左右,有的可达到 1000V/μs 以上。

5. 宽带型集成运算放大器

宽带型集成运算放大器同高速型集成运算放大器有相类似的电特性。只不过是后者对速度要求较严,前者对带宽要求较严。

6. 高压型集成运算放大器

高压型集成运算放大器重点强调的是高电源电压、大动态范围和功耗。即高压型集成运算放大器是为解决高输出电压或高输出功率的要求专门设计的。其允许的供电电压一般在±30V 以上,输出峰电压也在±30V 左右或以上。采用场效应管作为输入级可将耐压提高到 150V、240V 甚至 300V。

7. 高阻型集成运算放大器

高阻型集成运算放大器的输入电阻要求在 $10^{12}\Omega$ 左右。它一般有两种结构:一种是由结型场效应管(JFET)作为差分输入级的集成运算放大器;另一种是由 MOS 场效应管

(MOSFET)和双极型晶体管(BJT)构成的单片相容的集成运算放大器。此外还有全集成运算放大器(包含 NMOS、PMOS、CMOS)。

8. 功率型集成运算放大器

功率型集成运算放大器的允许供电电压较高,输出电流较大。

9. 跨导型集成运算放大器

跨导型集成运算放大器的主要功能是将输入电压转换为电流输出,并通过外加偏置电压控制集成运算放大器的工作电流,从而使其工作电流可以在较大的范围内变化。

10. 程控型集成运算放大器

程控型集成运算放大器大多属于低功耗集成运算放大器,即可在低电源电压下工作,也可在标准电源电压下工作,其电源电压的变化范围为±1.5V～±22V 左右。通过外接程控偏置电阻可实现电压增益、增益带宽乘积、转换速率、电源电流、输入偏置电流、输入失调电压和输入失调电流的程控,以适应具体电路环境的要求。

11. 电流型集成运算放大器

电流型集成运算放大器也称为诺顿放大器,其主要特点是电流差动输入,而不像大多数集成运算放大器那样,采用电压差动输入。电流型集成运算放大器的电源电压变化范围宽,且单电源和双电源均可稳定工作,比一般的通用型集成运算放大器输入偏置电流要小,频带要宽,输出幅度要大。其应用也较广泛,可用于视频放大、有源滤波、波形生成等场合。

此外,集成运算放大器还有电压跟随型等多种。

6.5.3 集成运算放大器的主要参数

为了表征集成运算放大器在各个方面的性能指标,常用以下几种参数。

1. 开环电压增益 A_{od}

在标称电源电压和规定负载电阻下(通常规定负载电阻为 $2\,k\Omega$),集成运算放大器在开环(无外加反馈回路)状态下,输出电压变化与输入差模电压变化之比(称为差模电压放大倍数),称为开环电压增益。它反映了集成运算放大器的放大能力。性能较好的集成运放的 A_{od} 可达 140 dB,理想集成运放的 A_{od} 为无穷大。

2. 静态功耗 P_o

集成运算放大器在标称电源电压下,输入信号为零且不接负载电阻时的功耗值,称为静态功耗。

3. 共模抑制比 K_{CMR}

集成运算放大器差模电压增益与共模电压增益之比,称为共模抑制比,常用 dB 数表示。性能好的运放其共模抑制比可达到 120 dB 以上,理想运放的 K_{CMR} 趋于无穷大。

4. 差模输入电阻 r_{id}

集成运算放大器开环时,差模输入电压的变化与对应的输入电流的变化之比,称为差模输入电阻。性能好的运放 r_{id} 在 $1\,\mathrm{M}\Omega$ 以上，理想的 r_{id} 为无穷大。

5. 输入失调电压 U_{Io}

在标称电源电压下，为使集成运算放大器输出电压为零，需要在输入端加一直流补偿电压，此外加的补偿电压称为输入失调电压。它是反映差分放大器对称程度的一个参数。

6. 输入失调电压的温漂 dU_{Io}/dT

在规定的环境温度范围内，单位温度变化所引起的输入失调电压的变化率，称为输入失调电压的温漂(或称为输入失调电压的温度系数)。其数值越小，表示运放的温漂越小。

7. 输入失调电流 I_{Io}

在标称电源电压下，以理想恒流源驱动集成运算放大器的两个输入端，使输出电压为零的两个输入电流之差称为输入失调电流。它是衡量差分放大输入对管输入电流对称性的参数。I_{Io} 越小，表明差分对管 β 的对称性越好。

8. 输入失调电流的温漂 dI_{Io}/dT

在规定的温度范围内，单位温度变化所引起的输入失调电流的变化率，称为输入失调电流的温漂(或称为输入失调电流的温度系数)。其数值越小越好。

9. 输入偏置电流 I_o

在标称电源电压下，以理想恒流源驱动集成运算放大器的两个输入端，使输出电压为零的两个输入电流的平均值称为输入偏置电流。

10. 输入偏置电流的温漂 dI_o/dT

在规定的温度范围内，单位温度变化所引起的输入偏置电流的变化率，称为输入偏置电流的温漂(或称为输入偏置电流的温度系数)。其数值越小越好。

11. 最大差模输入电压 U_{IDM}

集成运算放大器两输入端所能承受的最大反向电压，称为最大差模输入电压。

12. 开环输出电阻 r_{os}

集成运算放大器在开环工作时，外加输出电压变化与对应的输出电流变化之比，称为开环输出电阻，即其输出级的输出电阻。

13. 最大输出电流 I_{om}

在最大输出峰-峰电压下，集成运算放大器所能提供的最大输出电流。

14. 输出短路电流 I_{os}

同相输入端在施加规定的直流电压下，输出端对地短路时的直流输出电流。

15. 输出峰-峰电压 U_{opp}

在不出现削波或明显的非线性畸变条件下，在额定输出电流及标称电源电压下的最大峰-峰输出电压。

16. 开环带宽 f_{BW}

在开环幅频特性上,开环电压增益下降 3dB 所对应的频率。

17. 单位增益带宽

在开环幅频特性上,开环电压增益下降到 1(0dB)所对应的频率。

18. 最大共模输入电压 U_{ICM}

集成运算放大器两输入端输入共模电压为 U_{CM},当 U_{CM} 增加到使其共模抑制比下降 6dB 时的值,称为最大共模输入电压。

19. 共模输入电阻

集成运算放大器每一个输入端对地的电阻值称为共模输入电阻。由于共模输入电阻远大于差模输入电阻,故通常不予考虑。即常说的输入电阻均指差模输入电阻。

20. 等效输入噪声电压

输出端的噪声电压在输入端的等效值。

21. 输出电压转换速率

输入端在施加规定的大信号阶跃脉冲电压时,输出电压随时间的最大变换率称为转换速率。它反映集成运算放大器在大信号输入条件下的瞬态特性。

22. 建立时间

从输入端施加规定的大信号阶跃脉冲至输出电压达到规定的精度数值所需要的时间,称为建立时间。

23. 上升时间

从输入端施加规定的小信号阶跃脉冲电压时,输出电压从满幅度的 0.1 上升到 0.9 时所需要的时间,称为上升时间。

24. 延迟时间

从输入端在施加规定的小信号阶跃脉冲电压至输出电压达到满幅度的 0.1 时所需要的时间,称为延迟时间。

25. 下降时间

从输入端在施加规定的小信号阶跃脉冲电压时,输出电压从满幅度的 0.9 下降到 0.1 时所需要的时间,称为下降时间。

26. 脉动时间

从输入端在施加规定的小信号阶跃脉冲电压时,输出电压从满幅度的 0.9 到规定幅度所需要的时间,称为脉动时间。

27. 电源电压抑制比

由集成运算放大器供电电源电压变化产生的输入失调电压变化值与电源电压变化值之比，称为电源电压抑制比。它描述了集成运算放大器对电源电压变化的抑制能力。

28. 电源电流

当集成运算放大器输出端无负载且输出电压为电源电压的 1/2 时，从电源电压流出的电流之和，称为电源电流。

6.5.4 集成运算放大器的应用

集成运算放大器的应用极为广泛，现仅就其作为负反馈放大器时的 3 种基本电路做一简要介绍。

1. 反相放大器

反相放大器电路如图 6.11 所示。图中，Z_f 为反馈阻抗，Z_s 为输入阻抗。

反相放大器的闭环电压增益为

$$A_{uf} = \frac{U_o}{U_s} = -\frac{Z_f}{Z_s} \tag{6.1}$$

2. 同相放大器

同相放大器电路如图 6.12 所示。图中，Z_f 为反馈阻抗，Z_s 为输入阻抗。

同相放大器的闭环电压增益为

$$A_{uf} = \frac{U_o}{U_s} = \frac{Z_s + Z_f}{Z_s} \tag{6.2}$$

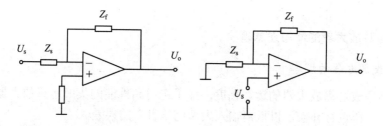

图 6.11 反相放大器　　　　图 6.12 同相放大器

3. 电压跟随器

电压跟随器电路如图 6.13 所示。

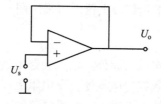

图 6.13 电压跟随器

电压跟随器实际上就是当反馈电阻为零、输入电阻为无穷大、闭环电压增益为 1 时的同相放大器。因此，电压跟随器具有同相放大器的所有特点，即闭环输入电阻大、输出电阻小、易受共模抑制比的影响等。

6.5.5 集成运算放大器的选用

集成运算放大器的种类很多，使用时应该注意以下几个方面。

(1) 如果电路没有特殊的要求，要尽量使用通用型集成运算放大器。既可降低成本，又能保证货源。另外，当一个电路中要求具有多个运放时，可选择多个运放的型号。如将 4 个运放封装在一起的集成运算放大器。

(2) 当工作环境有冲击电压和电流出现或在实验调试时，应尽量选择带有过压、过流、过热保护的型号，以避免发生意外事故，损坏器件。如果运放内部不具备上述措施时，可外接。

(3) 不能盲目追求运放的指标先进。因为尽善尽美是不存在的，集成运算放大器有的指标好是以其他指标较差或一般为代价的。如低功耗集成运算放大器，其转换速率较低。场效应管作为输入级的运放，虽然其输入电阻高，但失调电压较大。各类运放各有特点，应根据需要合理选择使用。

(4) 要注意在系统中各单元之间的电压配合问题。如运放的输出接到数字电路，则应按照数字电路的输入逻辑电平选择供电电压以及能适应供电电压的运放型号，或在它们之间加电平转换电路。

(5) 要注意集成运算放大器的性能指标是在特定条件下测出来的，如果使用条件与规定的不一致将影响指标的准确性。

(6) 在弱信号条件下使用集成运算放大器时，应注意温漂、失调等指标。同时，还要注意噪声系数不能太大。

6.5.6 集成运算放大器的使用注意事项

1. 输入失调电压的调零

为了提高集成运算放大器的运算精度，除了选用高性能的集成运算放大器以外，还必须对输入失调电压进行补偿，以抵消输入失调电压引入的误差。

失调电压调零电路如图 6.14～图 6.16 所示。

输入失调电压的调零是将输入信号接地，调整调零电阻，使得输出为零。由于集成运算放大器的种类繁多，其调零电阻的取值及中点电压也不相同。故在实际调零时应根据具体集成运算放大器来进行。

对于不具备调零端子的集成运算放大器，可采用图 6.16 所示的调零电路。

2. 输入偏置电流的补偿

失调电压除了由输入失调电压引起外，输入偏置电流也会引起失调。如果在集成运算放大器的输入端接有电阻，输入偏置电流便会在电阻上产生压降，其作用相当于失调电压减小。集成运算放大器输入端的电阻越小，偏置电流的影响就越小。

由于输入偏置电流所产生的失调电压与输入失调电压的效果相同。因此，可以采用失调电压的调零电路对输入偏置电流进行补偿。

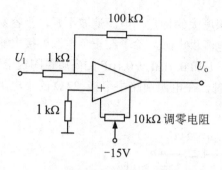

图 6.14　LM741 失调调零电路

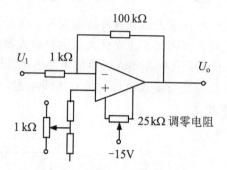

图 6.15　LF3561 失调调零电路

3. 输入失调电流的补偿

输入失调电流为两个输入偏置电流之差。故希望集成运算放大器的同相输入电路与反相输入电路的对称性要好,以便使两个输入端的偏置电流尽可能相同。只要使集成运算放大器两输入端的电阻相等,则可减小由输入失调电流所产生的失调误差。

如图 6.17 所示,为加有输入失调电流补偿的反相放大器。在反相端,$1\,M\Omega$ 电阻和 $1\,M\Omega$ 电阻的并联值为 $500\,k\Omega$,故同相端的平衡电阻准确值应为 $500\,k\Omega$,现电路中取为 $470\,k\Omega$。

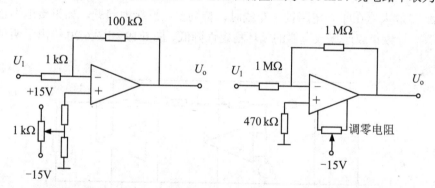

图 6.16　RC4558 失调调零电路　　　　　图 6.17　失调电流补偿电路

4. 集成运算放大器的频率补偿

集成运算放大器在实际应用时,都要加负反馈,而且负反馈越深,闭环特性越好。但负反馈较深时,极易产生自激振荡。即在不加任何信号的情况下,集成运算放大器输出端有交流信号输出。只要集成运算放大器产生自激振荡,就不能正常工作。

频率补偿技术就是在集成运算放大器的某些信号点上附加一些电阻、电容等补偿元件,改变转折点频率,修改集成运算放大器的开环频率响应,以得到所要求的稳定的闭环性能。

典型的频率补偿技术有简单电容补偿、RC 串联滞后补偿、密勒(Miller)电容补偿、超前补偿和前馈补偿、单极和双极点相位补偿等技术。

在实际应用时,究竟选用何种补偿技术,应根据集成运算放大器的具体型号和具体应用来确定。

5. 集成运算放大器的电源滤波

集成运算放大器具有开环增益高、负反馈深度大的特点，电源滤波不好，极容易引起工作不稳定。因此，在设计集成运算放大器的电源供电时，除了在正负电源处接大滤波电容外，还需要在紧靠集成运算放大器的电源端子上加 $0.01\mu F \sim 0.1\mu F$ 的高质量陶瓷电容器，其另一端直接与输入信号的公共地线相连。同时，在电源回路中串接 22Ω 的小电阻，如图 6.18 所示。

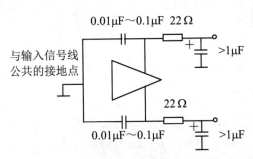

图 6.18　集成运算放大器的电源滤波

6. 集成运算放大器的地线布设

集成运算放大器在印制电路板上布线时，特别要注意接地问题。如果接地不合理，必然引起误差，导致集成运算放大器的闭环稳定性降低。图 6.19 和图 6.20 给出了两种不同的接地方案。

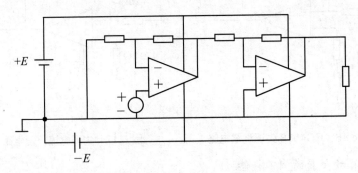

图 6.19　印制电路板上地线的布设 1

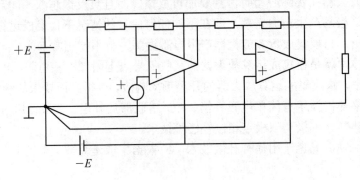

图 6.20　印制电路板上地线的布设 2

在图 6.19 的布线中，集成运算放大器的各部分都接在同一条公共地线上，由于地线上存在着分布电阻和电感，后级电流在其上产生的压降就会返回到前级的同相输入端，产生误差电压，引入噪声干扰。

在图 6.20 的布线中，将各级的地线分开，再各自接到一个公共的接地点上，避免上述干扰的产生。

7. 集成运算放大器的输入、输出保护

1) 异常电压旁路至电源电压

集成运算放大器的输入保护电路如图 6.21 所示。保护电路是由串联电阻 R_s 和两只二极管 VD_1、VD_2 组成的。VD_1、VD_2 可选用结电容小的普通硅二极管。设流过二极管的最大电流为 I_{DM}，输入端异常电压的峰值为 U_M，则 $R_s = (U_M - 15) / I_{DM}$。例如 $U_M = 500V$，$I_{DM} = 50mA$，则可选择 $R_s = 10 k\Omega$。在直流放大器中，二极管的反向电流将产生漂移，可采用结型场效应晶体管接成二极管代替普通的硅二极管，以减小漂移。

输出保护电路是为了防止集成运算放大器的输出产生异常电压，而损坏输出电路。保护方法同输入保护一样，用二极管 VD_1、VD_2 将异常电压旁路，如图 6.22 所示。当异常电压大于 +15V 时，VD_1 导通，相当于降低了集成运算放大器的输出阻抗。当异常电压小于 -15V 时，VD_2 导通，异常电压被旁路至电源。

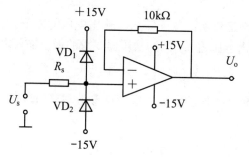

图 6.21 输入保护电路

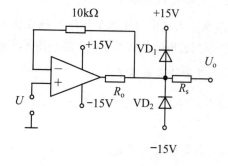

图 6.22 输出保护电路

2) 稳压二极管限幅器保护

稳压二极管限幅器保护电路如图 6.23 和图 6.24 所示。在集成运算放大器的输入端并接两个串联的稳压二极管，可对 ±0.5V 以上的异常电压进行限幅。如果集成运算放大器所处理的输入信号在 ±0.1V 以下，也可以在输出端并接两个并联的硅二极管。

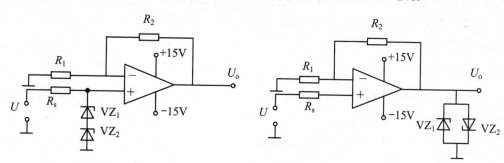

图 6.23 稳压二极管输入保护电路　　图 6.24 稳压二极管输出保护电路

6.6 三端集成稳压器

6.6.1 三端集成稳压器的概念

集成稳压器是从普通分立元件稳压电路的基础上发展起来的,它是将功率调整管、取样电阻以及基准稳压、误差放大、启动和保护电路等全部集成在一个芯片上而制成的。具有体积小、可靠性高、通用性强、使用方便和成本低等优点。

三端集成稳压器按性能和用途可分为三端固定正输出稳压器(如 7800 系列)、三端固定负输出稳压器(如 7900 系列)、三端可调正输出稳压器和三端可调负输出稳压器 4 种。

6.6.2 三端集成稳压器的主要参数

1. 输出电压 U_o

输出电压是指稳压器的参数符合规定时的输出电压。对于三端固定稳压器是指标称输出电压,它为常数。对于三端可调式稳压器,是指输出电压的调节范围。

2. 最小输入输出电压差 $(U_i-U_o)_{min}$

最小输入输出电压差是指维持稳压器正常工作所必须的输入、输出电压的差值。压差越小,表明稳压器的效率越高。最小压差和输出电压之和,即为稳压器要求的最小输入电压。

3. 最大输入电压 U_{imax}

最大输入电压是指稳压器安全工作时,允许外加的最大电压。该参数与稳压器内部元件的击穿电压有关。

4. 最大输出电流 I_{omax}

最大输出电流是指能够保持输出电压不变的最大输出电流。它取决于主调整管允许通过的最大工作电流。对于大电流稳压器,需要加装足够的散热器,使稳压器的壳温不超过 +70℃,才能保证其正常工作。

5. 最大功耗 P_{cmax}

最大功耗取决于芯片允许的最高结温 T_{jmax}。只要稳压器芯片没有超过最高结温就不会损坏,故可在给定散热器的条件下规定最大功耗。稳压器的散热能力越强,它的芯片结温就越低,所能承受的功耗就越大。

6. 电压调整率 S_v

电压调整率是指稳压器在负载和环境温度不变时,输入电压 U_i 变化所引起的输出电压的相对变化量。它的表达式为

$$S_v = \frac{\Delta U_o}{U_o \cdot \Delta U_i} \times 100\% \tag{6.3}$$

它反映了稳压器在输入电压变化时,维持输出电压不变的能力。

第 6 章 半导体集成电路

7. 电流调整率 S_i

电流调整率是指稳压器在输入电压和环境温度不变时，由输出电流变化所引起输出电压的相对变化量。它的表达式为

$$S_i = \frac{\Delta U_o}{U_o \cdot \Delta I_o} \times 100\% \tag{6.4}$$

这一指标还可用输出电阻 R_o 来表示。它的表达式为

$$R_o = \frac{\Delta U_o}{\Delta I_o} \times 100\% \tag{6.5}$$

它反映了稳压器带负载的能力。

8. 波纹抑制比 S_R

波纹抑制比是指稳压器在额定工作的情况下，输入电压中的交流波纹电压 U_{ir} 与输出电压中的波纹电压 U_r 之比的分贝数。其表达式为

$$S_R = 20\lg \frac{U_{ir}}{U_r} \text{ (dB)} \tag{6.6}$$

该指标反映了稳压器对输入端交流波纹电压的抑制能力。

9. 温度系数 α

温度系数是指在所有其他影响量不变以及在额定工作的情况下，由于环境温度变化所引起的输出电压的相对变化量。其表达式为

$$\alpha = \frac{\Delta U_o}{U_o \cdot \Delta t} \tag{6.7}$$

该指标反映了稳压器在环境温度变化时，维持输出电压不变的能力。

6.6.3 三端固定式集成稳压器

1. 三端固定式集成稳压器的分类

1) 按照输出电压的极性分类

三端固定式稳压器按其输出电压的极性可分为正压稳压器(7800 系列)和负压稳压器(7900 系列)两种。

2) 按照输出电压的大小分类

三端固定式稳压器的输出电压有 5V、6V、9V、12V、15V、18V、24V 等几种标称电压。相应的 7800 系列有 7805、7806、7809、7812、7815、7818、7824，7900 系列也有 7 种，即 7905、7906、7909、7912、7915、7918、7924。

3) 按照输出电流的大小分类

三端固定式稳压器的输出电流有 0.1A、0.5A、1.5A、3A、5A 等几种。相应的 7800 系列分为 78L00 系列(0.1A)、78M00 系列(0.5A)、7800 系列(1.5A)、78T00 系列(3A)、78H00 系列(5A)5 种。7900 系列分为 79L00 系列、79M00 系列、7900 系列 3 种。

4) 按照封装形式分类

常用三端固定式稳压器的封装形式有 B-3D 型(见图 6.25(a))、F-1、F-2 型(见图 6.25(b))、S-7 型(见图 6.25(c))。

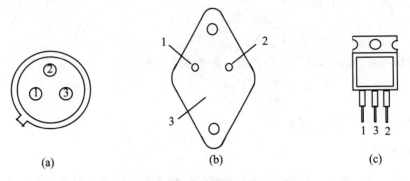

图 6.25 外引线排列图

对于 7800 系列,1 为输入端,2 为输出端,3 为公共端。
对于 7900 系列,1 为公共端,2 为输出端,3 为输入端。

2. 三端固定式集成稳压器的原理框图

1) 三端固定式正压稳压器的原理框图

三端固定式正压稳压器的原理框图如图 6.26 所示,R_1 和 R_2 分别为内接取样电阻,制造时通过改变 R_2 的值,可获得不同的输出电压。

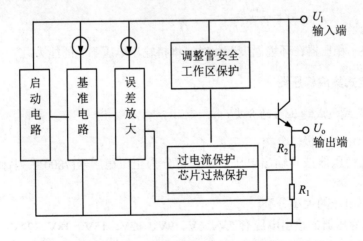

图 6.26 7800 系列稳压器原理框图

2) 三端固定式负压稳压器的原理框图

三端固定式负压稳压器的原理框图如图 6.27 所示,R_1 和 R_2 分别为内接取样电阻,制造时通过改变 R_2 的值,可获得不同的输出电压。

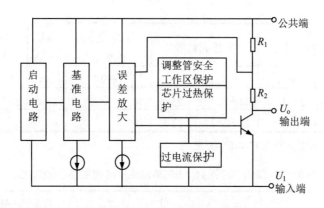

图 6.27　7900 系列稳压器原理框图

3. 三端固定式集成稳压器的参数

常见的三端固定式集成稳压器的参数见表 6-10～表 6-14。

表 6-10　CW78L00 系列(0.1A)集成稳压器的主要参数(25℃)

参数名称	输入电压	输出电压	电压调整率	电流调整率	偏置电流	最小输入电压	温度变化率
单位	V	V	mV	mV	mA	V	mV/℃
测试条件		I_o=40mA	U_1(V)	ΔU_o	I_o=1～100mA	I_o=0	I_o<100mA	I_o=1mA
CW78L05	10	4.8～5.2	8～18	7	8.5	6.5	7	1.0
CW78L06	11	5.75～6.25	9～19	8.5	10	6.5	8	1.0
CW78L09	14	8.65～9.35	12～22	12.5	15	6.5	11	1.2
CW78L12	19	11.5～12.5	15～25	17	20	6.5	14	
CW78L15	23	14.4～15.6	18.5～28.5	21	25	6.5	17	
CW78L18	26	17.3～18.7	22～32	25	30	6.5	20	
CW78L24	33	23～25	28～38	33.5	40	6.5	26	

注：CW79L00 系列的参数与 CW78L00 相同。

表 6-11　CW78M00 系列(0.5A)集成稳压器的主要参数(25℃)

参数名称	输入电压	输出电压	电压调整率	电流调整率	偏置电流	最小输入电压	温度变化率
单位	V	V	mV	mV	mA	V	mV/℃
测试条件		I_o=220mA	U_1(V)	ΔU_o	I_o=5～500mA	I_o=0	I_o<500mA	I_o=5mA
CW78M05	10	4.8～5.2	8～18	7	20	8	7	1.0
CW78M06	11	5.75～6.25	9～19	8.5	25	8	8	1.0
CW78M09	14	8.65～9.35	12～22	12.5	40	8	11	1.2
CW78M12	19	11.5～12.5	15～25	17	50	8	14	1.2
CW78M15	23	14.4～15.6	18.5～28.5	21	60	8	17	1.5

续表

参数名称	输入电压	输出电压	电压调整率	电流调整率	偏置电流	最小输入电压	温度变化率
单位	V	V	mV	mV	mA	V	mV/℃
CW78M18	26	17.3～18.7	22～32	25	70	8	20	1.8
CW78M24	33	23～25	28～38	33.5	100	8	26	2.4

注：CW79M00 系列的参数与 CW78M00 相同。

表 6-12　CW7800 系列(1.5A)集成稳压器的主要参数(25℃)

参数名称	输入电压	输出电压	电压调整率	电流调整率	偏置电流	最小输入电压	温度变化率
单位	V	V	mV	mV	mA	V	mV/℃
测试条件		I_o=0.5mA	U_1(V)	ΔU_1	10mA≤I_o≤1.5A	I_o=0	I_o=1.5A	I_o=50mA
CW7805	10	4.8～5.2	8～18	7	25	8	7	1.0
CW7806	11	5.75～6.25	9～19	8.5	30	8	8	1.0
CW7809	14	8.65～9.35	12～22	12.5	40	8	11	1.2
CW7812	19	11.5～12.5	15～25	17	50	8	14	1.2
CW7815	23	14.4～15.6	18.5～28.5	21	60	8	17	1.5
CW7818	26	17.3～18.7	22～32	25	70	8	20	1.8
CW7824	33	23～25	28～38	33.5	9	8	26	2.4

注：CW7900 系列的参数与 CW7800 相同。

表 6-13　CW78T00 系列(3A)集成稳压器的主要参数(25℃)

参数名称	测试条件	单位	CW78T05	CW78T12	CW78T18	CW78T24
输出电压	I_o=1A	V	4.8～5.2	11.5～12.6	17.3～18.7	23～25
电压调整率	I_o=1A	mV	7	17	25	33.5
			U_1=8～18V	U_1=15～25V	U_1=22～32V	U_1=28～38V
电流调整率	I_o=10mA～3A	mV	20	40	60	80
温度变化率	I_o=5mA	mV/℃	1.0	1.2	1.8	2.4
偏置电流	I_o=1A	mA	8	8	8	8
最小输入电压		V	7.5	14.5	20.5	26.5

表 6-14　CW78H00 系列(5 A)集成稳压器的主要参数(25℃)

参数名称	测试条件	单位	CW78H05	CW78H12
输出电压	I_o=2A	V	4.85～5.25	11.5～12.5
电压调整率	U_1=8.5～25V	mV	10～50	20～120
电流调整率	I_o=10mA～3A	mV	10～50	20～120
偏置电流	I_o=0	mA	3～10	3.7～10
最小输入电压		V	7.5	14.5

4. 三端固定式集成稳压器的应用

1) 固定正压输出稳压器

图 6.28 所示为固定正压输出稳压器。C_1 用以改善纹波电压，C_2 用以改善负载的瞬态响应，一般输出端不需要接入大容量电解电容器。

2) 固定负压输出稳压器

图 6.29 所示为固定负压输出稳压器。C_1、C_2 的用途同图 6.28。

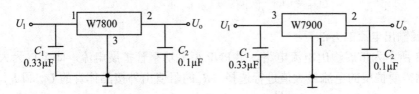

图 6.28　正电压输出　　　　　图 6.29　负电压输出

3) 正、负压同时输出的稳压电源

图 6.30 所示为一块 W7800 和一块 W7900 组成的正、负电压同时输出的稳压电源。它们共用一组整流电路和一只滤波电容，而且电路有共同的公共端。

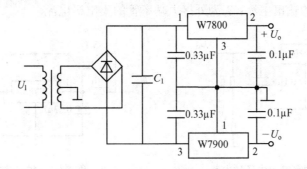

图 6.30　正、负压同时输出稳压源 1

图 6.31 所示为用两块 W7800 组成的正、负电压同时输出的稳压器，它们需要具有两个绕组的变压器、两组整流电路、两只滤波电容。如果负载跨接在正电压输出端和负电压输出端之间，则还需接入两只二极管 VD_1、VD_2，以便完成电流的通路。

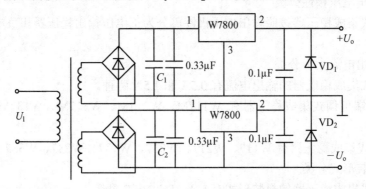

图 6.31　正、负压同时输出稳压源 2

4) 提高输出电压的方法

如图 6.32 所示，R_1 两端的电压为稳压器的标称电压 U，即

$$U_o = \left(1 + \frac{R_2}{R_1}\right)U + I_d R_2 \tag{6.8}$$

式中，I_d 为稳压器的静态工作电流，一般为几毫安；U_o 为稳压器的输出。

当 $I_{R1} \geqslant I_d$ 时

$$U_o = \left(1 + \frac{R_2}{R_1}\right)U \tag{6.9}$$

5) 扩展输出电流的方法

图 6.33 所示为扩展输出电流电路。用 PNP 型大功率管扩展电流，即 VT_1 为大功率管，它可以根据需要扩展的电流最大值进行选择。R_1 的阻值由外接晶体管的 U_{be} 和 I_b、I_r 决定：

$$R_1 = \frac{U_{be}}{I_R - \dfrac{I_r}{\beta}} \tag{6.10}$$

扩流后，输出的总电流为

$$I_o = I_R + I_r \tag{6.11}$$

式中，I_R 为 W7800 的输出电流；I_r 为外接大功率管的集电极电流。

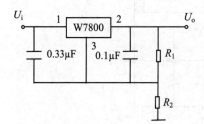

图 6.32 提高输出电压法电路 　　　　图 6.33 扩流法电路

6.6.4 三端可调式集成稳压器

1. 三端可调式集成稳压器的分类

1) 按照输出电压极性分类

三端可调式集成稳压器按照输出电压极性可分为正电压输出稳压器和负电压输出稳压器两种。

2) 按照输出电流大小分类

三端可调式集成稳压器的输出电流有 0.5A 和 1.5A 两种。

0.5A 的三端可调式集成稳压器有 W117M、W217M、W317M、W137M、W237M、W337M 等多种。

1.5A 可调式集成稳压器有 W117、W217、W317、W137、W237、W337 等。

3) 按照封装形式分类

三端可调式集成稳压器的封装形式有 F-1、F-2、S-7 型等。

对于正输出稳压器，1 为调整端、2 为输入端、3 为输出端。

对于负输出稳压器，1 为调整端、2 为输出端、3 为输入端。

2. 三端可调式稳压器的原理图

图 6.34 所示为三端可调式集成稳压器的原理框图，其内部的基准电压 U_{ref}（约 1.25V）接在误差放大器的同相输入端和稳压器的调整端之间，它由一个恒流特性非常好的电源供电，提供约 50μA 的恒定电流，该电流从调整端流出。内部放大器和偏置电路要求能在 2μA～40μA 的范围内正常工作。对于这样一个电路，若使其调整端接地，就是一个输出电压等于基准电压 U_{ref} 的固定式三端稳压器。若将调整端接在外接电阻 R_1 和 R_2 的中点，通过改变外接电阻的阻值可获得不同的输出电压。这种稳压器，由于调整端的电流很小(只有 50μA)，且非常稳定(变化值＜1μA)，故它的稳压性能优于三端固定式集成稳压器。

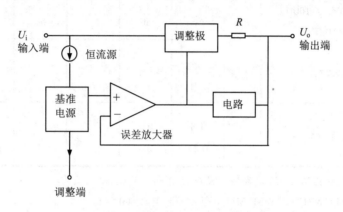

图 6.34 三端可调式稳压器原理框图

3. 三端可调式稳压器的参数

CW117、CW217、CW317 为三端可调式正压稳压器。CW137、CW237、CW337 为三端可调式负压稳压器。输出电压可在 1.2V～37V 之间连续可调，其参数见表 6-15。

表 6-15 CW117/CW217/CW317 的主要参数(U_i-U_0=5V，I_o=500mA，T_{jL}≤T_j≤T_{jM})

参数名称	测试条件	单位	CW117/CW217			CW317		
			最小值	典型值	最大值	最小值	典型值	最大值
电压调整率	3V≤(U_1-U_o)≤40V，T_j=25℃	%/V		0.01	0.02		0.01	0.04
	3V≤(U_1-U_o)≤40V			0.02	0.05		0.02	0.07
电流调整率	10mA≤I_o≤1.5A，T_j=25℃	%		0.1	0.3		0.1	0.5
	10mA≤I_o≤1.5A			0.3	1		0.3	1.5
调整端电流		μA		50	100		50	100

续表

参数名称	测试条件	单位	CW117/CW217			CW317		
			最小值	典型值	最大值	最小值	典型值	最大值
调整端电流变化	$5V \leq (U_1 - U_o) \leq 40V$, $10mA \leq I_o \leq 1.5A$ $P_D \leq P_{max}$, $T_j = 25°C$	μA		0.2	5		0.2	5
基准电压	同上	V	1.20	1.25	1.30	1.20	1.25	1.30
最小负载电流	$U_1 - U_o = 40V$	mA		3.5	5		3.5	10
纹波抑制比	$U_o = 10V$, $f = 100Hz$ $C_{ADJ} \geq 10\mu F$	dB	66	80		66	80	
输出电压温度变化率	$T_{jL} \leq T_j \leq T_{jM}$	%/V		0.7			0.7	
最大输出电流	$U_1 - U_o \leq 15V$ $U_1 - U_o \leq 40V$ $T_j = 25°C$	A	1.5 0.25	2.2 0.4		1.5 0.15	2.2 0.4	

注：(1) CW137/CW237/CW337 的参数与表 6-15 相同，仅 U_{ref} 值为负数。

(2) CW117M/CW217M/CW317M 的可输出负载电流为 0.5A。

(3) CW117L/CW217L/CW317L 的可输出负载电流为 0.1A。

4. 三端可调式集成稳压器的应用

1) 正电压输出电路

图 6.35 所示为正电压输出电路，R_1 和 R_2 为外接电阻。

R_1 接在输出端与调整端之间，其电压 U_{R1} 为

$$U_{R1} = U_{ref} - U_{os} \approx 1.25V \tag{6.12}$$

R_2 接在调整端与地之间，R_2 上的压降 U_{R2} 为

$$U_{R2} = (I_{R1} + I_Q)R_2 = (\frac{U_{ref} - U_{os}}{R_1} + I_Q)R_2 \tag{6.13}$$

输出电压 U_o 为 U_{R1}、U_{R2} 之和，即

$$U_o = U_{R1} + U_{R2} = (U_{ref} - U_{os})\left(1 + \frac{R_2}{R_1}\right) + I_Q R_2$$

$$= U_{ref}\left(1 + \frac{R_2}{R_1}\right) + I_Q R_2 \tag{6.14}$$

可见，固定电阻 R_1，调节电阻 R_2，就可以在 1.25V～35V 的范围内调节输出电压了。在最大输入电压为 40V 时，最大输出电压可达 37V。

2) 负电压输出电路

图 6.36 所示为可调负电压输出电路。

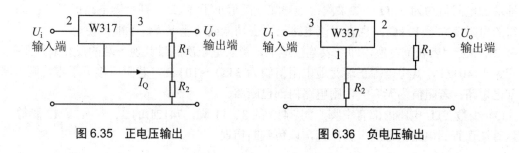

图 6.35 正电压输出　　图 6.36 负电压输出

6.7 练习思考题

1. 什么是半导体集成电路？有什么特点？
2. 集成电路常采用的封装材料有哪几种？各有什么优缺点？
3. 集成电路的封装外形有哪几种？如何正确识别它们的引脚？
4. 按照中国半导体集成电路型号命名方法，CF741MJ 中各符号代表何意？
5. 如何用万用表判断 TTL 集成电路的好坏？
6. CMOS 和 ECL 集成电路各有哪些特点？
7. 使用集成电路时应注意哪些问题？
8. 不同型号的集成电路如何进行互换？
9. 555 时基电路有哪些应用？
10. 简述集成运算放大器的概念、分类及应用。
11. 如何合理选用集成运算放大器？
12. 使用集成运算放大器时有哪些注意事项？
13. 简述三端集成稳压器的概念、分类及应用。

实训题 1　用指针式万用表检查 TTL 系列电路

一、目的

熟练掌握用万用表识别 TTL 系列电路的好坏。

二、工具与器材

(1) 万用表一块。
(2) TTL 系列电路若干。

三、内容

(1) 将万用表置于 $R\times 1\,\text{k}\Omega$ 档。黑表笔接被测电路的电源地端，红表笔依次测量其他各端对地端的直流电阻。正常情况下，各端对地端的直流电阻值约为 $5\,\text{k}\Omega$，其中电源正端对地端的电阻值约为 3 kΩ。如果测得某一端电阻值小于 1 kΩ，则被测电路已损坏；如果测得的电阻值大于 12 kΩ，也表明该电路已失去功能或功能下降，不能再使用。

(2) 将万用表表笔对换，即红表笔接地端，黑表笔依次测量其他各端的反相对地阻值，均应大于 40 kΩ，其中电源正端对地电阻值约为 3 kΩ～10 kΩ。若阻值接近于零，则电路内部已短路；若阻值为无穷大，则电路内部已断路。

(3) 少数 TTL 电路内部有空脚，如 7413 的 3、11 脚，74121 的 2、8、12、13 脚等，测量时注意查阅电路型号及引脚排列，以免判断错误。

实训题 2　制作稳压电源

一、目的

掌握三端集成稳压器制作稳压电源的方法。

二、工具和器材

W7806 和 W7906 各一块，电容器若干。

三、内容

设计一个能够输出 ±6V 的稳压电源，并在面包板上实现。

第 7 章　表面组装元器件

教学提示：表面组装元器件又称为片式元器件，是 20 世纪 70 年代后期在国际上开始流行的一种新型电子元器件，它是无引线或引线很短的适用于表面组装的片式微小型电子元器件，国际上统称为表面组装元器件，主要是供表面组装技术使用。

教学要求：通过本章的学习，学生应了解各种表面组装元器件的外形和结构，重点掌握几种常见表面组装元器件的特点和选用。

7.1　表面组装技术概述

表面组装技术(Surface Mounting Technology，简称 SMT)是将片式电子元器件用贴装机贴装在印制电路板表面，通过波峰焊、再流焊等方法焊装在基板上的一种新型的焊接技术。其特点是在印制电路板上可以不打孔，所有的焊接点都处于同一平面上。

7.1.1　表面组装元器件的特点

表面组装元器件(Surface Mounting Components，Surface Mounting Devices，简称 SMC，SMD)具有以下特点。

1. 提高了安装密度，有利于电子产品的小型化、薄型化和轻量化

片式元件的尺寸很小，重量很轻，无引线或引线很短，可节省引线所占的安装空间，组装时还可双面贴装，故印制电路板的表面可以得到充分利用，基板面积一般可缩小 60%～70%，装配密度可提高 5 倍。由于片式元件本身很薄，组装时又是平贴在印制电路板上，所以整块电路板可以做得很薄。以收音机为例，采用 SMC、SMD 的薄型收音机厚度仅有 5mm，与采用传统元件的收音机相比，重量约为后者的 1/2，体积仅为 1/8。

2. 有助于提高产品性能和可靠性

由于 SMC、SMD 没有引线或引线很短，寄生电感和分布电容大大减小了，因而可获得好的频率特性和强的抗干扰能力。传统元件在组装时要把引线插入印制电路板上的插孔，在插入过程中细引线往往会受到损坏或弯曲。SMC、SMD 无需插装，降低了失效率。它们所组成的电路板是面结合的，因此结实、抗振、抗冲击，使产品的可靠性大大提高了。

3. 生产高度自动化，有助于提高经济效益

用于 SMT 的自动化表面组装设备目前已商品化，这类用电脑控制的自动组装设备可自动进给，自动对元件分选定位，大大缩短了装配时间，而且装配精确，产品合格率高。同时由于组装密度的提高，SMC、SMD 组装后几乎不需要调整，节省了成本。SMC、SMD 无引线，不仅省铜，而且基板面积也可缩小，节约了材料费用和能源消耗。这些都有助于降低产品的成本，获得良好的综合经济效益。

4. 元器件种类不齐全，技术要求高

对于表面组装元器件目前尚无统一国家标准，使得品种不全，价格较高，给生产和使用带来一定困难。同时，元器件本身的生产和安装要求高，如吸湿后容易引起装配时元器件裂损，结构件热膨胀系数差异导致焊接开裂，组装密度大使得散热问题难以解决等等。这些均使得生产设备复杂，涉及技术面宽，费用昂贵。

7.1.2 表面组装元器件的发展

表面组装元器件的发展从 20 世纪 50 年代到目前为止，经历了 5 代，各代的技术特点见表 7-1。

表 7-1 各代表面组装元器件的特点

	年 代	技术缩写	代表元器件	安装基板	安装方法	焊接技术
第 1 代	50～60 年代		长引线元件，电子管	接线板铆接端子	手工安装	手工烙铁焊
第 2 代	60～70 年代	THT	晶体管，轴线引线元件	单双面 PCB	手工/半自动安装	手工焊、浸焊
第 3 代	70～80 年代	THT	单双列直插 IC，轴向引线元器件遍带	单面及多层 PCB	自动插装	波峰焊、浸焊、手工焊
第 4 代	80～90 年代	SMT	SMC、SMD 片式封装 VSI、VLSI	高质量 SBM	自动贴片机	波峰焊、再流焊
第 5 代	90 年代及以后	MPT	VLSIC、ULSIC	陶瓷硅片	自动安装	倒装焊、特种焊

目前，第 5 代安装技术正处于技术发展和局部领域应用阶段。

7.1.3 表面组装元器件的分类

1. 按照元件的功能分类

表面组装元器件可分为无源元件、有源器件和片式机电元件 3 大类。

片式无源元件包括电阻器、电容器、电感器和复合元件(如电阻网络、滤波器、谐振器等)。

片式有源器件包括二极管、晶体管、场效应管、晶体振荡器等分立器件和集成电路等。

片式机电元件则包括开关、继电器、连接器和片式微电机等。

2. 按照元件的结构形式分类

表面组装元件可分为矩形、圆柱形和异形 3 类。

矩形片式元件包括薄片矩形元件(如片式薄厚膜电阻器、热敏电阻器、独石电阻器、叠层电阻器等)和扁平分装元件(如片式有机薄膜电容器、钽电解电容器、电阻网络复合元件等)。

圆柱形片式元件又称金属电极无引脚端元件，简称 MELF 型元件。它包括碳膜电阻器、金属膜电阻器、热敏电阻器、瓷介电阻器、电解电容器和二极管等。

异形片式元件是指形状不规则的各种片式元件，如半固定电阻器、电位器、铝电解电容器、微调电容器、线绕电感器、晶体振荡器、滤波器、钮子开关、继电器和薄型微电机等。

矩形片式元件适用于面焊，有利于电子产品的薄型化和轻量化。MELF 型元件可利用原有的生产传统元件的设备来制造，且可用铜、铁作为其电极材料，与采用银电极的矩形片式元件相比，生产成本相对较低，但所用的自动组装机与矩形片式元件不同。在西欧和美国，矩形片式元件占市场绝对优势，在日本圆柱形片式元件则发展很快，但仍以矩形片式元件为主。

3. 按有无引线和引线结构分类

表面组装元件按有无引线和引线结构可分为无引线和短引线两类。无引线片式元件以无源元件为主，短引线片式元件则以有源器件、集成电路和片式机电元件为主。引线结构有翼形和钩形两种。它们各有特点，翼形容易检查和更换，但引线容易损坏，所占面积也较大；钩形引线容易清洗，能够插入插座或进行焊接，所占面积较小，而且用贴装机也较方便，但不易检查焊接情况。

7.2 表面组装元件

表面组装元件主要包括表面组装电阻、表面组装电容、表面组装电感。

7.2.1 表面组装电阻

1. 矩形片式电阻器

矩形片式电阻器外形为扁平状，如图 7.1 所示。电阻基片体有薄膜和厚膜两种。前者常采用真空镀膜工艺沉积镍铬或氮化钽薄膜而制成，阻值精度、稳定性和高频特性均优于厚膜；后者则是采用 3 层结构，内层为银，中层为镍，外层为锡铅焊料。该电阻器的电极有以下两个特点：

(1) 电极在顶部、底部的两端均有延伸，这是对传统片状电阻器的一大改进。传统片状电阻器的电极在两端没有延伸，两端不能经受波峰焊接的温度。

(2) 电极采用了多层结构，中间的 Ni 阻挡层用来阻止内层的 Ag^+ 向外层 Sn-Pb 焊料中迁移，可有效地防止焊料对电极的侵蚀作用。

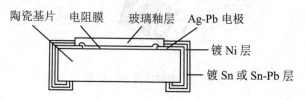

图 7.1 矩形片式电阻器

矩形片式电阻器在调整好阻值后，外面覆盖一层玻璃釉膜。矩形片式电阻器的尺寸见表 7-2。

表 7-2 矩形片式电阻器尺寸

品种	额定功率/W	尺寸/mm				
		L±0.2	W±0.20	T±0.10	a±0.20	B(max)
RMC-1/32(日本)	0.031	1.60	0.8	0.35	0.25	0.25
RI11-1/16	0.063					
RI11-1/10 RX29(日本村田) ERJ-6G(日本松下) MCR-1/10(日本宫川)	0.100	2.00	1.25	0.50	0.40	0.40
RI11-1/8 RX39(日本村田) ERJ-8G(日本松下) MCR-1/10(日本宫川)	0.125	3.20	1.60	0.60	0.50	0.50

矩形片式电阻器的阻值范围为 1 MΩ～10 MΩ，按标准系列分级。其额定功率有 1W、1/2W、1/4W、1/8W、1/10W、1/16W、1/32W 几种，工作电压为 100V～200V，焊接温度一般为 235℃，安装时将黑面向上。

2. MELF 型电阻器

如图 7.2 所示，MELF 型电阻器外形为一圆柱体。电阻体有碳膜和金属膜两种，其中碳膜居多。膜上刻有罗纹槽，两端各压入一个供焊接用的金属电极，外面用绝缘釉层裹覆。它与传统的薄膜型电阻器基本一样，只不过是将引线去掉而已，生产时其大部分工序可以沿用原有设备，节省投资。除固定电阻器外，还有金属熔断电阻器，即保险丝电阻器。

MELF 型电阻器采用刻槽来调整阻值，线间有分布电容，频率特性较差。但由于其电阻体是单一的碳膜和金属膜，价格较低且噪声电平和三次谐波失真均较小。

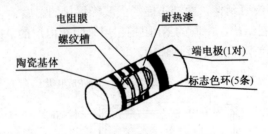

图 7.2 圆柱体片式电阻器

3. 电阻网络

电阻网络是指将多个电阻，按一定要求，有规律的连接后封装在一起组成的器件。电阻网络按结构分，有小型扁平封装(SOP 型)、芯片功率型、芯片载体型、芯片阵列型 4 种结构，其外形结构特征见表 7-3。

表 7-3 电阻网络的结构

种类	外形	结构	特征
SOP 型		外引出端子结构与 SOP 集成电路相同,模塑封装。厚膜或薄膜电阻	可组成高密度电路
芯片功率型		基板带 "J" 形端子,氮化钽薄膜或厚膜电阻	功率大,形状也大些,适合专用电路
芯片载体型		电阻芯片贴于载体基板上,基板侧面四个方向有电极	可做成小型、薄型、高密度,仅适应再流焊接
芯片阵列型		电阻芯片以阵列排列,在基板两侧有电极	小型、薄型简单网络

电阻网络上的所有元件都是在相同条件下制成,因此它们的阻值精度、温度特性都非常一致,广泛用于各种数字电路、梯形网络、分压电路、终端电路中。图 7.3 是几种常见的电阻网络电路。电阻网络特性见表 7-4。

表 7-4 电阻网络的特性

性能	SOP 型(16 引线)	芯片阵列型(双面电极)
额定功率(70℃)	$(1/8\sim 1/32)$W	$(1/32)$W
最高使用电压	50V	25V
电阻温度系数	$\pm 100\times 10^{-6}$/℃,$\pm 200\times 10^{-6}$/℃	$\pm 200\times 10^{-6}$/℃
阻值范围	$33\Omega\sim 1M\Omega$	$47\Omega\sim 470k\Omega$
阻值公差	$\pm 2\%$,$\pm 5\%$	$\pm 5\%$
使用温度范围	$-55℃\sim +125℃$	$-40℃\sim +125℃$
电路组成	独立电路 8 个元件 并列电路 15 个元件 分压电路 12 个元件 R/2R 梯形(7.8 位) 终端电路 24 元件	独立电路 4 个元件
引线数	16	8
引线间距/mm	1.27	1.27
长×宽×高/mm×mm×mm	$11\times 5.7\times 2.2$	$5.1\times 2.0\times 0.8$

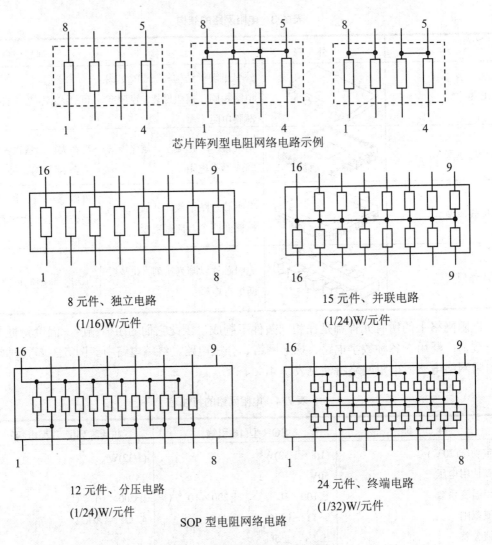

图 7.3 几种常见的电阻网络电路

4. 片式微调电位器

适合表面组装用的片式微调电位器按结构和焊接方式可分为敞开式和密封式两种。敞开式电位器只适合于再流焊接，密封式电位器既适用于再流焊，也可应用于波峰焊。

敞开式微调电位器结构较简单。它没有外壳保护，灰尘和潮气容易进入产品，但它价格低廉，宜用于民用消费类产品或其他非关键性的产品。其典型结构如图 7.4 所示，它主要由轴、可动接点、垫圈、电阻基板和电极等组成。这里，轴的作用是将电阻基板、垫圈和可动接点组装成一体，并使可动接点在电阻基板表面滑动。垫圈的作用则是使可动接点与电阻基板之间稳定接触。

密封式微调电位器按密封方式可分为密封薄膜式和密封剂密封式两种，其结构如图 7.5 所示。这种结构的电位器有外壳或护罩，可以防止灰尘及潮气侵入，同时还可以防止电阻单元与焊料、清洁溶剂接触。

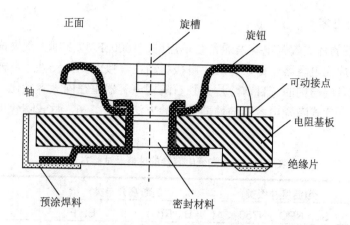

图 7.4 敞开式微调电位器结构

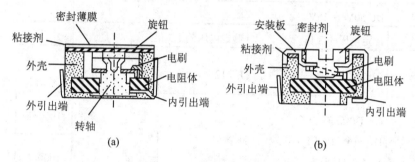

图 7.5 密封式微调电位器结构

(a) 密封薄膜片式电位器结构；(b) 密封剂密封式电位器结构

片式微调电位器的特性参数见表 7-5。

表 7-5 微调电位器的特性

项　目	敞开式		密封式	
外形代号	3 型	4 型	3 型	4 型
额定功率/W	0.15	0.2	0.05	0.1
最高使用电压/V	50	50	50	
阻值公差/%	±25	±25	±25	
阻值范围/Ω	100～1M	100～1M	200～1M	
终端电组	标称总阻值的5%以下，小于1kΩ 或 20Ω		标称总阻值的 15%以下	
有效旋转角/(°)	260±20	260±20	260±20	
使用温度范围/℃	−20～+85			

7.2.2 表面组装电容

片式电容器开始只有云母、陶瓷和钽电解电容器，后来铝电解电容器和有机薄膜电容器也相继实现了片状化。目前，产量最大的是片式独石陶瓷电容器。

1. 片式陶瓷电容器

1000pF 以下的片式陶瓷电容器通常是单层的,1000pF 以上则大都做成叠层的独石结构。和前述矩形片式电阻器一样,为防止电极材料在焊接时受到侵蚀,片式独石陶瓷电容器的外电极也是多层结构的。目前,片式独石陶瓷电容器正在向大容量化、高频化和高耐压化的方向发展。片式陶瓷电容器的性能及试验方法见表 7-6,片式陶瓷电容器的结构如图 7.6 所示。

表 7-6 片式陶瓷电容器的性能及试验方法

特性分类 项 目		1 类(温度补偿类) SL,NPO～N750	2 类(高介电类)		试验方法		
			B,R(G)	E,F			
使用温度范围		−55℃～+125℃或−25℃～85℃	−25℃～85℃				
额定电压		DC 50V 或 25V					
耐压		额定电压的 3 倍	额定电压的 2.5 倍				
电容品种系列		E-24	E-12	E-6	1 类电容		
容量允差		C,D(<5pF) D,F(6～10pF) J,K(>11pF)	K,M	Z	标称容量	频率	电压
					<1000pF	1MHz ±20%	<5V
					>1000pF	1kHz ±20%	
Q 或 $\tan\delta$		<30pF Q:400℃+20℃以上 30pF～1000pF Q:1000 以上	0.025 以下	0.05 以下	2 类电容 频率:1kHz±20% 电压:1.0V±0.2V (C 为标称电容量)		
绝缘电阻		标称容量小于 0.01μF 时,大于 10 000 MΩ 标称容量大于 0.01μF 时,大于 100 MΩ			测定电压:(10±1)V 时间:(60±5)s		
温度特性	无附加电压	NPO:$0\pm60\times10^{-6}$/℃ SL:$(350\sim1000)\times10^{-6}$/℃ (−25℃～85℃)	ΔC ±10% (−25℃～85℃)	(−25℃～85℃) E:ΔC_{+20-55}% F:ΔC_{+30-80}%	在算出 1 类电容的温度系数后按 20℃和 85℃两个测定点进行测定。		
	有附加电压		ΔC_{-30}^{+10}%		附加电压:1/2 额定电压		

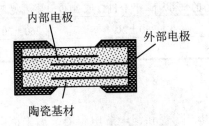

图 7.6 片式陶瓷电容器的结构

瓷介质电容器也有 MELF 型的。它是轴向陶瓷电容器,只是去掉其引线,两端各有一个电极。这种电容器在彩色电视机音响设备中的应用日益增多。圆柱形瓷介质电容器的性能测试规定见表 7-7,圆柱形瓷介质电容器的结构如图 7.7 所示。

表 7-7 圆柱形瓷介质电容器的性能测试规定

项 目	标 准 值		
	1 类	2 类	3 类
使用温度范围	−25℃~85℃		
额定电压	DC 50V	DC 50V	DC 50V,25V,16V
试验电压	3 倍额定电压	2.5 倍额定电压	50V、25V:1.5 倍额定电压; 16V:1.13 倍额定电压
电容量范围/pF	1.0~120	150~1200	1500~15000
容量允差/%	+5,+10,+20	+10,+20	+10、+20、+30
温度特性代码	SL、CH、RH、UJ	B、D	V、X
Q 或 $\tan\delta$	>30pF:$Q \geqslant 1000$ <30pF:$Q \geqslant 400+20C$ (C:标称电容量)	$\tan\delta \leqslant 0.025\%$ (3 类品种的 $\tan\delta \leqslant 0.075\%$)	
绝缘电阻	>10000 MΩ		>1000 MΩ
电容量温度特性	SL NPO N220 N750	B($\Delta C/C \leqslant \pm 10\%$, −25℃~85℃)	V(SB) $\Delta C/C \leqslant \pm 10\%$, −25℃~85℃ X(SB) $\Delta C/C \leqslant \pm 15\%$, −25℃~85℃ SS:$\Delta C/C \leqslant ^{+30}_{-85}\%$, −25℃~85℃ SF:$\Delta C/C \leqslant \pm 15\%$, −25℃~85℃

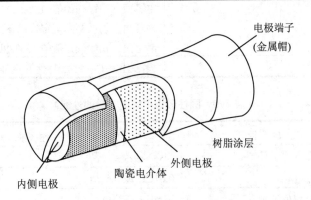

图 7.7 圆柱形瓷介质电容器的结构

2. 片式电解电容器

片式钽电解电容器具有最大单位体积容量,在表面组装元件中,超过 0.33μF 的电容一般都为钽电解电容器。钽电解电容器响应速度快,适用于数字电路高速处理的场合。

片式钽电解电容器早已大量生产,它主要有 4 种结构,T 型、塑封型、端帽型和圆柱型。T 型、塑封型、端帽型又统称为矩形钽电解电容器。T 型即裸片型,不封装、体积小、成本低,但可靠性差,不适合自动组装。塑封结构虽形状规则,但成本高、体积大、可靠性也不高。端帽型结构主体用树脂封装,两端装有金属帽电极,可靠性较高,适合自动组装。这种结构和圆柱型结构是目前广泛应用的片式钽电解电容器。

矩形钽电解电容器的主要性能见表 7-8,圆柱形钽电解电容器的性能见表 7-9,图 7.8 是矩形钽电解电容器的结构模型及封装。

表 7-8 矩形钽电解电容器的主要性能

温度范围	$-55℃\sim +125℃$
额定电压内最高使用温度	85℃
额定电压范围	4V～35V
电容范围	0.047 μF～100 μF
容量允差	±20%或±10%(20℃,120Hz)
漏电流	0.01CU 或 0.5 μA 以下
损耗角正切(tanδ)	3.3 μF,≤0.04 4.7 μF～6.8 μF,≤0.06(20℃,120Hz) 100 μF,≤0.08
耐焊接热	260℃±5℃,5s±1s(熔融焊料中浸渍)
耐湿特性	在 40℃,(90%～95%)R.H,500h,无负荷放置 电容变化率:初始值±10%以内 损耗角正切:初始规定值以下 漏电流:初始规定值以下
高温负荷特性	85℃,3000h 内,加额定电压 125℃,2000h 内,降低额定电压 电容变化率:初始值±10%以内 损耗角正切:初始规定值以下 漏电流:初始规定值的 125%以下
其他性能	根据 JIS—C—5142 特性 E 标准

表 7-9 圆柱形钽电解电容器的性能

序号	项目	性能	
1	工作温度/℃	$-55\sim +85$	
2	漏电流/μA	0.01CU 或 0.5 μA	
3	容量允许偏差/%	±20	
4	tanδ	120Hz,≤0.05	
5	高温负荷	试验时间	1000^{+18}h
		温度	85℃

续表

序号	项目	性能	
		容量变化率	±5%
		tanδ	120Hz,≤0.05
		漏电流	≤0.01CU 或≤0.5μA 的125%
6	耐焊接热	温度	260±5℃
		时间	5s±0.5s
		容量变化率	试验前的±5%
		tanδ	120Hz,≤0.05
		漏电流	≤0.01CU,≤0.5μA
7	其他	符合 JIS—C—5142 标准	

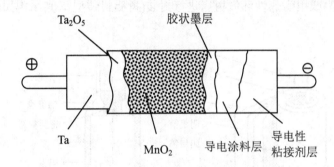

矩形钽电解电容器的结构模型

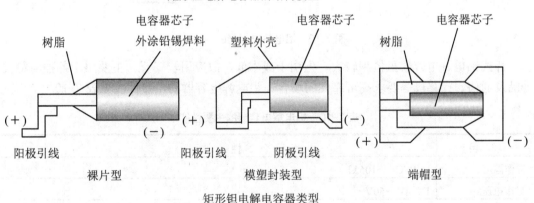

矩形钽电解电容器类型

图 7.8 矩形钽电解电容器的结构模型及封装

对于铝电解电容器，由于存在电解液，给其片状化带来很大困难，所以片式铝电解电容器的出现较其他电容器稍晚。同时，电解电容器需要有可靠的密封结构，以防在焊接过程中因受热而导致电解液泄漏，此外还需采用耐电解液腐蚀的材料，这些技术难题现已解决，片式铝电解电容器进入实用化阶段。其封装形式有金属封装、树脂封装两种，如图 7.9 所示。

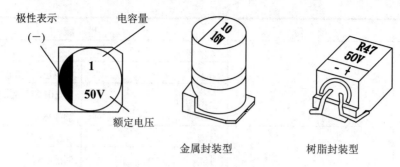

图 7.9 铝电解电容器标志及封装形式

铝电解电容器是将高纯度的铝箔经电解腐蚀成高倍率的附着面,然后在弱酸性的溶液中进行阳极氧化,形成电介质薄膜。再用电解纸夹入阳极箔与用同样方式腐蚀过的阴极箔之间卷绕成电容器芯子。经电解液浸透,最后用密封橡胶把芯子卷边封口与树脂端子板连接密封在铝壳内(金属封装型)或用耐热性环氧树脂进行封装(树脂封装型),其结构如图 7.10 所示。

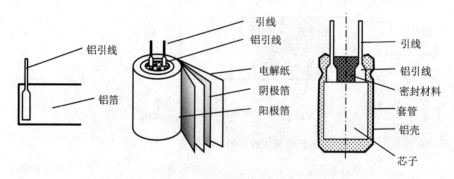

图 7.10 铝电解电容器的结构

片式铝电解电容器虽体积较大,但由于成本低,故应用较广泛。主要用于各种消费类产品及通信、计算机等要求高可靠性的场合。铝电解电容器的主要性能见表 7-10。

表 7-10 铝电解电容器的主要性能

项 目	性 能				
工作温度	−40℃～+105℃				
工作电压	DC 4V～50V				
电容量	0.1 μF～220 μF				
电容量允许偏差	±20%(120Hz, 20℃)				
漏电流	≤0.01CU 或 3 μA(试验温度 20℃,试验时间 25min)				
损耗角正切	工作电压	4	6.3	16	25	50
	tanδ	0.35	0.26	0.16	0.14	0.12
温度特性	工作电压	4	6.3	16	25	50
	−25℃～+20℃	7	4	2	2	2
	−40℃～+20℃	15	8	4	4	3

续表

项 目	性 能
高温负荷特性	试验温度为105℃，在额定电压下试验2000h后，在常温下测量能满足下述要求 容量误差：试验前容量的±20%； tanδ：试验前测量值的1.5倍； 漏电流：小于额定值
高温空载特性	试验温度为85℃，连续试验1000h，在常温下测试应满足上述要求
耐焊接热	电极端面在250℃的热板上放置30s后，常温下测试应满足下述要求 容量误差：试验前容量的±10%； tanδ≤试验前测试值； 漏电流：试验前测试值；
耐蚀性	在氟利昂TE、TES、TP-35中浸渍40min或在蒸气中试验5min均不受腐蚀
其他	符合JIS-C-5142标准特性W和Y级

3. 片式有机薄膜电容器

由于薄膜在耐热性和降低厚度方面存在一定困难，有机薄膜电容器在各类电容器中片状化是最晚的，直到1982年才开始出现。现在日、美、西欧均已进入批量生产，产品基本上是矩形塑封，以厚度仅1.5mm的聚酯薄膜为介质，产品尺寸不一。矩形有机薄膜电容器的主要性能见表7-11，其结构示意图如图7.11所示。

表7-11 矩形有机薄膜电容器的主要性能

项 目	特 性
使用温度范围	-40℃～+105℃
额定电压	DC 25V，DC 16V
电容量范围	0.001μF～0.22μF(E-12系列)
容量允差	±5%(J)
耐压	端子间：额定电压×17.5，1s～5s
损耗角正切	≤0.6%(20℃，1kHz)
绝缘电阻	≥3000MΩ(20℃，DC 25V，1min)
焊接条件	波峰焊接方式：260℃，5s以下

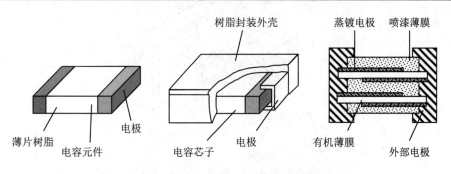

图7.11 矩形有机薄膜电容器结构示意图

4. 片式云母电容器

片式云母电容器采用天然云母作为介质，制成矩形片状。与多层片状瓷介电容器相比，体积略大，但耐热性好、损耗小、易制成小电容量、稳定性高、Q 值高、精度高，适宜高频电路使用。近年来在移动式无线通信机、硬磁盘系统中大量使用。片式云母电容器的主要特性见表 7-12。

片式云母电容器的结构如图 7.12 所示。它是将银浆料印刷在云母上，然后进行叠片，再经过热压形成电容坯体，最后完成电极的连接。

表 7-12 片式云母电容器的主要特性

项 目	主 要 特 性		
电容量允许偏差	C(±0.25pF，±0.25%)，D(±0.5pF，±0.5%)，F(±1pF，±1%)，G(±2%)，J(±5%)		
工作温度	$-55℃\sim +125℃$		
额定直流电压	从外表颜色辨别 2A(100V)：茶色 2H(500V)：绿色		
绝缘电阻	$\geqslant 10\times 10^4 \, M\Omega$		
Q 和 $\tan\delta$	Q：1pF，$\geqslant$500；80pF，$\geqslant$3000；80pF$\leqslant C \leqslant$330pF，$\geqslant$3000 $\tan\delta$：1kHz，>330pF，$\leqslant$0.1%		
温度特性	标称电容量(pF)	温度系数(10^{-6}/℃)	电容量允许偏差
	$1\leqslant C \leqslant 10$	$0\sim 200$	±(0.5%+0.1pF)
	$10\leqslant C \leqslant 30$	$0\sim 100$	±(0.1%+0.1pF)
	$30<C$	$0\sim 50$	±(0.05%+0.1pF)
标志方法	标称电容量以 pF 为单位，按 EIAJ 标准 RC－3402 的 8.1.1 方法，由一个英文字母与一个数字组合而成		
电容量标称值系列	100V：1pF$\sim$2000pF；500V：1pF$\sim$1200pF； 每隔 0.5pF 为一档：<100pF 每隔 1pF 为一档：100pF$\sim$1000pF 每隔 10pF 为一档：>1000pF		

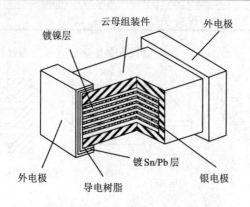

图 7.12 片式云母电容器的结构

7.2.3 表面组装电感

1. 线绕型

线绕型片式电感器结构如图7.13所示,它是在一般高频线绕电感的基础上进行改进的。除此形式外,还有带 MELF 型的。优点是电感量范围宽、精度高,缺点是具有开路磁路结构,易漏磁,体积大。线绕型片式电感器的典型产品参数见表 7-13,其主要性能及试验方法见表 7-14。

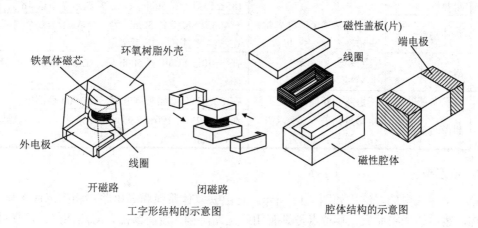

图 7.13 线绕型片式电感器结构

表 7-13 线绕型片式电感器的典型参数

型号	电感值/μH	电感值允差/%	Q值	固有谐振频率/MHz	额定电流/mA	备注
LQN5N101K	100	±10	40(mim)	7.0	150	$R_{DC} \leqslant 2.9\Omega$
LQN5N331K	330	±10	40(mim)	3.6	90	$R_{DC} \leqslant 8\Omega$
43CSCROL	1~470		≥50			
502531	1~1000	±3~±5	≥40		150~300	
NL	0.12~1000		40~70		10~30	$U_{DC}=100V$
LQN5N100K	10	±10	40(mim)	33	270	$R_{DC} \leqslant 0.6\Omega$
LQN5N330K	30	±10	40(mim)	11	200	$R_{DC} \leqslant 1.5\Omega$

表 7-14 线绕型片式电感器的主要性能及试验方法

分类	项目	标准值	条件与试验方法
一般特性	外观形状	不得有变形、沾污、损伤,尺寸符合有关规定	
	电感量	参照各品种规定标准	用 HP4194A 阻抗测定仪测定
	Q值		
	自谐振频率		
	直流电阻		数字式万用表
	额定电流		

续表

分类	项目	标准值	条件与试验方法
环境特性	温度特性	电感量允差±10%以内，Q允差±20%以内	−20℃～85℃
	耐湿特性	外观无异常，电感量允差±5%以内，Q允差±20%以内	(60±2)℃，(90%～95%)R.H，置500h后，在常温常湿下放1h后测定
	耐热性	外观及结构无明显异常，电感量允差±5%以内，Q允差±20%以内	(85±2)℃，置500h后，在常温常湿下放1h后测定
	热冲击性		−40℃和85℃各30min为1个周期，100个周期后，在常温常湿下放1h后测定
	耐低温性		在(−40±2℃)中置500h后，在常温常湿下放1h后测定
寿命特性	高温负荷试验	无短路和断线，	在(85±2)℃施加额定电流，经500h后测定
	耐湿负荷试验	电感量允差±10%以内，Q允差±20%以内	在(60±2)℃，(90%～95%)R.H条件下，加入额定电流，500h后测定

2. 叠层型

叠层型片式电感器结构如图7.14所示，它由铁氧体浆料和导电浆料相间形成多层的叠层结构，然后经烧结而成。其特点是具有闭路磁路结构，没有漏磁，耐热性好，可靠性高，与线绕型相比，尺寸小得多，适用于高密度表面组装，但电感量也小，Q值较低。叠层型片式电感器的尺寸与特性见表7-15。

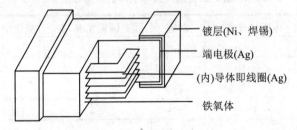

图7.14 叠层型片式电感器结构

表7-15 叠层型片式电感器的尺寸与特性

尺寸(长×宽)/mm×mm	厚度/mm	材料											
		D($f-Q$峰值，100MHz)			A(10MHz)			E(5MHz)			C(1MHz)		
		电感范围/μH	Q(ref)	I_{DC}/mA	电感范围/μH	Q(ref)	I_{DC}/mA	电感范围/μH	Q(ref)	I_{DC}/mA	电感范围/μH	Q(ref)	I_{DC}/mA
3.2×1.6	0.6	0.05～0.33	30	100	0.15～1.2	30	100	1.2～2.7	50	25	1.0～8.2	50	10
	1.1	0.39～1.2	30	100	1.5～4.7	40	50	3.3～10	50	25	10～33	50	10
3.2×2.5	1.1	1.5～3.3	40	100	5.6～10	50	50	12～22	60	15	39～68	50	10
	2.5	3.9～12	40	50	12～47	50	50	27～100	60	10	82～330	50	10
4.5×3.2	1.1	1.5～3.3	40	100	5.6～10	50	50	12～22	60	15	39～68	50	10
	2.2	3.9～12	40	50	12～47	50	50	27～100	60	10	80～330	50	10

3. 薄膜型

运用薄膜技术在玻璃基片上依次沉积 Mo-Ni-Fe 磁性膜、SiO_2 膜、Cr 膜、Cu 膜，然后进行光刻形成绕组，再依次沉积 SiO_2 膜和 Mo-Ni-Fe 磁性膜而成。其绕组形式有框型、螺旋型、叉指型。

4. 纺织型

它是利用纺织技术，以 $\phi 80\mu m$ 非晶磁性纤维为经线、$\phi 70\mu m$ 细铜线为纬线，"织"出的一种新型电感器，用这种方法制成的电感器其单位体积的电感量较其他片式电感器均有所提高，缺点是 Q 值偏低，使用频率不高。

7.3 表面组装器件

常用的表面组装器件主要有片式二极管、片式晶体三极管、片式集成电路。

7.3.1 片式分立器件

大多数片式分立器件都采用小型模压塑封(SOT、SOD)形式，带翼形引线。其中 SOT 是片式晶体三极管的封装形式，SOD 是片式二极管的封装形式。

片式模塑晶体管在国外流行 3 种形式，SOT-23、SOT-143、SOT-89。前两种尺寸、散热特性均相同，在空气中的耗散功率为 200mW。SOT-23 带 3 条引线，可封装通用表面组装晶体管；而 SOT-143 带 4 条引线，可用来封装双栅场效应管及高频晶体管。SOT-89 尺寸略大，需使用适当的散热器，耗散功率约 1W。SOT-23 和 SOT-89 的结构如图 7.15 所示。

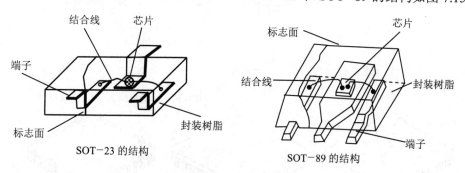

图 7.15　SOT-23 和 SOT-89 的结构

片式二极管有塑封和玻封两种形式。塑封片式二极管为扁平矩形结构(SOD)，带两条翼形引线，有时为了统一尺寸和使用方便，也使用 SOT 封装结构。玻封片式二极管为圆柱形结构，不带引线。

7.3.2 片式集成电路

片式集成电路主要有 4 种封装形式，SOP(小型电路封装)、QFP(塑料方形扁平封装)、PLCC(塑料有引线芯片载体)、LCCC(陶瓷无引线芯片载体)。SOP 是两侧引出引线，既可以是翼形结构，也可以是钩形结构。QFP 为 4 侧引出，带翼形引线。PLCC 也为 4 侧引出，但带钩形引线。LCCC 不带引线，是一种多引出端的高可靠封装。常见片式集成电路封装结构如图 7.16 所示。

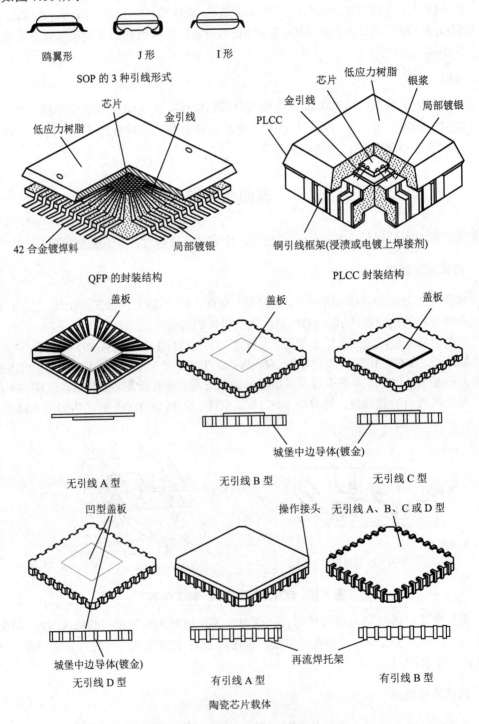

图 7.16　常见片式集成电路封装结构

日本常用的封装是 SOP 和 QFP，美国流行的是 SOP、PLCC。SOP 的引出脚一般在 28

根以内，28 根以上的引出脚采用 PLCC 或 QFP。

7.4 其他表面组装元器件

除了前面介绍的几种表面组装元器件外，常用的表面组装元器件还有片式滤波器、片式振荡器、片式延迟线、片式磁芯、片式开关、片式继电器及近年来发展起来的 BGA、CSP 封装器件。

7.4.1 片式滤波器

1. 片式抗电磁干扰滤波器(片式 EMI 滤波器)

抗电磁干扰滤波器可滤除信号中的电磁干扰(EMI)，它主要用于抑制同步信号中的高次谐波噪声，防止数字电路信号失真。

EMI 滤波器主要由矩形铁氧体磁芯和片式电容器组合而成，经与内、外金属端子的连接，作成 T 形耦合，外表用环氧树脂封装。其结构与等效电路如图 7.17 所示。其额定电压为 50V，额定电流 2A，因此在信号通道或电源通道中均可使用。这种滤波器组装后适合波峰焊或再流焊。

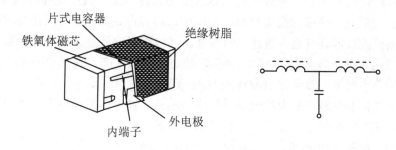

图 7.17 片式 EMI 滤波器结构与等效电路

2. 片式 LC 滤波器

LC 滤波器有闭磁路型和金属外壳型两种。前者采用翼形引线，后者采用钩形引线。目前常用的 LC 滤波器的种类和主要特性见表 7-16。

表 7-16 LC 滤波器的种类和主要特性

分 类	形 状	特 性
线圈的同轴组装形式		仅适合再流焊接轻量
中频变压器连接型		仅适合再流焊可调整端子数量多
层叠型		小型化 波峰再流焊接均适应 容纳的元件单元有限度

图 7.18 是多联同轴式的 LC 滤波器。线圈的端部接在线架凸肩上部预置的端子上。将片式电容器装在凸肩的端子间，经焊接完成线圈与电容器的连接后，用罩壳封装成 LC 滤波器。

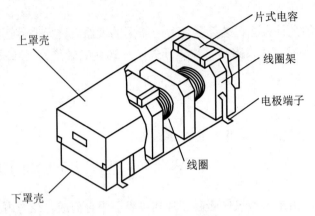

图 7.18 片式 LC 滤波器结构

3. 片式表面波滤波器(晶体滤波器)

表面波滤波器是利用表面弹性波进行滤波的带通滤波器。其压电体材料有 $LiNbO_3$、$LiTaO_3$ 等单晶、氧化锌薄膜和陶瓷材料。使用中以前者占多数，主要用在要求高的场合。

由于表面波滤波器具有集中带通滤波性能，其电路无需调整，组成元件数量少，并可采用光刻技术同时进行多元件(电极)的制作，故适合批量生产。片式表面波滤波器的外形比插孔组装的要小得多，并可在 10MHz～5GHz 范围内使用。

表面波滤波器通常是在压电体表面分别设置输入、输出的梳型电极。当对梳型电极施加脉冲电压时，在压电效应作用下，由相邻电极间的逆相位失真而产生表面波振动，实现其功能，其结构如图 7.19 所示。

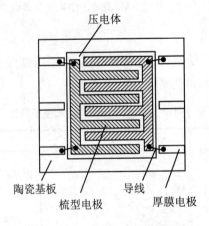

图 7.19 片式表面波滤波器

7.4.2 片式振荡器

片式振荡器有陶瓷、晶体和 LC 三种。这里只介绍前两种。

1. 片式陶瓷振荡器

片式陶瓷振荡器又称片式陶瓷振子，常用于振荡电路中。振子作为电信号和机械振动的转换元件，其谐振频率由材料、形状及所采用的振动形式所决定。振子要做成表面组装形式，则必须保持其基本的振动方式。可以采用不妨碍元件振动方式的新型封装结构，并做到振子无需调整，具有高稳定性和可靠性，以适合贴装机自动化贴装，其结构如图 7.20 所示。

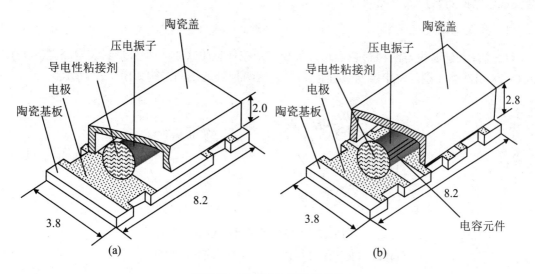

图 7.20 片式陶瓷振荡器结构
(a) 两端子式；(b) 三端子式

2. 片式晶体振荡器

片式晶体振荡器采用钽酸锂($LiTaO_3$)单晶体作为压电体，按不同频率研磨成不同的厚度，在压电体的正反面蒸镀薄膜电极，并与采用光刻技术制成的驱动电极、端子电极组合成压电振子。晶体基片经切割而成，使用丝网印刷方法制成表面安装用电极。端子电极通过基片左右(通孔)电极连接，形成片状振子外部电极，其结构如图 7.21 所示。

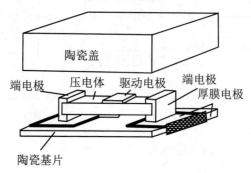

图 7.21 片式晶体振荡器结构

7.4.3 片式延迟线

延迟线的作用是使信号在规定的延迟时间内通过。它还可将模拟、数字信号暂时保存,并可进行波形转换与符号化、信号合成处理等。作为高精度信号的延迟,延迟线已广泛应用于计算机、程控交换机、脉码调制通信设备、医疗设备及多种视频装置中。

片式延迟线包含 LC 网络的有源延迟线和无源延迟线,是复合型电子元件,与表面组装集成电路的封装形式有相同点。

1. 片式有源延迟线

片式有源延迟线有两种封装形式:引线芯片载体型(PLCC)和小外形封装电路型(SOP)。PLCC28 引线呈 J 型,SOP14 外形呈双列型。这两种延迟线的结构如图 7.22 所示。

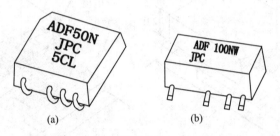

图 7.22 片式有源延迟线的结构
(a) PLCC28 引线 J 型封装;(b) 14 引线 SOP 型封装

2. 片式无源延迟线

片式无源延迟线有两种封装形式:双列式和单列式。使用时以 4 引线的双列封装为主。这种延迟线大部分用于 ECL 数字电路,它可以在 0.1ns 至几纳秒的范围内,用于延迟时间的调整。双列式按照阻抗特性分为 50Ω 系列和 75Ω 系列,使用时可以将 n 个延迟线连接,其外形尺寸如图 7.23 所示。图中单列 L 型引线的片式延迟线,具有 5 个分类输出接头,常用在 TTL 数字电路中。

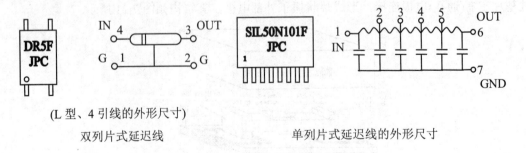

(L 型、4 引线的外形尺寸)
双列片式延迟线　　　　　　　　单列片式延迟线的外形尺寸

图 7.23 片式无源延迟线外形尺寸

7.4.4 片式磁芯

片式磁芯的作用是抑制同步信号中的高次谐波噪声,吸收(滤波)数字电路中的噪声,减少数字信号的失真度。在电子产品向数字化发展之际,片式磁芯已广泛应用于激光音响、数字音响、数字式录像机等产品中。

片式磁芯的结构如图 7.24 所示。在矩形铁氧体磁芯上设置 2 个～4 个通孔,将金属端子在此间贯通,再用金属电极盖在磁芯两端制成外部端子电极。

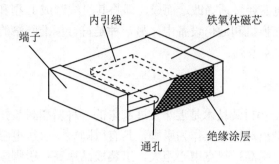

图 7.24 片式磁芯的结构

7.4.5 片式开关

目前片式轻触开关发展很快,其体积大幅度减小,ALPS 公司的 HS 系列轻触开关为 HM 系列开关厚度的 1/2。OT 公司的 B3S 开关只有 6 mm^2,SMK 公司和 Fujisoka 公司也生产轻触开关。片式轻触开关可作为录像机、照相机的工作开关和立体声耳机的无声开关。

片式轻触开关的典型结构如图 7.25 所示。其底座用高耐热性树脂制成,并在底座上嵌入一对固定接触片 1、2。在底座中间装上已成形的可动接触簧片,簧片的凸缘边与固定触片 1 保持连接。当按下按键板 2 时,按键板 1 可使可动簧片与固定触片 2 导通。放手后可动簧片复位,完成开、关动作。在按键板 1 和 2 之间有一薄片,起密封作用。

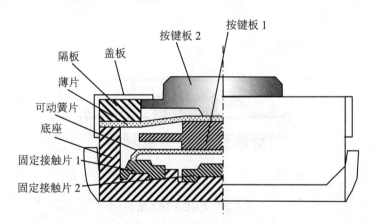

图 7.25 片式轻触开关的典型结构

这种开关的主要特点是再流焊后能进行清洗,并在接触转换结构上配置各种形状的轻触按键。由于开关用金属触点,故可得到灵敏、良好的接触。另外,它带有接地端子,可以防静电。

7.4.6 片式继电器

表面安装继电器(SMR)早在 1983 年就由美国和日本相继研制成功。可分为两种类型：一种是利用现有的继电器经过适当改造而成，即将其引线弯成 L 型和 J 型，使其适应表面安装，主要用于小型交换机和通信设备中；另一种是符合标准网络的表面安装军用继电器 S114 系列和灵敏型 S134 系列。

7.4.7 BGA 器件

BGA(Ball Grid Array)封装技术是近年发展起来的一种新型封装技术。BGA 封装器件在基板底面以阵列方式制出球形触点作为引脚，具有引脚短，引线电感和电容小；引脚多，引出端数与本体尺寸比率高；焊点中心距大，组装成品率高；引脚牢固，共面状况好；适合 MCM 的封装需要，有利于实现 MCM 的高密度、高性能要求等一系列优点而迅速发展和越来越广泛被应用。

BGA 也存在一些缺陷，如组装后焊点不外露，组装质量检测困难；不能进行焊点的局部返修，个别焊点不良也必须整体从基板上脱离下来重新焊接等。

BGA 主要分为塑料球形栅格阵列(PBGA, Plastic Ball Grid Array)、陶瓷球栅阵列(CBGA, Ceramic Ball Grid Array)、陶瓷柱栅阵列(CCGA, Ceramic Column Grid Array)3 种类型。

图 7.26 为 PBGA 封装结构示意图。PBGA 一般使用环氧树脂基板和共晶焊料球，焊料球典型的组成为 Sn60/Pb40，Sn63/Pb37 或 Sn62/Pb36/Ag20。PBGA 在与 PCB 组装再流焊时，焊球在基板和 PCB 焊垫之间实现机械和电气连接，同时焊球发生"塌陷"，与焊垫上涂布的焊膏一起形成焊点，焊点高度比原焊球低。焊球中心距常用 1.27mm、1.5mm 和 1.0mm。

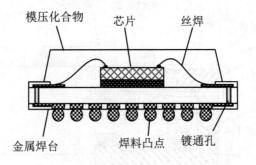

图 7.26 PBGA 封装结构

图 7.27 为 CBGA 封装结构示意图。CBGA 器件起源于 IBM 公司，采用可控塌陷芯片互联 C4 倒装工艺封装，用 Sn10/Pb90 高熔点焊料制作焊料球，一般通过低熔点共晶焊料 Sn63Pb37 将其与芯片封装体和 PCB 连接组装。组装时高熔点焊料球不熔解，在 PCB 和陶瓷基板之间形成一个支撑空隙。这样形成的焊球阵列对芯片陶瓷基板与 PCB 之间的热膨胀系数(TCE)失配而引起的热变形，能起到一个缓冲和调节的作用。这种缓冲和调节作用随着焊柱的增长更为明显。

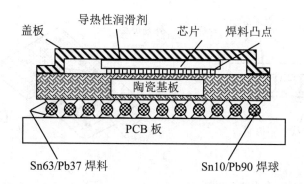

图 7.27 CBGA 封装结构

图 7.28 所示的是几种 BGA 器件和 PCB 结合形成的单个焊点形态的截面图。其中图(a)示意的为 PBGA 的焊点形态；图(b)为 CBGA 的焊点形态；图(c)为 CCGA 焊点形态。

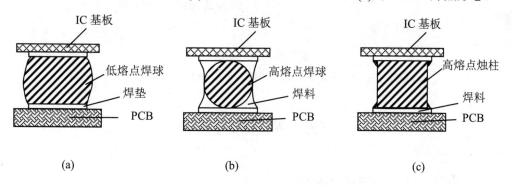

图 7.28 BGA 器件焊点形态截面图
(a) PBGA 焊点；(b) CBGA 焊点；(c) CCGA 焊点

7.4.8 CSP 器件

芯片尺寸封装(CSP, Chip Size Package)技术是指一种焊区面积等于或略大于裸芯片面积的单芯片封装技术。采用该技术能解决芯片与封装的矛盾(芯片小，封装大)问题，IC(集成电路)引出端脚不断增长需要问题，MCM(多芯片组件)裸芯片不能取拿、预测、老化(burn in)筛选等问题。为此，它从 20 世纪 90 年代初期出现后立即得到了迅速发展和应用。

CSP 技术是芯片级封装技术，它的结构形式其实是以引线接合的 LOC (Lead on Chip) 和 BGA 等所采用的封装基本形式的改进或延伸。其典型结构有 LOC 型 CSP，薄膜型 CSP，T-BGA 型 CSP、F/C BGA 型 CSP 等数种，如图 7.29 所示。

LOC 型 CSP 可以使用 LOC 所采用的各种材料和技术，有望成为成本最低的 CSP 而应用于少引脚存储器芯片等产品中。薄膜型 CSP 将有广泛的应用范围，但制造过程稍长，在这一点上尚有待于进一步提高。F/C BGA 型 CSP 因为使用了 FC 基本技术和 C4 技术，具有 BGA 的一系列优点，但同时也受到需要在芯片上制作倒装焊所特需的焊接微凸这一条件的制约。T-BGA 型 CSP 被认为是从 BGA 形式自然演化而成，特别是其中的 μBGA 形式采用了 S 形梁式引脚和弹性合成橡胶体组成顺从结构(compliant structure)，具有吸收因热膨胀差引起的应力的功能，因而其封装形式最具有实用性。

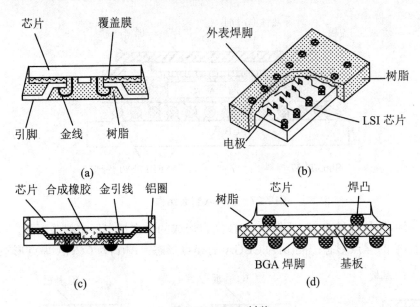

图 7.29 CSP 封装
(a) LOC 型；(b) 薄膜型；(c) T-BGA(μBGA)型；(d) F/C BGA 型

7.5 练习思考题

1. 表面组装元器件与常规元器件有什么相同点和不同点？
2. 表面组装元器件有哪几种基本外形？
3. SMC、SMD、SMT 各代表什么意思？
4. 电阻网络有什么特点和用途？
5. 片式电解电容器如何区分正负极？
6. 片式集成电路有哪几种封装，各有什么特点？

实训题　看图识别表面组装元器件

一、目的

初步认识表面组装元器件。

二、内容

(1) 仔细观察下面的 SMT 电路板照片，根据板上的标记识别图中有哪些表面组装元器件。

(2) 能看清标志的表面组装元器件，试读出它们的参数。

第 7 章 表面组装元器件

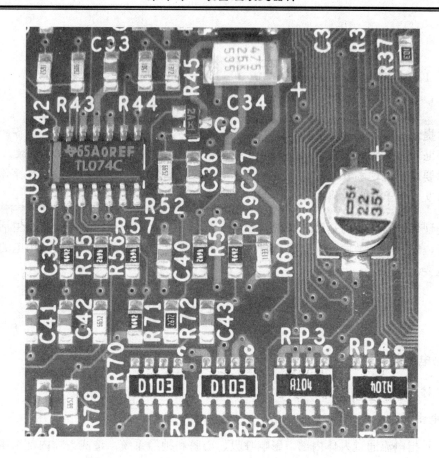

第 8 章 电子技术安全知识

教学提示：电子技术安全知识主要讨论如何预防用电事故，保证人身及设备的安全。作为从事电子行业的工程技术人员必须注意自身保护，安全用电，防止电气事故。

教学要求：通过本章学习，学生应了解安全用电的基本知识与技术、装焊操作的安全规则，以及在电子技术操作中容易产生的一些不安全因素和预防措施。

电是现代物质文明的基础，在现代社会离开了电，人们的工业生产和日常生活都无法正常进行，同时电又是危害人类生命财产安全的因素之一。因此，掌握安全用电的基本知识非常重要。

8.1 人身安全

8.1.1 触电危害

触电对人体的危害主要有电击和电伤两种。

1．电击

电击是指电流通过人体内部，影响呼吸、心脏和神经系统，造成人体内部组织的损坏乃至死亡，即其对人体的危害是体内的、致命的。它对人体的伤害程度与通过人体的电流大小、通电时间、电流途径及电流性质有关。

2．电伤

电伤是指由于电流的热效应、化学效应或机械效应对人体所造成的危害，包括烧伤、电烙伤、皮肤金属化等。它对人体的危害一般是体表的、非致命的。

1) 烧伤

烧伤是指由于电流的热效应而灼伤人体皮肤、皮下组织、肌肉，甚至神经等。其表现形式是发红、起泡、烧焦、坏死等。

2) 电烙伤

电烙伤是指由于电流的机械效应或化学效应，而造成人体触电部位的外部伤痕，如皮肤表面的肿块等。

3) 皮肤金属化

皮肤金属化是指由于电流的化学效应，使得触电点的皮肤变为带电金属体的颜色。

8.1.2 安全电压

安全电压是指在一定的皮肤电阻下，人体不会受到电击时的最大电压。我国规定的安全电压有 42V、36V、24V、12V、6V 等几种。

安全电压并不是指在所有条件下均对人体不构成危害，它与人体电阻和环境因素有关。

人体电阻一般分为体内电阻和皮肤电阻。体内电阻基本上不受外界条件的影响，其值为 $500\,\Omega$ 左右。

皮肤电阻因人因条件而异。干燥皮肤的电阻大约为 $100\,\text{k}\Omega$，但随着皮肤的潮湿，电阻值逐渐减小，可小到 $1\,\text{k}\Omega$ 以下。

42V、36V 是就人体的干燥皮肤而言。在潮湿条件下，安全电压应为 24V 或 12V，甚至 6V。

8.1.3 触电引起伤害的因素

触电对人体的伤害与多种因素有关，主要有电击强度、电流途径和电流的性质等。

1. 电击强度

电击强度是指通过人体的电流与通电时间的乘积。

1mA 的电流可使人体产生电击的感觉。

数毫安的电流可引起肌肉收缩、神经麻木。电疗仪及电子针灸仪是利用微弱电流对人体的刺激达到治疗的目的。

十几毫安的电流可使肌肉剧烈收缩、痉挛、失去自控能力，无力使自己与带电体脱离。

几十毫安的电流通过人体 1s 以上就可造成死亡。

几百毫安的电流可以使人体严重烧伤，并立即停止呼吸。

人体受到 $30\,\text{mA}\cdot\text{s}$ 以上的电击强度时，就会产生永久性的伤害。

2. 电流途径

若电流不经过人体的脑、心、肺等重要部位，除了电击强度较大时会造成内部烧伤外，一般不会危及生命。

若电流流经人体的心脏，则会引起心室颤动，较大的电流还会造成心脏停跳。

若电流流经人体的脑部，则会使人昏迷，直至死亡。

若电流流经人体的肺部，则会影响呼吸，使呼吸停止。

3. 电流的性质

直流电不易使心脏颤动，人体忍受直流电击的电击强度要稍高一些。

静电因随时间很快减弱，没有足够量的电荷，一般不会导致严重后果。

高频(特别是高于 20kHz)电流由于集肤效应，使得体内电流相对减弱，故对人体伤害较小。

40Hz～300Hz 的交流电对人体危害最大，当通过时间超过心脏脉动周期时，极易引起心室颤动而造成严重后果。其中工频(50Hz)信号人们接触最多，危害最大。

8.1.4 触电原因

人体触电，主要原因有直接触电、间接触电和跨步电压引起的触电。直接触电又分为单相触电和双相触电两种。

1. 单相触电

单相触电是指人体的某一部分触及带电设备或线路中的某一相导体时，一相电流通过人体经大地回到中性点，人体承受相电压。绝大多数触电事故都属于这种形式，如图 8.1 所示。

2. 双相触电

双相触电是指人体两处同时触及两相带电体而发生的触电事故。这种形式的触电，加在人体的电压是电源的线电压(380V)，电流将从一相经人体流入另一相导线，如图 8.2 所示。双相触电的危险性比单相触电高。

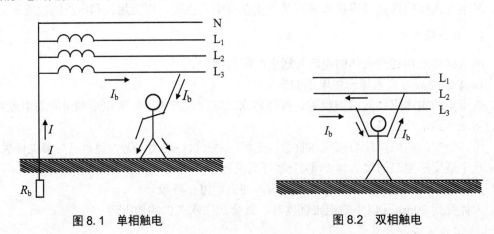

图 8.1 单相触电　　　　　图 8.2 双相触电

3. 间接触电

间接触电是指电气设备已断开电源，但由于设备中高压大容量电容的存在而导致在接触设备某些部分时发生的触电。这类触电有一定的危险，容易被忽视，因此要特别注意。

4. 跨步电压引起的触电

在故障设备附近(例如电线断落在地上)，或雷击电流经设备入地时，在接地点周围存在电场，人走进这一区域，两脚之间形成跨步电压就会引起的触电事故，如图 8.3 所示。

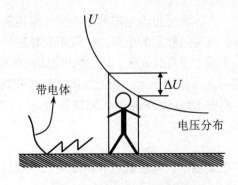

图 8.3 跨步电压引起的触电

8.2 安全用电技术

8.2.2 三相电路的保护接零

电力系统的供电是将 6kV 以上的高压电经变压器降压后,送给工厂和用户使用。我国采用三相四线制供电,如图 8.4 所示。变压器负端中性点接地称为工作接地,从中性点引到用户的线称为工作零线。

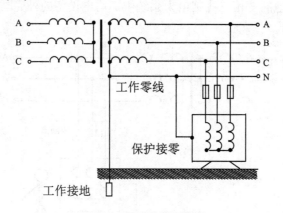

图 8.4 保护接零原理图

用电设备外壳与工作零线相接称为保护接零。其优点是当绝缘损坏,有一相线碰壳时,通过外壳设备使该相线与零线形成短路(即短路碰壳),利用短路时产生的大电流,促使线路保护装置断开(如熔断器断开),以消除触电的危险性。

必须注意零线不准接保险丝(即熔断器)。

常用电子仪器、家用电器均采用交流单相 220V 供电,其中输电线一根为相线,一根为工作零线。

保护接零是指电器外壳要接地,即除火线、零线外,还应有一根保护零线,如图 8.5 所示。

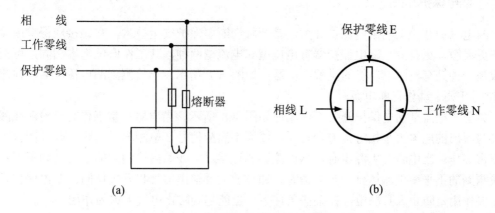

图 8.5 单相电路的保护接零原理图
(a) 单相电路的保护接零;(b) 三芯插头的接法

保护接零的措施是采用三芯接头。正确的接法是 E 接外壳，L 接相线，N 接工作零线。

必须注意不能把工作零线与保护零线接在一起，这样不仅不能起到保护作用，反而可能使外壳带电，当人体接触电器外壳时引起触电。

保护零线(地线)和工作零线相比，对地电压均为 0，但保护零线不能接熔断器，而工作零线可以接熔断器。

8.2.2 三相电路的保护接地

在没有中性点接地的三相三线制电力系统中，用电设备的外壳与大地连接起来称为保护接地，如图 8.6 所示。

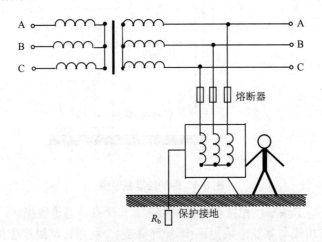

图 8.6 保护接地原理图

当一相线碰壳而设备未接地时，人触及设备外壳要发生单相触电。当采用保护接地时，接地电阻远小于人体电阻。因此，当人体接触带电外壳时，由于接地电阻(R_b)远小于人体电阻(R_r)，产生的大电流通过 R_b 到地，使电路保护装置动作，可避免人体的触电危险。

根据国家有关标准规定，接地电阻 $R_b \leqslant 4\Omega \sim 10\Omega$。

8.2.3 漏电保护开关

漏电保护开关也叫触电保护开关，是一种切断型保护安全技术，它比接地保护或接零保护更灵敏、更有效。漏电保护器有电压型和电流型两种，其工作原理基本相同，可把它看成是一种具有检测电功能的灵敏继电器，如图 8.7 所示，当检测到漏电情况后，检测器 JC 控制开关 S 动作切断电源。

典型的电流型漏电保护开关工作原理如图 8.8 所示。当电器正常工作时，检测线圈内流进与流出的电流大小相等，方向相反，线圈不感应信号，检测输出为零，开关闭合，电路正常工作。当电器发生漏电时，漏电流不通过零线。线圈内检测到的电流之和不为零，当检测到的不平衡电流达到一定数值时，通过放大器输出信号将开关切断。漏电保护开关的主要作用是防止人身触电，在某些条件下，也能起到防止电气火灾的作用。

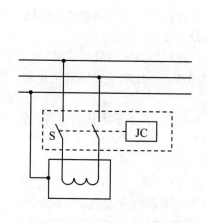 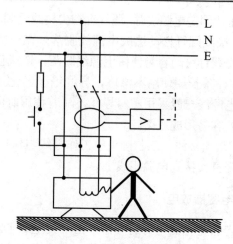

图 8.7　漏电保护开关示意图　　　图 8.8　电流型漏电保护开关

按照国家标准规定，电流型漏电保护开关电流与时间乘积(又称电击强度)小于等于 30mA·s。实际产品额定动作电流一般为 30mA，动作时间为 0.1s(乘积为 3mA·s)。如果是在潮湿等恶劣环境，可以选用动作电流更小的规格。

8.3　常见的不安全因素及防护

8.3.1　直接触及电源

1. 电源线损坏

电源线大多数采用塑料电源线。而塑料导线极容易被划伤或被电烙铁烫坏，使得绝缘塑料损坏，导致金属导线裸露。同时，随着使用时间的增加，塑料导线的老化较为严重，使得绝缘塑料开裂，手碰该处即会引起触电。

2. 插头安装不合规格

塑料电源线一般采用多股导线。在连接插头时，如果多股导线未绞合而外露，手抓插头容易引起触电。

8.3.2　错误使用设备

在仪器的调试或电路实验中，往往需要使用多种仪器组成所需电路。若不了解各种设备的电路接线情况，有可能将 220V 电源线引入表面上认为安全的地方，造成触电的危险。

8.3.3　金属外壳带电

金属外壳带电的主要原因有以下几种。

(1) 电源线虚焊。由于电源线在焊接时造成虚焊，使得在运输、使用过程中开焊脱落，搭接在金属件上同外壳连通。

(2) 工艺不良。电子设备或产品由于在制造时，工艺不过关，使得产品本身带有隐患，如金属压片固定电源线时，压片存在尖棱或毛刺，容易在压紧或振动时损坏电源线的绝缘层。

(3) 接线螺钉松动造成电源线脱落。在一些电子设备中，电源线通过接线柱与电路连接，接线螺钉松动容易使得电源线脱落，造成仪器外壳带电。

(4) 设备长期使用不检修，导线绝缘老化开裂，碰到外壳尖角处形成通路。电子仪器设备的电源线一般采用塑料导线，随着使用时间的增加，导线的绝缘层老化开裂，碰到外壳尖角处容易形成通路。

(5) 错误接线。三芯接头中工作零线与保护零线短接。当工作零线与电源相线相接时，造成外壳直接接到电源相线上。

8.3.4 电容器放电

电容器是存储电荷的容器，由于其绝缘电阻很大，即漏电流很小，电源断开后，电能可能会存储相当长的时间。因此，在维修或使用旧电容器时，一定要注意防止触电。尤其是电压超过千伏或电压虽低，但容量为微法以上的电容器时要特别小心，使用或维修前一定要进行放电。

8.4 安 全 常 识

8.4.1 接通电源前的检查

电源线不合格最容易造成触电。因此，在接通电源前，一定要认真检查，做到四查而后插。即一查电源线有无损坏；二查插头有无外露金属或内部松动；三查电源线插头的两极间有无短路，同外壳有无通路；四查设备所需电压值与供电电压是否相符。

检查方法是采用万用表进行测量。两芯插头的两个电极及它们之间的电阻均应为无穷大。三芯插头的外壳只能与接地极相接，其余均不通。

8.4.2 装焊操作安全规则

(1) 不要惊吓正在操作的人员，不要在实验室争吵打闹。
(2) 烙铁头在没有确信脱离电源时，不能用手摸。
(3) 烙铁头上多余的焊锡不要乱甩，特别是往身后甩危险很大。
(4) 电烙铁应远离易燃品。
(5) 拆焊有弹性的元件时，不要离焊点太近，并使可能弹出焊锡的方向向外。
(6) 插拔电烙铁等电器的电源插头时，要手拿插头，不要抓电源线。
(7) 用螺丝刀拧紧螺钉时，另一只手不要握在螺丝刀刀口方向上。
(8) 用剪线钳剪断短小导线时，要让导线飞出方向朝着工作台或空地，决不可向人或设备。
(9) 各种工具、设备要摆放合理、整齐，不要乱摆、乱放，以免发生事故。
(10) 要注意文明实验、文明操作，不乱动仪器设备。

8.5 练习思考题

1. 触电对人体有哪些危害？
2. 触电的危险性主要取决于哪些因素？
3. 单相触电和双相触电哪种危险性大？为什么？
4. 36V电压在任何情况下都不会对人体造成伤害吗？为什么？
5. 什么是保护接地和保护接零？它们分别用于什么场合？
6. 常见不安全因素有哪些？如何预防？
7. 检修电气设备时，为什么在断电后还要对电容器进行放电处理？
8. 为什么在电工操作时尽量养成单手操作的习惯？
9. 装焊操作应遵循哪些安全规则？
10. 什么是安全电压？我国对安全电压是如何规定的？

第 9 章 电子工程图的识图

教学提示：电子工程图是用规定的"电子工程语言"描述电路设计内容、表达工程设计思想、指导生产过程的工程图。识图是电子技术人员的一项基本功，若不会正确识图，就无法搞懂电子设备(系统)的工作原理，也不可能进行安装调试和维护修理。识图本身也是一种学习，通过识图可以获得知识，学习别人工作中的成功经验，积累实践知识，提高专业技术水平。

教学要求：通过本章学习，学生应了解电子工程图的基本要求、图形符号、种类和识图步骤，掌握识图的基本方法，提高识图能力。

9.1 电子工程图概述

电子工程图是用图形符号表示电子元器件，用连线表示导线所形成的一个具有特定功能或用途的电子电路原理图。包含电路组成、元器件型号参数、具备的功能和性能指标等。

9.1.1 电子工程图的基本要求

根据国家标准 GB/T 4728.1～13《电气简图用图形符号》的规定，在研制电路、设计产品、绘制电子工程图时要注意元器件图形、符号等要符合规范要求，使用国家规定的标准图形、符号、标志及代号。同时还应具备读懂一些已约定的非国标内容和国外资料的能力。

9.1.2 电子工程图的特点

电子工程图主要描述元器件、部件和各部分电路之间的电气连接及相互关系，应力求简化。随着集成电路以及微组装混合电路等技术的发展，传统的象形符号已不足以表达其结构与功能，象征符号被大量采用。而许多新元件、器件和组件的出现，又会用到新的名词、符号和代号。因此要及时掌握新器件的符号表示和性能特点。

9.2 电子工程图的图形符号及说明

9.2.1 常用图形符号

电子工程图常用的图形符号包括国标规定的图形符号和一些常用的非国标图形符号及新型元器件的图形符号，见表 9-1。

第 9 章 电子工程图的识图

表 9-1(a) 电阻器的图形符号

图形符号	名称与说明	图形符号	名称与说明
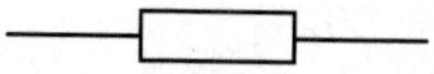	电阻器的一般符号	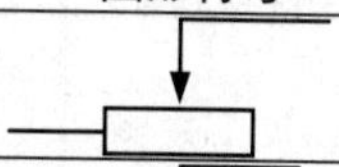	滑线式变阻器
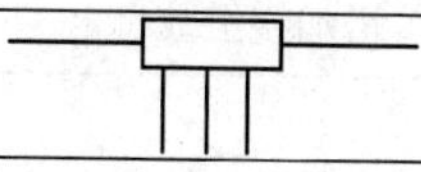	有抽头的固定电阻器	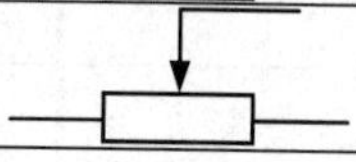	滑动触点电位器
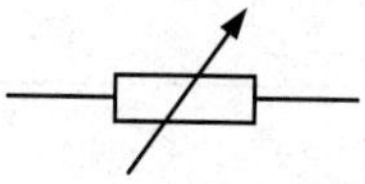	可变电阻器或可调电阻器(由电阻器一般符号和可调节性通用符号组成)	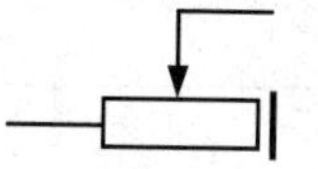	带滑动触点和断开位置的电阻器
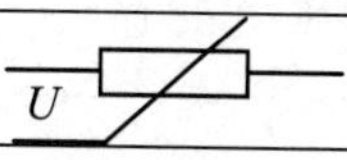	压敏电阻器	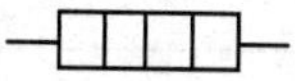	加热元件
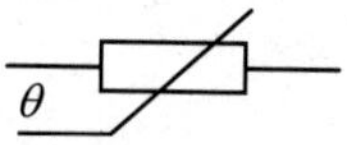	热敏电阻器 (θ 可以用 $t°$ 代替)	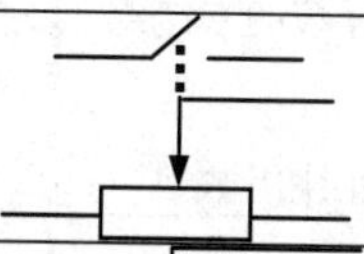	带开关滑动触点电位器
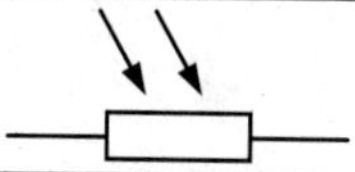	光敏电阻	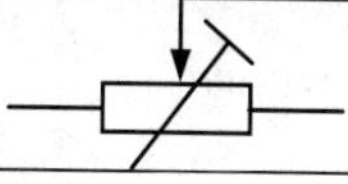	预调电位器
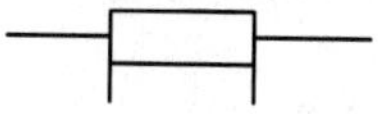	分路器,带分流和分压端子的电阻器	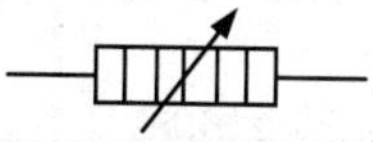	碳堆电阻器

表 9-1(b) 电容器的图形符号

图形符号	名称与说明	图形符号	名称与说明
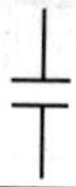	电容器的一般符号	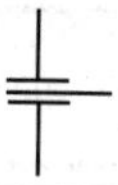	带抽头的电容器
	电解电容器或极性电容(允许不注极性符号)		穿心电容器
	微调电容器	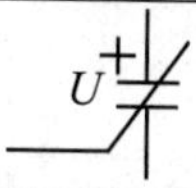	压敏极性电容器
	可变或可调电容器	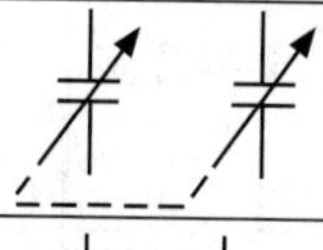	双联同调可变电容器(可增加同调联数)
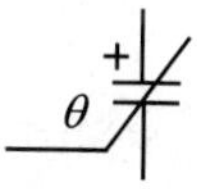	热敏极性电容器	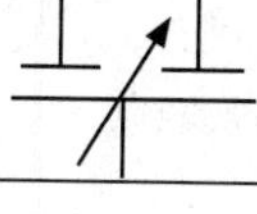	差动可调电容器
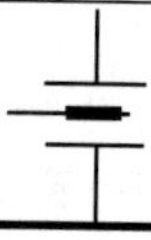	定片分离可调电容器		

表 9-1(c)　电感器的图形符号

图形符号	名称与说明	图形符号	名称与说明
	电感线圈	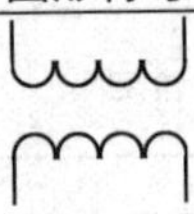	双绕组变压器 注：可增加绕组数目
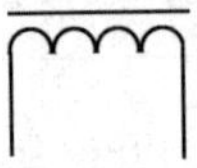	带磁芯、铁芯的电感器	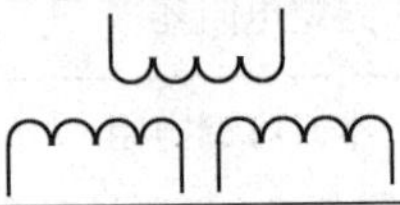	三绕组变压器
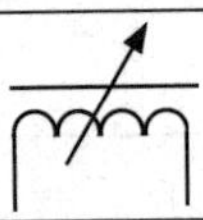	带磁芯连续可调电感器	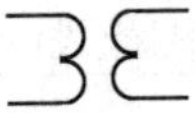	电压互感器
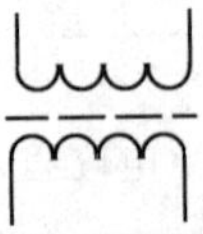	绕组间有屏蔽的双绕组变压器 注：可增加绕组数目		电流互感器
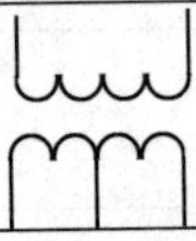	带抽头的电感线圈	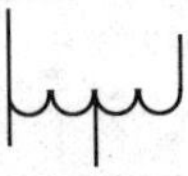	单项自耦变压器
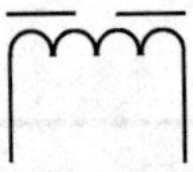	磁芯有间隙的电感器	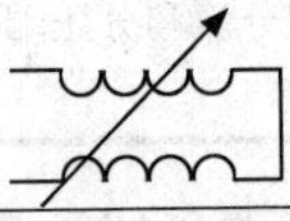	可变电感器
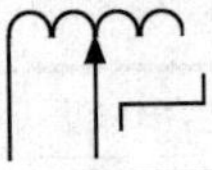	步进移动触点可变电感器		带磁芯的同轴扼流圈

表 9-1(d)　开关、控制和保护装置的图形符号

图形符号	名称与说明	图形符号	名称与说明
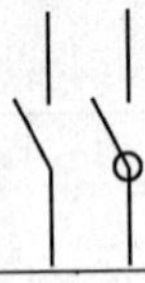	动合触点，也称常开触点		开关，一般符号
	动断触点，也称常闭触点		双极开关
	先断后合的转换触点	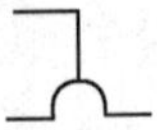	具有护板的(电源)插座
	电源插座一般符号		电源多个插座(示出 3 个)
	带保护接点电源插座	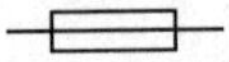	熔断器

表 9-1(e)　半导体管和电子管的图形符号

图形符号	名称与说明	图形符号	名称与说明
	半导体二极管一般符号		NPN 型半导体三极管
	发光二极管		PNP 型半导体三极管
	光电二极管		集电极接管壳的 NPN 型半导体管
	稳压二极管		JFET 结型场效应管（N 沟道）
	变容二极管		JFET 结型场效应管（P 沟道）
	MOSFET 绝缘栅场效应管（N 沟道增强型）		MOSFET 绝缘栅场效应管（N 沟道耗尽型）
	MOSFET 绝缘栅场效应管（P 沟道增强型）		MOSFET 绝缘栅场效应管（P 沟道耗尽型）
	晶闸管		光耦合器件
	隧道二极管		齐纳二极管
	双向二极管		双向击穿二极管

表 9-1(f)　测量仪器、灯和信号器件的图形符号

图形符号	名称与说明	图形符号	名称与说明
	指示灯及信号灯的一般符号		扬声器
	闪光灯信号		蜂鸣器

表 9-1(g)　导线和连接器件的图形符号

图形符号	名称与说明	图形符号	名称与说明
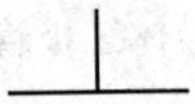	导线的连接 T 型连接	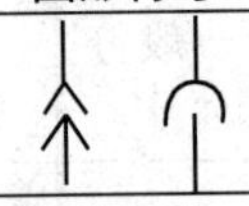	插接器的一般符号
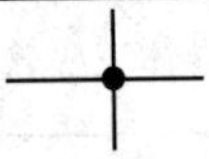	导线的双重连接	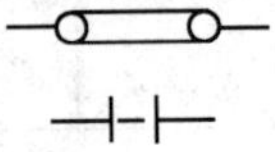	接通的连接片

表 9-1(h)　常用的其他图形符号

图形符号	名称与说明	图形符号	名称与说明
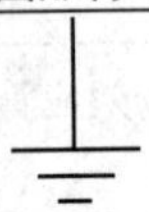	接地，一般符号	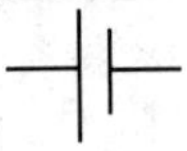	长线为正极 原电池或(蓄电池)
	抗干扰接地，无噪声接地	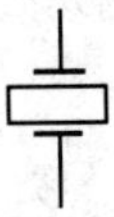	具有两个电极的压电晶体 注：电极数目可增加
	保护接地	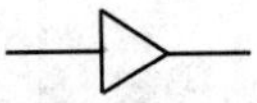	放大器的一般符号
	整流器	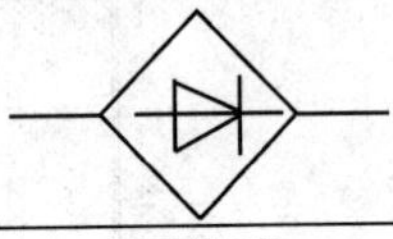	全波桥式整流器 单项整流桥
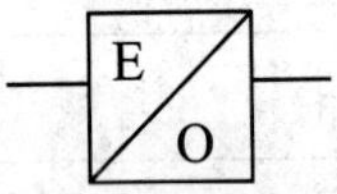	电光转换器	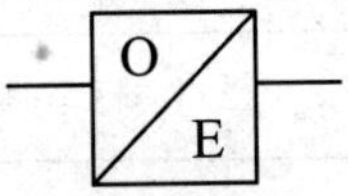	光电转换器
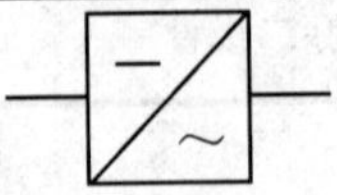	逆变器		火花间隙
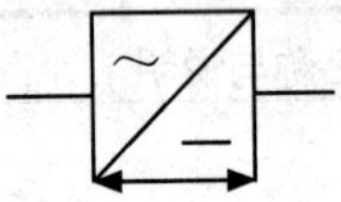	整流器/逆变器		避雷器的一般符号
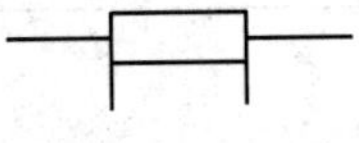	分流器	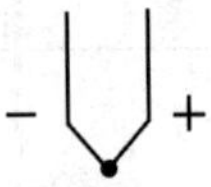	温差电偶(热电偶) 示出极性符号
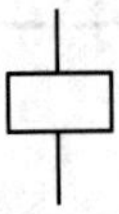	继电器一般符号	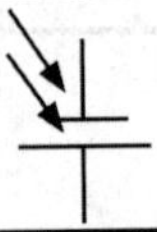	光电池

9.2.2 有关符号的规定

在电子工程图中，符号所在的位置、线条的粗细、符号的大小以及符号之间的连线画成直线或斜线并不影响其含义，但表示符号本身的直线和斜线不能混淆。

在元器件符号的端点加上"○"不影响符号原义，但在逻辑电路的元件中，"○"另有含义。在开关元件中，"○"表示接点，一般不能省去。

9.2.3 元器件代号

在电路中，代表各种元器件的图形符号旁边，一般都标志文字符号，用一个或几个字母表示元件的类型，这是该元器件的标志说明。同样，在计算机辅助设计电路软件中，也用文字符号标注元器件的名称。常见元器件的文字符号见表9-2。

在表9-2中，第一组字母是国内常用的代号。在同一电路图中，不应出现同一元器件使用不同代号，或者一个代号表示一种以上元器件的现象。

表9-2 部分元器件文字符号

名 称	代 号	名 称	代 号
天线	TX, E, ANT	开关	S, K, DK
保险丝	FU, BX, RD	插头	CT, T
二极管	VD, CR	插座	CZ, J, Z
三极管	VT, BG, Q	继电器	J, K
集成电路	IC, JC, U	传感器	MT
运算放大器	A, OP	线圈	Q, L
晶闸管整流器	Q, SCR	接线排(柱)	JX
变压器	B, T	指示灯	ZD
石英晶体	SJT, Y, XTAL	按钮	AN
光电管、光电池	V	互感器	H

9.2.4 下脚标码

(1) 同一电路图中，下脚标码表示同种元器件的序号，如 R_1、R_2、…、BG_1、BG_2、…。

(2) 电路由若干单元组成，可以在元器件名的前面缀以标号，表示单元电路的序号。例如有两个单元电路：

$1R_1$、$1R_2$、…、$1BG_1$、$1BG_2$、…，表示单元电路1中的元器件；

$2R_1$、$2R_2$、…、$2BG_1$、$2BG_2$、…，表示单元电路2中的元器件。

或者，对上述元器件采用3位标码表示它的序号以及所在的单元电路，例如

R_{101}、R_{102}、…、BG_{101}、BG_{102}、…，表示单元电路1中的元器件；

R_{201}、R_{202}、…、BG_{201}、BG_{202}、…，表示单元电路2中的元器件。

(3) 下脚标码字号小一些的标注方法，如 $1R_1$、$1R_2$、…，常见于电路原理性分析的书刊，但在工程图里这样的标注不好，一般采用下脚标码平排的形式，如 1R1、1R2、…或 R101、R102、…。

(4) 一个元器件有几个功能独立单元时，标码后面应加附码，如 K1-a、K1-b、K1-c 等。

9.2.5 电子工程图中的元器件标注

在一般情况下，用于生产的电子工程图，通常不把元器件的参数直接标注出来，而是另附文件详细说明；但在说明性的电路图纸中，则要求在元器件的图形符号旁标注规格参数、型号或电气性能。标注时小数点用一个字母代替，字符串的长度不超过 4 位。对于常用的阻容元件标注时一般省略其基本单位，采用实用单位或辅助单位。对于有工作电压要求的电容器，文字标注采取分数的形式，横线上面按上述格式表示电容量，横线下面用数字标出电容器所要求的额定工作电压。如图 9.1 所示的 C_2 的标注是 $\frac{3m3}{160}$，表示电容量为 3300 μF、额定工作电压为 160V 的电解电容器。

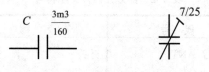

图 9.1　元器件标注示例

图 9.1 中微调电容器 7/25 虽然未标出单位，但按照一般规律这种电容器的容量都很小，单位是 pF。图中相同元器件较多时也可加附加说明。如某电路中有 100 只电容，其中 90 只以 pF 为单位的，则可将该单位省去，在图上附加附注"所有未标电容均以 pF 为单位"。

9.3　电子工程图的种类介绍

电子工程图可分为原理图和工艺图两大类，见表 9-3。

表 9-3　电子工程图的种类介绍

原理图	功能图	方框图
		电原理图
		电气原理图
		逻辑图
		说明书
	明细表	整件汇总表
		元器件材料表

工艺图		印制板图
	装配图	印制板装配图
		实物装配图
		安装工艺图
	布线图	接线图
		接线表
	面板图	机壳底板图
		机械加工图
		制版图

9.3.1 方框图

方框图是一种使用广泛的说明性图形,是用简单的方框表示系统或分系统的基本组成、相互关系及其主要特征,它们之间的连线表达信号通过电路的途径或电路的动作顺序,简单明确、一目了然。图 9.2 所示为直流稳压电源的方框图。

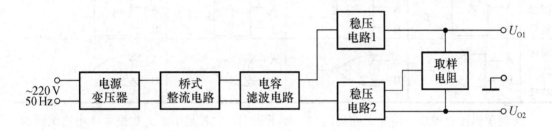

图 9.2 直流稳压电源的方框图

9.3.2 电原理图

电原理图用来表示设备的电气工作原理,是采用国家标准规定的电气图形符号并按功能布局绘制的一种工程图。主要用途是详细表示电路、设备或成套装置的全部基本组成和连接关系,也称电路原理图。在原理图中不必画出如紧固元件、支架等辅助元件。电原理图是编制接线图、用于测试和分析寻找故障的依据。有时在比较复杂的电路中,常采取公认的省略方法简化图形,使画图、识图方便。

绘制电原理图时,要注意做到布局均匀、条理清楚。如电信号要采用从左到右、自上而下的顺序,即输入端在图纸的左上方,输出端在图纸的右下方。需要把复杂电路分割成单元电路进行绘制时,应表明各单元电路信号的来龙去脉,并遵循从左到右、自上而下的顺序。同时设计人员根据图纸的使用范围和目的需要,可以在电原理图中附加说明,如导线的规格和颜色,主要元器件的立体接线图,元器件的额定功率、电压、电流等参数,测试点上的波形,特殊元器件的说明等。

9.3.3 逻辑图

逻辑图是用二进制逻辑单元图形符号绘制的数字系统产品的逻辑功能图,采用逻辑符号来表达产品的逻辑功能和工作原理。数字电路中,电路图由电原理图和逻辑图混合组成。逻辑图的主要用途是编制接线图、分析检查电路单元故障,常用逻辑符号见表9-4。

表9-4 常用逻辑符号

标准	名称及说明			
	与门	或门	非门	与或非门
国标符号	A—[&]—F B—	A—[≥1]—F B—	A—[1]—○F B—	A—[&][≥1]—F B— C— D—
国际流行符号	A—⟩—F B—	A—⟩—F B—	A—▷○—F B—	(国际流行符号图)

标准	名称及说明			
	与非门	或非门	同或门	异或门
国标符号	A—[&]○—F B—	A—[≥1]○—F B—	A—[=1]—F B—	A—[=1]—F B—
国际流行符号	A—⟩○—F B—	A—⟩○—F B—	A—⟩○—F B—	A—⟩—F B—

绘制逻辑图要求层次清楚、布局均匀、便于识图。尤其是中、大规模集成电路组成的逻辑图,图形符号简单而连线很多,布局不当容易造成识图困难。应遵循以下基本规则。

(1) 符号统一。在同一张图内,同种电路不得出现两种符号。应当尽量采用符合国家标准的符号,而且集成电路的管脚名称一般保留外文字母标注。

(2) 信号流的出入顺序,一般要从左到右、自下而上(这一点与其他电原理图有所不同)。凡有与此不符者,要用箭头表示出来。

(3) 连线要成组排列。逻辑图中很多连线的规律性很强,应该将功能相同或关联的线排在一组,并与其他线保持适当距离,如计算机电路中的地址线、数据线等。

(4) 对于集成电路,管脚名称和管脚标号一般要标出。也可用另一张图详细表示该芯片的管脚排列及其功能。而对于多只相同的集成电路,标注其中一只即可。

绘制逻辑图的简化方法:在同组的连线里,只画第一条线和最后一条线,把中间线号的线省略掉;对规律性很强的连线,在两端写上名称而省略中间线段;对于成组排列的连线,在电路两端画出多根连线,而在中间则用一根线代替一组线,也可以在表示一组线的单线上标出组内的线数。

9.3.4 接线图和接线表

接线图(表)是用来表示电子产品中各个项目(元器件、组件、设备等)之间的连接以及相对位置的一种工程工艺图,是在电路图和逻辑图基础上绘制的,是整机装配的主要依据。根据表达对象和用途不同,接线图(表)分为单元接线图(表)、互联接线图(表)、端子接线图(表)和电缆配制图(表)等。下面以单元接线图(表)为例简单介绍。

1. 单元接线图

单元接线图只提供单元内部的连接信息,通常不包括外部信息,但可注明相互连接线图的图号,以便查阅。绘制单元接线图,应遵循以下原则:

(1) 按照单元内各项目的相对位置布置图形或图形符号。

(2) 选择最能清晰地显示各个项目的端子和布线的面来绘制视图。对多面布线的单元,可用多个视图来表示。视图只要画出轮廓,但要标注端子号码。

(3) 当端子重叠时,可用翻转、旋转和位移等方法来绘制,但图中要加注释。

(4) 在每根导线两端要标出相同的导线号。

2. 单元接线表

它是将各零部件标以代号或序号,再编出它们接线端子的序号,把编好号码的线依次填在接线表表格中,其作用与上述的接线图相同。这种方法在大批量生产中使用较多。

9.3.5 印制电路板装配图

印制电路板装配图是表示各种元器件和结构件等与印制板连接关系的图样,用于指导工人装配、焊接印制电路板。现在都使用 CAD 软件设计印制电路板,设计结果通过打印机或绘图仪输出。设计电路板装配图时应注意以下几点:

(1) 要考虑看图方便,根据元器件的结构特点,选用恰当的表示方式,力求绘制简便。

(2) 元器件可以用标准图形符号,也可以用实物示意图,还可以混合使用,但要能表现清楚元器件的外形轮廓和装配位置。

(3) 有极性的元器件要按照实际排列标出极性和安装方向。如电解电容器、晶体管和集成电路等元器件,表示极性和安装方向标志的半圆平面或色环不能弄错。

(4) 要有必要的外形尺寸、安装尺寸和其他产品的连接位置,有必要的技术说明。

(5) 重复出现的单元图形,可以只绘出一个单元,其余单元可以简化绘制,但是必须用细实线画出各单元的极限位置,并标出单元顺序号,如数码管等。

(6) 一般在每个元器件上都标出代号,其代号应和电路图和逻辑图保持一致。代号的位置标注在该元器件图形符号或外形的左方或上方。

(7) 可见跨接线用粗实线绘制,不可见的用虚线绘制。

(8) 当印制板两面均装元器件时,一般要画两个视图。

在上述 5 种工程图中,方框图、电原理图和逻辑图主要表明工作原理,而接线图(表)(也称布线图)、印制电路板装配图主要表明工艺内容。除此之外,还有与产品设计相关的功能表图、机壳图、底板图、面板图、元器件明细表和说明书等。

9.4　电子工程图的识图方法

识图就是对电路进行分析，识图能力体现了对知识的综合应用能力。通过识图，不仅可以开阔视野，提高评价电路性能的能力，而且为电子电路的应用提供有益的帮助。

在分析电子电路时，首先将整个电路分成具有独立功能的几个部分，进而弄清每一部分电路的工作原理和主要功能，然后分析各部分电路之间的联系，从而得出整个电路所具有的功能和性能特点，必要时进行定量估算。为了得到更细致的分析，还可借助各种电子电路计算机辅助分析和设计软件。以下是识图的具体步骤。

1. 了解用途，找出通路

了解所识电路用于何处及所起作用是识图非常重要的一步，对于分析整个电路的工作原理和各部分功能及性能指标均具有指导意义。可根据其使用场合大概了解其主要功能和性能指标，然后在原理图上依据信号的流向找出通路。

2. 对照单元，各个击破

沿着信号的主要通路，以有源器件为中心，对照单元电路或功能电路，将所识电路分解为若干具有独立功能的部分，再按照功能模块各个独立分析。如稳压电源一般均有调整管、基准电压电路、输出电压取样电路、比较放大电路和保护电路等部分，正弦波振荡电路一般均有放大电路、选频网络、正反馈网络和稳幅环节等部分。

3. 沿着通路，画出框图

沿着信号的流向，首先将每部分电路用框图表示，并用合适的方式(文字、表达式、曲线、波形)扼要表示其功能；然后根据各部分的联系将框图连接起来，得到整个电路的方框图，由方框图分析各部分电路的相互配合、电路的整体功能和性能特点。

4. 估算指标，分析(逻辑)功能

选择合适的方法分析每部分电路的工作原理和主要功能，这不但要能够识别电路的类型，如放大电路、运算电路、电压比较器、组合逻辑电路、时序逻辑电路等，而且还要能够定性分析电路的性能特点，如放大能力的强弱、输入和输出电阻的大小、振荡频率的高低、输出量的稳定性、电路所实现的逻辑功能等。如有必要还可对各部分电路进行定量估算，通过估算了解影响电路性能变化的因素，得到整个电路的性能指标，为调整、维修和改进电路打下基础。在识图时，应首先分析电路主要组成部分的功能和性能，必要时再对次要部分做进一步分析。

9.5　练习思考题

1. 电子工程图有哪些基本要求和标准？
2. 电子工程图有哪些特点？
3. 简述电子工程图的分类。

4．说明电子工程图中元器件的标注原则。
5．说明方框图的绘制作用及其方法。
6．电原理图中允许做哪些省略画法？
7．电原理图的绘制有哪些注意事项？
8．什么叫逻辑图？熟记各种标准的常用逻辑符号，熟练掌握逻辑图的绘制方法。
9．灵活运用各种电原理图，并举实例加以印证。
10．工艺图包括哪几种图？分别举例说明这些图的作用、画法和要求。

第 10 章　电子产品装焊工具及材料

教学提示：五金工具和电烙铁是电子产品手工装焊操作中的必备工具，而焊接材料(包括焊料、焊剂和阻焊剂等)的选择与配置将直接影响焊接的质量。表面组装设备作为表面组装技术的组成部分，主要包括贴片机、丝网印刷机、点胶机、波峰焊接机、再流焊接机，以及测试和清洗等现代化智能设备。

教学要求：通过本章学习，学生应了解电子产品装焊常用的五金工具和表面组装技术中常用的设备，熟悉电烙铁的分类、结构、原理和选用原则，掌握焊料、焊剂和阻焊剂的作用、分类和选用知识。

10.1　电子产品装焊常用五金工具

1. 尖嘴钳

如图 10.1(a)所示，头部较细，适用于夹小型金属零件或弯曲元器件引线，不宜用于敲打物体或夹持螺母。

2. 平嘴钳

如图 10.1(b)所示，平嘴钳钳口平直，可用于弯曲元器件的管脚或导线。因其钳口无纹路，所以，对导线拉直、整形比尖嘴钳适用。但因钳口较薄，不易夹持螺母或需要施力较大部位的场合。

3. 斜嘴钳

如图 10.1(c)所示，用于剪短焊接后的线头，也可与尖嘴钳合用，剥去导线的绝缘皮。

4. 剥线钳

如图 10.1(d)所示，专门用于剥去导线的包皮。使用时应注意将需剥皮的导线放入合适的槽口，以免剥皮时剪断导线。剪口的槽并拢后应为圆形。

5. 平头钳(克丝钳)

如图 10.1(e)所示，平头钳头部较平宽，适用于螺母、紧固件的装配操作。一般适用紧固 M5 螺母，但不能代替锤子敲打零件。

6. 镊子

如图 10.1(f)所示，镊子分尖嘴镊子和圆嘴镊子两种。
尖嘴镊子主要用于夹持较细的导线，以便于装配焊接。
圆嘴镊子主要用于弯曲元器件引线和夹持器件焊接等，用镊子夹持元器件焊接还起散热作用。

7. 螺丝刀

如图10.1(g)所示，螺丝刀又称为起子、改锥。有"+"字形和"一"字形两种，用于拧螺钉。根据螺钉大小可选用不同规格的螺丝刀。但在使用时，不要用力太猛，以免螺钉滑口。

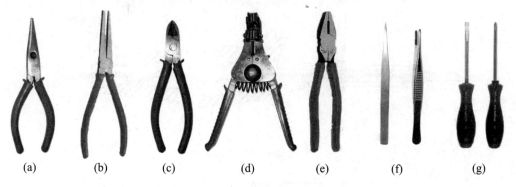

图 10.1 电子产品装焊常用五金工具

10.2 电烙铁

10.2.1 电烙铁的分类及结构

1. 电烙铁的分类

电烙铁是手工施焊的主要工具。合理选择、使用电烙铁是保证焊接质量的基础。由于用途、结构的不同，电烙铁可以按不同方式进行分类，主要有以下几种分法。

1) 按加热方式分类

电烙铁可分为直热式、感应式、气体燃烧式等多种。目前最常用的是单一焊接用的直热式电烙铁。

2) 按电烙铁的功率分类

电烙铁可分为 20W、30W、35W、45W、50W、75W、100W、150W、200W、300W等多种。

3) 按功能分类

电烙铁可分为单用式、两用式、恒温式、吸锡式等。

恒温式电烙铁是指其内部装有带磁铁式的温度控制器，通过控制通电时间而实现温度控制。即给电烙铁通电时，温度上升。当达到预定温度时，因强磁体传感器达到了居里点而磁性消失，使得磁芯触点断开，电烙铁不再供电。当温度低于磁体传感器的居里点时，强磁体便恢复磁性，并吸动磁芯开关中的永久磁铁，使控制开关的触点接通，继续向电烙铁供电，如此循环，便可达到恒温的目的。恒温式电烙铁主要用于对集成电路和晶体管等元器件的焊接。

吸锡式电烙铁是将活塞吸锡器和电烙铁融为一体的拆焊工具。可以在拆焊时，方便地吸收焊锡，具有使用灵活方便的特点。

2. 电烙铁的结构

1) 直热式电烙铁的结构

直热式电烙铁主要由发热元件、烙铁头、手柄、接线柱等 4 部分组成，如图 10.2 所示。

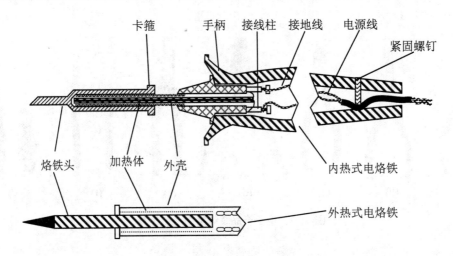

图 10.2 直热式电烙铁结构示意图

(1) 发热元件是电烙铁中的能量转换部分，俗称烙铁芯。它是将镍铬发热电阻丝缠在云母、陶瓷等耐热、绝缘材料上制造而成。外热式和内热式的主要区别在于外热式发热元件在传热体的外部，内热式发热元件在传热体的内部，也就是烙铁芯在内部发热。显然，内热式能量转换效率高，故同样温度的烙铁，内热式在体积、重量等方面都优于外热式。

(2) 烙铁头主要进行能量存储和传递，一般用紫铜制成。在使用中，因高温氧化和焊剂腐蚀会变得凸凹不平，需经常修整。

(3) 手柄一般用木料或胶木制成，设计不良的手柄在温升过高时会影响操作。

(4) 接线柱是发热元件同电源线的连接处。一般电烙铁有 3 个接线柱，其中一个是接金属外壳的，接线时应用三芯线将外壳接保护零线。新烙铁或换烙铁芯时，应明确接地端，最简单的方法是用万用表测外壳与接线柱之间的电阻。

2) 直热式电烙铁的分类

直热式电烙铁可分为内热式和外热式两种。

(1) 内热式电烙铁是指发热元件(即烙铁芯)安装于烙铁头里面的电烙铁。具有发热快、重量轻、耗电省、体积小、热利用率高等特点。常用规格有 20W、50W 等几种。由于它的热效率高，20W 就相当于 40W 左右的外热式电烙铁。

内热式电烙铁的发热元件一般由较细的镍烙电阻丝绕在瓷管上制成。对于 20W 的电烙铁，其阻值约为 2.5 kΩ，温度可达 350℃。

内热式电烙铁的烙铁头后端为空心，用于套接在连接杆上，并且用弹簧夹固定。当需要更换烙铁头时，需先将弹簧夹退出，同时用钳子夹住烙铁头前端，慢慢拔出。切不可用力过猛，以免损坏连接杆。

(2) 外热式电烙铁是指烙铁头安装于发热元件(即烙铁芯)外面的电烙铁。常用规格有

25W、45W、75W、100W 等几种。

电烙铁的功率不同,其内阻不同。一般情况下,20W 电烙铁的阻值约为 $2\,\mathrm{k}\Omega$,45W 电烙铁的阻值约为 $1\,\mathrm{k}\Omega$,75W 电烙铁的阻值约为 $0.6\,\mathrm{k}\Omega$,100W 电烙铁的阻值约为 $0.5\,\mathrm{k}\Omega$。当所使用外热式电烙铁的功率未知时,可通过测量其阻值进行判断。

10.2.2 对电烙铁的要求

1. 对电烙铁的要求

(1) 温度稳定性好,热量充足,可连续焊接。
(2) 耗电少,热效率高。
(3) 重量轻,便于操作。
(4) 结构坚固,寿命长,可以更换烙铁头,易修理。

2. 对烙铁头的要求

(1) 同焊料有良好的亲和性。烙铁头必须是由易与焊料亲和的金属制成,否则,焊料会滴落下来,不易焊接。
(2) 导热性好,能有效地将热量从储能部分传送到接合部分。
(3) 机械加工性能好,使烙铁头在磨损后能得到修复。

10.2.3 电烙铁的选用

电烙铁的选用应根据被焊物体的实际情况而定,一般重点考虑加热形式、功率大小、烙铁头形状等。

1. 加热形式的选择

(1) 内热式和外热式的选择:相同功率情况下,内热式电烙铁的温度比外热式电烙铁的温度高。
(2) 当需要低温焊接时,应用调压器控制电烙铁的温度,电烙铁的温度与电源电压有密切的关系,实际使用中往往通过调低电源电压来降低电烙铁的温度。
(3) 通过调整烙铁头的伸出长度控制温度。
(4) 稳定电烙铁温度的方法主要有以下几种:加装稳压电源,防止供电网的变化;烙铁头保持一定体积、长度和形状;采用恒温电烙铁;室内温度保持恒定;避免自然风或电扇风等。

2. 电烙铁功率的选择

(1) 焊接小功率的阻容元件、晶体管、集成电路、印制电路板的焊盘或塑料导线时,宜采用 30W~45W 的外热式或 20W 的内热式电烙铁。应用中选用 20W 内热式电烙铁最好。
(2) 焊接一般结构产品的焊接点,如线环、线爪、散热片、接地焊片等时,宜采用 75W~100W 的电烙铁。
(3) 对于大型焊点,如焊金属机架接片、焊片等,宜采用 100W~200W 的电烙铁。

3. 烙铁头形状的选择

常用的电烙铁头形状如图10.3所示。

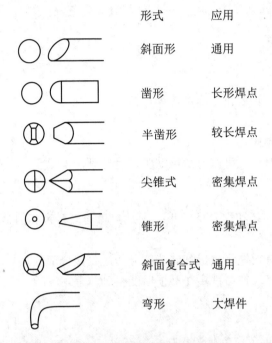

图10.3 常用电烙铁头形状及应用

10.3 焊　　料

焊料是易熔金属，熔点应低于被焊金属。焊料熔化时，在被焊金属表面形成合金与被焊金属连接在一起。焊料按成分可分为锡铅焊料、银焊料、铜焊料等。在一般电子产品装配中，主要采用锡铅焊料，俗称焊锡。

10.3.1 锡铅焊料

1. 锡的特性

物理特性：锡(Sn)是一种软质低熔点金属。熔点为232℃，电导率为12.1mm/Ω·mm^2。金属锡在高于13.2℃时为银白色，低于13.2℃时呈灰色，低于-40℃时变为粉末。纯锡质脆，机械性能差。

化学特性：大气中耐腐蚀性好，不失金属光泽，不受水、氧气、二氧化碳等物质的影响，并易与多种金属形成金属化合物。

2. 铅的特性

物理特性：铅(Pb)是一种浅白色软金属，熔点为327.4℃，电导率为7.9 mm/Ω·mm^2。铅属于对人体有害的重金属，在人体中积蓄能引起铅中毒。纯铅的机械性能也很差。

化学特性：有较高的抗氧化特性和抗腐蚀性，一般不与空气、氧、海水、食盐等发生反应，但受硝酸、氯化镁的腐蚀。

3. 锡铅焊料的特性

锡和铅合成焊料后，具有一系列原锡、铅不具备的优点：

(1) 熔点低、易焊接，各种不同成分的锡铅焊料熔点均低于锡和铅的熔点，有利于焊接。
(2) 机械强度高，焊料的各种机械强度均优于纯锡和铅。
(3) 表面张力小，粘度下降，增大了液态流动性，有利于焊接时形成可靠接头。
(4) 抗氧化性好，使焊料在熔化时减小氧化量。

4. 锡铅焊料状态图

图 10.4 所示为不同比例锡和铅的锡铅焊料状态图。

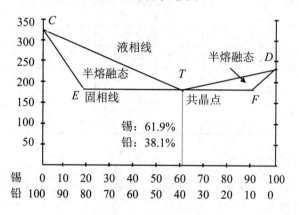

图 10.4 锡铅焊料状态图

由图 10.4 可知，不同比例的锡和铅组成的焊料熔点与凝固点各不相同，除纯锡、铅和共晶合金是在单一温度下熔化外，其他焊料都是在一个区域内熔化。

图中 CTD 线为液相线，温度高于此线时为液相。$CETFD$ 为固相线，温度低于此线时为固相。两线之间的两个三角形区域内，焊料处于半熔半凝固状态。最适合于焊接的温度应高于液相线 50℃。

5. 共晶焊锡

在图 10.4 中，T 为共晶点，对应的锡铅含量为锡 61.9%，铅 38.1%，称为共晶合金。它的熔点最低，为 183℃，是锡铅焊料中性能最好的一种，它有如下特点：

(1) 低熔点，使焊接时加热温度降低，可防止元器件损坏。
(2) 熔点和凝固点一致，可使焊点快速凝固，不会因半熔状态时间间隔而造成焊点结晶疏松，强度降低。这一点对自动焊接尤为重要，因为自动焊接传输中不可避免地出现振动。
(3) 流动性好，表面张力小，有利于提高焊点质量。
(4) 强度高，导电性好。

10.3.2 焊锡的物理性能及杂质影响

1. 焊锡的物理性能

表 10-1 给出了不同比例锡铅焊料的物理性能和机械性能。由表 10-1 可以看出,含锡量 60%的焊料,抗张力强度和剪切强度都较好。而含锡量过高或过低,其性能都不太理想。一般常用焊锡含锡量为 10%～60%。

表 10-1 焊料的物理和机械性能

含锡量(Sn)/%	含铅量(Pb)/%	导电性/(铜)100%	抗张力/(kgf/mm^2)	折断力/(kgf/mm^2)
100	0	13.6	1.49	2.0
95	5	13.6	3.15	3.1
60	40	11.6	5.36	3.5
50	50	10.7	4.73	3.1
42	58	10.2	4.71	3.1
35	65	9.7	4.57	3.6
30	70	9.3	4.73	3.6
0	100	7.9	1.42	1.4

2. 杂质对焊锡的影响

焊锡除含有锡和铅外,还不可避免地含有其他微量金属。这些微量金属作为杂质,超过一定限量就会对焊锡性能产生很大影响。表 10-2 列出了部分杂质对焊锡性能的影响。

表 10-2 部分杂质对焊锡性能的影响

杂质	对焊料的影响
铜	强度增大,0.2%就会生成不易熔性化合物。粘性增大,在焊接印制电路板时易出现桥接和拉尖
锌	尽管含量微小,也会降低焊料的流动性,使焊料失去光泽,在焊接印制电路板时易出现桥接和拉尖
铝	尽管含量微小,也会降低焊料的流动性,使焊料失去光泽,尤其是腐蚀性增强,症状很像锌
金	机械强度降低,焊点呈白色
银	加入少量 0.5%～2.0%的银,可使焊料熔点降低,强度增高
锑	抗拉强度增大,但变脆、电阻大,为增加硬度,有时可增加到 4%以下
铋	硬而脆,熔点降低,光泽变差,为增强耐寒性,必要时可微量加入
砷	焊料表面变黑,流动性降低
铁	量很少就饱和,难熔于焊料中,带磁性

10.3.3 常用焊锡

1. 常用锡铅焊料

表 10-3 给出了一般常用的锡铅焊料的性能。

表 10-3 常用锡铅焊料的性能

名称	牌号	主要成分/%			杂质/<%	熔点/℃	抗拉强度/(kg/mm^2)	用途
		锡	锑	铅				
10 号锡铅焊料	HLSnPb10	89~91	≤0.15	余量	<0.1	220	43	钎焊食品器皿以及医药卫生方面的物品
39 号锡铅焊料	HLSnPb39	59~61	≤0.8	余量	<0.1	183	47	钎焊电子、电气制品等
50 号锡铅焊料	HLSnPb50	49~51	≤0.8	余量	<0.1	210	3.8	钎焊散热器、计算机、黄铜制品等
58-2 号锡铅焊料	HLSnPb58-2	39~41	1.5~2	余量	<0.106	235	3.8	钎焊工业及物理仪表等
68-2 号锡铅焊料	HLSnPb68-2	29~31	1.5~2	余量	<0.106	256	3.3	钎焊电缆护套、铅管等
80-2 号锡铅焊料	HLSnPb80-2	17~19	1.5~2	余量	<0.6	277	2.8	钎焊油壶、容器、散热器
90-6 号锡铅焊料	HLSnPb90-6	3~4	5~6	余量	<0.6	265	5.9	钎焊黄铜和铜
73-2 号锡铅焊料	HLSnPb73-2	24~26	1.5~2	余量		265	2.8	钎焊铅管
45 号锡铅焊料	HLSnPb45	53~57		余量		200		

2. 常用低温焊锡

表 10-4 给出了电子产品中几种常用的低温焊锡。

表 10-4 常用低温焊锡

序号	锡/%	铅/%	铋/%	锑/%	熔点/℃
1	40	20	40		110
2	40	23	37		125
3	32	50		18	145
4	42	35	23		150

3. 焊锡的形状

焊锡一般做成丝状、扁带状、球状、饼状等。

在手工电烙铁焊接中,一般使用管状焊锡丝。它是将焊锡制成管状,在其内部充加助焊剂而制成。焊剂常用优质松香添加一定活化剂。由于松香很脆,拉制时容易断裂,会造成局部缺焊剂的现象,故采用多芯焊锡丝以克服这一缺点。焊料成分一般是含锡量60%～65%的锡铅焊料。焊锡丝直径有 0.5mm、0.8mm、0.9mm、1.0mm、1.2mm、1.5mm、2.0mm、2.3mm、 2.5mm、3.0mm、4.0mm、5.0mm 多种。

10.4 焊 剂

10.4.1 焊剂的作用及应具备的条件

焊剂即助焊剂,是焊接过程中必不可少的辅助材料之一。

1. 焊剂的作用

(1) 除去氧化膜。焊剂是一种化学剂,其实质是焊剂中的氯化物、酸类同氧化物发生还原反应,从而除去氧化膜。反应后的生成物变成悬浮的渣,漂浮在焊料表面,使金属与焊料之间接合良好。

(2) 防止加热时氧化。液态的焊锡和加热的金属表面都易与空气中的氧接触而氧化。焊剂在熔化后,悬浮在焊料表面,形成隔离层,从而防止焊接面的氧化。

(3) 减小表面张力,增加焊锡流动性,有助于焊锡浸润。

(4) 使焊点美观,合适的焊剂能够整理焊点形状,保持焊点表面光泽。

2. 焊剂应具备的条件

(1) 熔点低于焊料:在焊料熔化之前,焊剂就应熔化,发挥焊剂的作用。

(2) 表面张力、粘度、比重均应小于焊料:焊剂表面张力必须小于焊料,因为它要先于焊料在金属表面扩散浸润。如果浸润时粘性太大,就会阻碍扩散。如果比重大于焊料,则无法包住焊料的表面。

(3) 残渣容易清除:焊剂或多或少都带有酸性,如不清除,就会腐蚀母材,同时也影响美观。

(4) 不能腐蚀母材:酸性强的焊剂,不单单清除氧化层,而且还会腐蚀母材金属,成为发生二次故障的潜在原因。

(5) 不会产生有毒气体和臭味:从安全卫生角度讲,应避免使用毒性强或会产生臭味的化学物质。因此,当使用氟酸、磷酸、盐酸等强酸时,必须遵守安全卫生方面的规定。

10.4.2 焊剂的分类

焊剂大体上分为无机系列、有机系列和树脂系列3种。在电子产品中,使用得最多、最普遍的是以松香为主体的树脂系列焊剂。

常用焊剂的分类如下：

$$\text{焊剂}\begin{cases}\text{无机系列}\begin{cases}\text{酸}\begin{cases}\text{正磷酸 }(H_3PO_4)\\\text{盐酸}\\\text{氟酸}\end{cases}\\\text{盐：氯化锌、氯化氨、氯化亚锡等}\end{cases}\\\text{有机系列}\begin{cases}\text{有机酸：硬脂酸、油酸、氨基酸、乳酸等}\\\text{有机卤酸：盐酸苯氨等}\\\text{氨类：尿素、乙二胺等}\end{cases}\\\text{树脂系列}\begin{cases}\text{松香}\\\text{活化松香}\\\text{氧化松香}\end{cases}\end{cases}$$

10.4.3 无机焊剂

无机焊剂活性最大、腐蚀性最强，常温下即能清除金属表面的氧化层。但这种很强的腐蚀作用极易损坏金属和焊点，焊后必须用溶剂清洗。否则，残留下来的焊剂具有很强的吸湿性和腐蚀性，会引起严重的区域性斑点，甚至造成二次故障。

无机焊剂一般不用于电子元器件的焊接。因为焊点中像接线柱空隙，导线绝缘皮内，元件根部等很难用溶剂清洗干净，留下隐患。

无机焊剂中最常用的是焊油，它是将无机焊剂用机油乳化后，制成的一种膏状物质。表 10-5 给出了无机焊剂中有代表性的成分。

表 10-5 无机焊剂的成分

序号	成分	含量/%	适用范围
1	$ZnCl_2$	25	散热器的浸焊，铜、低碳钢的焊接
	NH_4Cl_2	3	
	H_2O	其余	
2	$ZnCl_2$	40	散热器、黄铜制品的焊接
	HCl	3	
	H_2O	其余	
3	$ZnCl_2$	40	不锈钢、镍合金、铝、青铜等的焊接
	NH_4Cl_2	5	
	$SnCl_2$	2	
	HCl	1	
	界面活化剂	0.1	
	H_2O	其余	

续表

序号	成分	含量/%	适用范围
4	$ZnCl_2$	75	浸焊和高温焊料中采用
	$NaCl$	15	
	NH_4Cl_2	10	
5	$ZnCl_2$	20	铸铁镀锡
	NH_4Cl_2	2	
	HF	1	
	界面活化剂	0.1	
	H_2O	其余	
6	$ZnCl_2$	25	即所谓无酸糊，一般家庭焊接用
	NH_4Cl_2	3.5	
	凡士林	65	
	H_2O	6.5	

10.4.4 有机焊剂

大部分有机焊剂是由有机酸、碱或它们的衍生物组成的。其活性次于无机焊剂，有较好的助焊作用，但也有一定的腐蚀性，残渣不易清理，且挥发物对操作者有害。同时，热稳定性差，呈活化的时间短，即一经加热，便急速分解，其结果有可能留下无活性的残留物。因此，这种焊剂不适用于对热稳定性要求高的地方。

10.4.5 树脂焊剂

1. 松香焊剂

将松树、杉树和针叶树的树脂进行水蒸气蒸馏，去掉松节油后剩下的不挥发物质便是松香。

松香主要由80%的松香酸或希尔毕克酸、10%～15%的海松酸或L-培尔美利克酸、松脂油组成。在常温下几乎没有任何化学活力，呈中性。当加热至74℃时开始熔化，被封闭在松香内部的松香酸呈活性，开始发挥酸的作用。随着温度的不断升高，使金属表面的氧化物以金属皂的形式熔解游离(氧化铜→松香铜)。当温度高达300℃左右时，变为不活跃的新松香酸或焦松香酸，失去焊剂的作用。焊接完毕恢复常温后，松香就又变成固体，固有的非腐蚀性，高绝缘性不变，而且呈稳定状态。

目前，在使用过程中通常将松香溶于酒精中制成"松香水"，松香同酒精的比例一般为1:3为宜。也可根据使用经验增减，但不能过浓，否则流动性变差。

2. 活性焊剂

由于松香清洗力不强，为增强其活性，一般加入活化剂，如三乙醇氨等。焊接时活化剂根据加热温度分解或蒸发，只有松香残留下来，恢复原来的状态，保持固有的特性。

常用的国产树脂焊剂见表10-6。

表10-6 国产树脂焊剂

名称	成分	含量/%	可焊性	活性	适用范围
松香酒精焊剂	松香	23	中	中性	印制电路板、导线焊接
	无水乙酸	67			
盐酸二乙胺焊剂	盐酸二乙胺	4	好	有轻度腐蚀性(余渣)	手工电烙铁焊接电子元器件、零部件
	三乙醇胺	6			
	松香	20			
	正丁醇	10			
	无水乙醇	60			
盐酸苯胺焊剂	盐酸苯胺	4.5	好	有轻度腐蚀性(余渣)	手工电烙铁焊接电子元器件、零部件,可用于搪焊
	树脂	2.5			
	松香	23			
	无水乙醇	60			
	溴化水杨酸	10			
201焊剂	溴化水杨酸	10	好	有轻度腐蚀性(余渣)	元器件搪焊、浸焊、波峰焊
	树脂	20			
	松香	20			
	无水乙醇	50			
201-1焊剂	溴化水杨酸	7.9	好	有轻度腐蚀性(余渣)	印制电路板涂覆
	丙烯酸树脂	3.5			
	松香	20.5			
	无水乙醇	48.1			
SD焊剂	SD	6.9	好	有轻度腐蚀性(余渣)	浸焊、波峰焊
	溴化水杨酸	3.4			
	松香	12.7			
	无水乙醇	77			
氯化锌焊剂	$ZnCl_2$饱和水溶液		很好	腐蚀性强	各种金属制品、钣金件
氯化胺焊剂	乙醇	70	很好	腐蚀性强	锡焊各种黄铜零件
	甘油	30			
	NH_4Cl_2饱和溶液				

10.5 阻 焊 剂

10.5.1 阻焊剂的作用

在焊接时,尤其是在浸焊和波峰焊中,为提高焊接质量,需采用耐高温的阻焊涂料,使焊料只在需要的焊点上进行焊接,而把不需要焊接的部位保护起来,起到一定的阻焊作用。这种阻焊涂料称为阻焊剂。

阻焊剂的主要功能有以下几点:

(1) 防止桥接、拉尖、短路以及虚焊等情况的发生,提高焊接质量,减小印制电路板的返修率。

(2) 因部分印制电路板面被阻焊剂所涂敷,焊接时受到的热冲击小,降低了印制电路板的温度,使板面不易起泡、分层。同时,也起到了保护元器件和集成电路的作用。

(3) 除了焊盘外,其他部分均不上锡,节省了大量的焊料。

(4) 使用带有颜色的阻焊剂,如深绿色和浅绿色等,可使印制电路板的板面显得整洁美观。

10.5.2 阻焊剂的分类

阻焊剂按照成膜方式可分为热固化型阻焊剂和光固化型阻焊剂两种。

1. 热固化型阻焊剂

热固化型阻焊剂使用的成膜材料是酚醛树脂、环氧树脂、氨基树脂、醇酸树脂、聚脂、聚氨脂、丙烯酸脂等。这些材料一般需要在130℃～150℃温度下加热固化。其特点是价格便宜,粘接强度高。缺点是加热温度高,时间长,能源消耗大,印制电路板易变形。现已被逐步淘汰。

2. 光固化型阻焊剂

光固化型阻焊剂使用的成膜材料是含有不饱和双键的乙烯树脂、不饱和聚脂树脂、丙烯酸(甲基丙烯酸)、环氧树脂、丙烯酸聚氨酸、不饱和聚脂、聚氨脂、丙烯酸脂等。它们在高压汞灯下照射2min～3min即可固化。因而可以节省大量能源,提高生产效率,便于自动化生产。目前已被大量使用。

10.6 表面组装设备

表面组装设备是完成表面组装工艺不可缺少的组成部分。一般来说,表面组装设备中,贴片机决定 SMT(表面组装技术)生产线的效率和精度,焊接设备决定产品的质量,丝网印刷机决定精度和质量,检测设备则保证产品的质量。故表面组装生产线中,一般以贴片机为重点,同时不可忽视印刷、焊接、测试等设备。

根据组装产品和组装工艺的需要,还可以配置多台贴片机;配置点胶机、上下料装置(常称为上、下板机)、转板机(改变 PCB 在传输线上传输方向)和翻板机(双面组装时使 PCB 翻转换面)等各种选择；当组装产品焊接后需要清洗时，还需配置清洗设备。根据组装对象、组装工艺和组装方式的不同，SMT 生产线有多种组线方式。采用再流焊接技术的成套 SMT 生产线基本组成如图 10.5 所示。

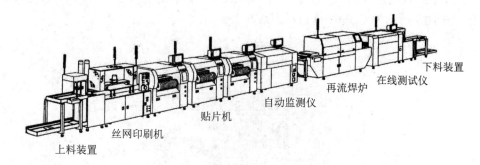

图 10.5　SMT 生产线基本组成示例

SMT 的主要设备有 3 大类：涂布设备、贴片设备和焊接设备，下面简要介绍几种最主要的表面组装设备。

10.6.1　涂布设备

涂布设备用于焊膏和贴装胶的涂敷，它直接影响表面组装组件的功能和可靠性。焊膏涂敷通常采用丝网印刷机，贴装胶涂敷则通常采用自动点胶机。

1. 丝网印刷机

焊膏的涂敷一般采用丝网印刷机。丝网印刷技术是采用已经制好的网板，用一定的方法使丝网和印刷机直接接触，并使焊膏在网板上均匀流动，由掩膜图形注入网孔。当丝网脱开印制板时，焊膏就以掩膜图形的形状从网孔脱落到印制板的相应焊盘图形上，从而完成了焊膏在印制板上的印刷。

新型自动丝网印刷机采用电脑图像识别系统来实现高精度印刷，刮刀由步进电机无声驱动，容易控制刮刀压力和印层厚度。如图 10.6 所示为 DEK260 自动丝网印刷机。

图 10.6　DEK260 自动丝网印刷机外形图

2. 自动点胶机

在表面组装的某些情况下，为了使元器件牢固地粘在印制板上，并在焊接时不会脱落，需要在被焊电路板的贴片元器件安装处涂敷贴装胶。目前的生产中，普遍采用点胶机分配贴装胶。图 10.7 所示为 CDS6700 自动点胶机。

图 10.7　CDS6700 自动点胶机外形图

10.6.2　贴片设备

贴片机是指各类能将 SMT 元件正确地贴装在印制电路板上的专用设备的总称。自动贴装机是 SMT 生产线中最关键的设备，它是一种由计算机控制的自动拾取和贴装 SMC/SMD(Surface Mounted Components/Surface Mounted Devices)的机器人系统。它将 SMC/SMD 从料盒中取出，经过判定整形后，将 SMC/SMD 传递到印制板上的精确位置，并可靠粘接和固定。图 10.8 所示为松下 Panasert mpa3 高精度、高速贴片机。

图 10.8　Panasert mpa3 贴片机外形图

贴片机的基本结构如图 10.9 所示，各部分的功能简述如下：

(1) 基座用来安装和支撑贴片机的全部部件，应具有足够的刚性。

(2) 送料器用来容纳各种包装形式的元器件,并把元器件传送到取料部位。

(3) 印制电路板传输装置(导轨)目前大多数采用导轨传输,也有采用工作台传输的。

(4) 贴装头相当于机器人的机械手,从送料器中拾取元器件,并精确贴放到印制板的设定位置。

(5) 对准系统的对准方式有机械对准、光学对准。光学对准包括 3 种方式,激光、全视觉、激光加视觉。

(6) 贴装头的 X、Y 轴定位传输装置有机械丝杠传输,磁尺和光栅传输。

(7) 贴装工具(吸嘴)是拾放元器件的工具。不同形状、大小的元器件需要不同的吸嘴。

(8) 计算机控制系统是贴片机所有操作的指挥中心。

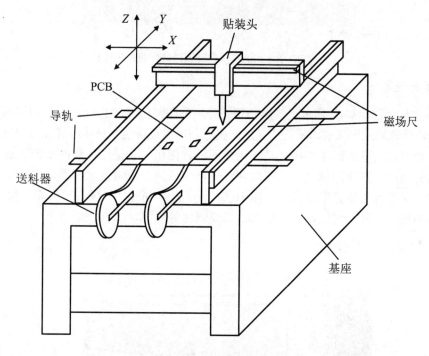

图 10.9 贴片机典型结构组成

10.6.3 焊接设备

焊接是使焊料合金和要结合的金属表面之间形成合金层的过程,焊接设备是实现这一过程的设备。焊接质量的好坏与焊接设备有密切的关系。

根据熔融焊料的供给方式不同,表面组装技术中主要采用波峰焊和再流焊两种,相应的焊接设备也有两种。

1. 波峰焊设备

波峰焊是将熔化的焊料,经电动泵或电磁泵喷流成设计要求的焊料波形,使预先装有电子元器件的印制板通过焊料波峰,实现元器件焊端或引脚与印制板焊盘之间机械与电气连接的软钎焊。

波峰焊接机的品牌、型号繁多,但工作原理基本相同。目前使用较多的波峰焊接机为全自动双波峰型。图 10.10 所示为托普科 TOP-WS350LF 全自动双波峰焊机的外形结构图。它能完成焊接的全部操作，包括涂敷助焊剂、预热、焊前预镀焊锡、焊接以及焊接后的清洗、冷却等操作。

图 10.10 TOP-WS350LF 全自动双波峰焊机外形结构

2. 再流焊设备

再流焊(也称为回流焊)是通过重新熔化预先分配到印制板焊盘上的焊膏(焊料再流)，实现表面组装元器件焊端或引脚与印制板焊盘之间机械与电气连接的一种成组或逐点焊接工艺。

目前，使用最广泛的回流焊接机是热风式回流焊接机。它采用优化的变流速加热区结构，在发热管处产生高速的热气流，在电路板处产生低速大流量气流，保证电路板和元器件受热均匀，又不容易使元器件移位。图 10.11 所示为 TN680C 热风式回流焊接机。有 16 个单独控制的热风温区，完成预热、熔化、降温固化等过程。

图 10.11 TN680C 热风式回流焊接机

10.7 练习思考题

1. 简述电子产品装配常用的五金工具的种类及用途。
2. 内热式电烙铁和外热式电烙铁在结构上有什么区别？
3. 简述恒温电烙铁和吸锡电烙铁的特点及用途。
4. 如何正确选择和使用电烙铁？
5. 焊接晶体管和集成电路一般选择何种类型及功率的电烙铁？
6. 焊料有何作用？在电子产品中，常用的焊料是哪种？

7. 锡铅焊料有哪些优点？
8. 为什么在电子产品的焊接中一般都采用共晶焊锡？
9. 助焊剂有什么作用？在电子产品中，常用的助焊剂是哪种？为什么？
10. 如何配制松香酒精焊剂？
11. 在焊接工艺中，为什么要使用清洗剂和阻焊剂？
12. SMT 的主要设备有哪几类？
13. 表面组装的焊接设备主要有哪几种？

实训题　焊接工具、焊剂、焊料及锡焊的感性认识

一、目的

了解焊料、焊剂的特性，焊点的形成，掌握电烙铁的检查和使用方法。

二、工具和器材

(1) 万用表一块。
(2) 电烙铁、焊锡、焊剂若干。

三、内容

(1) 对常用焊接工具的认识。
(2) 电烙铁的检测。
① 外观检查：电源插头，电源线，烙铁。
② 用万用表检查：检查绝缘、电热丝。
(3) 对电烙铁的温度、焊料和焊剂的认识。
① 电烙铁的拿法。
② 观察电烙铁头的温度。
电烙铁通电后在烙铁上蘸上松香，观察现象，判断烙铁头的大致温度。
③ 对焊锡与焊剂的认识。
用电烙铁熔化一小块焊锡观察液态变化。
在液态焊锡上熔化少量松香，观察变化。
观察熔化—凝固过程。

第 11 章　印制电路板的设计与制作

教学提示：印制电路板(PCB)原称印刷电路板，它可实现各元器件之间的电器连接，并可作为各元器件固定、支撑的载体。印制电路板由绝缘基板、印制导线、焊盘等构成，是现代电子产品的基本组成部分之一。

教学要求：通过本章的学习，使学生了解印制电路板的基本性能，掌握印制电路板的基本设计方法和常见的几种制作工艺。

11.1　覆 铜 板

覆铜板是把一定厚度的铜箔通过粘接剂热压在一定厚度的绝缘基板上而构成的印制电路板原料。它是最通用的印制电路板原料。

11.1.1　覆铜板的结构

它通常分为单面板和双面板两种(在目前使用的表面安装元器件中，覆铜板可有多种形式，如单层板和多层板等)。

1. 铜箔

1) 选用铜箔的依据

当金属箔用于印制电路板时，必须具有较高的电导率、良好的焊接性能和延展性能以及与绝缘基板牢固的附着力等。

铜在所有金属中是比较符合要求的。铝虽然价格便宜，且易贴附到绝缘基板上，但焊接非常困难，故不能采用。纯镍或铜镍合金，虽然焊接性能较好，但电气性能较差(特别是导电性和电阻方面)。镍-铁-铝材料虽然焊接性能和附着力均好(镍有助于焊接，铁起热转换作用，铝为结合层)，但成本太高，腐蚀困难，因此也不能采用。

2) 铜箔的类型

印制板所采用的铜箔一般有压延铜箔和电解铜箔两种。

压延铜箔是将铜板碾压而成，其规格如下：

外观：连续成卷，表面不得有砂眼、凹隙、轧皱等。

厚度：$0.05mm \pm 0.005mm$。

纯度：不小于99.7%。

电解铜箔是通过电解法制造的。即将一光亮不锈钢的鼓形电极置于硫酸铜电解槽中滚动，铜便会在鼓形电极上电解析出。铜箔和鼓形极接触的一面很光亮，其反面较粗糙。其规格如下：

外观：连续成卷，表面光洁，不得有明显的氧化斑迹、磨迹及刻印等。

厚度：0.05mm±0.005mm。

电阻率：不大于 $0.02\Omega \cdot mm^2/m$。

纯度：不小于 99.9%。

强度：抗拉强度不小于 $15kg/cm^2$。

长度：一般不小于 100m。

3) 铜箔的厚度

铜箔的厚度要适中。铜箔越厚，抗剥能力越强，即越可靠。但给铜箔的腐蚀和打眼造成一定困难。部分国家关于铜箔厚度的规定见表 11-1。

表 11-1 铜箔厚度的规定

名　　称	铜箔厚度(mm)
中　　国	$0.05^{+0.017}_{-0.012}$
国际电工委员会 IEC	$0.035^{+0.010}_{-0.005}$，$0.05^{+0.018}_{-0.003}$
苏　　联	0.05
美国军用 MIL-P-13949C	0.035，0.070，0.105，0.114，0.175
英　　国	0.025，0.035，0.070，0.100

2. 粘接剂

粘接剂采用聚乙烯醇缩醛胶(如 JSF-4 胶)，用乙醇作为溶剂。该胶用聚乙烯醇缩丁醛加入酒精和酚醛树脂组成。粘合力强，冲击性能好，能耐大气腐蚀，但耐热性不高，适用于粘合各种材料，如金属、玻璃、塑料等。

在制作环氧酚醛覆铜板时，铜箔一面涂上 JSF-4 胶，然后同绝缘基板一起加热加压成型。

在制作酚醛纸质覆铜板时，铜箔两面都不涂胶，而在铜箔和基板材料间放一张浸渍了 JSF-4 胶的玻璃丝布(半固化)，然后再一起加热加压，铜箔和酚醛板材即可粘合在一起。

3. 绝缘基板

1) 绝缘基板的组成

绝缘基板由两部分组成，一部分是高分子合成树脂，它是基板的主要成分，决定电气性能。另一部分是增强材料，主要用于提高机械性能。

2) 增强材料的类型

增强材料主要分为布质(编织物)增强材料和纸质增强材料。纸质增强材料包括牛皮纸、亚硫酸盐纸、α 纤维素纸和棉花(废布)纸。

3) 合成树脂的类型

合成树脂主要分为热固型合成树脂和热塑型树脂两种。

热固型合成树脂包括酚醛树脂、环氧树脂、三氯氰胺树脂和有机硅树脂。

热塑型树脂包括聚乙烯、线链型聚酯树脂和氟树脂。

酚醛树脂纸质绝缘基板价格低廉，机械性能和电气性能均可，在民用设备中大量被采用。缺点是易吸水，吸水后电气性能降低，工作温度不超过 100℃，在恶劣环境和超高频情况下不宜采用。

环氧树脂绝缘基板对各种材料有良好的粘合性,粘附力强,硬化收缩小,能耐化学药品、溶剂和油类腐蚀,电气绝缘性能好,是印制电路绝缘基板中的优质材料,一般用于军品或高可靠性场合。

三氯氰胺绝缘基板抗热性能、电气性能均较好,但较脆。国外常用来作为平面印制电路板的材料。表面很硬,耐磨性很好,介质损耗小,适用于军工或特殊电子仪器。

有机硅树脂绝缘基板抗热性能特别好,介质损耗小,但铜箔和基板的附着力不大。

11.1.2 覆铜板的类型

根据国际《印制电路用覆铜箔酚醛纸层压板》(GB 4723—84)规定,覆铜板的型号及特性见表 11-2。

表 11-2 覆铜板型号及特性

型 号	特 性	型 号	特 性
CPFCP-01	高电性能,热冲孔性	CPFCP-05	高电性能,自熄性,热冲孔性
CPFCP-02	高电性能,冷冲孔性	CPFCP-06	高电性能,自熄性,冷冲孔性
CPFCP-03	经济型,一般电性能,热冲孔性	CPFCP-07	一般电性能,自熄性,热冲孔性
CPFCP-04	经济型,一般电性能,冷冲孔性	CPFCP-08	一般电性能,自熄性,冷冲孔性

注:(1) 如覆箔板的基材内芯以纸为增强材料,两表面贴俯无碱玻璃布者,应在字母 CPFCP 后加 G,以资区别。

(2) 这些型号与 IPC 标准中型号的相应关系如下:
CPFCP-01 型和 CPFCP-02 型相应于 IEC249-2-1 型;
CPFCP-03 型和 CPFCP-04 型相应于 IEC249-2 型;
CPFCP-05F 型和 CPFCP-06F 型相应于 IEC249-2-6 型;
CPFCP-07F 型相应于 IEC249-2-7VF 型;
CPFCP-08F 型相应于 IEC240-2-7VF 型,但具有冷冲孔性。

11.1.3 覆铜板的性能参数

1. 抗弯强度

抗弯强度表示材料能承受弯曲、冲击、振动的能力,以单位面积受的力来计算,单位为 kgf/cm^2(英、美国家为磅力/英寸^2(lbf/in^2))。

2. 抗剥强度

抗剥强度是指在覆铜板上,剥开 1cm 宽度的铜箔所需要的力,用 kg/cm 来表示。它用来衡量铜箔与基板之间的结合力。

3. 耐热性能

耐热性能是指材料能够长期工作,而不引起性能降低所承受的最高温度。

4. 吸水性

吸水性主要用来考虑潮湿环境对覆铜板电气性能的影响。

5. 翘曲度

翘曲度用来衡量板材的翘曲程度,双面印制电路板的翘曲度比单面的好,厚的比薄的好。

6. 介电常数

当双面板的两面各印制出一定面积的铜箔时,利用中间的绝缘基板作为介质就组成了一个电容器。介电常数不同,电容量不同。表 11-3 给出了不同频率时绝缘基板的介电常数。

表 11-3 绝缘基板的介电常数(腐蚀铜箔之后)

频率	介 电 常 数	
	酚醛纸质板	环氧玻璃布板
50Hz	7	6
1MHz	8	7

7. 损耗因素

损耗因素表示绝缘板材作为印制电容器的介质时,或者在覆铜板上所印制线圈时,在绝缘介质上的功率损耗。一般用介质损耗角正切 $\tan\delta$ 表示。

8. 表面电阻和体积电阻

表面电阻与体积电阻用于衡量绝缘基板的绝缘性能。随着温湿度的升高,材料的绝缘电阻降低。国标 GB 4723—84 给出了不同型号覆铜板的电气性能,见表 11-4。

表 11-4(a) 不同型号覆铜板的电气性能

序号	参 数		单位	指 标			
				CPFCP-01	CPFCP-02	CPFCP-03	CPFCP-04
1	铜箔电阻 (最大值)	铜箔 305 g/m²	MΩ	3.5	3.5	3.5	3.5
		铜箔 610 g/m²	MΩ	1.75	1.75	1.75	1.75
2	表面电阻 (最小值)	恒定湿温度处理后	MΩ	10 000	10 000	10 000	10 000
		1000℃时	MΩ	100	100	100	100
3	体积电阻 率(最小)	恒定湿温度处理后	MΩ·m	1000	1000	50	50
		1000℃时	MΩ·m	100	100	10	10
4	介电常数(恒定湿温度处理后)			5.5	5.5		
5	损耗角正切(恒定湿温度处理后)			0.05	0.05		
6	表面腐蚀			在间隙间无可见腐蚀产物			
7	边缘腐蚀	正极		不劣于 A/B			
		负极		不劣于 1.6 级			

表 11-4(b)　不同型号覆铜板的电性能

序号	参数		单位	指标			
				CPFCP-05	CPFCP-06	CPFCP-07	CPFCP-08
1	铜箔电阻 (最大值)	铜箔 305 g/m²	MΩ	3.5	3.5	3.5	3.5
		铜箔 610 g/m²	MΩ	1.75	1.75	1.75	1.75
2	表面电阻 (最小值)	恒定湿温度处理后	MΩ	10 000	10 000	1000	1000
		1000℃时	MΩ	100	100	30	30
3	体积电阻率(最小)	恒定湿温度处理后	MΩ·m	1000	1000	500	500
		1000℃时	MΩ·m	100	100	15	15
4	介电常数(恒定湿温度处理后)			5.5	5.5	5.5	5.5
5	损耗角正切(恒定湿温度处理后)			0.05	0.05	0.07	0.07
6	表面腐蚀			在间隙间无可见腐蚀产物			
7	边缘腐蚀	正极		不劣于 A/B			
		负极		不劣于 1.6 级			

11.1.4　覆铜板的厚度

根据国标 GB 4723—84 规定，覆铜板标称厚度及单点偏差见表 11-5。

表 11-5　覆铜板标称厚度及单点偏差(mm)

标称厚度	单点偏差	标称厚度	单点偏差	标称厚度	单点偏差
0.2	在考虑中	1.2	±0.12	3.2	±0.20
0.5	±0.07	1.6	±0.14	6.4	±0.30
0.8	±0.09	2.0	±0.15	0.7	±0.09
1.0	±0.11	2.4	±0.18	1.5	±0.12

注：(1) 标称厚度 0.7mm 与 1.5mm 用于有金属化孔和印制插头的边缘连接的板。
(2) 非标称厚度可由供需双方协商制造，其偏差则按厚度标称值较大的一级执行。

11.1.5　覆铜板的大小

根据国际 GB 4723—84 规定，覆铜板的推荐标称面积及偏差应符合表 11-6 的规定。

表 11-6　覆铜板的推荐标称面积及偏差(mm)

推荐标称面积(长×宽)/(mm×mm)	偏差
500×500	$^{+10}_{-0}$
1000×500	长$^{+20}_{-0}$、宽$^{+10}_{-0}$
1000×1000	$^{+20}_{-0}$

11.2 印制电路排版设计前的准备

印制电路设计的主要任务是排版设计。但排版前必须考虑如下内容：覆铜板的板材、规格、尺寸、形状、对外连接方式等，这些工作称为排版前的准备工作。

11.2.1 设计前的一般考虑

1. 可靠性

印制电路板的可靠性是影响电子设备可靠性的一个重要因素。影响印制电路板可靠性的因素很多，有基材方面的，也有工艺方面的。单从设计角度考虑，影响印制电路板可靠性的因素，首先是印制板的层数。长期使用印制电路板的经验证明，单面板和双面板能很好地满足电气性能的要求，可靠性较高。随着层数的增多，可靠性会降低。但在计算机系统中，从抗干扰方面考虑，增加一层地线层还是很有必要的(它既便于布线，又有层间屏蔽作用)。因此，一般在满足电子设备要求的前提下，应尽量将多层板的层数设计得少一些，这样有利于提高印制电路板的可靠性。

2. 工艺性

印制电路板的制造工艺尽可能简单。一般来说，制造层数少而强度高的印制电路板比制造层数较多而密度较低的印制电路板要困难得多。一般在金属孔互联工艺比较成熟的条件下，宁可设计层数较多、导线和间距较宽的印制电路板，而不要设计层数少、布线密度很高的印制电路板。这正与可靠性的要求相矛盾。

3. 经济性

印制电路板的经济性与其制造工艺、方法直接相关。复杂的工艺必然增加制造费用。因此，在设计印制电路板时，应考虑和通用的制造工艺、方法相适应。此外，应尽可能采用标准的尺寸结构，选用合适的基板材料，运用巧妙的设计技术来降低成本。

11.2.2 板材、板厚、形状、尺寸的确定

1. 板材的确定

常用的覆铜板有酚醛纸板、酚醛玻璃布板，环氧玻璃布板等。不同的板材，其机械性能与电气性能有很大差别，故应仔细选择。

选择板材的依据是整机的性能要求、使用尺寸、整机价格等。选择时要统筹考虑，既要了解覆铜板的性能指标，又要熟悉电子产品的特点，以获得良好的性能价格比。如袖珍晶体管收音机，其线路板尺寸小，印制导线较宽，整机使用环境好，售价低，故选材时应重点考虑价格因素，选择酚醛纸板，不必选择高性能的环氧玻璃布板。再如微型计算机，由于元器件密度大，印制导线窄，整板尺寸大，线路板成本占整机成本比例小，选材时应主要考虑覆铜板的性能指标，而不能片面要求成本低。否则，必然造成整机性能降低，而成本并无明显变化。

2. 印制电路板形状的选择

印制电路板的形状通常由整机的外形确定，一般采用长宽比例不太悬殊的矩形。它可以大大简化成形加工，节省板材。在一些批量生产中，为了降低线路板的制作成本，提高线路板的自动装焊率，常把两、三块面积小的印制电路板和主印制电路板共同设计成一个整矩形。待装焊后沿工艺孔掰开，分别装在整机的不同部位上。

3. 印制电路板的尺寸的选择

选择印制电路板的尺寸要考虑整机的内部结构及印制电路板上元器件的数量及尺寸。板上元器件排列彼此间要留有一定的间隔。特别是在高压电路中，更要注意留有足够的间距。在考虑元器件所占面积的同时，还要考虑发热元器件所需散热片的尺寸。在确定了板的面积后，四周还应留出 5mm～10mm(单边)，以便于印制电路板在整机中的固定。

4. 板厚的确定

根据国标 GB 2473—84 规定，覆铜板的标称厚度有 0.2mm，0.5mm，0.8mm，1.0mm，1.2mm，1.6mm，2.0mm，2.4mm，3.2mm，6.4mm，0.7mm，1.5mm 等多种。在确定板厚时，主要考虑以下因素。

(1) 当印制板对外通过直接式插座连接时，过厚插不进去，过薄接触不良。一般应选 1.5mm 左右。

(2) 要考虑板的尺寸、板上元器件的体积、重量等。板的尺寸及元器件重量过大，都应适当增加板厚，否则容易产生翘曲。

11.2.3 印制电路板对外连接方式的选择

1. 导线焊接方式

导线焊接方式是指用导线将印制电路板上的对外连接点与板外元器件或其他部件直接焊接，不需要任何接插件。其优点是成本低、可靠性高，避免因接触不良而造成的故障。缺点是维修不方便。常用于对外连接较少的场合。

采用导线焊接方式时，应注意以下几点：

(1) 印制电路板的对外焊点应尽可能引至整板的边缘，并按一定尺寸排列，以利于焊接和维修。

(2) 引线应通过印制电路板上的穿线孔从电路板的元件面穿过，再进行焊接，避免将导线拽掉。

(3) 将导线排列或捆扎整齐，用线卡或其他紧固件将线与板固定，避免导线因移动而折断。

2. 接插件连接方式

接插件连接是指通过插座将印制电路板上对外连接点与板外元器件进行连接。其优点是调试方便，缺点是因接触点多，可靠性较差。

接插件连接方式中使用最多的是印制电路板插座形式，即把印制电路板的一端做成插头。插头部分按插座尺寸、接点数、接点距离、定位孔位置等进行设计。设计中应严格控制引线间的距离，保证与插座的引线间距一致。同时，引线部分需进行镀金处理，以提高耐磨性，减小接触电阻。其优点是装配简单，维修方便。缺点是可靠性差，常因插头部分氧化或插座簧片老化等接触不良。

11.3 印制板上的干扰及抑制

干扰是各种电器设备中普遍存在的现象。产生干扰现象的原因很多，印制电路板布线不合理、元器件位置安排不当等问题都可能引入较强的干扰，使电路不能正常工作。

11.3.1 地线布置引起的干扰

任何电路都存在自身的接地点，接地点在电位的理论中表示零电位。但印制电路板上的地线并不能保证是绝对零电位，往往存在一定的值。虽然电位可能很小，但由于电路中的放大作用，这小小的电位就可能成为产生影响电路性能的干扰源。

如图11.1所示，电路1和电路2共用地线 AB 段。从理论上讲，A、B 点电位相同，均为零电位。但实际上，A、B 两点间因有导线存在，故存在一定的阻抗。如印制导线 AB 长为10cm，宽为1.5mm，铜箔厚度为0.05cm，根据材料电阻的计算公式

$$R = \rho \frac{L}{S} \tag{11.1}$$

可求得该段铜箔的电阻为

$$R = 1.7 \times 10^{-2} \times \frac{10}{0.05 \times 1.5} = 0.023\,\Omega \tag{11.2}$$

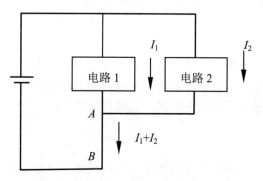

图 11.1 地线产生的干扰

虽然此电阻较小，但当有大电流通过时，就会产生一定的压降，此电压经放大后即成为影响电路性能的干扰信号。

减小地线干扰的措施是尽量避免不同回路的电流同时流经某一段共用地线。特别是高频电路和大电流回路更要讲究地线的接法。在地线布设中，首先要处理好各级的内部接地，同级电路的几个接地点要尽量集中，称为一点接地。以避免其他回路的交流信号窜入本级，或本级的交流信号窜入其他回路中去。其次，要布好整个印制板上的地线，防止各级之间相互干扰，主要采取以下措施。

1. 并联分路式

如图 11.2 所示，将印制板上各部分的地线分别通过各自的地线接地。在实际设计时，印制电路的公共地线一般布设在印制电路板的四周，并比一般印制导线宽，各级电路采取就近并联接地。如果印制板上或附近有强磁场，则公共地线不能做成封闭回路，以免地线环路接受电磁感应。

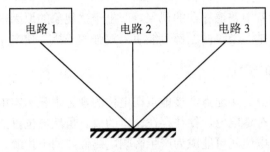

图 11.2　并联分路式接地

2. 大面积覆盖接地

大面积覆盖接地是指尽量扩大印制电路板上的地线面积。这样，既可以有效地减小地线中的感抗，削弱在地线上产生的高频信号，又可以对电场干扰起到屏蔽作用。

3. 模拟和数字电路的地线分开布设

在同一块印制电路板上，如果同时布设模拟电路和数字电路，两种电路的地线要完全分开，供电也要完全分开，以抑制它们之间的相互干扰。

11.3.2　电源干扰

电子仪器的供电大多数是由交流电通过降压、整流、稳压后供给的。供电电源的质量直接影响整机的性能指标。印制电路板设计不合理或工艺布线不合理，就会使交直流回路彼此相连，造成交流信号对直流产生干扰，使电源质量下降。

11.3.3　磁场干扰

印制电路板的特点是使元器件安装紧凑，连线密集。但若设计不当，则会给整机带来麻烦，如分布参数造成干扰、元器件间的磁场干扰等。

1. 印制导线间的寄生耦合

两条相距很近的平行导线，它们之间的分布参数可等效为相互耦合的电感和电容。当其中一条线中流过信号时，另一条线中便会产生出感应信号。感应信号的大小与原始信号的功率和频率有关，感应信号便是产生的干扰源。

消除感应信号的措施主要有以下几条：

(1) 排版前应仔细分析电路原理图，区别强弱信号线。使弱信号线尽量短，并避免与其他信号线(尤其是强信号线)平行靠近。

(2) 不同回路的信号线要尽量避免相互平行。双面板上两面的印制导线要相互垂直，切记不可相互平行。

(3) 当信号线密集、平行且无法摆脱较强信号的干扰时，可采用屏蔽线，将弱信号屏蔽，使其所受干扰得到抑制。

(4) 使用高频电缆直接传送信号时，电缆的屏蔽层应接地。

2. 磁性元器件间的相互干扰

扬声器、电磁铁等磁性元件会产生恒定磁场，高频变压器、继电器等会产生交变磁场。这些磁场既干扰周围的元器件，也影响周围的印制导线。因此，在排版设计时应注意以下几点：

(1) 减少磁力线对印制导线的切割。
(2) 两个磁性元件间的相互位置应使两个磁场方向相互垂直，以减小彼此间的相互耦合。
(3) 对干扰源进行磁屏蔽，屏蔽盒应良好接地。

11.3.4 热干扰

晶体管(特别是锗材料半导体器件)为温度敏感器件。随着温度的改变，工作点发生漂移，影响整个电路性能。因此，在排版设计时，应尽量把发热元件安装在板上通风处或置于板外。当必须安装在印制电路板上时，切莫紧贴印制电路板安装，要加足够大的散热片，防止温度过高，对周围元器件产生热传导或热辐射。

11.4 印制电路设计的一般原则

印制电路的设计原则是装焊方便、整齐美观、牢固可靠、无自身干扰。目前，虽无固定模式，但也应遵循一定的原则进行设计，以求得最佳效果。

11.4.1 元器件的安装与布局

1. 安装方式

元器件在印制电路板上的安装方式一般分为立式安装和卧式安装两种。

立式安装是指元器件的轴线方向与印制电路板垂直，如图11.3(a)所示。其优点是元器件所占用的面积小，单位面积容量大。但要求元器件小型、轻巧，过大或过重的元器件不宜采用此法。否则，机械强度变差，易倒伏。立式安装适合于要求排列紧凑密集的电子产品。

卧式安装是指元器件的轴线方向与印制电路板平行，如图11.3(b)所示。其优点是机械稳定性好，排列整齐，两焊点间走线方便，印制导线易于布设。缺点是元器件间跨距大，单位面积容纳的元器件数量少。常用于板面宽松，元器件排列稀疏的电子产品。

2. 元器件排列方式

元器件在印制电路板上的排列方式分为不规则排列和规则排列两种。

不规则排列是指元器件轴线方向不一致，在板上的排列顺序无规则。其优点是印制导线短而少，减小了印制导线间的分布参数，抑制了干扰。尤其是对于高频电路有利，但看起来杂乱无章，不太美观。常用于立式固定，如早期的黑白电视机、部分收音机和录音机等。

规则排列是指元器件轴线方向排列一致，并与印制电路板的四周垂直或平行。其优点是元器件排列规范，板面美观整齐，安装、调试、维修方便。但导线布设较为复杂，印制导线相应增多。常用于板面宽松、元器件较少的低频电路中。

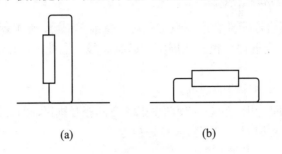

图 11.3　元器件的安装方式

(a) 立式安装；(b) 卧式安装

3. 元器件布设原则

(1) 元器件在整个板面应布设均匀，疏密一致。

(2) 元器件不要占满板面四周，一般每边应留有 5mm～10mm。

(3) 元器件布设在板的一面，每个元器件的引出脚单独占用一个焊盘。

(4) 元器件间应留有一定的间距，间隙安全电压为 200V/mm。

(5) 元器件的布设不可上下交叉。

(6) 元器件安装高度应一致，且尽量矮，一般引线不超过 5mm，过高则稳定性变差，易倒伏或与相邻元件碰接。

(7) 规则排列的元器件其轴线方向在整机中处于竖立状态。

(8) 元器件两端的跨距应稍大于元器件的轴向尺寸，弯脚时不要齐跟弯，应留有一定距离(至少 2mm)，以免损坏元件。

11.4.2　焊盘与印制导线

1. 焊盘

焊盘也称为连接盘，是指元器件的每个引出脚都要在印制电路板上单独占据一个孔位，通过焊锡固定在板上，此孔及周围的铜箔称为焊盘。

1) 焊盘的尺寸

焊盘尺寸的大小应选择适当。既要考虑焊盘与印制电路板的粘附力，增加抗剥强度，又要考虑布线的密度。其焊盘外径应大于引线孔 1.5mm 以上，即如果焊盘外径为 D，引线孔为 d，则

$$D \geqslant (d+1.5) \text{mm} \tag{11.3}$$

对于双面板而言

$$D \geqslant (d+1.0) \text{mm} \tag{11.4}$$

表 11-7 给出了建议使用的不同钻孔直径与所对应的最小焊盘直径。

表 11-7　钻孔直径与最小焊盘直径

钻孔直径/mm		0.4	0.5	0.6	0.8	0.9	1.0	1.3	1.6	2.0
最小焊盘直径/mm	Ⅰ级	1.2	1.2	1.3	1.5	1.5	2.0	2.5	2.5	3.0
	Ⅱ级	1.3	1.3	1.5	2.0	2.0	2.5	3.0	3.5	4.0

注：Ⅰ级为允许偏差±0.05～±0.10 在数控钻床上钻孔；
　　Ⅱ级为允许偏差±0.10～±0.15 手工钻孔。

2) 焊盘的形状

焊盘的形状很多，常用的有岛形焊盘、方形焊盘和圆形焊盘等。

(1) 岛形焊盘：焊盘与焊盘间的连线合为一体，犹如水上小岛，故称为岛形焊盘，如图 11.4(a)所示。其优点是减少了印制导线的长度和根数，在一定程度上抑制了分布参数的影响，加大了铜箔面积，增强了抗剥强度，从而降低了覆铜板的要求档次，减小了产品成本。常用于元器件的不规则排列。

(2) 方形焊盘：方形焊盘是将焊盘及其连线做成方形，如图 11.4(b)所示。其优点是设计简单，制作容易，精度要求低，能承受较大的电流。常用于印制电路板上元器件大而少、印制导线简单的情况，以及大电流工作情况。在一些手工制作的印制电路板中，也经常采用这种焊盘。

(3) 圆形焊盘：焊盘与引线孔为一同心圆，其外径一般为 2 倍～3 倍的孔径，如图 11.4(c)所示。其优点是整齐美观、易于绘制。缺点是焊盘不宜太小，否则在焊接时易脱落。多用于规则排列方式中。

(4) 椭圆形焊盘：椭圆形焊盘是将圆形焊盘拉长变形而得，如图 11.5(a)所示。其优点是加大了焊盘面积，增强了抗剥强度。同时，在一个方向上尺寸较小，有利于中间走线和斜向布线。常用于双列直插式器件或插座类元件。

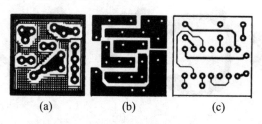

(a)　　　　　　(b)　　　　　　(c)

图 11.4　岛形、方形和圆形焊盘

(5) 泪滴式焊盘：泪滴式焊盘是指焊盘与印制导线的过渡比较圆滑，如图 11.5(b)所示。常用于高频电路，以减小传输损耗，提高传输效率。

(6) 开口焊盘：开口焊盘是指在圆形焊盘的基础上，将焊接方向的圆形开口，如图 11.5(c)所示。其优点是波峰焊后，焊孔不易被焊锡封死，有利于手工补焊。

(7) 矩形焊盘：矩形焊盘是指焊盘的外形为矩形，如图 11.6(a)所示。其优点是较圆形焊盘而言，增大了抗剥强度。

(8) 多边形焊盘：常见的多边形焊盘有六边形和八边形等多种，如图 11.6(b)所示。它主要用于某些焊盘外径接近，而引线孔径不同的焊盘间进行相互区别，以便于加工和装配。

此外，还有异形孔等形式的焊盘，如图 11.6(c)所示。

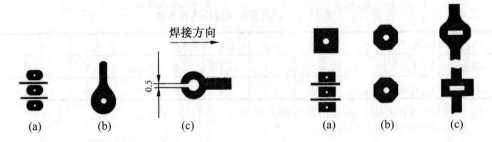

图 11.5　椭圆、泪滴式和开口式焊盘图　　　　图 11.6　矩形、多边形和异型焊盘

2. 印制导线

1) 印制导线的形状

印制导线是印制电路板上连接元器件，电流流通的导线。其布设应遵循以下原则：

(1) 印制导线以短为佳，能走捷径，决不绕远。

(2) 走向以平滑自然为佳，避免急拐弯和尖角。

(3) 公共地线应尽量增大铜箔面积。

(4) 根据安装需要，可设置多种工艺线。其目的只是为增加抗剥强度，不担负导电作用。

图 11.7 给出了避免采用和优先选用的印制导线形状。

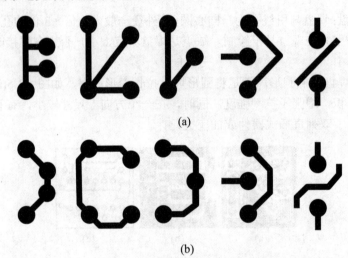

图 11.7　印制电路板导线形状

(a) 避免采用的导线形状；(b) 优先采用的导线形状

2) 印制导线的宽度

印制导线的宽度与通过的电流有关，应宽窄适度，与板面焊盘谐调，一般在 0.3mm～1.5mm 之间。印制导线的载流量可按 $20A/mm^2$ 计算，即当铜箔厚度为 0.05mm 时，1mm 宽的印制导线允许通过 1A 的电流，即线宽的毫米数就是载流量的安培数，见表 11-8。

表 11-8 印制导线的宽度与流过电流的关系

导线宽度/mm	1.0	1.5	2.0	2.5	3.0	3.5	4.0
导线面积/mm²	0.05	0.75	0.10	0.125	0.15	0.175	0.20
导线电流/A	1.0	1.5	2.0	2.5	3.0	3.5	4.0

注：铜箔厚度按 0.05mm 计算。

3) 印制导线间的间距

印制导线间应保持一定的间距，导线间的间隙安全电压为 200V/mm。表 11-9 给出了导线间距与安全电压之间的关系。在一般情况下，导线间的最小间隙不要小于 0.3mm，以消除相邻导线间的电压击穿及飞弧。在板面允许情况下，导线间隙一般不小于 1mm。

表 11-9 导线间距与安全电压间的关系

导线间距/mm	0.5	1.0	1.5	2.0	2.5
安全电压/V	100	200	300	400	500

11.5 印制电路的排版设计

印制电路排版设计的任务是既要将元器件通过印制电路彼此按原理图连接起来，又要采取一定的抗干扰措施，遵循一定的设计原则，按原理图合理布局，使整机能够稳定、可靠地工作。排版设计主要是印制电路草图的设计。

草图是指制作黑白图(又称墨图，用于照相制版)的依据，要求图中的焊盘位置、焊盘间距、焊盘间的相互连接、印制导线的走向及形状、整图外形尺寸等均应按印制板的实际尺寸(或按一定比例)绘制出来，以作为生产印制电路板的依据。草图设计的步骤有以下几条。

11.5.1 分析电路原理图

(1) 找出线路中可能产生的干扰源以及易受外界干扰的敏感器件。

(2) 熟悉原理图中出现的每个元器件，掌握每个元器件的外形尺寸、封装形式、引线方式、管脚排列顺序、各管脚功能及其形状等。确定哪些元件需要安装散热片，哪些元件安装在板上，哪些元件安装在板外。

(3) 确定印制电路板的种类：单面板或双面板。

单面板常用于分立元器件电路。因为分立元器件引线少，排列位置便于灵活改变。

双面板多用于集成电路较多的电路，尤其是双列直插式封装器件。因为集成电路器件引线间距小，数目多(少则 8 脚，多则 40 脚或更多)，单面板难于布设。

(4) 确定元器件的安装方式、排列方式及焊盘走线形式，一般对应关系为：

元件卧式安装→规则排列→圆形焊盘

元件立式安装→不规则排列→岛形焊盘

(5) 确定对外连接方式。

11.5.2 单面板的排版设计

1. 绘制单线不交叉草图

原理图的绘制一般是以信号流经过程及反映元器件在图中作用为原则,便于对线路的分析与阅读,而不考虑元器件的尺寸、形状以及引出线的排列顺序。原理图中走线交叉现象很多。

排版设计时,首先要绘制单线不交叉图,即通过重新排列元器件位置,使元器件在同一平面上彼此间的连线不交叉。如遇交叉,可通过重新排列元器件位置与方向来解决,如图 11.8 所示。

当为了解决两条引线不交叉而使一条拐弯抹角变得很长时,可采用"飞线"解决。飞线即短接线,是指在印制导线的交叉处,切断一根,从板的元件面用短接线连接,但应尽量少。

2. 绘制排版草图

不交叉草图基本完稿后,可在坐标纸上绘制排版草图。排版草图要求元器件在板上的位置及尺寸固定,印制导线排定,并尽量做到短、少、疏。通常需要几经反复,多次调整,方能达到满意结果。

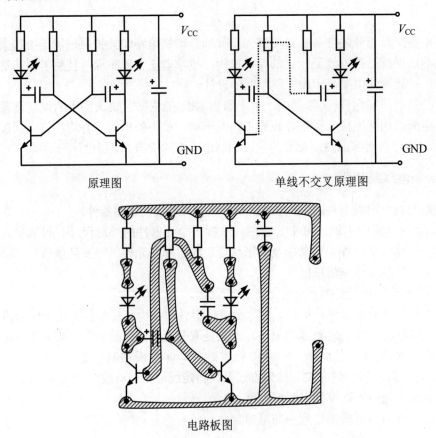

图 11.8 单面板排版设计

11.5.3 双面板的排版设计

双面板的排版设计除与上述单面板相同外，还应考虑以下几点：

(1) 元器件布在一面，主要印制导线布在另一面。两面印制导线应相互垂直，避免平行，以减小干扰。

(2) 绘制两面印制导线时，应在纸的两面绘制，若在一面绘制，应用不同颜色区分。

(3) 两面对应的焊盘要严格一一对应。

(4) 在绘制元件面印制导线时，要避开元件外壳或屏蔽罩等。

(5) 两面彼此间需互联的印制导线，采用金属化孔来实现。

11.5.4 正式排版草图的绘制

1. 图纸要求

版面尺寸、焊盘位置、印制导线的连接与布设、板上各孔的尺寸及位置等均需与实际板相同并明确标出。同时，应在图中注明线路板的各项技术要求，图的比例可根据印制电路板图形的密度和精度要求而决定，可按 1:1、2:1、4:1 等不同比例进行设计。

2. 草图绘制步骤

(1) 按草图尺寸取方格纸或坐标纸(有一定余量)。

(2) 画出版面轮廓尺寸，并在轮廓下留出一定空间，用于图纸技术要求的说明。

(3) 版面内四周留出一定空白间距(一般为 5mm～10mm)，不设置焊盘与导线，绘制板上各工艺孔(包括印制电路板及板上各元器件的固定孔等)。

(4) 用铅笔先画出各元器件的外形轮廓(应按单线不交叉草图上元器件的位置顺序)。注意应使各元器件轮廓尺寸与实际对应，元器件的间距要均匀一致。使用较多的小型元器件可不画出轮廓图，如电阻、小电容、小功率晶体管，但要做到心中有数。

(5) 确定并标出各焊盘位置，有精度要求的焊盘要严格按尺寸标出，无尺寸要求的应尽量使元器件排列均匀、整齐，布设焊盘位置不要考虑焊盘间距是否整齐一致，而应根据元器件大小形状而定，最终保证元器件装配后间距均匀、整齐，疏密适中。

(6) 勾画印制导线，导线只需用细线标明走向及路径，无需按印制导线的实际宽度画出，但应考虑导线间的距离。

(7) 将铅笔绘制的草图反复确认绘制无误后，用绘图笔重描焊点及印制导线，描后擦掉元件实物轮廓图，使草图清晰明了。

(8) 双面印制电路板草图可在图的两面分别画出，也可用两种颜色在同一面画出。

(9) 标明焊盘尺寸及线宽，注明印制电路板的技术要求。

3. 印制电路板技术要求的内容

(1) 焊盘外径、内径、线宽、焊盘间距及公差。

(2) 材料及板厚、板的外形尺寸及公差。

(3) 板面镀层要求(指镀金、银、锡铅合金等)。

(4) 板面助焊剂、阻焊剂的使用。

(5) 其他技术要求等。

11.6 SMT印制板

用于 SMT 印制板的 PCB 与普通印制电路板在材料、设计等方面都有所不同。材料方面，SMT 印制板还可以使用陶瓷基板、硅基板、被釉钢基板、柔性基板等；设计方面，它的布局、线宽、焊盘形状、连接方式等都有特殊的要求。

11.6.1 SMT印制板基板材料

SMT 印制板的基板材料主要分为无机材料和有机材料两类。无机材料常选用陶瓷基板，有机材料常选用环氧玻璃纤维。另外，还出现了一种组合机构的电路基板，现已得到广泛应用。表 11-10 为各种电路基板材料的性能比较。

表 11-10 电路基板材料的性能比较

性能 基板材料	玻璃化转变温度/°C	x,y轴的CTE/$(10^{-6}/°C)$	z轴的CTE/$(10^{-6}/°C)$	热导率/(W/m°C)25°C下	抗挠强度(25°C下)/(klbf/in²)	介电常数(1MH 25°C下)	体积电阻率/($\Omega \cdot cm$)	表面电阻/Ω	吸潮性(重量%)
环氧玻璃纤维	125	13~18	48	0.16	45~50	4.8	10^{12}	10^{13}	0.1
聚酰亚胺玻璃纤维	250	12~16	57.9	0.35	97	4.4	10^{13}	10^{12}	0.32
环氧 aiamid 纤维	125	6~8	≈50	0.12	40	4.1	10^{12}	10^{13}	0.85
聚酰亚胺 aiamid 纤维	250	3~7	≈60	0.15	50	3.6	10^{12}	10^{12}	1.5
聚酰亚胺石英	250	6~8	50	0.3	95	4.0	10^{13}	10^{12}	0.4
环氧石墨	125	7	≈48	0.16			10^{12}	10^{13}	0.1
聚酰亚胺石墨	250	6.5	≈50	1.5		6.0	10^{14}	10^{12}	0.35
聚四氟乙烯玻璃纤维	75	55				2.2	10^{14}	10^{14}	
玻璃/聚砜	185	30			14	3.5	10^{15}	10^{13}	0.029
环氧石英	125	6.5	48	≈0.16		3.4	10^{12}	10^{13}	0.10
氧化铝陶瓷		6.5	6.5	2.1	44	8	10^{14}	10^{14}	
氧化铍陶瓷		8.4	8.4	14.1	50	6.9	10^{15}	10^{15}	
瓷釉覆盖钢板		10	13.3	0.001	+	6.3~6.6	10^{11}	10^{13}	
聚酰亚胺 CIC 芯板**	250	6.5	+	0.35/57*	+		10^{12}	10^{12}	0.35

续表

基板材料 \ 性能	玻璃化转变温度/℃	x, y轴的CTE/(10^{-6}/℃)	z轴的CTE/(10^{-6}/℃)	热导率/(W/m℃)25℃下	抗挠强度(25℃下)/(klbf/in^2)	介电常数(1MH 25℃下)	体积电阻率/(Ω·cm)	表面电阻/Ω	吸潮性(重量%)
瓷釉覆盖CIC芯板		7	+	0.06/57*	+	6.8	10^{11}	10^{13}	
环氧/氧化铝芯板	125	15	+	0.16/203*			10^{11}	10^{13}	0.10

注：表中*由表面覆盖层和芯板材料确定。
　　**CIC指铜-殷铜-铜 20/50/20(厚度比)。
　　+由芯板和表面层的比例决定。
(1) 表中数值仅作比较用，不能作精确的工程计算。
(2) 抗绕强度单位为1klbf/in^2，指千磅力/英寸^2
　　1klbf/in^2＝70.3kgf/cm^2

1. 陶瓷电路基板

陶瓷电路基板材料为96%的氧化铝，在要求基板强度很高的情况下，可采用99%的纯氧化铝材料。但高纯氧化铝的加工困难，成品率低，价格高。氧化铍也是陶瓷基板的材料，它是金属氧化物，具有良好的电绝缘性能和优异的热导性，可作为高功率密度电路的基板，但氧化铍粉尘对人体有害。陶瓷电路基板主要用于厚、薄膜混合集成电路、多芯片微组装电路中，它具有有机材料电路基板无法比拟的优点。

2. 环氧玻璃纤维电路基板

环氧玻璃纤维电路基板在制作时，先将环氧树脂渗透到玻璃纤维布中制成层板。同时，还加入其他化学物品，如固化剂、稳定剂、防燃剂、粘合剂等。在层板的单面或双面粘压铜箔制成覆铜的环氧玻璃纤维层板作为印制电路板的原材料，可制成单面板、双面板或多层板。环氧玻璃纤维电路基板结合了玻璃纤维强度高和环氧树脂有韧性的优点，得到了广泛的应用。

3. 组合机构的电路基板

组合机构的电路基板是将金属、陶瓷、树脂等材料组合起来，提高基板的性能，以满足设计的需要。组合机构的电路基板一般有以下几种。

1) 瓷釉覆盖的钢基板

瓷釉覆盖的钢基板可以克服陶瓷基板存在的外形尺寸受限制和介电常数高的缺点，已开始用于某些照相机的批量生产中。新开发的瓷釉覆盖铜-殷钢电路基板，降低了热膨胀系数，可作为高速电路的基板。

2) 金属板支撑的薄电路基板

这种基板采用一般电路板制造工艺，把双面覆铜的极薄的电路板粘贴在金属支撑板上，也可在金属支撑板的两面都贴上双面覆铜电路板。两个面上的电路板可以分别制作两个独立的电路。支撑板可作为接地和散热用，实际上相当于多层电路板的作用，如图11.9所示。

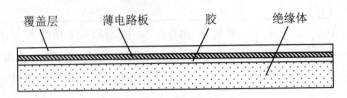

图 11.9 金属板支撑的薄电路

3) 柔性层结构的电路基板

柔性层是指由多片未加固的树脂片层压而成的树脂层,可以吸收焊点的部分应力,提高焊点的可靠性。树脂片的厚度约为 0.05mm。柔性层越厚则焊点应力越小,其结构如图 11.10 所示。

4) 约束芯板结构的电路基板

这种电路基板主要用于高可靠性的军事产品中,作为表面组装电路板组装全密封的 LCCC 器件用。约束芯板首先由美国德克萨斯仪表公司采用,由铜、殷铜、铜 3 层金属组成的"三明治"L 结构,简称 CIC(见图 11.11)。由于约束芯板和有机基板粘合在一起,因而整个电路基板的热膨胀系数就受到 CIC 约束芯板的控制。殷钢是一种铁镍合金,其热膨胀系数接近于零,而铜的热膨胀系数远高于殷钢,所以通过改变铜箔和殷钢箔间的相对厚度比,就可以调整电路基板的热膨胀系数。

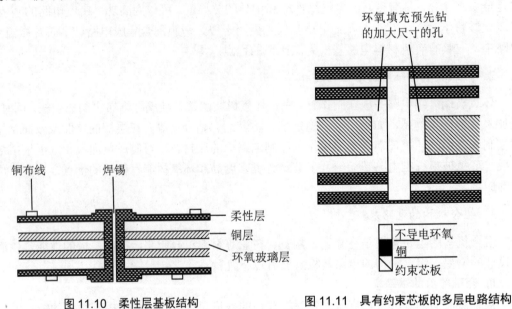

图 11.10 柔性层基板结构　　图 11.11 具有约束芯板的多层电路结构

11.6.2 SMT 印制板设计

1. 基板选择

表面组装用电路基板的材料和种类很多,性能、价格差别较大,只有选择合适的基板,才能既满足电路设计要求,又降低成本。表 11-11 为几种基板材料的常见应用。

表 11-11　几种基板材料的常见应用

材料	应用
Kapton 薄膜	刚挠一体电路板的挠性部分,适用于外形不规则的电路板,如照相机中的电路板
FR-4 和其他环氧/玻璃纤维板	最通用的 SMT 电路板
氧化铝板	电路板的尺寸受限制,具有一定的散热能力,适用于组装无引线器件,高频性能良好
氧化铍板	大功率电路的基板,具有极高的热导性,而且高频性能好
瓷釉覆盖钢板	散热能力强,并可作为系统的结构件
聚酰亚胺/Kevlar	控制聚酰亚胺和 Kevlar 的成份比可得到和陶瓷相匹配的 CTE,用于组装 LCCC 器件的基板
铜-殷铜-铜或铜-钼-铜	热导性极强,可和陶瓷的 CTE 相匹配,适用于组装 LCCC 器件的基板
聚四氟乙烯	作高频电路板用
聚酰亚胺/玻璃纤维	玻璃转变温度高,重量轻和价格适中,可用于工作温度高的电路

2. SMT 电路板面划分

较复杂的电路常常需要分为多块电路板来实现,单块电路板也需要划分为不同的区域,以降低干扰。电路板区域划分一般应考虑以下几个问题:

(1) 按照电路各部分的功能划分,把电路的输入/输出端子尽量集中靠近电路板的边缘,以便与连接器相连接,并设置相应的测试点供调试使用。

(2) 模拟和数字两部分电路分开排版。

(3) 高频和中、低频电路分开。如有必要,高频部分要加装屏蔽罩,防止电磁场的干扰。

(4) 大功率电路和其他电路隔开,要为大功率器件的散热器设计空间。

(5) 预防电路自身中的相互干扰和串扰现象,特别注意高增益放大电路的周围环境。

3. SMT 电路板布线

SMT 电路板布线宽度和线距比普通 THT(长引线元器件通孔安装)电路板要小一些。一般情况下,线宽越小制造成本越高。常用线宽和线距见表 11-12 和表 11-13。

表 11-12　外层线宽和线距

功　能	0.012/0.010	0.008/0.008	0.006/0.006	0.005/0.005
线宽/in	0.012	0.008	0.006	0.005
焊盘间距/in	0.010	0.008	0.006	0.005
线间距/in	0.010	0.008	0.006	0.005
线-焊盘间距/in	0.010	0.008	0.006	0.005
环形图*/in	0.008	0.008	0.007	0.006

注：*为孔边缘到焊盘边缘的距离。
　　1in=2.54cm。

表 11-13 内层线宽和线距

功　能	0.012/0.010	0.008/0.008	0.006/0.006	0.005/0.005
线宽/in	0.012	0.008	0.006	0.005
焊盘间距/in	0.010	0.008	0.006	0.005
线间距/in	0.010	0.008	0.006	0.005
线—焊盘间距/in	0.010	0.008	0.006	0.005
环形图/in	0.008	0.008	0.007	0.006
线—孔边缘/in	0.018	0.016	0.013	0.016
板—孔边缘/in	0.018	0.016	0.013	0.016

4. SMT 电路板焊盘

SMT 电路板焊盘设计要比一般 THT 电路要求严格，它的大小、形状、引出线设置将直接影响到电路板的焊接质量和可靠性。

SMT 电路板焊盘的引出线原则上可以在任意位置，可根据需要设定。但引出线的布置将直接影响再流焊中元件泳动、翘板及焊锡的迁移，如图 11.12 所示。

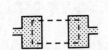
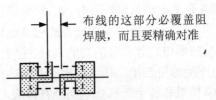
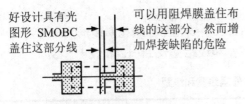
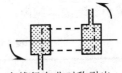

图 11.12　几种焊盘和连线图形

泳动现象是指在再流焊中，由于焊盘设计不合理，焊锡溶化后在表面张力的作用下，元器件随焊锡流动，偏移正常位置的现象。

翘板现象是指在再流焊中，由于焊盘设计不合理或元器件下方的阻焊膜过厚等原因，一些片式元件一端的焊膏溶化后，在表面张力的作用下，元件的另一端翘起的现象，如图 11.13 所示。

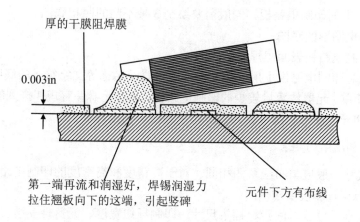

图 11.13 翘板现象

5. SMT 电路板阻焊膜

在 SMT 电路板上，阻焊膜的作用更加明显。它除了可以防止邻近布线或焊盘间桥接、抵御机械损伤和污染外，还可以防止元器件的泳动、焊锡沿导线的迁移，在波峰焊中防止焊剂由通孔溅射到电路板的另一面。

常用的阻焊膜有丝网漏印阻焊膜、干膜和光图形转移湿膜等。针对具体的电路板可选用不同类型的阻焊膜。

(1) 丝网漏印的阻焊膜用于布线密度低的电路板，焊盘间不允许有布线导体。在焊盘间距较小时，阻焊膜可能沾污焊盘造成焊接缺陷。

(2) 干膜阻焊膜图形的对准精度好、分辨率高、无流动性，不会污染焊盘，而且能覆盖通孔。但干膜在贴压过程中容易在电路板面与膜之间留存气隙，高温下容易使膜层破裂；干膜较厚，不宜涂覆在小型片式元件下方，否则易出现翘板现象，另外干膜的价格要比其他阻焊膜贵。

(3) 光图形转移湿膜是用光刻工艺在电路板上形成阻焊膜图形。它的对准精度高，适用于高密度电路板。另外，湿膜与环氧玻璃纤维板、锡铅层以及裸铜层有很好的粘合力，分辨率高且价格适中。

11.7 印制电路板的制作

随着电子工业的迅猛发展，印制电路板的制作工艺发展迅速。但在生产工艺中使用最广泛的还是减成法工艺，即在覆满铜箔的基板上，按照设计要求采用机械或化学方法，除去不需要的部分，得到导电图形的方法。

11.7.1 绘制照相底图

照相底图是用来进行照相制板的比例精确的图纸。它是依据预先设计好的布线草图绘制而成的。

制作一块标准的印制电路板,一般需要绘制 3 种不同的照相底图。

(1) 制作导电图形的底图。

(2) 制作印制电路板表面阻焊层的底图。

(3) 制作标志印制电路板上所安装元器件的位置及名称等文字符号的底图。

对于结构简单、元器件数量较少的印制电路板,或者元器件有规律排列的印制电路板,文字符号底图和导电图形底图可合并,一起蚀刻在印制电路板上。

1. 绘制照相底图的要求

(1) 底图尺寸一般应与布线草图相同。对于高精度和高密度的印制电路板底图,可适当扩大比例,以保证精度要求。

(2) 焊盘大小、位置、间距、插头尺寸、印制导线宽度、元器件安装尺寸等均应按草图所标尺寸绘制。

(3) 版面清洁,焊盘、导线应光滑,无毛刺。

(4) 焊盘之间、导线之间、焊盘与导线之间的最小距离不应小于草图中注明的安全距离。

(5) 注明印制电路板的技术要求。

2. 绘制照相底图的步骤

(1) 确定图纸比例,画出底图边框线。

(2) 按比例确定焊盘中心孔,确保孔位及孔心距尺寸。

(3) 绘制焊盘,注意内外径尺寸应按比例画。

(4) 绘制印制导线。

(5) 绘制或剪贴文字符号。

3. 绘制照相底图的方法

(1) 手工绘图:用墨汁在白铜板纸上绘制照相底图。其优点是方法简单,绘制灵活。缺点是导线宽度不均匀,图形位置偏大,效率低。常用于新产品研制或小批量试制。

(2) 贴图:利用专制的图形符号和胶带,在贴图纸或聚酯薄膜上,依据布线草图贴出印制电路板的照相底图。贴图需在透射式灯光台上进行,并用专制的贴图材料,如贴图纸(印有浅蓝色标准网格线的绘图纸或网格聚酯薄膜)、贴图胶带(分红、蓝、黑 3 种)、贴图符号(如焊盘)和贴图字符等。贴图法速度快、修改灵活、线条连续、轮廓清晰光滑、易于保证质量,尤其是印制导线贴制比绘制更为方便,故应用较广。

11.7.2 照相制版

用绘制好的底图照相制版,版面尺寸应通过调整相机焦距准确达到印制电路板的尺寸,相版要求反差大,无砂眼。

制版过程为:软皮剪裁→曝光→显影→定影→水洗→干燥→修版。

其程序同普通照相基本一致。

11.7.3 图形转移

图形转移是指把相版上的印制电路图形转移到覆铜板上。常用的方法有丝网漏印和光化学法等。

1. 丝网漏印

丝网漏印是一种古老的工艺，它是在丝网上粘附一层漆膜或胶膜，然后按技术要求将印制电路图制成镂空图形，漏印时只需将覆铜板在底图上定位，将印制料倒在固定丝网的框内，用橡皮板刮压印料，使丝网与覆铜板直接接触，即可在覆铜板上形成由印料组成的图形，漏印后需要烘干、修版。其优点是操作简单，生产效率高，质量稳定，成本低廉。缺点是精度较差，要求操作者技术熟练。目前广泛应用于印制电路板的制造之中。

2. 直接感光法

直接感光法是光化学法之一，其步骤为覆铜板表面处理→上胶→曝光→显影→固膜→修版。

(1) 表面处理：用有机溶剂去除铜箔表面的有机污物，如油脂等；用酸去掉其氧化层。通过表面处理后，可使铜箔表面与胶牢固结合。

(2) 上胶：在覆铜板表面涂上一层可以感光的材料，如感光胶等。

(3) 曝光：也称晒版，将照相底板置于上胶后的覆铜板上，光线通过相版，使感光胶发生化学反应，引起胶膜理化性能的变化。

(4) 显影：曝光后的板浸入显影液中，未感光部分溶解、脱落，感光部分留下。显影后，再将板浸入染色溶液中，将感光部分染色，显示出印制电路板图形，以便于检查线路是否完整。

(5) 固膜：显影后的感光胶并不牢固，易脱落，故要进行固化，即将染色后的板浸入固膜液中，停留一定时间后，捞出水洗并烘干，然后再置于烘箱中烘固，使感光膜得到进一步强化。

(6) 修版：固膜后的板应在蚀刻前进行修版，以便将粘连部分、毛刺、断线部分、砂眼等修正，补修材料必须耐腐蚀。

3. 光敏干膜法

光敏干膜法也是光化学法之一，但感光材料不再是液体感光胶，而是由聚酯薄膜、感光胶膜、聚乙烯薄膜 3 层材料组成的薄膜。其步骤为覆铜板表面处理→贴膜→曝光→显影。

(1) 覆铜板表面处理：清除表面油污，使干膜牢固贴于板上。

(2) 贴膜：揭去聚乙烯薄膜，把胶膜贴在覆铜板上。

(3) 曝光：将相版按定位孔位置准确地置于贴膜后的覆铜板上进行曝光，曝光时应控制电源的强弱、时间、温度。

(4) 显影：曝光后，显影前揭去聚酯薄膜，再浸入显影液中。显影后去除表面残胶。显影时也要控制好显影液的浓度、温度及时间。

11.7.4 蚀刻

蚀刻在生产线上也称烂板，它是利用化学方法去除板上不需要的铜箔，留下组成图形的焊盘、印制导线及符号等。

1. 蚀刻液

1) 常用蚀刻液的种类

常用蚀刻液有酸性氯化铜、碱性氯化铜和三氯化铁等。

(1) 酸性氯化铜蚀刻液是以氯化铜和盐酸为主要成分的蚀刻液，呈酸性，对人的皮肤和衣服都有强腐蚀性。其优点是成本低，易再生，在连续再生情况下，具有恒定的刻蚀温度，回收铜容易且污染小。主要用于单面板、孔掩蔽的双面板以及多层板内层的蚀刻。

(2) 碱性氯化铜蚀刻液是以氯化铜、氯化铵、氢氧化铵、碳酸铵为主要成分的蚀刻液。它具有蚀刻速度快、不腐蚀锡铅合金等优点。广泛用于电镀锡铅合金的双面板和多层板的蚀刻加工。

(3) 三氯化铁蚀刻液是将固体的三氯化铁用水溶解而形成。具有蚀刻速度快、质量好、溶铜量大、溶液稳定、价格低廉等优点。但再生和回收困难，不易清洗，易产生沉淀。一般用于实验室中少量印制电路板的加工。

2) 三氯化铁蚀刻液的浓度

腐蚀铜箔的三氯化铁的浓度一般为28%~42%，其中浓度为34%~38%时，腐蚀效果最好，见表11-14。

表 11-14 三氯化铁蚀刻液浓度范围

浓度名称	下限	最好范围		上限
重量百分比/%	28	34	38	42
比重	1.275	1.353	1.402	1.450
波美比重	31.5	38	42	45
克/升(g/L)	365	452	530	608
体积克分子浓度	2.25	2.79	3.27	3.75

波美比重也称波美度，它是衡量溶液浓度的又一参数，对于比水重的溶液，其波美度和比重的近似关系为

$$Be° = 144.3 - \frac{144.3}{d} \tag{11.5}$$

式中，$Be°$ 为波美比重；d 为比重。

波美比重与比重的对应比例，见表11-15。

表 11-15 波美比重与比重的对应比例

波美度	比重	波美度	比重	波美度	比重	波美度	比重	波美度	比重
1	1.007	12	1.091	23	1.190	34	1.308	45	1.435
2	1.014	13	1.100	24	1.200	35	1.320	46	1.468
3	1.022	14	1.108	25	1.210	36	1.332	47	1.483
4	1.029	15	1.116	26	1.220	37	1.345	48	1.498
5	1.037	16	1.125	27	1.231	38	1.357	49	1.515
6	1.045	17	1.135	28	1.241	39	1.370	50	1.530

续表

波美度	比重	波美度	比重	波美度	比重	波美度	比重	波美度	比重
7	1.052	18	1.142	29	1.252	40	1.383	51	1.540
8	1.060	19	1.152	30	1.263	41	1.397	52	1.563
9	1.067	20	1.152	31	1.274	42	1.410	53	1.580
10	1.075	21	1.171	32	1.285	43	1.424	54	1.597
11	1.083	22	1.180	33	1.297	44	1.438		

2. 蚀刻方式

印制电路板常用的蚀刻方式有浸入式、泡沫式、喷淋式、泼溅式等4种。

(1) 浸入式：将印制电路板浸入蚀刻液中，用排笔轻轻刷扫即可。本方法简单易行，但效率低、侧腐严重，常用于数量少的手工操作。

(2) 泡沫式：以压缩空气为动力，将蚀刻液吹成泡沫，对印制电路板进行腐蚀。其特点是工效高、质量好，适用于批量生产。

(3) 喷淋式：用塑料泵将蚀刻液送到喷头，喷成雾状微粒，并以高速喷淋到覆铜板上，板由传送带运送，可进行连续蚀刻。此方法是蚀刻方式中较为先进的技术。

(4) 泼溅式：利用离心力作用，将蚀刻液泼溅到印制板上，达到蚀刻的目的。该方法生产效率高，但仅适用于单面板。

3. 腐蚀后的清洗

腐蚀后的清洗目前有流水冲洗法和中和清洗法两种办法。

(1) 流水冲洗法：把腐蚀后的板子立即放在流水中冲洗 30min。若有条件，可采用冷水—热水—冷水—热水，这样的循环冲洗过程。

(2) 中和清洗法：把腐蚀后的板子用流水冲洗一下后，放入 82℃、10%的草酸溶液中处理，拿出来后用热水冲洗，最后再用冷水冲洗。也可用 10%的盐酸处理 2min，水洗后用碳酸钠中和，最后再用流水彻底冲洗。

11.7.5 金属化孔

1. 金属化孔的作用

金属化孔是利用化学镀技术，即氧化—还原反应，把铜沉积在两面导线或焊盘的孔壁上，使原来非金属化的孔壁金属化。金属化后的孔称为金属化孔。这是解决双面板两面的导线或焊盘连通的必要措施。

2. 金属化孔的步骤

首先在孔壁上沉积一层催化剂金属(如钯)，作为化学镀铜沉淀的结晶核心。然后浸入化学镀铜溶液中，化学镀铜可使印制电路板表面和孔壁上产生一层很薄的铜，这层铜不仅薄，而且附着力差，一擦即掉，故只能起到导电作用。化学镀铜后进行电镀铜，使孔壁的铜层加厚，并附着牢固。

3. 金属化孔的方法

金属化孔的方法很多，常用的有板面电镀法、图形电镀法、反镀漆膜法、堵孔法、漆膜法等。

11.7.6 金属涂敷

1. 金属涂敷的目的

金属涂敷是为了提高印制电路的导电性、可焊性、耐磨性、装饰性，延长印制板的使用寿命，提高电气的可靠性，而在印制电路板的铜箔上涂敷一层金属膜。

2. 金属涂敷的方法

金属涂敷的方法常用的有电镀法和化学镀法两种。

(1) 电镀法：镀层致密、牢固、厚度均匀可控，但设备复杂、成本较高。多用于要求高的印制电路板和镀层，如插头部分镀金等。

(2) 化学镀法：设备简单、操作方便、成本低，但镀层厚度有限、牢固性差。只适用于改善可焊性的表面涂敷，如板面镀银等。

3. 金属涂敷的材料

金属涂敷材料一般为金、银、锡、铅锡合金等。

银：银层易发生硫化而变黑，降低了可焊性和外观质量。

铅锡合金：热熔后的铅锡合金印制电路板具有可焊性好，抗腐蚀性强，长时间放置不变色等优点。同时，热熔后铅锡合金与铜箔之间能获得一层铜锡合金过渡界面，大大增强了界面结合的可靠性。

11.7.7 涂助焊剂和阻焊剂

印制电路板经表面金属涂敷后，根据不同需要可进行助焊和阻焊处理。

1. 助焊剂的使用

在镀银表面喷涂助焊剂(如酒精、松香水)，既可保护银层不氧化，又可提高银层可焊性。

2. 阻焊剂的使用

在高密度铅锡合金板上，为了使板面得到保护，并确保焊接的准确性，可在板面上加阻焊剂(膜)，使焊盘裸露，其他部位均在阻焊层下。

阻焊印料分热固化型和光固化型两种，色泽为深绿色或浅绿色。

11.8 练习思考题

1. 印制电路板为什么多选用覆铜板？
2. 设计时需要提前考虑哪些方面的问题？

3. 印制电路板可能会引入哪些干扰，如何防范？
4. 印制电路板的制作过程是怎样的？
5. 设计 SMT 印制电路板时应注意哪些问题？
6. SMT 印制电路板的焊盘引线如何设计？

实训题 印制电路板的制作

一、目的

练习手工从原理图到电路板的设计制作。

二、内容

(1) 分析图 11.14 所示的原理图，绘制不交叉电路板草图。

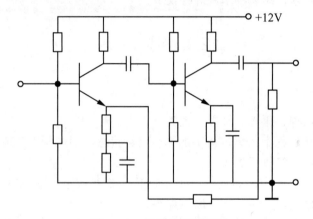

图 11.14 放大电路原理图

(2) 根据草图和所用元器件引脚尺寸绘制电路板图，要经过多次反复调整，以达到满意效果。

(3) 取一块覆铜板，用油漆、修正带或薄胶带等覆盖住覆铜板。

(4) 将设计好的版图画在遮盖材料上，用小刀等工具除去要腐蚀的图形。

(5) 用三氯化铁溶液腐蚀电路板。

(6) 清洗后去除遮盖材料，检查电路板图形并进行修整。

(7) 元器件管脚修整，安装焊接在电路板上。

(8) 测试此放大电路功能特性。

第 12 章 焊接技术与表面组装技术

教学提示：焊接技术包括焊接方法、焊接材料、焊接设备、焊接质量检测等，是一种金属加工工艺。焊接技术作为电子工艺的核心技术之一，在工业生产中起着重要的作用，焊接技术直接关系到电子产品的品质。表面组装技术作为一种无需对印制板钻孔插装，直接将表面组装元器件贴焊到印制板表面规定位置上的装联技术，是目前电子组装行业里最流行的一种技术和工艺。

教学要求：通过本章学习，学生应了解焊接的概念、分类以及锡焊的特点、机理和条件，掌握手工焊接的操作步骤和要领，熟悉几种特殊情况下的手工焊接技巧、焊点质量检查和常见焊接缺陷的有关知识；同时还应了解表面组装技术的基本形式和基本工艺，以及表面组装中的涂敷技术、贴装技术和焊接技术。

12.1 锡 焊

12.1.1 焊接的分类

焊接一般分为熔焊、压焊、钎焊 3 大类。

熔焊是指在焊接过程中，焊件接头加热至熔化状态，不加压力完成焊接的方法，如电弧焊、气焊、激光焊、等离子焊等。

压焊是指在焊接过程中，必须对焊件施加压力(加热或不加热)完成焊接的方法，如超声波焊、高频焊、电阻焊、脉冲焊、摩擦焊等。

钎焊是采用比母材熔点低的金属材料作为焊料，将焊件和焊料加热到高于焊料熔点，但低于母材熔点的温度，利用液态焊料润湿母材，填充接头间隙，并与母材相互扩散实现连接焊件的方法。

钎焊按照使用焊料的不同，可分为硬钎焊和软钎焊两种。焊料熔点大于450℃为硬钎焊，低于 450℃为软钎焊。按照焊接方法的不同又可分为锡焊(如手工烙铁焊、波峰焊、再流焊、浸焊等)、火焰钎焊(如铜焊、银焊等)、电阻钎焊、真空钎焊、高频感应钎焊等。

12.1.2 锡焊及其特点

锡焊属于软钎焊，它的焊料是锡铅合金，熔点比较低，共晶焊锡的熔点只有183℃，是电子行业中应用最普遍的焊接技术。

锡焊具有如下特点：

(1) 焊料的熔点低于焊件的熔点。

(2) 焊接时将焊件和焊料加热到最佳锡焊温度，焊料熔化而焊件不熔化。

(3) 焊接的形成依靠熔化状态的焊料浸润焊接面，由于毛细作用使焊料进入间隙，形成一个结合层，从而实现焊件的结合。

12.1.3 锡焊的条件

1. 焊件应具有良好的可焊性

金属表面被熔融焊料浸润的特性称为可焊性。

有些金属材料具有良好的可焊性,但有些金属如钼、铬、钨等,可焊性非常差。可焊性比较好的金属,如紫铜、黄铜等,由于其表面容易产生氧化膜,为了提高可焊性,一般需要采用表面镀锡、镀银等措施。

2. 焊件表面必须清洁

焊件由于长期储存和污染等原因,其表面有可能产生氧化物、油污等。故在焊接前必须清洁表面,以保证焊接质量。

3. 要使用合适的焊剂

焊剂的作用是清除焊件表面氧化膜,并减小焊料熔化后的表面张力,以便于浸润。不同的焊件,不同的焊接工艺,应选择不同的焊剂。如镍铬合金、不锈钢、铝等材料,不使用专用的特殊焊剂是很难实施锡焊的。

4. 要加热到适当的温度

在焊接过程中,既要将焊锡熔化,又要将焊件加热至熔化焊锡的温度。只有在足够高的温度下,焊料才能充分浸润,并扩散形成合金结合层。

12.2 锡 焊 机 理

12.2.1 焊料对焊件的浸润

熔融焊料在金属表面形成均匀、平滑、连续并附着牢固的焊料层称为浸润,也叫润湿。浸润程度主要决定于焊件表面的清洁程度及焊料表面的张力。在焊料表面张力小、焊件表面无油污并涂有助焊剂的条件下,焊料的浸润性能较好。

焊料浸润性能的好坏一般用浸润角 θ 表示,它是指焊料外圆在焊接表面交接点处的切线与焊件面的夹角。

当 $\theta > 90°$ 时,焊料不浸润焊件,如图 12.1(a)所示。

当 $\theta = 90°$ 时,焊料润湿性能不好,如图 12.1(b)所示。

当 $\theta < 90°$ 时,焊料的浸润性较好,且 θ 角越小,浸润性能越良好,如图 12.1(c)所示。

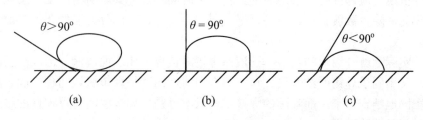

图 12.1 浸润角分析

浸润作用同毛细作用紧密相连，光洁的金属表面，放大后有许多微小的凹凸间隙，熔化成液态的焊料，借助于毛细引力沿着间隙向焊接表面扩散，形成对焊件的浸润。由此可见，只有焊料良好地浸润焊件，才能实现焊料在焊件表面的扩散。

12.2.2 扩散

浸润是熔融焊料在被焊面上的扩散，伴随着表面扩散，同时还发生液态和固态金属间的相互扩散，如同水洒在海绵上而不是洒在玻璃板上。

两种金属间的相互扩散是一个复杂的物理-化学过程。如用锡铅焊料焊接铜件时，焊接过程中既有表面扩散，也有晶界扩散和晶内扩散。锡铅焊料中的铅原子只参与表面扩散，不向内部扩散，而锡原子和铜原子则相互扩散，这是不同金属性质决定的选择扩散。正是由于这种扩散作用，形成了焊料和焊件之间的牢固结合。

12.2.3 结合层

形成结合层是锡焊的关键。如果没有形成结合层，仅仅是焊料堆积在母材上，则称为虚焊。结合层的厚度因焊接温度、时间不同而异，一般在 $1.2\mu m \sim 10\mu m$ 之间。

由于焊料和焊件金属的相互扩散，在两种金属交界面上形成的是结合层的多种组织。如锡铅焊料焊接铜件，在结合层中既有晶内扩散形成的共晶合金，又有两种金属生成的金属间化合物，如 Cu_2Sn、Cu_6Sn_5 等。

12.3 元器件装焊前的准备

12.3.1 元器件引线的加工成型

元器件在印制电路板上的排列和安装方式主要有两种，一种是规则排列卧式安装，另一种是不规则排列立式安装。元器件在安装前应对其引线进行加工，引线弯曲的形状要根据焊盘孔的距离和不同的安装方式进行加工成型。引线的跨距应根据尺寸优选 2.5mm 的倍数。加工时，不要将引线齐根弯折，并用工具保护好引线的根部，以免损坏元器件。在焊接时，应尽量保持其排列整齐，同类元件要保持高度一致，且各元件的符号标志向上(卧式)或向外(立式)，以便于检查。

12.3.2 镀锡

元器件引线一般都镀有一层薄薄的钎料，但时间一长，其表面将产生一层氧化膜，影响焊接。因此，除少数镀有银、金等良好镀层的引线外，大部分元器件在焊接前都要重新进行镀锡。

镀锡，实际上就是锡焊的核心——液态焊锡对被焊金属表面浸润，形成一层既不同于被焊金属，又不同于焊锡的结合层。这一结合层将焊锡同待焊金属这两种性能、成分都不同的材料牢固地结合起来。而实际的焊接工作只不过是用焊锡浸润待焊零件的结合处，熔化焊锡并重新凝结的过程。

第12章　焊接技术与表面组装技术

1. 镀锡的要求

1) 待镀面应清洁

焊剂的作用主要是加热时破坏金属表面氧化层，对锈迹、油迹等杂质并不起作用。各种元器件、焊片、导线等都可能在加工、储存的过程中，带有不同的污物，轻则用酒精或丙酮擦洗，严重的腐蚀污点只能用机械办法去除，包括刀刮或砂纸打磨，直到露出光亮的金属为止。

2) 加热温度要足够

要使焊锡浸润良好，被焊金属表面温度应接近熔化时的焊锡温度，才能形成良好的结合层。因此，应根据焊件大小供给它足够的热量。考虑到元器件承受温度不能太高，因此必须掌握恰到好处的加热时间。

3) 要使用有效的焊剂

松香是使用最多的焊剂，但松香多次加热后就会失效，尤其是发黑的松香基本上不起作用，应及时更换。

2. 镀锡的方法

镀锡的方法有很多种，常用的方法主要有电烙铁手工镀锡、锡锅镀锡、超声波镀锡等。

1) 电烙铁手工镀锡

电烙铁手工镀锡是指直接使用电烙铁对电子元器件的引线进行镀锡。其优点是方便、灵活。缺点是镀锡不均匀，易生锡瘤，且工作效率低。适用于少量、零散作业。

电烙铁手工镀锡时应注意以下事项：

(1) 烙铁头要干净，不能带有污物和使用氧化了的锡。

(2) 烙铁头要大一些，有足够的吃锡量。

(3) 电烙铁的功率及温度应根据不同元器件进行适当选择。电阻、电容温度高一些，一般可达到350℃～400℃。而对晶体管则温度不能太高，以免烧坏管子，一般控制在280℃～300℃左右。实践证明，镀锡温度超过450℃时就会加速铜的溶解和氧化，导致锡层无光，表面粗糙等。

(4) 镀锡前，应对元器件的引线部分进行清洗处理，以利于镀锡。

(5) 应选择合适的助焊剂，常使用松香酒精水。

(6) 镀锡时，引线要放在平整干净的木板上，其轴线应与烙铁头的移动方向一致。烙铁头移动速度要均匀，不能来回往复。

(7) 多股导线镀锡时，要先剥去绝缘层，并将多股导线拧紧，然后再进行镀锡。

2) 锡锅镀锡

锡锅构造简单，一般由锡液容器和电炉组成。锡液容器由2mm～3mm的铁板制成。有时为了控制锡锅温度，可以增加一个交流变压器。锡锅镀锡虽然是手工操作，但可以多人同时使用，效率高，适用于批量生产。

锡锅镀锡时应注意以下事项：

(1) 注意控制锡锅温度，不同的镀件选择不同的温度。

(2) 锡液表面氧化物或其他污物要经常滤除，保持锡液纯净。锡液使用时间过长后，杂质过多，应彻底换掉。

(3) 助焊剂一般使用松香酒精水。
(4) 氧化污染严重的元器件在镀锡前,要进行清洗和刮磨,然后再镀锡。
(5) 镀件进入锡液的时间不宜太长,一般为3s~5s。

3) 超声波镀锡

超声波镀锡是利用超声波在熔融锡中的空化作用,将各种金属引线表面的氧化层和污物清除干净,而在清除氧化物和污物的过程中,锡就自然地附在引线表面上,完成了镀锡过程。

超声波镀锡的优点是不需要化学焊剂,可节省大量焊剂和松香,避免了焊剂对元器件引线的侵蚀作用,且镀锡质量高、速度快,是目前较为理想的镀锡设备。

12.4 手工焊接技术

12.4.1 焊接的操作要领

1. 焊接姿势

焊接时应保持正确的姿势。一般烙铁头的顶端距操作者鼻尖部位至少要保持 20cm 以上,以免焊剂加热挥发出的有害化学气体吸入人体、同时要挺胸端坐,不要躬身操作,并要保持室内空气流通。

2. 电烙铁的拿法

电烙铁一般有正握法、反握法、握笔法 3 种拿法,如图 12.2 所示。

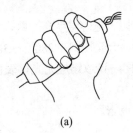
(a)
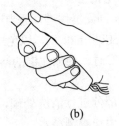
(b)
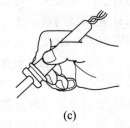
(c)

图 12.2 电烙铁的拿法
(a) 正握法; (b) 反握法; (c) 握笔法

正握法适用于中等功率电烙铁或带弯头电烙铁的操作。
反握法动作稳定,长时间操作不易疲劳,适用于大功率电烙铁的操作。
握笔法多用于小功率电烙铁在操作台上焊接印制电路板等焊件。

3. 焊锡丝的拿法

焊锡丝的拿法根据连续锡焊和断续锡焊的不同分为两种拿法,如图12.3所示。

焊锡丝一般要用手送入被焊处,不要用烙铁头上的焊锡去焊接,这样很容易造成焊料的氧化,焊剂的挥发。因为烙铁头温度一般都在 300℃左右,焊锡丝中的焊剂在高温情况下容易分解失效。

第12章 焊接技术与表面组装技术

在焊锡丝成分中，铅占有一定的比例。铅是对人体有害的重金属。故焊接完毕后要洗手，避免食入。

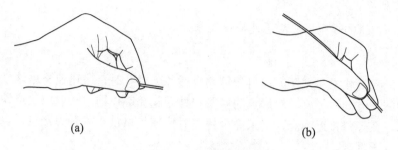

图 12.3 焊锡丝的拿法
(a) 连续焊接时焊锡丝的拿法；(b) 断续焊接时焊锡丝的拿法

12.4.2 焊接操作的步骤

焊接操作的步骤一般分为准备施焊、加热焊件、填充焊料、移开焊丝、移开烙铁五步。一般称为"五步法"，如图12.4所示。

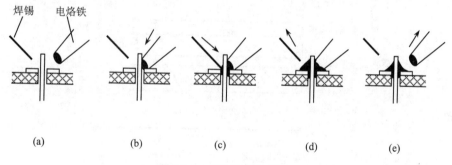

图 12.4 焊接操作五步法
(a) 准备施焊；(b) 加热焊件；(c) 填充焊料；(d) 移开焊丝；(e) 移开烙铁

1. 准备施焊

准备好电烙铁和焊丝，此时烙铁头应保持干净且吃上锡。一般是右手拿电烙铁，左手拿焊丝，做好施焊准备。

2. 加热焊件

将烙铁头放在焊接点，使焊接点升温。这时应注意准确掌握火候，操作要敏捷、熟练。也就是必须在有限的几秒钟内熟练地将被焊件加热到最佳焊接温度，然后迅速判断"何时"向"何处"填充多少焊料为宜。若烙铁头上带有少量焊料，则可使烙铁头上的热量较快地传到焊接点上。

3. 填充焊料

在焊接点的温度达到适当的温度时，应及时将焊锡丝放置到焊接点上熔化。操作时必须掌握好焊料的特性，充分利用它的特性，而且要对焊点的最终理想形状做到心中有数。为了形成焊点的理想形状，必须在焊料熔化后，将依附在焊接点上的烙铁头按焊点的形状移动。

4. 移开焊丝

当熔化一定量的焊锡后,应迅速将焊丝拿开。

5. 移开烙铁

当焊料的润湿状态和光泽、焊料量等均合适并无针孔时,应迅速将电烙铁拿开。拿开电烙铁的时间、方向、速度,对焊点的质量和外观起关键作用。一般应使烙铁头沿焊点水平方向移动,在焊料接近饱满,尚未完全挥发时快速使烙铁头离开焊接点,以保证焊接点光亮、平滑、无毛刺。

12.4.3 焊接温度与加热时间

1. 焊接温度的分类

焊接温度主要分为3种:烙铁头的标准温度、焊件最佳焊接温度和焊料的熔化温度,如图12.5所示。

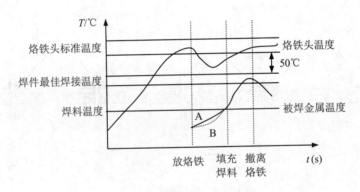

图 12.5 锡铅焊料状态图

从上而下,第1条与第2条线之间的区域代表烙铁头的标准温度,第3条与第4条线之间的区域为焊料充分浸润焊件生成合金,焊件应达到的最佳焊接温度,第5条水平线是焊丝熔化温度,也就是焊件达到此温度时,应送入焊丝。

两条曲线分别代表烙铁头和焊件温度的变化过程,金属A、B分别表示焊件的两个部分(如铜箔与导线、焊片与导线等)。3条竖直线表示焊接操作步骤中关键3步的时序关系。

2. 加热时间对焊件、焊点的影响

加热时间对焊件和焊点起着一定的作用。加热时间不足,会造成焊料不能充分浸润焊件,形成夹渣(松香)、虚焊等。加热时间过长,除可能造成元器件损坏外,还会出现如下危害及外部特征:

(1) 焊点外观变差。如果焊锡已浸湿焊件后还继续加热,造成液态焊锡过热,烙铁撤离时易造成拉尖。同时,焊点出现表面粗糙颗粒,失去光泽,焊点发白。

(2) 焊接时所加松香焊剂在温度较高时容易分解炭化(一般松香在120℃时开始分解),失去助焊剂作用,而且夹在焊点中容易造成焊接缺陷。如果发现松香也加热到发黑,肯定是加热时间过长所致。

(3) 印制电路板上的铜箔是采用粘合剂固定在基板上的，过多的受热破坏粘合层，导致印制电路板上铜箔的剥落。

12.5 电子线路手工焊接工艺

12.5.1 印制电路板的焊接

印制电路板在焊接之前要仔细检查，看其有无断路、短路、金属化孔不良以及是否涂有助焊剂或阻焊剂等。对于大批量生产的印制电路板，出厂前，都已经按检查标准与项目进行了严格检测，因此，其质量都能保证。但是，一般研制品或非正规投产的少量印制板，焊接前就要进行仔细检查。否则，在整机调试中，会带来很大麻烦。

焊接前，首先要将需要焊接的元器件做好焊接前的准备工作，如整形、镀锡等。然后按照焊接工序进行焊接。

一般的焊接工序是先焊接高度较低的元器件，然后焊接高度较高的和要求较高的元器件等。次序是电阻→电容→二极管→三极管→其他元器件等。但有时也可先焊接高的元器件，而后焊接低的元器件(如晶体管收音机)，使所有元器件的高度不超过最高元件的高度。以保证焊好器件后，印制电路板上元器件比较整齐，并占有最小的空间位置。不论采用哪种焊接工序，印制电路板上的元器件都要排列整齐，同类元器件要保持一样的高度。

晶体管焊接一般是在其他元件焊接好后进行的。要特别注意，每个管子的焊接时间不要超过 5s～10s，并使用钳子或镊子夹持管脚散热，防止烫坏晶体管。

焊接结束后，需要检查有无漏焊、虚焊等现象。检查时，可用镊子将每个元器件的引脚轻轻提一提，看是否摇动，若发现摇动，应重新焊接。

12.5.2 集成电路的焊接

MOS 集成电路特别是绝缘栅型 MOS 电路，由于输入阻抗很高，稍有不慎即可能使内部击穿而失效。

双极型集成电路不像 MOS 集成电路那样"娇气"，但由于内部集成度高，通常管子隔离层都很薄，一但受到过量的热也容易损坏。无论哪种电路，都不能承受高于 200℃ 的温度。因此，焊接时必须非常小心。

集成电路的安装焊接有两种方式，一种是将集成电路块直接与印制电路板焊接，另一种是将专用插座(IC 插座)焊接在印制电路板上，然后将集成电路块插在专用插座上。前者的优点是连接牢固，但拆装不方便，也易损坏集成电路。后者利于维护维修，拆装方便，但成本较高。

在焊接集成电路时，应注意以下几点：

(1) 集成电路引线如果是经过镀金银处理的，切不可用刀刮，只需用酒精擦洗或用绘图橡皮擦干净即可。

(2) 对 CMOS 集成电路，如果事先已将各引线短路，焊接前不要拿掉短路线。

(3) 焊接时间在保证浸润的前提下，尽可能短，每个焊点最好用 3s 焊好，最多不超过 4s，连续焊接时间不要超过 10s。

(4) 使用的电烙铁最好是 20W 内热式，接地线应保证接触良好。若用外热式，最好是电烙铁断电后，用余热焊接，必要时还要采取人体接地等措施。

(5) 使用低熔点焊剂，一般不要高于 150℃。

(6) 工作台上如果铺有橡皮、塑料等易于积累静电的材料，集成电路块和印制电路板等不宜放在台面上。

(7) 当集成电路不使用插座，而是直接焊接到印制电路板上时，安全焊接顺序应是地端→输出端→电源端→输入端。

(8) 焊接集成电路插座时，必须按集成电路块的引线排列图焊好每一个点。

12.5.3 几种易损元件的焊接

1. 有机材料铸塑元件接点的焊接

各种有机材料，包括有机玻璃、聚氯乙烯、聚乙烯、酚醛树脂等材料，现在广泛用于电子元器件的制作之中，如各种开关、插接件等。它们均采用热塑方式制成，其最大弱点是不能承受高温。因此，当对铸塑在有机材料中的导体接点施焊时，如不注意控制加热时间，极容易造成塑性变形，导致元件失效或性能降低，形成隐性故障。图 12.6 是一个常用的钮子开关结构示意图，图 12.7 是由于钮子开关焊接不当造成失效的例子。

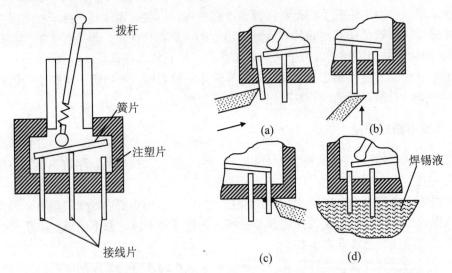

图 12.6　钮子开关结构示意图　　图 12.7　钮子开关焊接不当造成失效举例

图 12.7(a)为施焊时侧向加力，造成接线片变形，开关不通。

图 12.7(b)为焊接时垂直施力，使接触片垂直位移，造成闭合时接线片不能导通。

图 12.7(c)为焊接时加焊剂过多，以致沿接线片浸润到接点，造成接触不良，形成较大的接触电阻。

图 12.7(d)为焊接时间过长，造成钮子下部塑壳软化，接线片因自身重量移位，簧片无法接通。

其他类型铸塑制成的元件也有类似问题。因此，该类元件焊接时必须注意以下几点：

(1) 在元件预处理时，尽量清理好接点，力争一次镀锡成功，不要反复镀锡。尤其是将元件在锡锅中镀锡时，更要掌握好浸入深度及镀锡时间。

(2) 焊接时烙铁头要修整得尖一些，以便焊接一个接点时不碰相邻的其他接点。

(3) 镀锡及焊接时所加助焊剂要少，防止浸入到电接触点。

(4) 烙铁头在任何地方均不要向对接线片施加压力。

(5) 焊接时间要尽量短。焊接后不要在塑料壳未冷前对焊点做牢固性试验。

2. 簧片类元件接点的焊接

簧片元件如继电器、波段开关等，其共同特点是簧片制造时加预应力，使产生适当弹力，保证了电接触性能。如果安装施焊过程中对簧片施加外力，则易破坏接触点的弹力，造成元件失效。如果装焊不当，则容易造成以下问题：

(1) 装配时如果对塑片施力，则易造成塑性变形，开关失效。

(2) 焊接时如果对焊点用电烙铁施力，则易造成静触片变形。

(3) 如果焊锡过多，流到铆钉右侧，则易造成静触片弹力变化，开关失效。

(4) 安装过紧，变形。

因此，该类元件在装配焊接时，应从以上4个方面采取措施，保证元件有效工作。

12.5.4 导线焊接技术

导线与接线端子、导线与导线之间的焊接一般采用绕焊、钩焊、搭焊3种基本的焊接形式。

1. 导线同接线端子的焊接

(1) 绕焊：把经过镀锡的导线端头在接线端子上缠绕一圈，用钳子拉紧缠牢后进行焊接，如图 12.8(b)所示。注意导线一定要紧贴端子表面，绝缘层不接触端子，一般 $L=1\text{mm}\sim 3\text{mm}$ 为宜(L 为导线绝缘皮与焊面之间的距离)。这种连接可靠性最好。

(2) 钩焊：将导线端子弯成钩形，钩在接线端子上，并用钳子夹紧后施焊，如图 12.8(c)所示。端头处理与绕焊相同。这种方法强度低于绕焊，但操作简便。

(3) 搭焊：把经过镀锡的导线搭接到接线端子上施焊，如图 12.8(d)所示。该方法连接最方便，但强度可靠性较差，仅用于临时连接或不便于缠钩的地方以及某些接插件上。

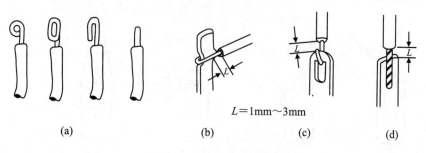

图 12.8 导线与端子的焊接

(a) 导线弯曲形状；(b) 绕焊；(c) 钩焊；(d) 搭焊

2. 导线与导线的焊接

导线与导线之间的焊接以绕焊为主,如图 12.9(a)、(b)所示。主要操作步骤如下:

(1) 将导线去掉一定长度的绝缘层。
(2) 端头上锡,并套上合适的套管。
(3) 绞合,施焊。
(4) 趁热套上套管,冷却后套管固定在接头处。

对于调试或维修中的临时线,也可以采用搭焊的办法,如图 12.9(c)所示。这种接头强度和可靠性都较差,不能用于生产中的导线焊接。

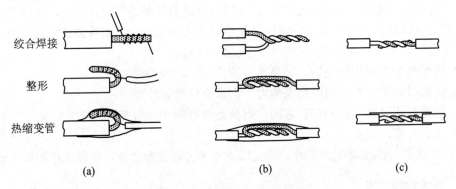

图 12.9 导线与导线的焊接

(a) 细导线与粗导线的焊;(b) 直径相同导线的焊接;(c) 导线的搭接

3. 杯型焊件的焊接

杯型焊接的接头多见于接线柱的插件,一般尺寸较大,如焊接时间不足,容易造成"冷焊"。这种焊件一般是和多股导线连接。焊前应对导线进行镀锡处理,其操作方法如图 12.10 所示。

图 12.10(a)是往杯型孔内滴一滴焊剂,若孔较大,可用脱脂棉蘸焊剂在杯内均匀擦一层。

图 12.10(b)是用电烙铁加热并将锡熔化,靠浸润作用流满内孔。

图 12.10(c)是将导线垂直插入到焊件底部,并移开电烙铁,并保持到凝固。但需注意在凝固过程中导线不可摆动。

图 12.10(d)是焊锡完全凝固后,立即套上套管。

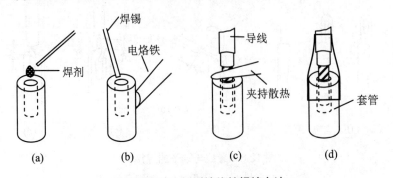

图 12.10 杯型接线柱焊接方法

4. 线把的扎法

在电子设备中，将焊好的导线扎起来，称为扎线把，如图 12.11 所示。这样既能使仪器内部整齐美观，又便于检查。

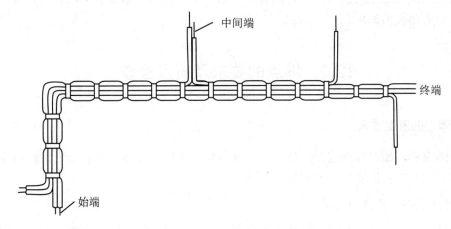

图 12.11　线把扎法示意图

扎线把的要求如下：

(1) 间距要均匀，一般间距为 8mm～10mm 左右，尼龙丝打节处应放在走线的下面。
(2) 导线排列要整齐，清晰。
(3) 尼龙丝的松紧程度要适当，不要太松或太紧。
(4) 导线要平直，导线拐弯处要弯好后再扎线。

12.5.5　拆焊

在调试或维修电子仪器时，经常需要将焊接在印制电路板上的元器件拆卸下来，这个拆卸的过程就是拆焊，有时也称为解焊。它是焊接过程的反操作。拆焊比焊接困难得多，若掌握不好，将会损坏元器件或印制电路板。

1. 阻容元件的拆焊

印制电路板上的阻容元件通常只有两个焊接点。在元件卧式安装的情况下，两个焊点的距离较远，可采用分开拆除的办法。即先拆除一端焊接点上的引线，再拆除另一端焊接上的引线。若焊接点上的引线是折弯的，则可在烙铁头上熔化焊锡的同时，用烙铁头撬直引线再拆除。若先吸去焊接点上的焊锡，则效果更佳。吸除焊锡的方法很多，最简单的方法是采用吸锡电烙铁，或将涂有焊剂的多股导线放在需拆卸元件引线的焊接点上，用烙铁从上面加热，使焊料吸在导线上，然后再用烙铁头或其他工具撬直引线进行拆除。若阻容元件已损坏，则可采用剪断法。即干脆用扁嘴钳从元件的根部剪断引线，先拆下元件，然后再用烙铁加热，拔出引线。

2. 晶体三极管的拆焊

晶体三极管由于焊接点的距离较近，可以采用一般阻容元件拆焊的方法，即一个引线一个引线的拆焊。但最常使用的是集中拆焊法，即用电烙铁同时加热几个焊接点，待锡熔化后拔出元器件。这种方法是几个焊点的加热同时交替进行，加热迅速，注意力要集中，动作要快。也可采用引线分段拔出的方法，如将三极管发射极引线焊接点加热，用镊子夹住引线拔出一段，然后再加热基极引线，也用镊子夹住拉出一段，集电极引线照此操作，然后再回过头来加热发射极引线，将其拔出一段，依次再加热基极和集电极引线焊点，直至将三极管全部拔出为止。

12.6　焊点的要求及质量检查

12.6.1　焊点的质量要求

焊接结束后，要对焊点进行外观检查。因为焊点质量的好坏，直接影响整机的性能指标。对焊点的基本质量要求有下列几个方面。

1. 防止假焊、虚焊和漏焊

假焊是指焊锡与被焊金属之间被氧化层或焊剂的未挥发物及污物隔离，没有真正焊接在一起。虚焊是指焊锡只简单地依附于被焊金属表面，没有形成真正的金属合金层。假焊和虚焊没有严格的区分界线，也可统称为虚焊，也有的统称为假焊。防止虚焊往往是考核工人焊接技术的重要内容之一。因为虚焊往往难以发现，有时刚焊接时正常，但过了一段时间由于氧化的加剧，致使机器发生故障。至于漏焊，由于它是应焊的焊接点未经焊接，比较直观，故容易发现。

2. 焊点不应有毛刺、砂眼和气泡

这对于高频、高压设备极为重要。因为高频电子设备中高压电路的焊点，如果有毛刺，将会发生尖端放电。同时，毛刺、砂眼和气泡的存在，除影响导电性能外，还影响美观。

3. 焊点的焊锡要适量

焊锡太多，易造成接点相碰或掩盖焊接缺陷，而且浪费焊料。焊锡太少，不仅机械强度低，而且由于表面氧化层随时间逐渐加深，容易导致焊点失效。

4. 焊点要有足够的强度

由于焊锡主要是由锡和铅组成，它们的强度较弱。为了使焊点有足够强度，除了适当增大焊接面积外，还可将被焊接的元器件引线、导线先进行网绕、绞合、钩接在接点上再进行焊接。

5. 焊点表面要光滑

良好的焊点要有特殊光泽和良好的颜色。不应有凸凹不平和波纹状以及光泽不均匀的现象。这主要与焊接温度和焊剂的使用有关。

6. 引线头必须包围在焊点内部

有的人喜欢将元器件引线插入印制电路板焊孔后，先进行焊接，然后剪掉多余引线。

这样被剪的线头裸露在空气中,一是影响美观,二是时间长久之后,易氧化侵蚀焊点内部,影响焊接质量,造成隐患。

7. 焊接表面要清洗

焊接过程中用的焊剂,其残留物会腐蚀焊件。特别是酸性较强的焊剂,危险性更大。绝缘性能差的焊剂会影响导电性能。焊接后焊剂残留物还能粘附一些灰尘或污物,吸收潮气。因此,焊接后一定要对焊点进行清洗。如果使用的是无腐蚀性焊剂,且焊点的要求不高,也可不进行清洗。

12.6.2 常见焊点的缺陷及分析

常见焊点的缺陷分析见表 12-1。

表 12-1 常见焊点缺陷分析

焊点缺陷	外观特点	危　害	原因分析
 焊料过多	焊料面呈凸形	浪费焊料,且容易包藏缺陷	焊丝撤离过迟
 焊料过少	焊料未形成平滑面	机械强度不足	焊丝撤离过早
 松香焊	焊缝中夹有松香渣	强度不足,导通不良	(1) 助焊剂过多或已失效 (2) 焊接时间不足,加热不够 (3) 表面氧化膜未去除
 过热	焊点发白,无金属光泽,表面较粗糙	焊盘容易剥落,强度降低	电烙铁功率过大,加热时间过长
 冷焊	表面呈现豆腐渣状颗粒,有时可能有裂纹	强度低,导电性不好	焊料未凝固前焊件抖动或电烙铁瓦数不够
 浸润不良	焊料与焊件交面接触角过大	强度低,不通或时通时断	(1) 焊件清理不干净 (2) 助焊剂不足或质量差 (3) 焊件未充分加热
 不对称	焊锡未流满焊盘	强度不足	(1) 焊料流动性不好 (2) 助焊剂不足或质量差 (3) 加热不足
 松动	导线或元器件引线可移动	导通不良或不导通	(1) 焊接未凝固前引线移动造成空隙 (2) 引线未处理好(浸润差或不浸润)

续表

焊点缺陷	外观特点	危　害	原因分析
 拉尖	出现尖端	外观不佳，容易造成桥接现象	(1) 助焊剂过少，而加热时间长 (2) 电烙铁撤离角度不当
 桥接	相邻导线连接	电器短路	(1) 焊锡过多 (2) 电烙铁撤离方向不当
 针孔	目测或低倍放大镜可见有孔	强度不足，焊点容易腐蚀	焊盘孔与引线间隙太大
 气泡	引线根部有时有喷火式焊料隆起，内部藏有空洞	暂时导通，但长时间容易引起导通不良	引线与孔间隙过大或引线浸润性不良
 剥离	焊点剥落(不是铜箔剥落)	断路	焊盘镀层不良

12.7　表面组装技术

表面组装技术是指用自动组装设备将片式化、微型化的无引线或短引线表面组装元件/器件(简称 SMC/SMD)直接贴、焊到印制电路板(PCB)表面或其他基板的表面规定位置上的一种电子装连技术，又称表面安装技术或表面贴装技术，简称 SMT。

采用 SMT 的装配方法和工艺过程完全不同于通孔插装元器件的装配方法和工艺过程。在大批量 SMT 产品的生产装配中，必须使用自动化的装备。在小批量使用 SMT 器件的企业里，往往是由一些操作水平很高的技术工人手工装配焊接。

12.7.1　表面组装的基本形式

表面组装技术发展迅速，但由于电子产品的多样性和复杂性，目前和未来相当一段时期内还不能完全取代通孔安装。实际产品中大部分是两种方式混合，表 12-2 是 SMT 的基本形式。

表 12-2　SMT 基本形式

类　型	图　示
单面板 单面全贴装	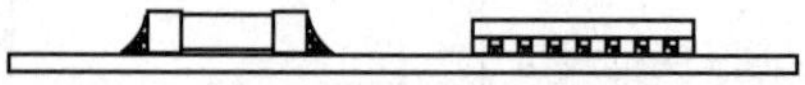
双面板 双面全贴装	

续表

类　　型	图　　示
单面板 双面贴插混装	
双面板 单面贴插混装	
双面板 双面贴插混装 I	
双面板 双面贴插混装 II	
双面板 双面贴插混装 III	

1) 单面板单面全贴装

在单面电路基板的一面全部贴装 SMC/SMD。这种贴装方式比较简单，常用于 SMC/SMD 种类、数量不多，电路较为简单的小型、薄型化的产品中。由于只在基板一面贴装，所以装配密度不高。

2) 双面板双面全贴装

在双面(或多层)电路基板的两面全部贴装 SMC/SMD。这种方式装配密度高，但由于 SMC 和 SMD 价格贵而生产成本较高，目前应用在一体化摄录像机、笔记本电脑等装配空间有限而附加值较高的产品中。随着 SMC/SMD 价格的下降，双面全贴装方式的比例将会明显上升。

3) 单面板双面贴插混装

在单面印制板的一面贴装 SMC/SMD，另一面装配通孔插装元器件，全部焊接在基板的一面进行。

由于商品化价格便宜的 SMC/SMD 品种规格尚不齐全，从配套成本、工艺与产品的过渡等方面因素综合考虑，目前绝大部分消费类产品都是采用这种形式。这些产品装配空间并不要求很挤，还有一部分元件须在调试过程中调整。这种贴装方式，印制板的两面都充分利用上了，装配密度较高。

4) 双面板单面贴插混装

这种方式元器件都在印制板的一面，装配密度不高。加上采用双面板与两种焊接工艺，装配成本较高，实际产品应用极少。

5) 双面板双面贴插混装

共有 3 种不同方式(方式 I、方式 II、方式 III)，其中方式 I 用得最为普遍，装配密度最高，一些随身听、手持通信设备等产品都采用这种方式，相比工艺流程较为复杂，必须采用流动焊与再流焊两种方法。

方式 II，III 是方式 I 的转化型，但 B 面上的通孔插装元器件都必须在其他元器件装配完毕后，用手工进行插装焊接，由于费时费工，这两种方式运用得较少。

12.7.2 表面安装基本工艺

表面组装技术(SMT)的工艺流程有两种,主要取决于焊接方式。

1. 采用波峰焊

采用波峰焊接装配 SMT 的工艺流程如图 12.12 所示。

图 12.12 SMT 印制板波峰焊接工艺流程

1) 点胶

把贴装胶精确涂到表面组装元器件的中心位置上,并避免污染元器件的焊盘。
方法:模板漏印/丝网漏印。

2) 贴片

把表面组装元器件贴装到印制电路板上,使它们的电极准确定位于各自的焊盘。
方法:手工/半自动/自动贴片机。

3) 烘干固化

用加热的方法,使粘合剂固化,把表面组装元器件牢固地固定在印制电路板上。

4) 波峰焊接

用波峰焊机进行焊接,在焊接过程中,表面组装元器件浸没在熔融的锡液中,这就要求元器件具有良好的耐热性能。
方法:单波峰/双波峰/喷射式波峰/Ω 形波峰。

5) 清洗及测试

对经过焊接的印制板进行清洗,去除残留的助焊剂残渣,避免对电路板的腐蚀,然后进行电路检验测试。

此种方式适合大批量生产。对贴片精度要求高,生产过程自动化程度要求也高。

2. 采用再流焊

采用再流焊接装配 SMT 的工艺流程如图 12.13 所示。

图 12.13 SMT 印制板再流焊接工艺流程

1) 涂焊膏

将焊膏涂到焊盘上。
方法:滴涂器滴涂(注射法)/针板转移式滴涂(针印法)/丝网漏印法。

2) 贴片

同波峰焊方式。

3) 再流焊接

用再流焊接设备进行焊接，在焊接过程中，焊膏熔化再次流动，充分浸润元器件和印制电路板的焊盘，焊锡熔液的表面张力使相邻焊盘之间的焊锡分离而不至于短路。

方法：气相再流焊/红外再流焊/激光再流焊/热气对流再流焊

4) 清洗及测试

再流焊接过程中，由于助焊剂的挥发，助焊剂不仅会残留在焊接点的附近，还会沾染电路基板的整个表面。通常采用超声波清洗机，把焊接后的电路板浸泡在无机溶液或去离子水中，用超声波冲击清洗。然后进行电路检验测试。

12.7.3 涂敷工艺

焊膏和贴装胶涂敷技术是表面组装工艺技术的重要组成部分，它直接影响表面组装的功能和可靠性。焊膏涂敷通常采用印刷技术，贴装胶涂敷通常采用滴涂技术。

1. 焊膏涂敷

焊膏涂敷是将焊膏涂敷在 PCB 的焊盘图形上，为表面组装元器件的贴装、焊接提供粘附和焊接材料。焊膏涂敷主要有非接触印刷和直接接触印刷两种方式。非接触印刷常指丝网漏印，直接接触印刷则指模板漏印。

1) 丝网漏印

丝网漏印技术是利用已经制好的网板，用一定的方法使丝网和印刷机直接接触，并使焊膏在网板上均匀流动，由掩膜图形注入网孔。当丝网脱开印制板时，焊膏就以掩膜图形的形状从网孔脱落到印制板的相应焊盘图形上，从而完成焊膏在印制板上的印刷。

丝网漏印时，刮板以一定的速度和角度向前移动，对焊膏产生一定的压力，推动焊膏在刮板前滚动，产生将焊膏注入网孔所需的压力。当刮板完成压印动作后，丝网回弹脱开 PCB 板。结果在 PCB 板表面就产生一个低压区，由于丝网焊膏上的大气压与这一低压区存在压力差，所以就将焊膏从网孔中推向 PCB 板表面，形成印刷的焊膏形状。丝网漏印的过程如图 12.14 所示。

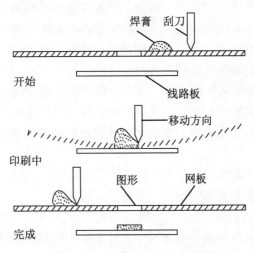

图 12.14 丝网漏印工艺过程

2) 模板漏印

模板漏印属直接印刷技术，它是用金属漏模板代替丝网漏印机中的网板。所谓漏模板是在一块金属片上，用化学方式蚀刻出漏孔或用激光刻板机刻出漏孔。此时，焊膏的厚度由金属片的厚度确定，一般比丝网漏印的厚。

制作模板的材料主要有不锈钢和黄铜，表 12-3 为两种漏板材料的比较。

表 12-3　两种模板材料比较

项　　目	不 锈 钢	黄　　铜
蚀刻	不易	容易
蚀刻品质	较佳	一般
硬度	高	低
应力承受	较佳	一般
寿命	较长	短
制作成本	高	一般
印刷效果	较佳	一般

根据漏模板材料和固定方式，可将漏模板分成 3 类：网目/乳胶漏板、全金属漏板、柔性金属漏板。网目/乳胶漏板的制作方法与丝网网板相同，只是开孔部分要完全蚀刻透，即开孔处的网目也要蚀刻掉，这将使丝网的稳定性变差，另外这种蚀刻的价格也较贵；全金属漏板是将金属漏板直接固定在框架上，它不能承受张力，只能用于接触印刷，这种漏板的寿命长，但价格也贵；柔性金属漏板是利用金属漏板四周的聚酯与框架相连，并以(30～223)N/cm^2 的张力粘在网框上，使它保持一定的张力，这种方式既具备了金属漏板的刚性，又具备了丝网的柔性，能进行非接触印刷，因此应用最广泛。

3) 丝网漏印和模板漏印的比较

(1) 丝网漏印和柔性金属模板印刷都是非接触印刷，印刷时，丝网或模板绷紧在金属网框上，并与印制板上的焊盘图形对准。焊膏印刷时，刮板行程后面的丝网或模板恢复起始位置，焊膏从开孔处脱落到焊盘上。因此，印刷顶面和丝网或模板之间有一间隔，这个间隔称为印刷间隙，这种有印刷间隙的印刷操作称为非接触印刷。网目/乳胶模板漏印也属此类印刷。全金属模板漏印操作时没有印刷间隙，称为接触漏印。所以，丝网漏印是非接触印刷，而模板漏印有接触和非接触两种类型。

(2) 丝网漏印是一种印刷转移技术，印刷分辨率和厚度受诸如乳剂厚度、网孔密度、印刷间隙和刮板压力等因素的影响，这必然会降低焊膏印刷的可靠性，也不适合细间距印刷。模板漏印是一种直接印刷技术，金属模板具有优良的稳定性和耐磨性，适合于高精度要求的细间距印刷。

(3) 在模板漏印中，模板上的直通开孔提供了较高的可见度，容易进行对准，并且开孔不会堵塞，容易得到优良的印刷图形，并易于清洗。

(4) 模板漏印可进行选择印刷，而丝网漏印则不行。当细间距器件和普通器件组装在一块印制板上时，所要求的焊膏厚度不同，此时选择印刷能满足同一块印制板上不同厚度焊膏印刷的要求。随着细间距器件的广泛应用，选择印刷将逐渐普及。用选择印刷时可在网目/乳胶模板上进行选择蚀刻，或在金属模板上进行分步蚀刻。

(5) 这两种印刷技术采用的印刷机在结构上有一定的差距，印刷技术方面也不相同。另外模板漏印可采用手工印刷，而丝网漏印则不能采用手工印刷。

2. 贴装胶的涂敷

在混合组装中常用贴装胶把表面元器件暂时固定在印制板的焊盘上，使片式元器件在后续工序和波峰焊作业时不会偏移或掉落；在双面组装时，也要采用贴装胶辅助固定表面组装集成电路，以防止翻板和工序间操作振动时，表面组装集成电路掉落。因此，在贴装表面组装元器件之前，要在 PCB 上设定焊盘位置涂敷贴装胶。

涂敷贴装胶的方法主要有 3 种：滴涂器滴涂(注射法)、针板转移式滴涂(针印法)、用丝网漏印机印刷(丝网漏印法)。

1) 注射法

注射法是涂敷贴装胶时最普遍采用的方法。所用的滴涂器类似于医用注射器。操作时，先将贴装胶灌入滴涂器中，加压后迫使贴装胶从针头排出，滴到 PCB 要求的位置上。贴装胶的滴涂量主要受空气压力、针头内径和贴装胶流变特性的控制。由于贴装胶的流变特性与温度有关，所以滴涂时最好使贴装胶处于恒温状态。为了精确控制滴涂量和位置精度，还可采用微机进行控制。在全自动贴装机上，一般在相应于贴装头的位置上都装有滴涂器，操作时可按贴装程序自动进行滴涂作业。

2) 针印法

针印法可单点滴涂，也可以同时组成将贴装胶转移到 PCB 要求的位置上。在单一品种的大批量生产中，一般采用自动转移机，利用其上的针矩阵组件(针板)进行成组多滴涂敷。

涂敷时，先将针板浸入贴装胶中，其深度为 1.5mm～2mm。当针板提起时，由于表面张力使针上挂着一些贴装胶，然后将针板转移到印制板的表面。当针板被再次提起时，由于贴装胶对金属基板的亲和力比对金属针的大，这样一定量的贴装胶就会粘在基板上，而重力则保证了每次针所携带的贴装胶量几乎是均匀的。此法是一种非常快速的涂敷方式，在某些场合使用比较广泛。针印法的过程如图 12.15 所示。

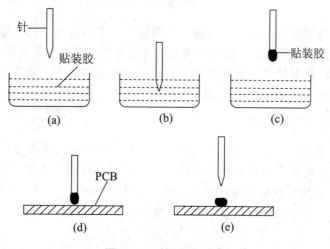

图 12.15　针印法示意图

目前，针印法在大批量生产中使用得很少，一般用在对涂敷精度要求不高的场合。这种涂敷技术的关键是要制作与印制板上滴胶位置相对应的针矩阵组件。

3) 丝网漏印法

贴装胶也可以采用丝网漏印的方法进行涂敷，与焊膏的丝网漏印方法相同。由于丝网漏印的方法精确度高，涂敷均匀且效率高，因此，是目前贴装胶涂敷的主要方法。

12.7.4 贴装工艺

将表面组装元器件等各种类型的表面组装芯片贴放到PCB的指定位置上的过程称为贴装，相应的设备称为贴片机。贴装技术是表面组装技术中的关键技术，它直接影响组装质量和组装效率。

贴装一般采用贴片机自动进行，也可借助辅助仪器和设备进行人工或半自动化贴装。贴装时需要保证以下几点：

(1) 确定的芯片来源位置；
(2) 合适的芯片拾取和释放方法；
(3) 芯片在PCB指定位置上的精确定位；
(4) 芯片在PCB指定位置上的可靠粘接和固定。

其中芯片在PCB指定位置上的可靠粘接和固定由焊膏和贴装胶保证，其他几点一般均借助专用的贴装设备予以保证。由于表面组装芯片的微型化，即使是特殊场合的人工贴装，也需要借助光学放大设备、芯片拾取专用工具等辅助装置进行。

贴片定位精度、贴片速度和贴片机的适应性是贴装技术和贴装设备的关键指标。

1. 精度

精度是贴片机的主要指标之一。它决定贴片机能贴装的元器件种类和适用范围，包括贴装精度、分辨率和重复精度3个项目。

(1) 贴装精度：贴片机贴装表面组装元器件时，元器件焊端和引脚偏离目标位置的综合误差，包括平移误差和旋转误差。贴装精度标志元器件相对于PCB上的指定位置的贴装偏差大小。

(2) 分辨率：描述贴片机分辨空间连续点的能力，由步进电动机和轴驱动机构上的旋转(线性)译码器的分辨率来决定。可简单地描述为贴片机驱动机构平稳移动的最小增量值。

(3) 重复精度：重复精度描述贴片机重复返回标定点的能力。通常采用双向重复精度的概念，它定义为在一系列试验中从两个方向接近任意给定点时离开平均值的偏差。

2. 速度

速度决定贴片机和生产线的生产能力，一般用以下几种定义来描述。

(1) 贴装周期：是指从拾取元器件开始，经过定义、检测、贴放，到返回拾取元器件位置所用的时间。完成一次贴装操作就是完成一个贴装周期。

(2) 贴装率：一小时贴装的元器件数，也等于每小时的贴装周期数。

3. 适应性

适应性是指适应不同贴装要求的能力。包括元器件种类、供料器数目和类型、贴装机的可调整性等。当所贴装的印制板的类型变化时，贴片机需要进行调整，包括贴片机的再编程、供料器的更换、印制板传送机构和工作台的调整、贴装头的调整和更换等。

12.7.5 焊接工艺

焊接是表面组装技术中的主要工艺技术。在一块表面安装组件上少则有几十、多则有成千上万个焊点，一个焊点不良就会导致整个产品失效。因此焊接质量直接影响电子设备的性能。焊接质量取决于所用的焊接方法、焊接材料、焊接工艺和焊接设备。

表面组装采用软钎焊技术，它将表面组装元器件焊接到 PCB 的焊盘图形上，使元器件与 PCB 电路之间建立可靠的电气和机械连接，从而实现具有一定可靠性的电路功能。

根据熔融焊料的供给方式，在 SMT 中采用的软钎焊技术主要有波峰焊(Wave Soldering)和再流焊(Reflow Soldering)。一般情况下，波峰焊用于混合组装方式，再流焊用于全表面组装方式。

波峰焊技术与再流焊技术是印制电路板上进行大批量焊接元器件的主要方式。波峰焊与再流焊之间的基本区别在于热源与钎料的供给方式不同。在波峰焊中，钎料波峰有两个作用，一是供热，二是提供钎料；在再流焊中，热是由再流焊炉自身的加热机理决定的，焊膏首先是由专用的设备以确定的量涂敷的。就目前而言，再流焊技术与设备是焊接表面组装元器件的主选技术与设备，但波峰焊仍不失为一种高效自动化、高产量、可在生产线上串联的焊接技术。

1. 波峰焊

波峰焊是利用波峰焊接机内的机械泵或电磁泵，将熔融焊料压向波峰喷嘴，形成一股平稳的焊料波峰，并源源不断地从喷嘴中溢出。装有元器件的印制电路板以直线平面运动的方式通过焊料波峰，实现元器件焊端或引脚与印制板焊盘之间的机械与电气连接的软钎焊。

图 12.16 所示为波峰焊示意图，波峰由机械或电磁泵产生并控制，由机械泵产生波峰的原理如图 12.17(a)所示，由电磁泵产生波峰的原理如图 12.17(b)所示。

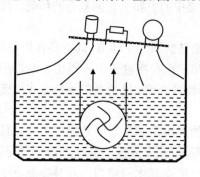

图 12.16 波峰焊示意图

波峰焊有单波峰焊和双波峰焊之分。单波峰焊用于 SMT 时，容易出现较严重的质量问题，如漏焊、桥接和焊缝不充实等缺陷。这主要是由气泡遮蔽效应和阴影效应等因素造成的。在焊接过程中，助焊剂或 SMT 元器件的贴装胶受热分解所产生的气泡不易排出，遮蔽在焊点上，可能造成焊料无法接触焊接面而形成漏焊，称为气泡遮蔽效应。印制板在焊料熔液的波峰上通过时，较高的 SMT 元器件对其后或相邻的较低的 SMT 元器件周围的死角产生阻挡,形成阴影区,使焊料无法在焊面上漫流而导致漏焊或焊接不良,就称为阴影效应。因此,在表面组装技术中广泛采用双波峰焊和喷射式波峰焊接工艺和设备。

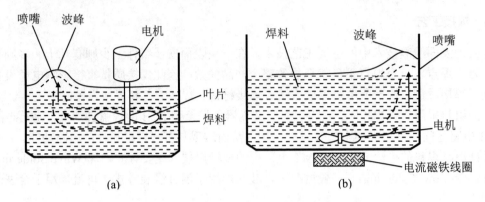

图 12.17　产生波峰的原理图

双波峰焊的结构组成如图 12.18 所示。

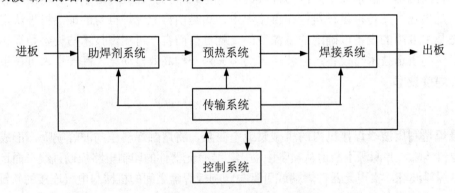

图 12.18　双波峰焊结构组成

由图 12.18 可知,波峰焊接中的主要工艺因素有助焊剂、预热、焊接、传输和控制系统。

1) 助焊剂系统

助焊剂系统是保证焊接质量的第一个环节,其主要作用是均匀地涂敷助焊剂,除去 PCB 和元器件焊接表面的氧化物和防止焊接过程中再氧化。助焊剂的涂敷一定要均匀,尽量不产生堆积,否则将导致焊接短路或开路。助焊剂的涂敷方式主要有喷雾式、喷流式和发泡式。

2) 预热系统

预热对于表面组装组件的焊接是非常重要的焊接工序。预热的目的是蒸发助焊剂中的大部分溶剂,增加助焊剂的粘度(粘度太低,会使助焊剂过早流失,使表面浸润变差),加速助焊剂的化学反应,提高可清除氧化的能力,同时提高电子组件的温度,以防止突然进入焊接区时受到冲击。

一般预热温度(印制板表面)为 130℃~150℃,预热时间为 1min~3min。熔融焊料温度应控制在 40℃~250℃之间。预热温度控制得好,可防止虚焊、拉尖和桥接,减小焊料波峰对基板的热冲击,有效地解决焊接过程中 PCB 板翘曲、分层、变形等问题。

3) 焊接系统

图 12.19 所示为双波峰焊接的基本原理图。在波峰焊接时,印制板先接触第一个波峰,

然后接触第二个波峰。第一个波峰是由窄喷嘴喷流出的"湍流"波峰，流速快，对组件有较高的垂直压力，使焊料对尺寸小、贴装密度高的表面组装元器件的焊端有较好的渗透性。通过湍流的熔融焊料在所有方向擦洗组件表面，从而提高焊料的润湿性，并克服由于元器件的复杂形状和取向带来的问题，同时也能克服焊料的"遮蔽效应"。湍流波向上的喷射力足以使焊剂气体排出。因此，即使印制板上不设置排气孔也不存在焊剂气体的影响，从而大大减少了漏焊、桥接和焊缝不充实等焊接缺陷，提高焊接可靠性。但是，由于这种湍流波速度高和印制板离开波峰时湍流焊料离开印制板的角度，使元件焊端上留下过量的焊料，所以组件必须进入第二个波峰。这是一个"平滑"的波峰，流动速度慢，提供了焊料流速为零的出口区，有利于形成充实的焊缝，同时也可有效地去除焊端上过量的焊料，并使所有焊接面上焊料润湿良好，修正焊接面，消除可能的拉尖和桥接，获得充实无缺陷的焊缝，最终确保组件焊接的可靠性。

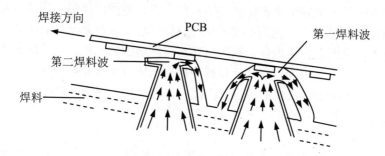

图 12.19 双波峰焊接原理图

4) 传输系统

传输系统通常有框架式和手指式两种。框架式适合于多品种、中小批量生产；而手指式则适合于少品种、大批量生产。工作时，传输系统带动框架或 PCB 板，以 6°～9°通过波峰。焊接角度一定要可调，以适合不同类型的 PCB 板，一般最佳角度为 8°。当印制电路板放在传输系统上时应平稳，不产生抖动。

5) 控制系统

波峰焊的主要功能是由控制系统实现的。目前主要有仪表或数控开环控制系统和计算机封闭控制系统两种，控制系统对不同类型 PCB 组件有广泛的适应性，参数易于调节。有些波峰焊采用二级计算机控制系统，在控制系统上加上 PC，用于编程和人机对话。

2. 再流焊

再流焊，又称回流焊，是 SMT 的主要焊接方法。这种焊接技术是先将焊料加工成一定粒度的粉末，加上适当液态粘合剂，使之成为有一定流动性的糊状焊膏，用它将待焊元器件粘在印制板上，然后加热使焊膏中的焊料熔化而再流动，因此达到将元器件焊到印制板上的目的。

1) 再流焊的特点

与波峰焊相比，再流焊有以下技术特点：

(1) 元器件不直接浸渍在熔融的焊料中，所以元器件受到的热冲击小。但由于加热方式不同，有时施加给元器件的热应力较大。

(2) 能控制焊料施放量，避免桥接现象的出现。

(3) 当元器件贴放位置有一定偏差时，由于熔融焊料表面张力的作用，只要焊料施放位置正确，就能自动校正偏差，使元器件固定在正确位置上。

(4) 可以采用局部热源加热，从而可以在同一块基板上采用不同的焊接工艺。

(5) 使用焊膏时，能正确地保证焊料的组成。

2) 再流焊的分类

按加热方式不同再流焊可分为汽相再流焊、红外再流焊、激光再流焊、热气对流再流焊等。其中以红外再流焊和汽相再流焊使用最为广泛。

(1) 汽相再流焊

汽相再流焊又称冷凝焊，利用氟惰性液体由汽态相变为液态时放出的汽化潜热来进行加热的一种软钎焊方法。

汽相焊接系统是一个容纳全氟化液体的容器。当氟惰性液体加热到沸点温度时便沸腾蒸发，形成温度等于沸点温度的饱和蒸汽区(无氧环境)。当表面组装组件进入时，蒸汽凝聚在组件上并把汽化潜热传给组件，直到组件与蒸汽达到热平衡，组件即被加热到沸点温度。由于所有氟惰性液体的沸点都高于焊料的熔点，所以可以获得适当的再流焊接温度，同时任何情况下都不会超过液体的沸点，因此对任何形状的元器件都能均匀加热。

不足之处是这种氟化物价格昂贵且有污染环境的问题。

(2) 红外再流焊

红外再流焊是利用红外线(波长为 $1\mu m \sim 5\mu m$)加热的一种焊接技术。主要由远红外热风再流焊(波长为 $2.5\mu m \sim 5\mu m$)和近红外再流焊(波长为 $0.75\mu m \sim 2.7\mu m$)两种。

红外辐射和其他两种热传送方式(传导和对流)不同。传导和对流是从物体表面向内传送热量，而红外辐射把能量直接加到物体内部的一定深度，使物体内部和表面以接近相同的速率加热。由于红外辐射的能量能深入物体的内部，因而可产生有利的热效应。因为能量若能到达物体的一定深度，则可使受热更均匀，减少受热体的热应力。当然，辐射到物体上的红外能量的热效应程度与对象物体的性质、表面状态、温度以及红外线的波长有关。

任何一个红外系统，都是通过对流和辐射将能量传递到对象物上的。用近红外加热时，对象物吸收的所有能量，几乎都是从红外辐射得到的，对流成分不到5%；用远红外加热时，对象物吸收的全部能量中辐射只占40%，其余60%的热量靠对流得到。

红外再流焊特点是设备光源性价比高、加热速度可控和热波动较大，容易损伤基板和SMD。

(3) 激光再流焊

激光再流焊主要适用于军事电子设备中，它利用激光的高能密度进行瞬时微细焊接，并且把热量集中到焊接部位进行局部加热，对器件本身、PCB和相邻器件影响很小，同时还可以进行多点同时焊接。

采用激光再流焊焊接时，激光束直接照射焊接部位，焊接部位(器件引脚和焊盘)吸收激光能量并转换成热能而被加热，使温度急剧上升到焊接温度，导致焊料熔化。激光照射停止后，焊接部位迅速冷却，焊料凝固，形成牢固可靠的焊接连接。影响焊接质量的主要因素是激光器输出功率、光斑形状和大小、激光照射时间、器件引脚共面性、基板质量、焊料涂敷方式和均匀程度以及贴装精度等。

(4) 热气对流再流焊

近年来国外开发成功了一种全热风再流焊接设备，这种设备最显著的特点是采用了最新开发成功的多喷嘴加热组件。其优点是加热元件被封闭在组件内，避免了加热元件对元器件和电路组件的不良影响。采用了多喷嘴系统，用鼓风机将被加热的气体，从多喷嘴系统中喷入炉腔。这种结构确保了在工作区范围内温度分布均匀，能分别控制顶面和底面的热气流量和温度，从而使在整个长度和宽度范围内，在冷却印制板底面时，同时焊接印制板顶面，实现了双面再流焊，避免了已焊面上的焊点再熔化，防止焊好的器件掉下来。

3. 手工焊接

尽管现代化生产中自动化、智能化是必然趋势，但在研究、试制、维修领域，手工方式还是无法取代的，而且所有自动化、智能化方式的基础仍然是手工操作，因此有必要了解手工基本操作方法。

手工 SMT 所用的表面安装元器件与自动安装所用的相同，技术关键在于以下 3 方面。

1) 涂敷贴装胶或焊膏

最简单的涂敷方法是人工用针状物直接点胶或涂焊膏，经过训练、技术高超的工人同样可以达到自动涂敷的效果。

手动丝网漏印机及手动点滴机可满足小批量生产的需求，已有这方面的专业设备可供选择。

2) 贴片

贴片机是 SMT 设备中最昂贵的。手工操作最简单的办法是，用镊子借助放大镜仔细将片式元器件放到设定的位置。由于片式元器件尺寸小，特别是窄间距方型扁平式封装技术 (Plastic Quad Flat Package，简称 PQFP) 引线很细，用夹持的办法可能损伤元器件，一种带有负压吸嘴的手工贴片装置是很好的选择，这种装置一般备有尺寸形状不同的若干吸嘴以适应不同元器件以及视像放大装置。

还有一种半自动贴片机也是投资少而适用广泛的贴片机。它带有摄像系统通过屏幕放大可对准位置，并有计算机系统可记忆手工贴片的位置，第一块 SMB 经过手工放置后，它就可以自动放置第二块的贴装。

3) 焊接

最简单的是手工烙铁焊接，最好采用恒温或电子控温烙铁，焊接技术要求和注意事项同普通印制板一样，但更强调焊接时间和温度，短引线或无引线的元器件较普通长引线元器件技术难度大。合适的电烙铁加上正确的操作可以达到同自动焊接相媲美的效果。

12.8 练习思考题

1. 为什么在焊接前需要镀锡，有何工艺要点？
2. 简述焊接操作的五步法。
3. 焊接时间太长或太短会出现什么问题，如何正确掌握焊接时间？
4. 简述虚焊产生的原因、危害及避免的方法。

5． 为什么焊锡量过多过少都不好，焊剂过多为什么也不好？
6． 在印制电路板上焊接时应注意哪些问题？
7． 焊接集成电路应注意哪些问题？
8． 什么情况下要进行拆焊，拆焊的方法有哪些，如何选用？
9． 常见的焊点缺陷有哪些？简述其形成原因及避免的方法。
10． 什么是再流焊、波峰焊？简述再流焊、波峰焊的工艺流程。
11． 总结导线连接的几种方式及焊接技巧。
12． 列举有机注塑元件的焊接失效现象及原因，并指出正确的焊接方法。
13． 说明簧片类元件的焊接技巧。
14． 什么叫绕焊，有哪些特点？
15． 试叙述焊接操作的正确姿势。
16． 简述手工焊接的工艺要求。
17． 压接、绕接各属于何种焊接方式，各是如何进行连接的？
18． 表面组装中的涂敷技术包含几项内容，它们各采用何种方式？
19． 简述丝网漏印的原理和作用。
20． 简述点胶原理和作用。
21． 贴装的精度、速度主要由哪些指标衡量？
22． 为什么说贴装技术是 SMT 的关键技术？
23． 表面组装技术中主要使用哪些软钎焊方法？
24． 简述双波峰焊的基本原理。
25． 再流焊与波峰焊相比具有什么特点？
26． 再流焊主要有哪几种类型？各适合于什么场合？

实训题 1　手工焊五步法

一、目的

通过五步法练习，初步掌握锡焊的技能。

二、工具和器材

(1) 电烙铁一把。
(2) 焊锡、焊剂和元器件若干。

三、内容

(1) 烙铁头保持清洁，合适的形状。
(2) 五步法的使用。
(3) 焊锡量的控制。
(4) 加热时间的控制。

(5) 了解电烙铁离开方向对焊点的影响。
(6) 检查焊点质量。

实训题 2　印制板的焊接

一、目的

掌握电子元器件在印制电路板上的装配方法和焊接技艺。

二、工具和器材

(1) 电烙铁一把。
(2) 焊锡、焊剂和元器件若干。

三、内容

(1) 元件引线表面处理，上锡。
(2) 元件引线成形。
(3) 插装与焊接。
(4) 检查质量。

第 13 章　调试与工艺质量管理

教学提示：调试是电子产品生产过程中不可缺少的一个环节，电子产品的整机质量在很大程度上取决于调试工艺水平。为了保证工艺质量，应严格执行工艺规程，使影响产品质量的各个因素都处于受控状态，确保产品质量稳定提高。因此工艺质量管理贯穿于生产的全过程，是保证产品质量，提高生产效率，安全生产，降低消耗，增加效益，发展企业的重要手段。

教学要求：通过本章学习，学生应了解调试的目的、要求和基本方法，以及电子产品制造工艺的流程、管理和工艺文件的有关知识。

13.1　调试的目的与要求

调试是指利用各种电子测量仪器，如示波器、万用表、信号发生器、频率计、逻辑分析仪等，对安装好的电路或电子装置进行调整和测量，以保证电路或装置正常工作。同时，判别其性能的好坏，各项指标是否符合要求等。

电子产品的整机质量在很大程度上取决于调试工艺水平，调试是电子产品生产过程中不可缺少的一个环节。

13.1.1　调试的目的

调试的目的主要有以下两个方面：

(1) 发现设计的缺陷和安装的错误，并予以改进，或提出改进建议。

(2) 通过调整电路参数，避免因元器件参数或装配工艺不一致，而造成电路性能的不一致或功能和技术指标达不到设计要求等情况的发生，确保产品的各项功能和性能指标均达到设计要求。

13.1.2　调试的要求

1. 技术要求

保证实现产品设计的技术要求是调试的首要任务。将系统或整机技术指标分解落实到每一个部件或单元的调试技术指标中，这些被分解的技术指标要能保证在系统或整机调整中达到设计的技术指标。

在确定部件调试指标时，为了留有余地，往往要比整机调试指标高，而整机调试指标又比设计指标高。从技术要求角度讲，对部件指标要求越高，整机指标越容易达到。

2. 生产效率要求

提高生产效率具体到调试工序中，就是要求该工序尽可能省时省力，以下几点是提高

生产效率的关键:

(1) 调试设备的选择。对规模生产而言,每个工序应尽量简化操作,用通用设备操作一般较复杂,因此尽可能选专用设备及自制工装设备,并留有一定冗余。

(2) 调试步骤及方法尽量简单明了,仪器指示及监测点不宜过多(一般超过 3 个点时就应考虑采用声、光等监测信息)。

(3) 尽量采用先进的智能化设备和方法,降低对测试人员技术水平的要求。

3. 经济要求

从经济角度出发,要求调试的工作成本最低。总体上说经济要求同技术要求、效率要求是一致的,但在具体工作中往往又是矛盾的,需要统筹兼顾,寻找最佳组合。如技术要求高,保证质量和信誉的产品,经济效益必然高,但如果调试技术指标定得过高,将使调试难度增加,成品率降低,引起经济效益下降;效率要求高,调试工时少,经济效益必然高,但如果强调效率而大量研制专用设备或采用高价值智能调试设备而使设备费用增加过多,也会影响经济效益。

13.2 调试的基本方法

调试的过程分为通电前的检查(调试准备)和通电调试两大阶段。对于较复杂的产品还可进一步分为单元部件(单板)调试和整机调试两大阶段。

13.2.1 通电前的检查

在印制电路板安装焊接完毕后,在通电之前必须对电路板进行认真细致的检查,以便发现和纠正明显的安装焊接错误,避免盲目通电可能造成的电路损坏。重点检查的项目如下:

(1) 电源的正、负极是否接反,有无短路现象,电源线和地线是否接触可靠。

(2) 元器件的型号是否有误,引脚之间有无短路现象。有极性的元器件,如三极管、晶体管、电解电容、集成电路等的极性或方向是否正确。

(3) 连接导线有无接错、漏接、断线等现象。

(4) 电路板各焊接点有无漏焊、桥接短路等现象。

13.2.2 通电调试

通电调试包括测试和调整两个方面。测试的目的是了解电路实际工作状态,获得电路各项主要性能指标的数据,提供调整电路的依据。调整的目的是使电路性能达到设计要求。较复杂的电路调试通常采用先分块调试,然后进行总调试的方法。通电调试一般包括通电观察、静态调试、动态调试和整机调试等步骤。

1. 通电观察

将符合要求的电源正确接入被调电路,观察有无异常现象,如冒烟、异常气味、触摸元件是否有发烫现象、电源是否短路等。如果出现异常,应立即切断电源,排除故障后方可重新通电进行测试。

2. 静态调试

静态调试是指在不加输入信号(或输入信号为零)的情况下，进行电路直流工作状态的测量和调整。如测试模拟电路的静态工作点，数字电路的各输入、输出电平及逻辑关系等，将测试获得的数据与设计值进行比较。若超出指标范围，应分析原因，并进行调整处理。

通过静态测试可以及时发现已损坏的元器件，判断电路工作情况并及时调整电路参数，使电路工作状态符合设计要求。

3. 动态调试

动态调试必须在静态调试合格的情况下进行。

模拟电路的动态调试比较复杂，需要在电路的输入端接入适当频率和幅度的信号，顺着信号的流向逐级检测电路各测试点的信号波形和有关参数，并通过计算测量的结果来估算电路的性能指标，包括信号幅值、波形、相位、频率、放大倍数、输出动态范围等。必要时进行适当的调整，使指标达到要求。若发现工作不正常，应先排除故障，然后再进行动态测量和调整。

对数字电路来说，由于集成度比较高，一般调试工作量不大，只要元器件选择合适，直流工作点状态正常，逻辑关系就不会有太大的问题。一般是测试电平的转换和工作速度等。

4. 整机调试

整机调试是在单元部件调试的基础上进行的。各单元部件的综合调试合格后，装配成整机或系统。整机调试的过程包括外观检查、结构调试、通电检查、电源调试、整机统调、整机技术指标综合测试及例行试验等。

13.2.3 调试注意事项

(1) 测试之前要熟悉各种仪器的使用方法，并仔细加以检查，避免由于仪器使用不当或出现故障而做出错误判断。

(2) 测试仪器和被测电路应具有良好的共地，只有使仪器和电路之间建立一个公共地参考点，测试的结果才是准确的。

(3) 调试过程中，发现器件或接线有问题需要更换或修改时，应关断电源，待更换完毕认真检查后方可重新通电。

(4) 调试过程中，不但要认真观察和检测，还要认真记录，包括记录观察的现象、测量的数据、波形及相位关系，必要时在记录中应附加说明，尤其是那些和设计不相符的现象更是记录的重点。依据记录的数据才能把实际观察的现象和理论预计的结果加以定量比较，从中发现问题，加以改进，最终完善设计方案。通过收集第一手资料可以帮助自己积累实际经验，切不可低估记录的重要作用。

(5) 安装和调试自始至终要持严谨的科学作风，不能抱有侥幸心理。出现故障时，不要手忙脚乱，马虎从事，要认真查找故障原因，仔细做出判断，切不可一遇到故障解决不了时就拆线重新安装。因为重新安装的线路仍然存在各种问题，况且原理上的问题也不是重新安装电路就能解决的。

13.3 电子产品制造工艺的工作流程

电子产品制造工艺的工作内容在产品试制阶段和产品定型阶段有所不同,下面具体给出这两个阶段的工艺工作流程。

13.3.1 产品试制阶段

1. 设计方案讨论

针对产品结构、性能、精度的特点和企业技术水平、设备条件等因素,进行工艺分析和讨论,对产品试制中可采用的新工艺、新技术、新型元器件及关键工艺技术进行可行性研究,并对引进的工艺技术进行消化吸收。

2. 审查产品工艺性

对于所有新设计或改进设计的产品,在设计过程中均应由工艺部门负责进行工艺性审查。全面检查产品图纸的工艺性,定位、基准、紧固、装配、焊接、调试等加工要求是否合理,所引用的工艺是否正确可行。详细了解产品结构,提出加工和装配上的关键问题以及关键部件的工艺方案,协助解决设计中的工艺性问题。审查设计文件中采用的材料状态及纹向、尺寸、公差、配合、粗糙度、涂敷是否合理,审查元器件的质量水平和生产厂家是否选定。当本企业的工艺技术水平达不到设计文件要求时,工艺人员应建议改变设计,或提出增加设备、工装的计划,保证每一张图纸都能按照设计文件要求进行加工。

3. 拟定工艺方案

产品工艺方案是指导产品进行工艺准备工作的依据,除单件或小批量生产的简单产品外,都应该具有工艺方案。工艺方案设计的原则是在保证产品质量的同时,充分考虑生产周期、成本、环境保护和安全性。根据本企业的承受能力,积极采用先进的工艺技术和装备,不断提高工艺管理和工艺技术水平。

4. 编制工艺文件和工艺初审

在产品试制阶段,应该编制必要的工艺文件。主要包括关键零部件明细表和工艺过程卡片、关键工艺说明及简图、关键专用工艺装备方面的工艺文件和有关材料类的工艺文件等。

工艺初审是及早发现和纠正工艺设计缺陷,促进工艺文件完善、成熟的一种工程管理方法,也是集思广益、弥补工艺设计者知识和经验局限性的一种自我完善的重要手段。

5. 工装设计和试验制造

积极参与关键部件的装配、调试、检验及各项试验工作,做好原始记录和工艺技术服务工作。

6. 关键工艺试验

对产品试验中采用的关键工艺技术、新工艺和新技术进行可行性研究试验,并对引进的工艺技术进行消化吸收。

7. 工艺最终评审，修改工艺文件

工艺最终评审应组织评审会议，对工艺总方案、关键零件和关键工序的工艺文件、特种工艺的工艺文件、新技术、新工艺、新材料、新元器件、新装备、新的计算方法和试验结果等进行评审。企业工艺技术部门应该认真分析评审会提出的问题及改进意见，制定措施，完善工艺设计。

13.3.2 产品定型阶段

(1) 设计文件的工艺性审定。
(2) 编制工艺规程。
(3) 编制定型工艺文件。
(4) 工艺文件编号归档。

13.4 电子产品工艺文件

工艺，简单地说是将原材料或半成品加工成产品的过程和方法，是人类在实践中积累的经验总结。将这些经验总结以图形设计表述出来用于指导实践，就形成工艺文件。

按照一定的条件选择最合理的工艺过程，将实现这个过程的程序、内容、方法、工具、设备、材料以及每一个环节应遵守的技术规程用文字的形式表示称为工艺文件。它是具体指导和规定生产过程的技术文件，是企业实施产品生产、产品经济核算、质量控制和生产者加工产品的技术依据。

13.4.1 工艺文件的分类

工艺文件分为工艺管理文件和工艺规程两大类。工艺规程是具体指导工人进行加工制造的操作性文件，是最重要的一种工艺文件。

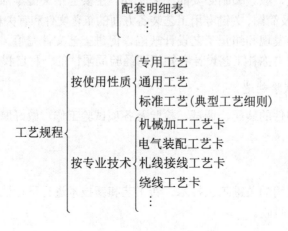

13.4.2 工艺文件的作用

工艺文件的主要作用如下:
(1) 组织生产,建立生产秩序。
(2) 指导技术,保证产品质量。
(3) 编制生产计划,考核工时定额。
(4) 调整劳动组织。
(5) 安排物资供应。
(6) 工具、工装、模具管理。
(7) 经济核算的依据。
(8) 巩固工艺纪律。
(9) 产品转厂生产时的交换资料。
(10) 各厂之间进行资料交流。

13.5 电子产品制造工艺的管理

在国家电子工业工艺标准化技术委员会发布的《电子工业工艺管理导则》(JB/T 9169.1—14)中,规定了企业工艺管理的基本任务、工艺工作内容、工艺管理组织机构和各有关部门的工艺管理职能等。现将主要内容摘录如下。

13.5.1 工艺管理的基本任务

工艺管理贯穿于生产的全过程,是保证产品质量、提高生产效率、安全生产、降低消耗、增加效益、发展企业的重要手段。为了稳定提高产品质量、增加应变能力、促进科技进步、企业必须加强工艺管理,提高工艺管理水平。

工艺管理的基本任务是在一定的生产条件下,应用现代科学理论手段,对各项工艺工作进行计划、组织、协调和控制,使之按照一定的原则、程序和方法有效地进行工作。

13.5.2 工艺管理人员的主要工作内容

1. 编制工艺发展计划

(1) 为了提高企业的工艺水平,适应产品发展需要,各企业应根据全局发展规划、中远期和近期目标,按照先进与适用相结合、技术与经济相结合的方针,编制工艺发展规划,并制定相应的实施计划和配套措施。

(2) 工艺发展计划包括工艺技术措施规划(如新工艺、新材料、新装备和新技术攻关规划等)和工艺组织措施规划(如工艺路线调整、工艺技术改造规划等)。

(3) 工艺发展规划应在企业总工程师(或在技术副厂长)主持下,以工艺部门为主进行编制,并经厂长批准实施。

2. 工艺技术的研究与开发

工艺技术研究与开发的基本要求如下：

(1) 工艺技术的研究与开发是提高企业工艺水平的主要途径，是加速新产品开发、稳定提高产品质量、降低消耗、增加效益的基础。各企业都应该重视技术进步，积极开展工艺技术的研究与开发，推广新技术、新工艺。

(2) 为搞好工艺技术的研究与开发，企业应给工艺技术部门配备相应的技术力量，提供必要的经费和试验研究条件。

(3) 企业在进行工艺技术的研究与开发工作时，应认真学习和借鉴国内外的先进科学技术，积极与高等院校和科研单位合作，并根据本企业的实际情况，积极采用和推广已有的、成熟的研究成果。

3. 产品生产的工艺准备

产品生产工艺准备的主要内容如下：

(1) 新产品开发和老产品改进的工艺调研和考虑。
(2) 产品设计的工艺性审查。
(3) 工艺方案设计。
(4) 设计和编制成套工艺文件。
(5) 工艺文件的标准化审查。
(6) 工艺装备的设计与管理。
(7) 编制工艺定额。
(8) 进行工艺质量评审。
(9) 进行工艺验证。
(10) 进行工艺总结和工艺整顿。

4. 生产现场工艺管理

生产现场工艺管理的基本任务、要求和主要内容如下：

(1) 生产现场工艺管理的基本任务是确保安全文明生产，保证产品质量，提高劳动生产率，节约材料、工时和能源消耗，改善劳动条件。
(2) 制定工序质量控制措施。
(3) 进行定置管理。

5. 工艺纪律管理

工艺纪律管理的基本要求是严格工艺纪律。严格工艺纪律是加强工艺管理的主要内容，是建立企业正常生产秩序的保证。企业各级领导及有关人员都应该严格执行工艺纪律，并对职责范围内工艺纪律的执行情况进行检查和监督。

6. 开展工艺情报工作

工艺情报工作的主要内容如下：

(1) 掌握国内外新技术、新工艺、新材料、新装备的研究与使用情况。
(2) 从各种渠道收集有关的新工艺标准、图纸手册及先进的工艺规程、研究报告、成果论文和资料信息，进行加工、管理，开展服务。

7. 开展工艺标准化工作

工艺标准化的主要工作范围如下：
(1) 制定推广工艺基础标准(术语、符号、代号、分类、编码及工艺文件的标准)。
(2) 制定推广工艺技术标准(材料、技术要素、参数、方法、质量控制与检验和工艺装备的技术标准)。
(3) 制定推广工艺管理标准(生产准备、生产现场、生产安全、工艺文件、工艺装备和工艺定额)。

8. 开展工艺成果的申报、评定和奖励

工艺成果是科学技术成果的重要组成部分，应该按照一定的条件和程序进行申报，经过评定审查，对在实际工作中做出创造性贡献的人员给予奖励。

9. 其他工艺管理措施

(1) 制定各种工艺管理制度并组织实施。
(2) 开展群众性的合理化建议与技术改进活动，进行新工艺和新技术的推广工作。
(3) 有计划地对工艺人员、技术工人进行培训和教育，为他们更新知识、提高技术水平和技能，提供必要的方便及条件。

13.5.3 工艺管理的组织机构

企业必须建立权威性的工艺管理部门和健全、统一、有效的工艺质量管理体系。

本着有利于提高产品质量及工艺水平的原则，结合企业的规模和生产类型，为工艺管理机构配备相应素质和数量的工艺技术人员。

13.5.4 企业各有关部门的主要工艺职能

工艺管理是一项综合管理，在厂长和总工程师的直接领导下，各部门应该行使并完成各自的工艺职能，主要如下：

(1) 设计部门应该保证产品设计的工艺性。
(2) 设备部门应该保证工艺设备经常处于完好状态。
(3) 能源部门应该保证按工艺要求及时提供生产需要的各种能源。
(4) 工具部门应该按照工艺要求提供生产需要的合格的工艺装备。
(5) 物资部门和采购部门应该按照工艺要求提供各种合格的材料、部件、配件和整件。
(6) 生产计划部门应该按照工艺要求均衡地安排生产。
(7) 检验和理化分析部门应该按照要求对生产过程中的产品质量进行检验和分析，并及时反馈有关质量信息。检验部门还应负责生产现场的工艺纪律监督。
(8) 计量和仪表部门应按照工艺文件的要求负责计量器具和监测仪表的配置，并保证量值准确。
(9) 质量管理部门应该负责对企业有关部门工艺职能的执行情况进行监督和考核，并与工艺部门和生产车间共同搞好工序质量控制。

(10) 基本建设部门应该按照工艺方案要求，负责厂房、车间的设计；设备部门应负责设备的布置与安装。

(11) 安全技术和环保部门应该负责工艺安全、工业卫生和环境保护措施的落实及监督。

(12) 情报和标准化部门应该根据生产工艺，及时提供国内外工艺管理、工艺技术情报和标准，编辑有关工艺资料，制定或修订企业工艺标准，并负责宣传贯彻。

(13) 劳资部门应该按照生产需要配备各类生产人员，保证实现定人、定机、定工种。

(14) 财务和审计部门应该负责做好技术经济分析、技术改造和技术开发费用的落实、审计与管理工作。

(15) 教育部门应该负责做好专业技术培训和工艺纪律教育工作。

(16) 政工部门应该负责做好生产中的思想政治工作，保证各项任务的正常进行。

(17) 生产车间必须按照产品图纸、工艺文件和有关标准进行生产，做好定置管理和工序质量控制工作，严格执行现场工艺纪律。

13.6　练习思考题

1. 电子产品组装完成后，为什么还要进行必要的调试过程？
2. 简述调试的一般过程。
3. 什么叫静态调试和动态调试？各包括哪些项目？
4. 制定调试方案时应综合考虑哪些方面的要求？
5. 必要的工艺文件有哪些？
6. 为什么要进行工艺质量评审？工艺质量评审的主要内容有哪些？
7. 如何进行产品生产性试验阶段的工艺工作？
8. 如何进行产品批量生产阶段的工艺工作？
9. 工艺管理的主要内容有哪些？
10. 工艺管理的组织机构应如何建立？
11. 企业各有关部门的主要工艺职能有哪些？
12. 什么叫工艺文件？其作用如何？

参 考 文 献

[1] 张立毅，韩应征. 电子元器件基础. 太原：山西科技出版社，1996.

[2] 张立毅，王华奎. 电子工艺学. 北京：兵器工业出版社，2002.

[3] 王天曦，李鸿儒. 电子技术工艺基础. 北京：清华大学出版社，2000.

[4] 汤元信，亓学广，刘元法. 电子工艺及电子工程设计. 北京：北京航空航天大学出版社，1999.

[5] 沙占友等. 模拟与数字万用表检测及应用技术. 北京：电子工业出版社，1997.

[6] 杨盘洪等. 国际最新集成运算放大器及其应用. 太原：山西科技出版社，1998.

[7] 陈仁政等. 巧学活用万用表236例. 北京：人民邮电出版社，1996.

[8] 中华人民共和国国家标准. 电子设备用固定电阻器、固定电容器型号命名方法(GB/T 2470—1995). 1996年8月1日实施.

[9] 中华人民共和国国家标准. 固定电阻器和电容器优先数系(GB/T 2470—1995). 1996年8月1日实施.

[10] 中华人民共和国国家标准. 半导体分立器件型号命名方法固定电阻器和电容器优先数系(GB 249—89). 1990年4月1日实施.

[11] 中华人民共和国国家标准. 半导体集成电路型号命名(GB 3430—89). 1990年4月1日实施.

[12] 中华人民共和国国家标准. 电气简图用图符号第4部分：基本无源元件(GB/T 4728.5—2000). 2000年7月1日实施.

[13] 高维塈，史先武，王秀山. 现代电子工艺技术指南. 北京：科学技术文献出版社，2001.

[14] 《无线电》编辑部. 无线电元器件精汇. 北京：人民邮电出版社，2000.

[15] 郭明等. 中外集成电路命名方法大全. 北京：电子工业出版社，1996.

[16] 孟贵华. 电子技术工艺基础. 北京：电子工业出版社，2005.

[17] 王卫平等. 电子工艺基础. 北京：电子工业出版社，2003.

[18] 吴兆华，周德俭等. 表面组装技术基础. 北京：国防工业出版社，2002.

[19] 黄继昌. 电子元器件应用手册. 北京：人民邮电出版，2004.

[20] 任致程等. 万用表测试电工电子元器件300例. 北京：机械工业出版社，2004.

[21] 吴培生，任瑞良. 电子元器件检测入门. 北京：机械工业出版社，2004.

[22] 张庆双. 电子元器件的选用与检测. 北京：机械工业出版社，2003.

[23] 孟贵华. 电子元器件选用入门. 北京：机械工业出版社，2004.

[24] 毕满清. 电子工艺实习教程. 北京：国防工业出版社，2003.

[25] 廖芳. 电子产品生产工艺与管理. 北京：电子工业出版社，2004.

21世纪应用型本科电子通信系列实用规划教材

参编学校名单（按拼音排序）

1	安徽建筑工业学院	24	苏州大学
2	安徽科技学院	25	江南大学
3	北京石油化工学院	26	沈阳科学技术大学(沈阳化工学院)
4	福建工程学院	27	辽宁工学院
5	厦门大学	28	聊城大学
6	宁波工程学院	29	临沂大学
7	东莞理工学院	30	潍坊学院
8	海南大学	31	曲阜师范大学
9	河南科技学院	32	山东科技大学
10	南阳师范学院	33	烟台大学
11	河南农业大学	34	太原科技大学
12	东北林业大学	35	太原理工大学
13	黑龙江科技学院	36	中北大学分校
14	黄石理工学院	37	忻州师范学院
15	湖南工学院	38	陕西理工学院
16	中南林业科技大学	39	西安工程科技学院
17	北华大学	40	陕西科技大学
18	吉林建筑工程学院	41	西安科技大学
19	长春理工大学	42	华东师范大学
20	东北电力大学	43	上海应用技术学院
21	吉林农业大学	44	成都理工大学
22	淮海工学院	45	天津工程师范学院
23	南京工程学院	46	浙江工业大学之江学院